（原书第5版）

例解回归分析

Regression Analysis by Example

(Fifth Edition)

（美）Samprit Chatterjee
Ali S.Hadi 著

郑忠国 许静 译

图书在版编目（CIP）数据

例解回归分析（原书第5版）/（美）查特吉（Chatterjee，S.），（美）哈迪（Hadi，A. S.）著；郑忠国，许静译．—北京：机械工业出版社，2013.8（2024.5重印）
（统计学精品译丛）
书名原文：Regression Analysis by Example，Fifth Edition

ISBN 978-7-111-43156-5

Ⅰ．例…　Ⅱ．①查…　②哈…　③郑…　④许…　Ⅲ．回归分析　Ⅳ．O212.1

中国版本图书馆CIP数据核字（2013）第145908号

版权所有·侵权必究
封底无防伪标均为盗版

北京市版权局著作权合同登记　图字：01-2013-2602号。

All Rights Reserved. This translation published under license. Authorized translation from the English language edition, entitled *Regression Analysis by Example*, *Fifth Edition*, ISBN 978-0-470-90584-5, by Samprit Chatterjee and Ali S. Hadi, Published by John Wiley & Sons. No part of this book may be reproduced in any form without the written permission of the original copyrights holder.

本书中文简体字版由约翰-威利父子公司授权机械工业出版社独家出版．未经出版者书面许可，不得以任何方式复制或抄袭本书内容．

本书在探索性数据分析的思想和原则指导下组织材料，包括简单线性回归、多元线性回归、回归诊断、定性预测变量、变量变换、共线性数据分析和逻辑斯谛回归等13章内容．书中强调数据分析的技巧而不是统计理论的发展，几乎是手把手地教读者如何去分析数据、检验结论、改进分析．作者精心挑选了丰富的实例，形象生动而又系统详尽地阐述了回归分析的基本理论和具体的应用技术，还辅以启发式的推理和直观的图形方法．

本书既可以作为非统计学专业回归分析的入门教材，又可以作为统计学专业理论回归分析的补充教材，对于从事数据分析的人员来说，本书更是必备的参考书．

机械工业出版社（北京市西城区百万庄大街22号　　邮政编码　100037）
责任编辑：王春华
固安县铭成印刷有限公司印刷
2024年5月第1版第8次印刷
186mm×240mm・19.25印张
标准书号：ISBN 978-7-111-43156-5
定　　价：69.00元

客服电话：（010）88361066　68326294

中文版序

听闻《例解回归分析（第5版）》的中文版即将出版，我们非常高兴. 我们相信，对中国的学生来说，中文版更容易理解，价格也更优惠. 中国的学生是知名的高智商群体，你们正努力掌握先进的数据分析方法，解决科学、技术和社会科学中的实际问题，为你们的祖国的不断进步和繁荣做出贡献. 希望这本书能对你们有所启发，对你们的应用工作有所帮助.

在此，我们特别感谢郑忠国和许静两位学者，他们承担了本书的翻译工作. 在翻译期间，他们仔细地阅读了全文，发现了原书的一些错误，在中文版中得以改正. 我们也希望获得中国读者关于本书的反馈意见.

A Note to Our Chinese Readers

We are delighted that the book is being published in Chinese, because it will become more accessible to a group of Chinese students who are highly intelligent, and want to contribute to their countries progress by devising better methods to analyze their data and contribute to the countries growth, prosperity, and process improvements. We hope they find the book stimulating, and helpful in their applied work.

We are thankful to Dr. Zhongguo Zheng and Jing Xu for translating the book. During the translation process they read the book very carefully and has discovered a few errors and corrected them in the Chinese version. We would be happy to hear feedback from our Chinese readers.

Samprit Chatterjee

Ali S. Hadi

译 者 序

回归分析是统计学的一个重大分支学科. 无论从理论研究方面还是统计应用领域来说，回归分析都是国人熟悉的课题. 国内已经有不少介绍回归分析的书籍和教材，但是，本书有它的独特之处.

1. 它没有把系统叙述回归分析的定义、模型和理论作为起始点和主要目的，也不强调读者的数学基础和逻辑推断能力. 这就使得本书具有广泛的读者范围，即无论是具有较深理论基础的专业统计工作者还是需要利用回归分析作为数据分析工具的实际工作者，阅读本书都不会产生困难，也不会由于过多数据或逻辑推理而心里烦躁，而是会受到探索数据内在规律的启发.

2. 作者以数据实例分析贯穿始终，读者往往被数据中隐藏的关于事物本质的谜底所吸引而不感觉枯燥. 推理往往是启发式的，有时候用直观的图形方法，这反映了探索性数据分析的特点. 它不是对假设模型的理论进行推断，而是不设前提地对隐藏在事物背后的规律进行探索. 这种方法与传统上用例子说明理论结果的目的是不同的.

3. 本书不将读者的计算机能力作为阅读本书的必备条件，但是具备这个条件将如虎添翼. 对于现代的学者特别是年轻学生来说，具备计算机能力不是一个苛刻的要求.

4. 本书作者精心安排数据例子，使得读者在读完本书以后就可以系统地掌握回归分析的技巧和方法. 对于那些热衷于回归分析方法的理论根源的读者，作者也提供了相关的参考文献，以便深化对回归分析的认识. 此外，在某些章节还增加了附录，扩展介绍了一些方法，例如第 10 章介绍代理岭回归的概念，这是近年研究的内容. 当然，作为教材，和大部分教科书一样，本书也提供了丰富的习题以供巩固所学.

基于以上特点，我们乐于向读者推荐本书，并建议大学教师将本书作为“回归分析”课程的教材，尝试一种新的教学方法. 我们翻译本书的过程也是一个学习的过程、享受的过程. 在翻译的过程中我们得到了作者的帮助，受益匪浅，在此特向作者表示感谢.

译者

2013 年 5 月 4 日

前　言

我们很高兴在此把《例解回归分析》第5版介绍给大家，本书初版于1977年. 统计界一直对此书十分关心和支持，我们也从他们对本书的诸多改进意见中获益良多.

对于分析多因素数据资料，回归分析已经成为应用最为广泛的统计分析工具之一. 它之所以广受欢迎，是因为它对分析变量之间的函数关系提供了概念上简单明了的方法. 回归分析的标准方法是：对数据拟合一个模型，然后利用诸如 t，F 和 R^2 等统计量对拟合的方程进行评估. 本书的方法比这些传统的方法更加广泛. 我们将回归分析看成考察各个变量之间关系的一种数据分析的工具. 本书并不强调形式化的统计检验和概率计算. 我们的目标是挖掘数据内在的结构.

我们在这些数据直观表现的基础上，进行大量传统的和一些不那么传统的统计分析. 我们主要依靠这些数据的图形表示，经常利用许多种类的回归残差图进行分析. 我们不强调精确的概率计算利用残差图的图形方法可以展现模型的缺陷，找出某些病态的观测值. 进一步追溯这些病态观测值，通常会发现它们有时候比正常的观测值更具信息价值. 我们发现，快速一瞥残差图比形式化地进行某个限定的原假设的显著性检验能获取更多的信息. 可以这么说，本书是在探索性数据分析的思想和原则指导下写成的.

我们通过精心设计的例子来解释和展现回归分析的各种基本概念和方法. 每个例子中，我们总是集中介绍一两种回归分析技术. 因此在选择数据的时候，我们仔细琢磨，精心挑选，以便突出我们所介绍的技术. 在实际工作中，对于一个数据集合，通常要涉及许多不同的分析技术. 但是本书例子的安排，使得分析数据时各种分析技巧有序出场，不需要在不同的例子中重复地介绍和解释同一个分析技巧. 我们希望读者在学完本书以后，能够系统地掌握回归分析的各种技巧，并且能够融会贯通地处理所遇到的数据分析问题.

本书强调的是分析数据的技术，而不是统计公式、假设检验和置信区间. 因此，我们的重点不在于这些分析技术的推导. 当然，我们在分析数据时会介绍这些分析工具，并且给出它们的使用条件，最后，在具体的例子中给出使用效果的评价. 虽然我们没有给出这些分析技术的推导，但是我们会给出这些技术的来源，有兴趣的读者可以参考并进一步钻研其理论.

我们假定读者能够接触到计算机和统计软件. 现在，线性模型分析领域有了质的飞跃，从模型拟合到建模、从一般的检验到临床数据的检测、从宏观分析到微观分析，所有这些都需要计算机，因此我们假定大家手头具备这一工具. 几乎所有我们用的分析工具，现有软件包里都能找到. 特别是，在互联网上可以找到软件包 R，这个软件包具有很强的计算能力和图形功能. 同时，它是免费的！

本书的读者对象是涉及分析数据的各层次人员. 这本书对于具有统计基本知识的人员是颇有帮助的. 在大学中，它可以作为“回归分析”课程的教材，课程的授课对象是非统计专业的学生，但是这些学生在他们的专业领域内又特别需要回归分析这个数据处理工具. 对于统计专业的学生，如果他们修过“回归分析”这门课程，而课程的水平如 Rao

(1973)、Seber(1977) 或 Sen and Srivastava(1990) 那样，那么本书的内容是他们所学的理论回归分析的补充，从实际应用的角度去深化他们对回归分析的认识. 在大学以外，对于那些应用标准统计方法（如 t、F、R^2、标准误等）进行回归分析解决实际问题的人员，如果他们要对多因素数据进行更加深入的分析，那么这本书是非常有用的.

本书的配套网站是：http://www.aucegypt.edu/faculty/hadi/RABE5. 该网站包含本书的所有数据，当然还有一些其他数据和内容.

本书的第 5 版语言更加流畅，去掉一些模棱两可的说法，纠正了一些错误，这些错误是由读者指出的或由作者自己纠正的. 在第 1 章中加入了新的数据集的例子. 将第 4 版第 9 章中关于数据的中心化和规范化的材料移到 3.6 节. 第 9 章和第 10 章的材料经过重新组织，使得概念上循序渐进，学习起来更加通俗易懂. 第 10 章的附录简单描述了代理岭回归，这是近年提出的新的研究内容. 第 5 版中还增加了新的参考文献. 在每一章的最后，我们增加了习题，对某些习题还加以改写. 我们认为，做习题能够巩固和加强对前面所学内容的理解.

我们努力让更多人获益，因此本书的读者对象是来自各种不同领域的数据处理的工作者. 本书强调的重点是数据分析的技巧，而不是统计理论的发展.

我们很幸运地得到多位朋友、同事及合作者的鼓励和帮助. 在纽约大学和康奈尔大学的几个同行将本书的部分材料作为他们课程的教材，并且将他们的评论以及学生的意见提供给我们. 特别要提到的是我们的朋友兼前同事 Jeffrey Simonoff（纽约大学），他给出很好的审稿意见，提出建议并给予很多其他帮助. 我们的“回归分析”课程上，许多学生也对本书做出了贡献，他们提出了许多深刻的问题，还要求有意义且可以理解的答案. 我们也要特别感谢 Nedret Billor（Cukurova 大学，Turkey）和 Sahar El-Sheneity（康奈尔大学），他们仔细阅读了本书的早期版本. 同样，Amy Hendrickson 为本书准备了 Latex 文件并回答了有关 Latex 的问题，Dean Gonzalez 协助制作某些图形，在此一并表示感谢.

Samprit Chatterjee
Ali S. Hadi
Brooksville，Maine
Cairo，Egypt

目　录

第1章 概 述

1.1 什么是回归分析

回归分析的基本思想很简单，是研究变量间函数关系的一种方法. 一个房地产评估师可能会将一栋房屋的销售价格和与之有关的因素联系起来，例如该建筑物的主要结构特征以及须支付的税费（地方税、教育税、国家税）等. 我们也许想知道香烟的消费量是否与各种社会经济变量和人口统计学变量有关，例如年龄、教育程度、收入和香烟的价格等. 变量之间的这种关系可以表示为方程或模型的形式，该方程或模型将*响应变量*或*因变量*与一个或多个*解释变量*或*预测变量*联系起来. 在香烟消费的例子中，响应变量是香烟的消费量（用某州一年内人均购买的香烟包数计算），解释变量或预测变量是一些社会经济变量和人口统计学变量. 在房地产评估的例子中，响应变量是房屋的价格，解释变量或预测变量是房屋的结构特征和拥有该房屋所承担的税费.

我们用 Y 表示响应变量，用 X_1，X_2，…，X_p 表示预测变量，其中 p 是预测变量的个数，Y 和 X_1，X_2，…，X_p 之间的真实关系可近似地用下述回归模型刻画

1[1]

$$Y = f(X_1, X_2, \cdots, X_p) + \varepsilon, \tag{1.1}$$

其中 ε 是随机误差，它代表在近似过程中产生的偏差，也就是模型不能精确拟合数据的原因. 函数 $f(X_1, X_2, \cdots, X_p)$ 刻画了 Y 和 X_1，X_2，…，X_p 之间的关系，最简单的情形是线性回归模型

$$Y = \beta_0 + \beta_1 X_1 + \beta_2 X_2 + \cdots + \beta_p X_p + \varepsilon, \tag{1.2}$$

其中 β_1，β_2，…，β_p 称为*回归系数*，β_0 称为*截距*，它们都是未知常数，称为模型的*回归参数*，这些未知参数可由数据确定（估计）. 通常，我们用希腊字母表示未知参数.

解释变量或预测变量也可以称为*独立变量*、*协变量*、*回归变量*或*因素*. 虽然我们经常使用独立变量这种名称，但由于实际中的预测变量之间很少是相互独立的，所以这个名称并不贴切.

1.2 公用数据集

回归分析有广泛的应用领域，包括经济、金融、商业、法律、气象、医学、生物、化学、工程、物理、教育、体育、历史、社会学和心理学等. 在1.3节将给出一些应用例子. 回归分析是帮助读者分析数据最有效的方法. 各位读者可以考虑一下在你们工作、研究或感兴趣的问题中有哪些可以用回归分析方法加以解决. 当然，在进行回归分析之前，首先要收集相关的数据，然后将本书介绍的回归分析方法应用于这些数据. 为了便于读者查找

---

[1] 此页码为英文原书页码，与索引页码一致.

实际数据，本节给出大量公用数据集的一些资源链接.

一部分数据集可以从书籍和互联网获得. Hand et al.（1994）所著的书中包含了许多领域的数据集，这些数据集的容量不大，适合练习使用. Chatterjee，Handcock and Simonoff（1995）的书中提供了来自不同领域的大量数据集，这些数据集保存在随书所附的光盘中，也可以从相关网站上获得㊀.

数据集也可在互联网的其他很多网站上获得，下面给出的一些网站允许直接复制和粘贴数据到统计软件包中，而其他的网站则需要下载数据文件，然后导入统计软件包中. 部分网站还进一步提供了与其他数据集或统计相关网站的链接.

数据和故事图书馆（Data and Story Library，DASL，读作“dazzle”）是最有意思的一个网站，不但有很多数据集，而且还介绍了每一个数据集的“故事”或背景. DASL 是一个介绍基本统计方法应用的数据文件和背景的在线资料库㊁，其中的数据集涵盖了广泛的研究领域. DASL 是一个查找感兴趣的数据和背景资料的强大的搜索引擎.

另一个提供数据集的网站是电子数据服务（Electronic Dataset Service）㊂，其中的数据集按所用的分析方法组织安排. 该网站同样提供了许多其他数据资源的网络链接.

最后，本书有一个网站㊃，除了包含本书所有的数据集之外，还有很多其他的资料. 书中的数据集和其他数据集都可在该网站获得.

1.3 回归分析应用实例选讲

回归分析提供了建立变量间函数关系的简便方法，是应用最广泛的统计工具之一，已经广泛应用于很多学科领域. 前面提到的香烟消费问题和房地产评估问题就是其中两例. 本节将给出一些其他的例子，以说明回归分析在现实生活中的广泛应用. 这里用到的一些数据集在以后还会用来介绍回归方法或出现在各章末尾的习题中.

1.3.1 农业科学

在纽约州北部地区的奶牛改进合作组织（Dairy Herd Improvement Cooperative，DHI）收集并分析牛奶产量数据. 我们感兴趣的问题是如何建立一个合适的模型，通过一些可测量的变量值预测牛奶产量. 表 1-1 给出了响应变量（以磅计量的本月的牛奶产量）和预测变量. 每个月抽取一次产奶的样本. 母牛产奶的时期称为产奶期，产奶期数是采样时该母牛经历的产犊（或产奶时期）的次数. 一种推荐的管理方法是，让奶牛产奶约 305 天，然后休息 60 天，再开始下一个产奶期. 这个数据集有 199 个观测值，来自于 DHI 的牛奶产量记录，该牛奶产量数据可在本书的网站上获得.

2
3

㊀ http://www.stern.nyu.edu/～jsirnono/Casebook

㊁ http://lib.stat.cmu.edu/DASL

㊂ http://www-unix.oit.umass.edu/～statdata

㊃ http://www.aucegypt.edu/faculty/hadi/RABE5

表 1-1　牛奶产量数据中的变量

变　量	定　义
Current	本月牛奶产量（单位：磅）
Previous	前一个月牛奶产量（单位：磅）
Fat	牛奶中的脂肪百分比
Protein	牛奶中的蛋白质百分比
Days	自本次产奶期开始至今的总天数
Lactation	产奶期数
I79	示性变量（Days≤79 时，值为 0；Days>79 时，值为 1）

1.3.2　劳资关系

1974 年，美国国会通过了针对瓦格纳法案的塔夫脱-哈特利修正案．最初的瓦格纳法案允许工会使用一种闭门合同[㊀]，除非州法律禁止这种做法．塔夫脱-哈特利修正案宣布闭门合同是不合法的，并且赋予各州进一步禁止以加入工会作为雇佣条件[㊁]的权利．这些劳动权利法已经在劳工运动中引起了不小的关注．我们感兴趣的问题是：这些法律对于美国一个中等收入的四口之家的生活支出有什么影响．要回答这个问题，研究者从各种渠道收集了由 38 个地区的信息构成的数据集．表 1-2 给出了数据集中的各个变量．表 1-3 给出了劳动权利法数据，该数据也可在本书的网站上获得．

4

表 1-2　工作权利法数据中的变量

变　量	定　义
COL	一个四口之家的生活支出
PD	人口密度（每平方英里的人数）
URate	1978 年州工会入会率
Pop	1975 年州人口数
Taxes	1972 年的物业税
Income	1974 年的人均收入
RTWL	示性变量（该州执行工作权利法，值为 1；否则，值为 0）

表 1-3　工作权利法数据

城市	COL	PD	URate	Pop	Taxes	Income	RTWL
Atlanta	169	414	13.6	1 790 128	5 128	2 961	1
Austin	143	239	11	396 891	4 303	1 711	1
Bakersfield	339	43	23.7	349 874	4 166	2 122	0

㊀ 闭门合同规定：所有雇员在被雇佣期间必须是工会会员，并且受雇的前提条件是必须保持会员资格．

㊁ 加入工会作为雇佣条件是指：雇员在被雇佣期间可以不是工会会员，但必须在两个月内成为会员，才能使雇主在雇佣决定中有完整的自由裁量权．

（续）

城市	COL	PD	URate	Pop	Taxes	Income	RTWL
Baltimore	173	951	21	2 147 850	5 001	4 654	0
Baton Rouge	99	255	16	411 725	3 965	1 620	1
Boston	363	1 257	24.4	3 914 071	4 928	5 634	0
Buffalo	253	834	39.2	1 326 848	4 471	7 213	0
Champaign-Urbana	117	162	31.5	162 304	4 813	5 535	0
Cedar Rapids	294	229	18.2	164 145	4 839	7 224	1
Chicago	291	1 886	31.5	7 015 251	5 408	6 113	0
Cincinnati	170	643	29.5	1 381 196	4 637	4 806	0
Cleveland	239	1 295	29.5	1 966 725	5 138	6 432	0
Dallas	174	302	11	2 527 224	4 923	2 363	1
Dayton	183	489	29.5	835 708	4 787	5 606	0
Denver	227	304	15.2	1 413 318	5 386	5 982	0
Detriot	255	1 130	34.6	4 424 382	5 246	6 275	0
Green Bay	249	323	27.8	169 467	4 289	8 214	0
Hartford	326	696	21.9	1 062 565	5 134	6 235	0
Houston	194	337	11	2 286 247	5 084	1 278	1
Indianapolis	251	371	29.3	1 138 753	4 837	5 699	0
Kansas City	201	386	30	1 290 110	5 052	4 868	0
Lancaster，PA	124	362	34.2	342 797	4 377	5 205	0
Los Angeles	340	1 717	23.7	6 986 898	5 281	1 349	0
Milwaukee	328	968	27.8	1 409 363	5 176	7 635	0
Minneapolis，St. Paul	265	433	24.4	2 010 841	5 206	8 392	0
Nashville	120	183	17.7	748 493	4 454	3 578	1
New York	323	6 908	39.2	9 561 089	5 260	4 862	0
Orlando	117	230	11.7	582 664	4 613	782	1
Philadelphia	182	1 353	34.2	4 807 001	4 877	5 144	0
Pittsburgh	169	762	34.2	2 322 224	4 677	5 987	0
Portland	267	201	23.1	228 417	4 123	7 511	0
St. Louis	184	480	30	2 366 542	4 721	4 809	0
San Diego	256	372	23.7	1 584 583	4 837	1 458	0
San Francisco	381	1 266	23.7	3 140 306	5 940	3 015	0
Seattle	195	333	33.1	1 406 746	5 416	4 424	0
Washington	205	1 073	21	3 021 801	6 404	4 224	0
Wichita	206	157	12.8	384 920	4 796	4 620	1
Raleigh-Durham	126	302	6.5	468 512	4 614	3 393	1

1.3.3 政府

一个国家的人从一个州或地区迁移至另一个州或地区称为国内移民，国内移民信息对于州和地区政府来说是很重要的．我们希望建立模型预测国内移民的情况，并且研究为什么人们会离开一个地方去另一个地方．许多因素会影响国内移民，例如天气情况、犯罪、税收和失业率等．我们建立了包含美国本土48个州的数据集，而阿拉斯加和夏威夷不在分析之列，因为这两州的环境明显不同于其他48个州，而且其地理位置也阻碍了外来移民．这里的响应变量是国内净移民率，指的是1990—1994年间，移入和移出某州的人数之差除以该州的总人数（以百分数表示）．表1-4给出了影响国内移民率的11个预测变量．表1-5和表1-6给出了国内移民数据，该数据也可在本书的网站上获得．

表 1-4　国内移民数据中的变量

变　量	定　义
State	州名
NDIR	1990—1994年的国内净移民率
Unemp	1994年民用劳动力的失业率
Wage	1994年制造业工人的平均时薪
Crime	1993年每十万人中的暴力犯罪率
Income	1994年家庭收入的中位数
Metrop	1992年生活在大都市地区的州人口百分比
Poor	1994年生活在贫困线以下人口的百分比
Taxes	1993年人均州税和地方税总额
Educ	1990年25岁及以上人口中受高中及以上教育的人口百分比
BusFail	1993年破产企业的数量除以该州人口数
Temp	1993年该州12个月平均温度的平均值（华氏度）
Region	该州的地理区位（东北部、南部、中西部和西部）

6

表 1-5　国内移民数据中的前6个变量

州	NDIR	Unemp	Wage	Crime	Income	Metrop
Alabama	17.47	6.0	10.75	780	27 196	67.4
Arizona	49.60	6.4	11.17	715	31 293	84.7
Arkansas	23.62	5.3	9.65	593	25 565	44.7
California	−37.21	8.6	12.44	1 078	35 331	96.7
Colorado	53.17	4.2	12.27	567	37 833	81.8
Connecticut	−38.41	5.6	13.53	456	41 097	95.7
Delaware	22.43	4.9	13.90	686	35 873	82.7
Florida	39.73	6.6	9.97	1 206	29 294	93.0
Georgia	39.24	5.2	10.35	723	31 467	67.7
Idaho	71.41	5.6	11.88	282	31 536	30.0

（续）

州	NDIR	Unemp	Wage	Crime	Income	Metrop
Illinois	−20.87	5.7	12.26	960	35 081	84.0
Indiana	9.04	4.9	13.56	489	27 858	71.6
Iowa	0.00	3.7	12.47	326	33 079	43.8
Kansas	−1.25	5.3	12.14	469	28 322	54.6
Kentucky	13.44	5.4	11.82	463	26 595	48.5
Louisiana	−13.94	8.0	13.13	1 062	25 676	75.0
Maine	−9.770	7.4	11.68	126	30 316	35.7
Maryland	−1.55	5.1	13.15	998	39 198	92.8
Massachusetts	−30.46	6.0	12.59	805	40 500	96.2
Michigan	−13.19	5.9	16.13	792	35 284	82.7
Minnesota	9.46	4.0	12.60	327	33 644	69.3
Mississippi	5.33	6.6	9.40	434	25 400	34.6
Missouri	6.97	4.9	11.78	744	30 190	68.3
Montana	41.50	5.1	12.50	178	27 631	24.0
Nebraska	−0.62	2.9	10.94	339	31 794	50.6
Nevada	128.52	6.2	11.83	875	35 871	84.8
New Hampshire	−8.72	4.6	11.73	138	35 245	59.4
New Jersey	−24.90	6.8	13.38	627	42 280	100.0
New Mexico	29.05	6.3	10.14	930	26 905	56.0
New York	−45.46	6.9	12.19	1 074	31 899	91.7
North Carolina	29.46	4.4	10.19	679	30 114	66.3
North Dakota	−26.47	3.9	10.19	82	28 278	41.6
Ohio	−3.27	5.5	14.38	504	31 855	81.3
Oklahoma	7.37	5.8	11.41	635	26 991	60.1
Oregon	49.63	5.4	12.31	503	31 456	70.0
Pennsylvania	−4.30	6.2	12.49	418	32 066	84.8
Rhode Island	−35.32	7.1	10.35	402	31 928	93.6
South Carolina	11.88	6.3	9.99	1 023	29 846	69.8
South Dakota	13.71	3.3	9.19	208	29 733	32.6
Tennessee	32.11	4.8	10.51	766	28 639	67.7
Texas	13.00	6.4	11.14	762	30 775	83.9
Utah	31.25	3.7	11.26	301	35 716	77.5
Vermont	3.94	4.7	11.54	114	35 802	27.0
Virginia	6.94	4.9	11.25	372	37 647	77.5
Washington	44.66	6.4	14.42	515	33 533	83.0
West Virginia	10.75	8.9	12.60	208	23 564	41.8
Wisconsin	11.73	4.7	12.41	264	35 388	68.1
Wyoming	11.95	5.3	11.81	286	33 140	29.7

表 1-6　国内移民数据中的后 6 个变量

州	Poor	Taxes	Educ	BusFail	Temp	Region
Alabama	16.4	1 553	66.9	0.20	62.77	South
Arizona	15.9	2 122	78.7	0.51	61.09	West
Arkansas	15.3	1 590	66.3	0.08	59.57	South
California	17.9	2 396	76.2	0.63	59.25	West
Colorado	9.0	2 092	84.4	0.42	43.43	West
Connecticut	10.8	3 334	79.2	0.33	48.63	Northeast
Delaware	8.3	2 336	77.5	0.19	54.58	South
Florida	14.9	2 048	74.4	0.36	70.64	South
Georgia	14.0	1 999	70.9	0.33	63.54	South
Idaho	12.0	1 916	79.7	0.31	42.35	West
Illinois	12.4	2 332	76.2	0.18	50.98	Midwest
Indiana	13.7	1 919	75.6	0.19	50.88	Midwest
Iowa	10.7	2 200	80.1	0.18	45.83	Midwest
Kansas	14.9	2 126	81.3	0.42	52.03	Midwest
Kentucky	18.5	1 816	64.6	0.22	55.36	South
Louisiana	25.7	1 685	68.3	0.15	65.91	South
Maine	9.4	2 281	78.8	0.31	40.23	Northeast
Maryland	10.7	2 565	78.4	0.31	54.04	South
Massachusetts	9.7	2 664	80.0	0.45	47.35	Northeast
Michigan	14.1	2 371	76.8	0.27	43.68	Midwest
Minnesota	11.7	2 673	82.4	0.20	39.30	Midwest
Mississippi	19.9	1 535	64.3	0.12	63.18	South
Missouri	15.6	1 721	73.9	0.23	53.41	Midwest
Montana	11.5	1 853	81.0	0.20	40.40	West
Nebraska	8.8	2 128	81.8	0.25	46.01	Midwest
Nevada	11.1	2 289	78.8	0.39	48.23	West
New Hampshire	7.7	2 305	82.2	0.54	43.53	Northeast
New Jersey	9.2	3 051	76.7	0.36	52.72	Northeast
New Mexico	21.1	2 131	75.1	0.27	53.37	Midwest
New York	17.0	3 655	74.8	0.38	44.85	Northeast
North Carolina	14.2	1 975	70.0	0.17	59.36	South
North Dakota	10.4	1 986	76.7	0.23	38.53	Midwest
Ohio	14.1	2 059	75.7	0.19	50.87	Midwest
Oklahoma	16.7	1 777	74.6	0.44	58.36	South
Oregon	11.8	2 169	81.5	0.31	46.55	West
Pennsylvania	12.5	2 260	74.7	0.26	49.01	Northeast
Rhode Island	10.3	2 405	72.0	0.35	49.99	Northeast

(续)

州	Poor	Taxes	Educ	BusFail	Temp	Region
South Carolina	13.8	1 736	68.3	0.11	62.53	South
South Dakota	14.5	1 668	77.1	0.24	42.89	Midwest
Tennessee	14.6	1 684	67.1	0.23	57.75	South
Texas	19.1	1 932	72.1	0.39	64.40	South
Utah	8.0	1 806	85.1	0.18	46.32	West
Vermont	7.6	2 379	80.8	0.30	42.46	Northeast
Virginia	10.7	2 073	75.2	0.27	55.55	South
Washington	11.7	2 433	83.8	0.38	46.93	Midwest
West Virginia	18.6	1 752	66.0	0.17	52.25	South
Wisconsin	9.0	2 524	78.6	0.24	42.20	Midwest
Wyoming	9.3	2 295	83.0	0.19	43.68	West

8

1.3.4 历史

历史研究中的一个常见问题是：如何利用与年代有关的特征来推断历史物品的年代.例如，表 1-7 中的变量可以用来推断埃及头盖骨的年代．这里的响应变量是头盖骨的大致年份，可能的预测变量是其他四个变量．该数据集包含了 150 个观测值，最早出现在 Thomson and Randall-Maciver（1903）所著的书中，也可参见 Hand et al.（1994）的书的第 299～301 页．Manly（1986）对该数据进行了分析．埃及头盖骨的数据也可在本书的网站上获得.

表 1-7 埃及头盖骨数据中的变量

变　量	定　义
Year	头盖骨形成的大致年份（负值＝公元前；正值＝公元后）
MB	头盖骨的最大宽度
BH	头盖骨的颅最高点的高度
BL	头盖骨颅底牙槽的长度
NH	头盖骨的鼻高度

1.3.5 环境科学

1976 年，在一项分析水质和土地使用之间关系的研究中，Haith（1976）获得了纽约州 20 条河流流域的测量数据（见表 1-8)．这里的问题是：分析河流流域的土地利用状况对水质污染的影响，而水质污染程度是用水中的平均氮浓度（毫克/升）度量的．表 1-9 给出了这些数据，也可从本书的网站上获得这些数据.

9

表 1-8　纽约州河流水质污染数据中的变量

变　量	定　义
Y	定期在春、夏、秋季采集的样本中的平均氮浓度（毫克/升）
X_1	农业：农业用地面积百分比
X_2	森林：林地面积百分比
X_3	住宅：住宅用地面积百分比
X_4	工商业：工商业用地面积百分比

表 1-9　纽约州河流数据

行号	河流	Y	X_1	X_2	X_3	X_4
1	Olean	1.10	26	63	1.2	0.29
2	Cassadaga	1.01	29	57	0.7	0.09
3	Oatka	1.90	54	26	1.8	0.58
4	Neversink	1.00	2	84	1.9	1.98
5	Hackensack	1.99	3	27	29.4	3.11
6	Wappinger	1.42	19	61	3.4	0.56
7	Fishkill	2.04	16	60	5.6	1.11
8	Honeoye	1.65	40	43	1.3	0.24
9	Susquehanna	1.01	28	62	1.1	0.15
10	Chenango	1.21	26	60	0.9	0.23
11	Tioughnioga	1.33	26	53	0.9	0.18
12	West Canada	0.75	15	75	0.7	0.16
13	East Canada	0.73	6	84	0.5	0.12
14	Saranac	0.80	3	81	0.8	0.35
15	Ausable	0.76	2	89	0.7	0.35
16	Black	0.87	6	82	0.5	0.15
17	Schoharie	0.80	22	70	0.9	0.22
18	Raquette	0.87	4	75	0.4	0.18
19	Oswegatchie	0.66	21	56	0.5	0.13
20	Cohocton	1.25	40	49	1.1	0.13

1.3.6　工业生产

新墨西哥州圣达非市的 Nambe Mills 公司安装了一条餐具生产线，通过砂模铸造金属餐具．铸造完成后，金属餐具还要经过磨光等一系列工序．现有该公司生产的 59 件产品的相关数据．为了估计已设计完成的或即将设计生产的新产品的磨光时间，我们需要了解响应变量磨光时间和解释变量产品直径以及产品品种（碗、焙盘、盘子、托盘和碟子）之间的关系，表 1-10 给出了这些数据．产品的品种用二值变量表示（1 表示某品种，0 表示不是该品种）．产品直径（Diam）的单位是英寸，磨光时间（Time）的单位是分钟，表中还列出了产品的价格（Price），单位是美元，由表1-10中数据可以看出磨光时间影响了价格，磨光工艺的劳务费用是生产成本的主要部分. 因此，企业需要根据磨光时间做出生产决策. 当然，要精确确定产品的价格还需要收集更多数据，例如原材料价格等. 该数据集来自DASL网站，也可在本书的网站上获得.

10

表 1-10 工业生产数据

行号	碗	焙盘	盘子	托盘	碟子	直径	时间	价格
1	0	1	0	0	0	10.7	47.65	144.0
2	0	1	0	0	0	14.0	63.13	215.0
3	0	1	0	0	0	9.0	58.76	105.0
4	1	0	0	0	0	8.0	34.88	69.0
5	0	0	1	0	0	10.0	55.53	134.0
6	0	1	0	0	0	10.5	43.14	129.0
7	0	0	0	1	0	16.0	54.86	155.0
8	0	0	0	1	0	15.0	44.14	99.0
9	0	0	1	0	0	6.5	17.46	38.5
10	0	0	1	0	0	5.0	21.04	36.5
11	0	0	0	1	0	25.0	109.38	260.0
12	1	0	0	0	0	10.4	17.67	54.0
13	1	0	0	0	0	7.4	16.41	39.0
14	1	0	0	0	0	5.4	12.02	29.5
15	0	1	0	0	0	15.4	49.48	109.0
16	0	1	0	0	0	12.4	48.74	89.5
17	1	0	0	0	0	6.0	23.21	42.0
18	1	0	0	0	0	9.0	28.64	65.0
19	1	0	0	0	0	9.0	44.95	115.0
20	0	0	0	0	1	12.4	23.77	49.5
21	1	0	0	0	0	7.5	20.21	36.5
22	1	0	0	0	0	14.0	32.62	109.0
23	1	0	0	0	0	7.0	17.84	45.0
24	1	0	0	0	0	9.0	22.82	58.0
25	1	0	0	0	0	12.0	29.48	89.0
26	1	0	0	0	0	5.5	15.61	30.0
27	1	0	0	0	0	6.0	13.25	31.0
28	1	0	0	0	0	12	45.78	119.0
29	0	0	0	1	0	5.5	26.53	22.0
30	1	0	0	0	0	14.2	37.11	109.0
31	0	0	1	0	0	11.0	45.12	99.0
32	0	0	0	0	1	16.0	26.09	99.0

（续）

行号	碗	焙盘	盘子	托盘	碟子	直径	时间	价格
33	0	1	0	0	0	13.5	68.63	179.0
34	0	0	1	0	0	11.1	33.71	99.0
35	0	0	1	0	0	9.8	44.45	89.0
36	1	0	0	0	0	10.0	23.74	75.0
37	0	1	0	0	0	13.0	86.42	199.0
38	1	0	0	0	0	13.0	39.71	93.0
39	0	0	0	0	1	11.7	26.52	65.0
40	0	0	0	1	0	12.3	33.89	74.0
41	0	0	0	1	0	19.5	64.30	165.0
42	1	0	0	0	0	15.2	22.55	99.0
43	0	0	0	0	1	10.0	31.86	43.5
44	1	0	0	0	0	11.0	53.18	94.0
45	0	0	0	1	0	17.8	74.48	189.0
46	0	0	0	1	0	11.5	34.16	75.0
47	0	0	0	1	0	12.7	31.46	59.5
48	1	0	0	0	0	8.0	21.34	42.0
49	0	0	0	1	0	7.5	20.83	23.0
50	1	0	0	0	0	9.0	20.59	52.5
51	0	1	0	0	0	14.0	33.70	99.0
52	0	1	0	0	0	12.4	32.90	89.0
53	0	0	1	0	0	8.8	27.76	65.0
54	1	0	0	0	0	8.5	30.20	54.5
55	0	0	0	0	1	6.0	20.85	24.5
56	0	0	0	0	1	11.0	26.25	52.0
57	0	0	0	0	1	11.1	21.87	62.5
58	0	0	0	0	1	14.5	23.88	89.0
59	0	0	0	0	1	5.0	16.66	21.5

1.3.7　挑战者号航天飞机

1986 年，挑战者号航天飞机失事，导致宇航员全部遇难，这是一个让人心痛的灾难．总统委员会负责调查失事原因．在航天发射中，助推火箭上的 O 型环起着重要的安全作用，而 O 型环的硬度受发射温度的影响．助推火箭上共有 6 个 O 型环．表 1-11 给出了在该航天飞机的 23 次飞行中，损坏的环的个数和发射时的温度，该数据集也可在本书的网站上获得．由于发射之前的分析并没有考虑那些 O 型环没有损坏的发射情况，从而导致了错误的结论．该问题的详细讨论可见由 Chatterjee，Handcock and Simonoff（1995，33～

35 页）所著书中相关的内容，标题是 *Flight of the Space Shuttle Challenger*. 注意这里的响应变量是一个 0 到 1 之间有界的比值.

表 1-11 挑战者号航天飞机 23 次飞行中，损坏的环的个数和发射时的温度（华氏度）

飞行次数	损坏个数	温度	飞行次数	损坏个数	温度
1	2	53	13	1	70
2	1	57	14	1	70
3	1	58	15	0	72
4	1	63	16	0	73
5	0	66	17	0	75
6	0	67	18	2	75
7	0	67	19	0	76
8	0	67	20	0	78
9	0	68	21	0	79
10	0	69	22	0	81
11	0	70	23	0	76
12	0	70			

1.3.8 医疗费用

医疗费用已经成为各界关注的一个热点问题. 然而由于有关数据属于各机构专有，所以收集起来非常困难. 新墨西哥州健康和社会服务部收集了该州 1988 年 60 家执业许可机构中的 52 家的相关数据. 数据中的变量分别表示了机构的规模、医疗护理量、支出和收入等特点. 另外，数据中也包含了各医疗机构所在地是农村地区还是非农村地区的信息. 表 1-12给出了数据中变量的特定含义，表 1-13 以及本书的网站上都给出了该数据集. 从不同的角度看这些数据，会得到不同的信息. 例如，(a) 农村地区的医疗机构与非农村地区会有所不同吗？以及 (b) 医疗机构的特点怎样影响其医疗服务的总收入？

12

表 1-12 医疗费用数据中的变量

变　量	定　义
RURAL	农村地区记为 1，非农村地区记为 0
BED	医疗机构中的床位数
MCDAYS	年度医疗住院天数（单位：百天）
TDAYS	年度病人医疗天数（单位：百天）
PCREV	年度医疗服务的总收入（单位：百美元）
NSAL	年度护理工资额（单位：百美元）
FEXP	年度机构支出额（单位：百美元）
NETREV	差值（PCREV-NSAL-FEXP）

表 1-13　医疗费用数据

行号	RURAL	BED	MCDAYS	TDAYS	PCREV	NSAL	FEXP	NETREV
1	0	244	128	385	23 521	5 230	5 334	12 957
2	1	59	155	203	9 160	2 459	493	6 208
3	0	120	281	392	21 900	6 304	6 115	9 481
4	0	120	291	419	22 354	6 590	6 346	9 418
5	0	120	238	363	17 421	5 362	6 225	5 834
6	1	65	180	234	10 531	3 622	449	6 460
7	1	120	306	372	22 147	4 406	4 998	12 743
8	1	90	214	305	14 025	4 173	966	8 886
9	0	96	155	169	8 812	1 955	1 260	5 597
10	1	120	133	188	11 729	3 224	6 442	2 063
11	0	62	148	192	8 896	2 409	1 236	5 251
12	1	120	274	426	20 987	2 066	3 360	15 561
13	0	116	154	321	17 655	5 946	4 231	7 478
14	1	59	120	164	7 085	1 925	1 280	3 880
15	1	80	261	284	13 089	4 166	1 123	7 800
16	1	120	338	375	21 453	5 257	5 206	10 990
17	1	80	77	133	7 790	1 988	4 443	1 359
18	1	100	204	318	18 309	4 156	4 585	9 568
19	1	60	97	213	8 872	1 914	1 675	5 283
20	1	110	178	280	17 881	5 173	5 686	7 022
21	0	120	232	336	17 004	4 630	907	11 467
22	0	135	316	442	23 829	7 489	3 351	12 989
23	1	59	163	191	9 424	2 051	1 756	5 617
24	0	60	96	202	12 474	3 803	2 123	6 548
25	1	25	74	83	4 078	2 008	4 531	−2 461
26	1	221	514	776	36 029	1 288	2 543	32 198
27	1	64	91	214	8 782	4 729	4 446	−393
28	0	62	146	204	8 951	2 367	1 064	5 520
29	1	108	255	366	17 446	5 933	2 987	8 526
30	1	62	144	220	6 164	2 782	411	2 971
31	0	90	151	286	2 853	4 651	4 197	−5 995
32	0	146	100	375	21 334	6 857	1 198	13 279
33	1	62	174	189	8 082	2 143	1 209	4 730
34	1	30	54	88	3 948	3 025	137	786
35	0	79	213	278	11 649	2 905	1 279	7 465
36	1	44	127	158	7 850	1 498	1 273	5 079
37	0	120	208	423	29 035	6 236	3 524	19 275

（续）

行号	RURAL	BED	MCDAYS	TDAYS	PCREV	NSAL	FEXP	NETREV
38	1	100	255	300	17 532	3 547	2 561	11 424
39	1	49	110	177	8 197	2 810	3 874	1 513
40	1	123	208	336	22 555	6 059	6 402	10 094
41	1	82	114	136	8 459	1 995	1 911	4 553
42	1	58	166	205	10 412	2 245	1 122	7 045
43	1	110	228	323	16 661	4 029	3 893	8 739
44	1	62	183	222	12 406	2 784	2 212	7 410
45	1	86	62	200	11 312	3 720	2 959	4 633
46	1	102	326	355	14 499	3 866	3 006	7 627
47	0	135	157	471	24 274	7 485	1 344	15 445
48	1	78	154	203	9 327	3 672	1 242	4 413
49	1	83	224	390	12 362	3 995	1 484	6 883
50	0	60	48	213	10 644	2 820	1 154	6 670
51	1	54	119	144	7 556	2 088	245	5 223
52	0	120	217	327	20 182	4 432	6 274	9 476

1.4 回归分析的步骤

回归分析包括以下步骤：

- 问题陈述
- 选择相关变量
- 收集数据
- 模型设定
- 选择拟合方法
- 模型拟合
- 模型论证
- 应用选定的模型解决提出的问题

下面说明这些步骤.

1.4.1 问题陈述

回归分析通常是从对问题的陈述开始的，也就是要确定需要分析研究哪些问题. 问题的陈述是回归分析的第一步，也可能是最重要的一步. 这种重要性体现在，如果我们把精力浪费在一个陈述模糊或陈述错误的问题上，就会导致选择错误的变量集或统计分析方法，也会导致选择错误的模型. 如果我们想知道一个雇主是否歧视某类员工，例如是否歧视女性，公司涉及薪酬、资历和性别的数据将用来分析有关就业歧视的问题. 就业歧视在文献中有多种定义. 例如，平均来看，若（a）女性的薪酬低于同等工作能力的男性，或

13～14

(b) 女性比拿同样薪酬的男性有更强的工作能力，就可以认为出现了性别歧视．要回答问题“平均来看，女性的薪酬低于同等工作能力的男性吗”，我们就应该把薪酬作为响应变量，资历和性别作为预测变量．要回答问题“平均来看，女性比拿同样薪酬的男性有更强的工作能力吗”，我们就应该将资历设定为响应变量，薪酬和性别作为预测变量．可以看到，由于问题的提法不同，导致变量在回归分析中的作用发生了变化．

1.4.2　选择相关变量

问题陈述清楚之后，就要根据该研究领域专业人士的意见选择变量集合，用来解释或预测响应变量．响应变量用 Y 表示，解释或预测变量用 X_1，X_2，…，X_p 表示，其中 p 是预测变量的个数．例如，在某个地理区域，我们把一栋住宅的价格作为响应变量，有关的预测变量可以是：房屋的占地面积、建筑面积、房龄、卧室数量、浴室数量、社区类型、房子的风格和房地产税费等．

1.4.3　收集数据

选择好潜在的相关变量后，下一步是从实际中收集分析问题使用的数据．有时候，我们可以在一个可控的情况下收集数据，以使不感兴趣的因素保持不变．而更多的时候，数据是在一种非实验条件下收集的，研究者只能控制很少的因素．在每种情况下，我们收集到 n 个目标的观测数据．每个目标的观测数据都是对该目标所有潜在的相关变量的测量值．收集到的数据通常如表 1-14 进行记录．表 1-14 的每一列代表一个变量，而每一行表示一个观测，对应某个目标（比如，一栋房子）的 $p+1$ 个值，其中一个为响应变量的值 y_i，其他 p 个预测变量中的每一个对应一个值．符号 x_{ij} 指第 j 个预测变量的第 i 个观测值，即第一个下标对应观测序号，第二个下标对应预测变量的序号．

表 1-14　回归分析中数据的变量符号

观测序号	响应变量 Y	预测变量			
		X_1	X_2	…	X_p
1	y_1	x_{11}	x_{12}	…	x_{1p}
2	y_2	x_{21}	x_{22}	…	x_{2p}
3	y_3	x_{31}	x_{32}	…	x_{3p}
⋮	⋮	⋮	⋮	⋮	⋮
n	y_n	x_{n1}	x_{n2}	…	x_{np}

表 1-14 中的每个变量按其取值情况可以分为**定量变量**或**定性变量**．定量变量如房子的价格、卧室的数量、房龄和税收．定性变量如社区的类型（例如，好的或不好的社区）和房子的风格（例如，牧场风格、殖民地风格等）．本书主要研究响应变量是定量变量的情况．当响应变量是**二值变量**[㊀]时，有一种研究方法是**逻辑斯谛回归**，该方法将在第 12 章介绍．在回归

15

㊀ 二值变量是指：该变量只能取两个可能值中的一个，例如是或不是、1 或 0，以及成功或失败．

分析中，预测变量可以是定量变量，也可以是定性变量. 通常，为了计算方便，如果有定性变量，必须把定性变量转化为可数值化的*示性变量*或*虚拟变量*，详见第 5 章.

如果所有预测变量都是定性变量，分析这些数据的方法称为*方差分析*. 尽管我们可以从方差分析的角度[⊖]介绍这种方法，但正如第 5 章中所说的，它们其实是特殊的回归分析. 如果预测变量有定量变量也有定性变量，此时的回归分析称为*协方差分析*.

1.4.4 模型设定

为了将响应变量和预测变量联系起来，通常先由该研究领域的专家根据他们的知识或主客观判断给出模型的形式. 这个假设的模型或者被收集的数据证实，或者被推翻. 要注意的是，此处只需给出模型的形式，它可以含有未知参数. 我们需要选择（1.1）中函数 $f(X_1, X_2, \cdots, X_p)$ 的形式. 该函数可以分为两类：*线性*和*非线性*. 线性函数如

$$Y = \beta_0 + \beta_1 X_1 + \varepsilon, \tag{1.3}$$

非线性函数如

16

$$Y = \beta_0 + e^{\beta_1 X_1} + \varepsilon. \tag{1.4}$$

注意这里的*线性项*（*非线性项*）不是表示 Y 与 $X_1, X_2, \cdots, X_p$ 之间的关系，而是指等式关于回归参数是线性的（非线性的）. 下面两个模型都是线性的：

$$Y = \beta_0 + \beta_1 X + \beta_2 X^2 + \varepsilon,$$

$$Y = \beta_0 + \beta_1 \ln X + \varepsilon,$$

这是因为在每一个模型中，尽管 Y 相对于 X 是非线性函数，但 Y 相对于参数是线性函数. 如果上述两个模型分别改写为如下形式：

$$Y = \beta_0 + \beta_1 X_1 + \beta_2 X_2 + \varepsilon,$$

$$Y = \beta_0 + \beta_1 X_1 + \varepsilon,$$

其中，在第一个方程中有 $X_1 = X$，$X_2 = X^2$，在第二个方程中有 $X_1 = \ln X$，这称为变量的*重置*或*变换*，详见第 6 章. 某些非线性函数，若它可以通过变量的重置转化为线性函数，则这些非线性函数称为*可线性化的*. 因此，线性模型类实际上比从表面看上去更广泛，因为它还包括所有可线性化的函数. 但要注意，并不是所有的非线性函数都可线性化，例如，（1.4）中的非线性函数就无法线性化. 有些学者将不能线性化的非线性函数称为本质上的非线性函数.

仅包含一个预测变量的回归方程称为*简单回归方程*，而包含多于一个预测变量的方程称为*多元回归方程*. 例如，分析修理机器所花时间时，若只考虑它与需要修理的部件的个数的关系，这就是一个简单回归方程，含一个响应变量（修理机器所花时间）和一个预测变量（需要修理的部件的个数）. 一个非常复杂的多元回归的例子是研究不同地理区域经过年龄调整的死亡率（响应变量）与大量的环境和社会经济因素（预测变量）之间的关系. 这两种问题都将在本书中介绍，上面提到的两个特例（指机器修理时间问题和死亡率

⊖ 例如，可参见书 Scheffé（1959）、Iversen（1976）、Wildt and Ahtola（1978）、Krishnaiah（1980）、Iversen and Norpoth（1987）、Lindman（1992）以及 Christensen（1996）.

问题)，一个在第2章介绍，另一个在第11章介绍.

在某些应用中，响应变量可以是一个变量集合 Y_1，Y_2，…，Y_q，也就是说，它们与同一个预测变量集合 X_1，X_2，…，X_p 有关. 例如，Bartlett，Stewart and Abrahamowicz (1998) 给出了一个针对148个健康人的包括11个变量的数据集，其中，6个变量代表不同类型感觉的测量阈值（如颤动、手和脚的温度），还有事先选定的可能对部分或全部6个感觉阈值有系统影响的5个协变量（例如，年龄、性别、身高和体重）. 这里，我们有6个响应变量和5个预测变量. 这个数据集，称为*定量感觉测试*（Quantitative Sensory Testing，QST)，由于其规模比较大（含148个观测），所以没有列在这里，但它可以在本书的网站上看到. 对该数据集的进一步描述和研究工作，可参阅 Bartlett，Stewartand Abrahamowicz (1998).

17

只有一个响应变量的回归分析称为*单变量回归*，有两个或两个以上响应变量的回归称为*多变量回归*. 不要将简单回归和多元回归误解为单变量回归和多变量回归. 简单回归和多元回归是由预测变量的个数决定的（简单回归只有一个预测变量，多元回归有两个或两个以上预测变量)，而单变量回归和多变量回归是由响应变量的个数决定的（单变量回归只有一个响应变量，多变量回归有两个或两个以上响应变量). 本书只考虑单变量回归（包括简单的和多元的、线性的和非线性的). 涉及多变量回归的多变量分析的书可见 Rencher (1995)、Johnson and Wichern (1992) 以及 Johnson (1998). 本书中的回归均指的是单变量回归.

我们上面所讨论的各种回归分析的分类见表1-15.

表1-15　回归分析的分类

回归类型	条　件
单变量	只有一个定量的响应变量
多变量	有两个或两个以上定量的响应变量
简单	只有一个预测变量
多元	有两个或两个以上预测变量
线性	方程关于所有的参数都是线性的，或经变量变换后是线性的
非线性	响应变量和某些预测变量之间具有非线性关系，或一些参数是以非线性形式出现的，并且不能经变换将参数线性化
方差分析	预测变量都是定性变量[⊖]
协方差分析	预测变量有定量变量，也有定性变量
Logistic	响应变量是定性变量

18

1.4.5　拟合方法

确定模型和收集数据之后，接下来是利用数据估计模型参数，也称为*参数估计*或*模型*

⊖ 某些实际问题中，例如鸡的增重实验问题中，预测变量为喂料量，看起来是定量的变量，但是可以看成喂料档次. 从方法论的角度，喂料量属于定性变量的范畴. ——译者注

拟合．最常用的估计方法是最小二乘法．在某些假设下（本书将详细讨论），最小二乘估计有很多好的性质．本书中我们主要采用最小二乘法和它的一些变形方法（如加权最小二乘法）．在某些情况下（例如，当一个或多个假设不成立时），其他估计方法可能会优于最小二乘法．本书中我们考虑的其他估计方法有最大似然估计法、岭回归法以及主成分分析法．

1.4.6 模型拟合

接下来，利用选定的估算方法（例如，最小二乘法）和收集到的数据进行回归参数估计或模型拟合．（1.1）中回归参数 β_0，β_1，…，β_p 的估计用 $\hat{\beta}_0$，$\hat{\beta}_1$，…，$\hat{\beta}_p$ 表示，于是，回归方程的估计可以写成

$$\hat{Y} = \hat{\beta}_0 + \hat{\beta}_1 X_1 + \hat{\beta}_2 X_2 + \cdots + \hat{\beta}_p X_p. \tag{1.5}$$

参数的上方的记号“^”表示该参数的估计．$\hat{Y}$（读作，Y-hat）称为拟合值．利用式（1.5）可以对数据中的 n 个观测计算 n 个拟合值，例如，第 i 个拟合值 $\hat{y}_i$ 是

$$\hat{y}_i = \hat{\beta}_0 + \hat{\beta}_1 x_{i1} + \hat{\beta}_2 x_{i2} + \cdots + \hat{\beta}_p x_{ip}, \quad i = 1,2,\cdots,n, \tag{1.6}$$

其中，x_{i1}，x_{i2}，…，x_{ip} 是第 i 个观测中 p 个预测变量的值．

注意式（1.5）还可以用预测变量的任意值来预测相应的响应变量的值．这种情况下获得的 $\hat{Y}$ 称为预测值．拟合值和预测值的不同在于，拟合值对应的预测变量的值就是数据中的某个观测，而预测值对应的可以是预测变量的任何取值．通常不建议读者用过多的超出数据中预测变量取值范围的值来预测响应变量．在实际应用中，预测变量可以具有将来值的含义，与此相应的预测值称为预报值[⊖]．

1.4.7 模型评价和选择

19

统计模型（如回归模型）的有效性依赖于某些假设，通常是指对数据和模型的假设．对分析和结论的准确性至关重要的是这些假设条件是否满足．例如，在用（1.5）做任何分析之前，我们首先需要确定特定的假设是否成立．我们需要解决以下问题：

1. 需要哪些假设？
2. 对于每个假设，我们如何确定该假设是否满足？
3. 当一个或更多假设不成立时，我们该如何处理？

本书的后续内容将详细介绍标准的回归假设以及回答上面的问题．我们强调，在分析得出任何结论之前，必须验证假设的合理性．回归分析可看做一个迭代的过程，这一过程中的输出可用于对输入的诊断、验证和评价，必要时可以修正输入（见图 1-1）．重复该过程，直到得到一个满意的输出为止．一个令人满意的输出是一个满足所需假设的预测模型，该模型与数据要有很好的吻合程度．这个迭代过程如图 1-1 所示．动态的迭代回归过

⊖ 例如，预测变量为温度值，响应变量为某生产过程的产量．根据回归方程，当温度达到 x 度时，相应的产量可达到 $\hat{y}$．此时预测值 $\hat{y}$ 可以称为预报值，因为在实际中温度 x 是虚拟值，可以认为是未来值，将相应的 $\hat{y}$ 称为预报值是合乎情理的．——译者注

程可借助于图 1-2 的流程图来理解，并且会在以后的章节中举例说明.

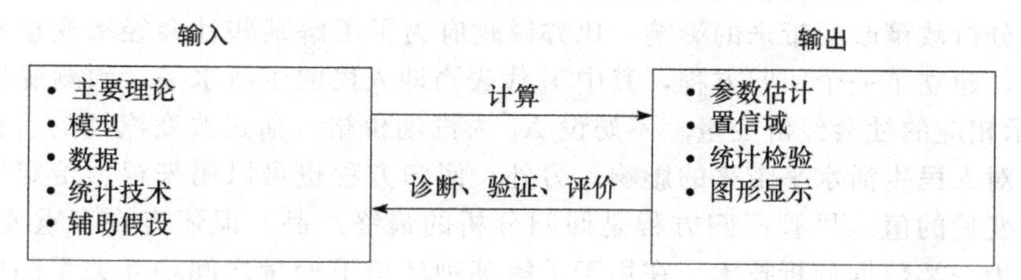

图 1-1　图示说明回归的迭代过程

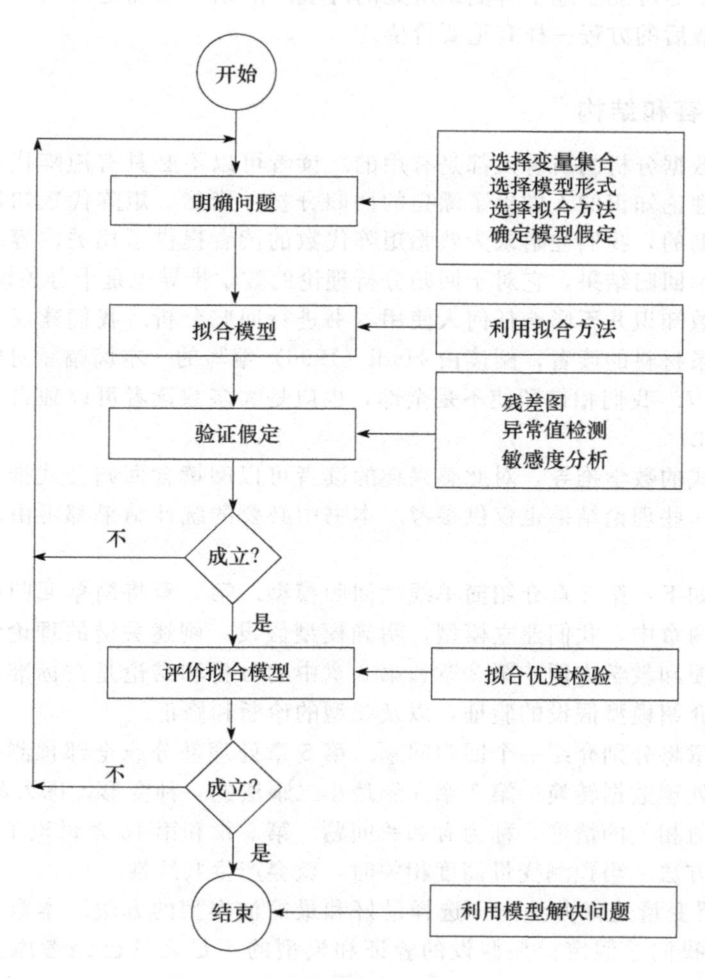

图 1-2　动态迭代回归过程的流程图

1.4.8　回归分析的目标

回归分析最重要的目标是准确确定回归方程，其概括了响应变量 Y 和一组预测变量

X_1，X_2，…，X_p 之间的关系. 回归方程有很多应用，如可以用来评估单个预测变量的重要性，可以分析政策改变带来的影响，比方说政府为了了解某些社会经济变量对人民生活水平的影响，建立了一个回归方程，其中 Y 代表当地人民的生活水平，预测变量 X_1，X_2，…，X_p 表示相应的社会经济变量. 不妨设 X_1 为汽油价格. 通过改变汽油的价格，可以分析油价政策对人民生活水平带来的影响. 另外，回归方程也可以用来根据给定的预测变量值预测响应变量的值. 尽管回归方程是回归分析的最终产品，但还有许多重要的副产品. 回归分析作为一类数据分析技术，在用于了解某种环境下变量之间相互关系的同时，也有助于我们利用数据尽可能多地了解变量所处的环境. 所以，在确定回归方程过程中得到的认识和发现，与最后的方程一样有重要价值.[㊀]

1.5 本书的内容和结构

20~21

本书对进行数据分析的所有人都是有用的. 读者可以不必具有矩阵代数知识，我们已经看到没有矩阵理论知识的人做出了漂亮的回归分析. 当然，矩阵代数知识对理解这些理论还是非常有帮助的，我们在附录为熟悉矩阵代数的读者提供了相关内容. 矩阵代数知识可以很简洁地表示回归结果，它对于回归分析理论的数学推导也是十分关键的.

缺少矩阵代数知识并不影响任何人使用本书进行回归分析. 我们建议不熟悉矩阵代数但又希望学习附录材料的读者，阅读由 Hadi (1996) 编写的一本篇幅相对较小的书*Matrix Algebra As a Tool*. 我们相信即使不是全部，也应是大多数读者可以独自或经很少的辅导就可以读懂这本书.

本书没有正式的数学推导，对此感兴趣的读者可以阅读含回归公式推导的书籍. 本书给出回归分析的一些理论结果也仅供参考. 本书中必要的统计结果都可由现有的回归软件包计算.[㊁]

本书的结构如下：第 2 章介绍简单线性回归模型. 第 3 章将简单回归模型推广到多元回归模型. 在这两章中，我们建立模型，明确模型假设，阐述关键的理论结果，并举例说明. 为了表达简便和教学方便，第 2 章和第 3 章中的分析和结论是在标准回归假设成立下进行的. 第 4 章介绍模型假设的验证，以及模型的诊断和修正.

余下的每一章将分别介绍一个回归问题. 第 5 章处理部分或全部预测变量是定性变量的情形. 第 6 章处理数据转换. 第 7 章介绍最小二乘法的一种变形，称为加权最小二乘法. 第 8 章讨论观测值相关的情形，称为自相关问题. 第 9 章和第 10 章讨论了重要的共线性问题的检测和修正方法. 当预测变量高度相关时，就会产生共线性.

第 11 章介绍变量选择方法——选择最好和最简洁模型的方法. 本章在使用任何变量选择方法之前，我们总假定模型假设的验证和模型的不足之处已经考虑到，并很好地解决了.

㊀ 原书本小节介绍非常简略，为方便读者理解，译者对本小节略作扩充. ——译者注

㊁ 许多商业统计软件包都包括回归分析程序. 我们假定这些程序已经被全面测试并产生计算准确的结果. 绝大部分情况下，这个假定是安全的，但对于某些数据集，不同的程序却给出显著不同的结果.

前面的章节处理了响应变量是定量变量的情况. 第12章讨论了逻辑斯谛回归，该方法处理响应变量是分类变量的情形. 逻辑斯谛回归是一个重要的应用工具，除了二值的逻辑斯谛回归外，我们还讨论多值的逻辑斯谛回归，这拓展了逻辑斯谛回归更多样化的应用. 在一些多值情况下，分类是有序的，例如态度调查，所以我们还讨论有序响应变量的逻辑斯谛模型.

22

本书最后的第13章题为进一步的论题. 讨论了两个主题，一是推广了线性模型的概念，使得回归和逻辑斯谛模型都可视为特殊的线性模型. 这个推广使线性模型的应用范围更加广泛. 我们还讨论了泊松回归，泊松回归中的响应变量是计数值的变量. 这一章还通过实例简要地介绍了稳健回归.

尽管在第4章之后，第5～12章可以不按顺序阅读，只要第9章在第10章之前阅读，第7章在第12章和第13章之前阅读即可，但我们还是建议读者按照书中的顺序阅读.

习题

1.1 区分下列变量是定量变量，还是定性变量. 如果是定性变量，说出它可能的类别.

(a) 地理区域　(b) 一个家庭中孩子的数量　(c) 房子的价格　(d) 种族

(e) 温度　(f) 燃料的消耗　(g) 就业率　(h) 政党偏好

1.2 在任何你感兴趣的领域举两个例子（除了已出现在本章中的外），说明回归分析可作为数据分析工具解决一些感兴趣的问题. 对于每个例子考虑以下问题：

(a) 感兴趣的问题是什么？

(b) 确定响应变量和预测变量.

(c) 将每个变量划分为定量的或定性的.

(d) 哪种回归（见表1-15）可以用来分析数据？

(e) 给出可能的模型形式，并确定其参数.

1.3 下面的每一组变量中，哪些是响应变量，哪些是预测变量？并解释说明.

(a) 汽车的汽缸数和汽油的消费量.

(b) SAT成绩、平均绩点和大学入学资格.

(c) 某些商品的供给和需求.

(d) 公司的资产、股票收益和净销售额.

(e) 跑步的距离、跑步用时和跑步时的天气状况.

(f) 人的体重、是否吸烟以及是否患肺癌.

(g) 孩子的身高和体重、其父母的身高和体重以及孩子的性别和年龄.

23

1.4 对习题1.3中的每组变量，

(a) 将每个变量划分为定量的或定性的.

(b) 哪种回归（见表1-15）可以用来分析数据？

24

第2章 简单线性回归

2.1 引言

我们从最简单的情况开始学习，也就是研究一个响应变量 Y 和一个预测变量 X_1 之间的关系，简单线性回归也称为一元线性回归. 因为只考虑一个预测变量，所以为简单起见，用 X 代替 X_1. 首先，我们介绍协方差和相关系数，用来刻画两个变量间线性关系的方向和强度. 然后建立简单线性回归模型，并不加推导地给出关键的理论结果，用多个例子进行解释. 对数学推导感兴趣的读者可以参考本章最后列出的文献，其中系统地介绍了回归分析的理论发展.

2.2 协方差与相关系数

假设我们已得到响应变量 Y 和预测变量 X 的 n 组观测，并如表 2-1 的形式列出. 我们希望度量 Y 和 X 之间关系的方向和强度，于是引入协方差和相关系数这两个工具.

25

表 2-1 简单回归和相关性分析中的数据记号

观测序号	响应变量 Y	预测变量 X
1	y_1	x_1
2	y_2	x_2
⋮	⋮	⋮
n	y_n	x_n

在 Y 对 X 的散点图上，过 $\overline{x}$ 作一条垂线，过 $\overline{y}$ 作一条水平线，如图 2-1 所示，其中

$$\overline{y}=\frac{\sum_{i=1}^{n}y_i}{n},\quad \overline{x}=\frac{\sum_{i=1}^{n}x_i}{n},\tag{2.1}$$

分别是 Y 和 X 的样本均值. 这两条线将散点图分成了四个象限，对图中的每一个点 i，计算下面三个量：

- $y_i-\overline{y}$，响应变量的每一个观测 y_i 与均值 $\overline{y}$ 的偏离；
- $x_i-\overline{x}$，预测变量的每一个观测 x_i 与均值 $\overline{x}$ 的偏离；
- 以上两个量的乘积，$(y_i-\overline{y})(x_i-\overline{x})$.

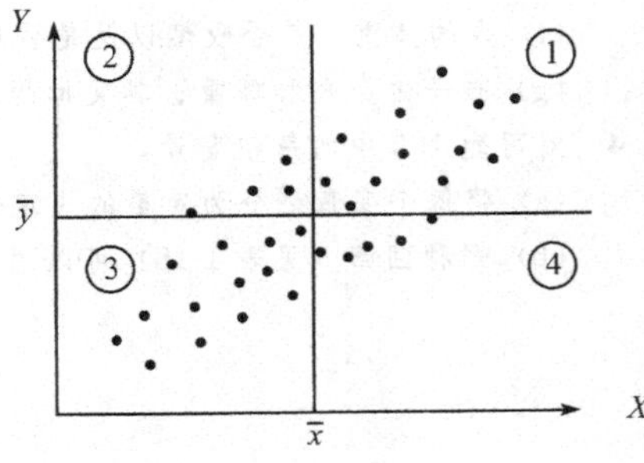

图 2-1 相关系数的示意图

从图中可以看出，第一和第二象限中的点，其 $y_i-\overline{y}$ 是正的，而第三和第四象限中的点，其 $y_i-\overline{y}$ 是负的. 类似地，第一和第四象限中的点，其 $x_i-\overline{x}$ 是

26

正的，而第二和第三象限中的点，其 $x_i-\overline{x}$ 是负的，见表 2-2.

表 2-2 $(y_i-\overline{y})$ 和 $(x_i-\overline{x})$ 的符号

象限	$y_i-\overline{y}$	$x_i-\overline{x}$	$(y_i-\overline{y})(x_i-\overline{x})$
1	+	+	+
2	+	−	−
3	−	−	+
4	−	+	−

如果 Y 和 X 之间的线性关系是正的（即当 X 增大时 Y 也增大），则位于第一和第三象限的点要多于位于第二和第四象限的点. 此时，表 2-2 最后一列对应的各项中，取正号的比取负号的多，所以总和很有可能是正的. 反之，若 Y 和 X 之间的线性关系是负的（即当 X 增大时 Y 减小），则位于第二和第四象限的点要多于位于第一和第三象限的点，从而，表 2-2 最后一列对应的各项的和很有可能是负的. 因此，定义 Y 和 X 的*协方差*为

$$\mathrm{Cov}(Y,X)=\frac{\sum_{i=1}^{n}(y_i-\overline{y})(x_i-\overline{x})}{n-1}, \tag{2.2}$$

其符号反映了 Y 和 X 的线性关系的方向. 如果 $\mathrm{Cov}(Y,X)>0$，则 Y 和 X 的关系是正的，如果 $\mathrm{Cov}(Y,X)<0$，则 Y 和 X 的关系是负的. 遗憾的是，由于 $\mathrm{Cov}(Y,X)$ 会受到度量单位的影响，所以它的值不能反映变量之间线性关系的强度. 例如，若 Y 和（或）X 用千美元作单位，与二者都用美元作单位，算出来的 $\mathrm{Cov}(Y,X)$ 是不一样的. 为了弥补协方差的这一不足，在计算协方差之前，我们对数据先进行标准化. 对 Y 的数据标准化，是指对每个观测值 y_i 减去均值 $\overline{y}$，再除以标准差，即

$$z_i=\frac{y_i-\overline{y}}{s_y}, \tag{2.3}$$

其中

$$s_y=\sqrt{\frac{\sum_{i=1}^{n}(y_i-\overline{y})^2}{n-1}} \tag{2.4}$$

是 Y 的*样本标准差*. 可以证明，式（2.3）对应的标准化后的变量 Z，其均值为 0，标准差为 1. 类似地，可以对 X 的数据标准化，将每个观测值 x_i 减去均值 $\overline{x}$，再除以标准差 s_x. X 和 Y 经标准化后再算协方差，就是 Y 和 X 的*相关系数*，即

27

$$\mathrm{Cor}(Y,X)=\frac{1}{n-1}\sum_{i=1}^{n}\left(\frac{y_i-\overline{y}}{s_y}\right)\left(\frac{x_i-\overline{x}}{s_x}\right). \tag{2.5}$$

相关系数的等价公式有

$$\mathrm{Cor}(Y,X)=\frac{\mathrm{Cov}(Y,X)}{s_y s_x} \tag{2.6}$$

$$=\frac{\sum(y_i-\overline{y})(x_i-\overline{x})}{\sqrt{\sum(y_i-\overline{y})^2\sum(x_i-\overline{x})^2}}. \tag{2.7}$$

因此，相关系数就是标准化后变量的协方差，也是协方差与两个变量标准差乘积之比. 从式（2.5）可以看出，相关系数具有对称性，即 Cor(Y, X) = Cor(X, Y).

与协方差 Cov(Y, X) 不同的是，相关系数 Cor(Y, X) 不再受度量单位的影响，并且满足

$$-1 \leqslant \text{Cor}(Y, X) \leqslant 1. \tag{2.8}$$

相关系数 Cor(Y, X) 的这些性质，使它成为度量 Y 和 X 之间线性关系方向和强度的重要工具. 首先，Cor(Y, X) 的大小度量了 Y 和 X 之间线性关系的强度，Cor(Y, X) 越靠近 1 或 −1，Y 和 X 之间的线性关系越强. 其次，Cor(Y, X) 的符号反映了 Y 和 X 之间线性关系的方向：当 Cor(Y, X) > 0 时，Y 和 X 是正相关的，当 Cor(Y, X) < 0 时，Y 和 X 是负相关的.

要注意的是，Cor(Y, X) = 0 并不意味着 Y 和 X 没有相关性，只是它们之间没有线性相关性，因为相关系数只刻画变量间线性关系的强弱. 也就是说，当 Y 和 X 之间具有非线性关系时，Cor(Y, X) 仍然可能是 0. 例如，表 2-3 中的 Y 和 X 之间具有明确的非线性关系 $Y = 50 - X^2$（如图 2-2 所示），但 Cor(Y, X) = 0.

表 2-3　Y 和 X 之间具有明确的非线性关系的数据集，但 Cor(Y, X) = 0

Y	X	Y	X	Y	X
1	−7	46	−2	41	3
14	−6	49	−1	34	4
25	−5	50	0	25	5
34	−4	49	1	14	6
41	−3	46	2	1	7

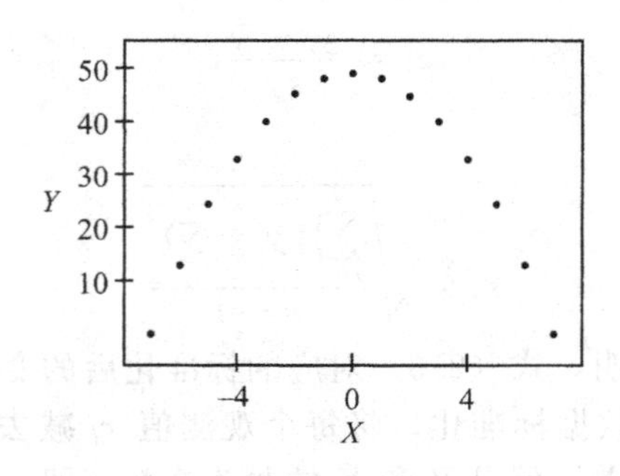

图 2-2　表 2-3 中的变量 Y 对 X 的散点图

此外，像许多其他的统计量一样，Cor(Y, X) 会受到数据中一个或几个离群值的显著影响. 为了说明这一点，Anscombe（1973）构造了四个数据集，虽然每个数据集有不同的构造模式，但它们具有相同的相关系数. 四组数据和相应的散点图见表 2-4 和图 2-3. 这些数据可在本书的网站上查到.[⊖] 如果完全基于相关系数分析这些数据，将无法发现数据

⊖ http://www.aucegypt.edu/faculty/hadi/RABE5

构造模式之间的差别.

表 2-4　Anscombe 四数据：4 个数据集具有相同的概要统计量

Y_1	X_1	Y_2	X_2	Y_3	X_3	Y_4	X_4
8.04	10	9.14	10	7.46	10	6.58	8
6.95	8	8.14	8	6.77	8	5.76	8
7.58	13	8.74	13	12.74	13	7.71	8
8.81	9	8.77	9	7.11	9	8.84	8
8.33	11	9.26	11	7.81	11	8.47	8
9.96	14	8.10	14	8.84	14	7.04	8
7.24	6	6.13	6	6.08	6	5.25	8
4.26	4	3.10	4	5.39	4	12.50	19
10.84	12	9.13	12	8.15	12	5.56	8
4.82	7	7.26	7	6.42	7	7.91	8
5.68	5	4.74	5	5.73	5	6.89	8

数据来源：Anscombe (1973).

28~29

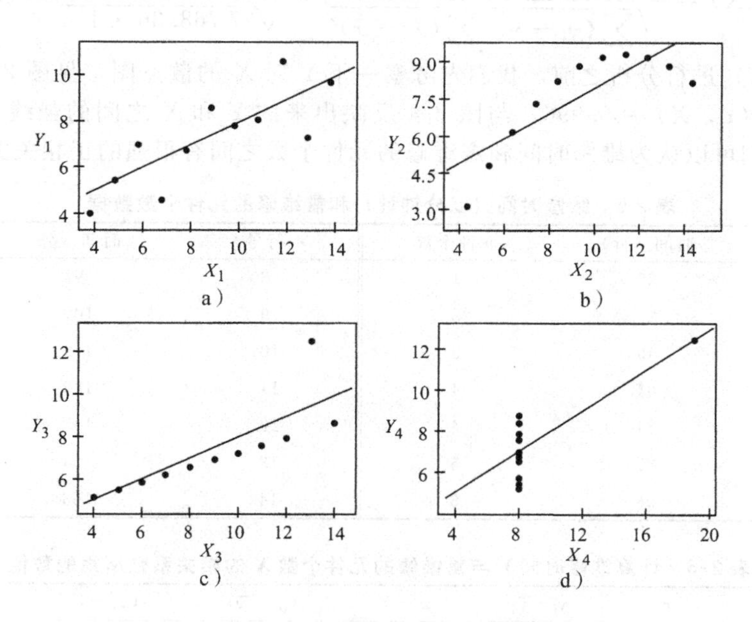

图 2-3　表 2-4 中各数据集的散点图和拟合直线

图 2-3 直观地告诉我们，只有图 2-3a 对应的第一个数据集能用线性模型刻画，而图 2-3b对应的第二个数据集很明显是非线性的，更适合用二次函数进行拟合，图 2-3c 对应的第三个数据集中有一个点会改变拟合直线的斜率和截距，图 2-3d 对应的第四个数据集不适合进行线性拟合，图中的拟合直线实质上是由一个极端观测值确定的. 因此，在解释相关系数 Cor(Y, X) 的值之前，考察一下 Y 对 X 的散点图是非常重要的.

2.3 实例：计算机维修数据

下面以一个销售和维修小型计算机的公司的数据为例进行说明. 为了研究维修时间和计算机中需要维修或更换的电子元件的个数之间的关系，我们抽取一个维修记录的样本，包括服务时间（响应变量，以分钟计）和维修元件个数（预测变量），见表 2-5，也可以在本书的网站上查到. 本章将多次用到该实例进行讲解. 利用表 2-6 中给出的结果，可以计算 $\overline{y}$，$\overline{x}$，Cov(Y，X) 和 Cor(Y，X) 如下：

30

$$\overline{y}=\frac{\sum_{i=1}^{n}y_i}{n}=\frac{1\,361}{14}=97.21 \quad 和 \quad \overline{x}=\frac{\sum_{i=1}^{n}x_i}{n}=\frac{84}{14}=6,$$

$$\mathrm{Cov}(Y,X)=\frac{\sum_{i=1}^{n}(y_i-\overline{y})(x_i-\overline{x})}{n-1}=\frac{1\,768}{13}=136,$$

$$\mathrm{Cor}(Y,X)=\frac{\sum(y_i-\overline{y})(x_i-\overline{x})}{\sqrt{\sum(y_i-\overline{y})^2\sum(x_i-\overline{x})^2}}=\frac{1\,768}{\sqrt{27\,768.36\times 114}}=0.996.$$

在用 Cor(Y，X) 进行分析之前，我们先考察一下 Y 对 X 的散点图，见图 2-4. 相关系数的值很高，Cor(Y，X) =0.996，与图 2-4 反映出来的 Y 和 X 之间的强线性关系是吻合的. 因此，我们可以认为维修时间和需维修的元件个数之间有很强的正相关关系.

表 2-5 维修时间（以分钟计）和需维修的元件个数数据

行号	时间（分）	元件个数	行号	时间（分）	元件个数
1	23	1	8	97	6
2	29	2	9	109	7
3	49	3	10	119	8
4	64	4	11	149	9
5	74	4	12	145	9
6	87	5	13	154	10
7	96	6	14	166	10

31

表 2-6 计算维修时间 Y 与需维修的元件个数 X 的相关系数所用的数值

i	y_i	x_i	$y_i-\overline{y}$	$x_i-\overline{x}$	$(y_i-\overline{y})^2$	$(x_i-\overline{x})^2$	$(y_i-\overline{y})(x_i-\overline{x})$
1	23	1	−74.21	−5	5 507.76	25	371.07
2	29	2	−68.21	−4	4 653.19	16	272.86
3	49	3	−48.21	−3	2 324.62	9	144.64
4	64	4	−33.21	−2	1 103.19	4	66.43
5	74	4	−23.21	−2	538.90	4	46.43
6	87	5	−10.21	−1	104.33	1	10.21
7	96	6	−1.21	0	1.47	0	0.00

（续）

i	y_i	x_i	$y_i-\bar{y}$	$x_i-\bar{x}$	$(y_i-\bar{y})^2$	$(x_i-\bar{x})^2$	$(y_i-\bar{y})(x_i-\bar{x})$
8	97	6	−0.21	0	0.05	0	0.00
9	109	7	11.79	1	138.90	1	11.79
10	119	8	21.79	2	474.62	4	43.57
11	149	9	51.79	3	2 681.76	9	155.36
12	145	9	47.79	3	2 283.47	9	143.36
13	154	10	56.79	4	3 224.62	16	227.14
14	166	10	68.79	4	4 731.47	16	275.14
合计	1 361	84	0.00	0	27 768.36	114	1 768.00

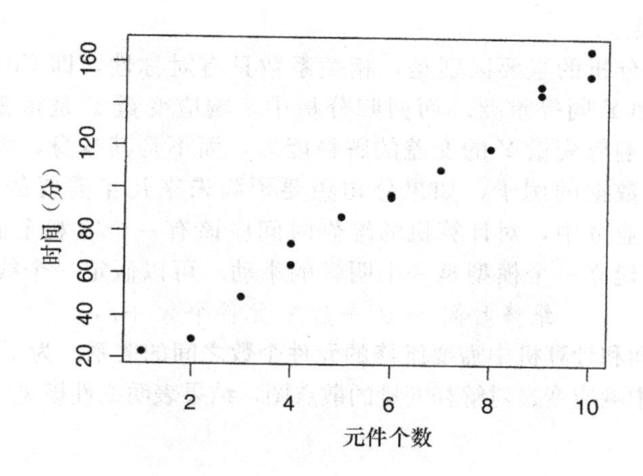

图 2-4　计算机维修数据：维修时间对元件个数的散点图

尽管 Cor(Y，X) 是度量线性关系方向和强度的有力工具，但它不能用来做预测，也就是说，在给定某些变量时，无法用 Cor(Y，X) 预测另外某个变量的值．此外，与 Cor(Y，X)只能度量成对变量的线性关系不同的是，回归分析可以用来研究一个或多个响应变量与一个或多个预测变量之间的关系，也可以用来做预测．回归分析是对相关分析的很好的扩展，因为它建立的模型不仅可以用来度量响应变量和预测变量之间关系的方向和强度，也可以定量描述这些关系．本章余下的部分将介绍简单线性回归模型，第 3 章将介绍多元回归模型．

2.4　简单线性回归模型

假定响应变量 Y 和预测变量 X 之间的关系可用如下的线性模型[⊖]刻画

⊖ 线性这个词在此有双重作用．它可以表示 Y 与 X 之间的关系是线性的，而更一般的意义上是指，式（2.9）中 Y 与回归参数 β_0 和 β_1 之间的关系是线性的．因此，对模型 $Y=\beta_0+\beta_1X^2+\epsilon$，尽管 Y 和 X 之间是二次函数关系，但它也是一个线性模型．

$$Y = \beta_0 + \beta_1 X + \varepsilon, \tag{2.9}$$

32
其中 β_0 是常数项，β_1 是模型的回归系数，它们都是常数，称为模型的参数，ε 是随机扰动或误差. 假定在所研究的观测范围内，线性方程（2.9）是对 Y 和 X 之间真实关系的一种可以接受的近似，也就是说，Y 与 X 的关系可以用一个 X 的线性函数近似地表示，ε 是这种近似的偏差. 要特别说明的是，ε 只是随机误差，不再包含 Y 与 X 之间关系的任何信息. 回归系数 β_1 称为斜率，可以理解为，当 X 改变一个单位时 Y 的改变量. 常数项 β_0 也称为截距，是当 $X=0$ 时，Y 的预测值.

根据式（2.9），表 2-1 中的每一个观测都可以写为

$$y_i = \beta_0 + \beta_1 x_i + \varepsilon_i, \quad i = 1,2,\cdots,n, \tag{2.10}$$

其中 y_i 是响应变量 Y 的第 i 个观测值，x_i 是预测变量 X 的第 i 个观测值，ε_i 是用 x_i 的线性函数近似 y_i 时的误差.

回归分析与相关分析的重要区别是，相关系数具有对称性，即 $\mathrm{Cor}(Y, X) = \mathrm{Cor}(X, Y)$，其中的变量 X 和 Y 同等重要. 而回归分析中，响应变量 Y 是最重要的，预测变量 X 的重要性取决于它对响应变量 Y 的变差的解释能力，而不是其本身，因此 Y 是最重要的.

回到计算机维修数据的例子，如果公司想要预测未来几年需要的维修工程师的数量，那么，在公司的维修业务中，对计算机的维修时间应该有一个客观全面的了解. 为此，根据公司的历史记录，建立一个模型是一个明智的举动. 可以假定一个线性模型

$$\text{维修时间} = \beta_0 + \beta_1 \times \text{元件个数} + \varepsilon, \tag{2.11}$$

该模型刻画了维修时间和计算机中需要维修的元件个数之间的关系. 为了验证这个假定的合理性，我们考察图 2-4 中响应变量对解释变量的散点图，结果表明线性模型（2.11）是合理的.

2.5 参数估计

我们希望根据已有的数据，估计出参数 β_0 和 β_1，也就是寻找一条直线，它能最好地拟合（或表示）响应变量对预测变量的散点图中的点（见图 2-4）. 我们采用广泛使用的最小二乘法估计参数，其基本做法是，当每个点到直线的铅直距离[⊖]的平方和达到最小时，对应的直线就是要找的直线. 其中铅直距离代表了响应变量的误差 ε_i，把式（2.10）变形可得到误差的表达式

33

$$\varepsilon_i = y_i - \beta_0 - \beta_1 x_i, \quad i = 1,2,\cdots,n. \tag{2.12}$$

所有铅直距离的平方和可表示为

$$S(\beta_0, \beta_1) = \sum_{i=1}^{n} \varepsilon_i^2 = \sum_{i=1}^{n} (y_i - \beta_0 - \beta_1 x_i)^2. \tag{2.13}$$

最小化 $S(\beta_0, \beta_1)$，可得到参数的估计 $\hat{\beta}_0$ 和 $\hat{\beta}_1$ 如下

$$\hat{\beta}_1 = \frac{\sum (y_i - \overline{y})(x_i - \overline{x})}{\sum (x_i - \overline{x})^2} \tag{2.14}$$

⊖ 也可以用点到直线的垂直距离（即最短距离）代替铅直距离，这样得到的直线称为正交回归直线.

$$\hat{\beta}_0 = \overline{y} - \hat{\beta}_1 \overline{x}. \tag{2.15}$$

由于计算$\hat{\beta}_0$要用到$\hat{\beta}_1$，所以应先算$\hat{\beta}_1$，后算$\hat{\beta}_0$. 由于$\hat{\beta}_0$和$\hat{\beta}_1$是最小二乘法的解，所以它们称为β_0和β_1的*最小二乘估计*，分别是当点到直线的铅直距离的平方和达到最小时，对应的直线的截距和斜率. 这条直线称为*最小二乘回归直线*，可表示为

$$\hat{Y} = \hat{\beta}_0 + \hat{\beta}_1 X. \tag{2.16}$$

因为我们总能找到使铅直距离的平方和达到最小的直线，所以这样的最小二乘直线总是存在的. 事实上，后面我们会发现，在一些情况下，最小二乘直线可能不是唯一的，当然，这种情况在实际中并不常见.

对数据中的每一个观测x_i，我们可以计算y_i的拟合值

$$\hat{y}_i = \hat{\beta}_0 + \hat{\beta}_1 x_i, \quad i = 1,2,\cdots,n. \tag{2.17}$$

第i个拟合值$\hat{y}_i$是最小二乘回归直线（2.16）上与x_i对应的点的纵坐标，从而，第i个观测处的铅直距离是

$$e_i = y_i - \hat{y}_i, \quad i = 1,2,\cdots,n. \tag{2.18}$$

这些铅直距离称为*普通*[⊖]*最小二乘残差*（Residuals），可以证得式（2.18）中的残差之和为0（见习题2.5（a））.

根据计算机维修数据以及表2-6给出的计算结果，可得到参数的估计值为

$$\hat{\beta}_1 = \frac{\sum (y_i - \overline{y})(x_i - \overline{x})}{\sum (x_i - \overline{x})^2} = \frac{1\,768}{114} = 15.509,$$

$$\hat{\beta}_0 = \overline{y} - \hat{\beta}_1 \overline{x} = 97.21 - 15.509 \times 6 = 4.162.$$

34

于是，最小二乘回归直线是

$$\text{时间} = 4.162 + 15.509 \times \text{元件个数} \tag{2.19}$$

我们将这条直线与维修时间对元件个数的散点图共同绘在图2-5中，式（2.17）中的拟合值与式（2.18）中的残差列在表2-7中.

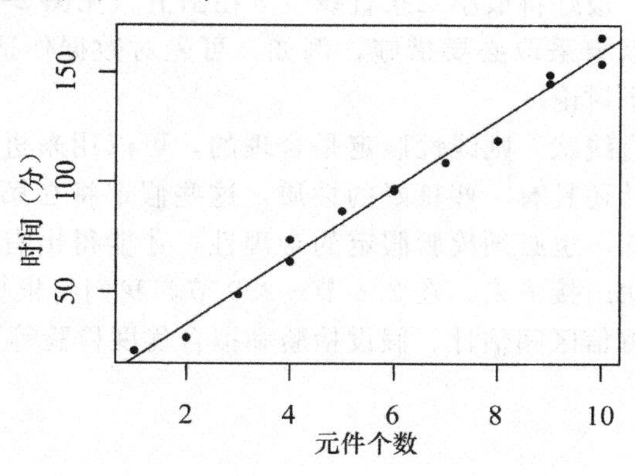

图2-5　维修时间对元件个数的散点图和拟合的最小二乘回归直线

⊖ 为了与后面其他类型的残差相区别.

表 2-7 计算机维修数据的结果：拟合值 $\hat{y}_i$，普通最小二乘回归残差 e_i

i	x_i	y_i	$\hat{y}_i$	e_i	i	x_i	y_i	$\hat{y}_i$	e_i
1	1	23	19.67	3.33	8	6	97	97.21	−0.21
2	2	29	35.18	−6.18	9	7	109	112.72	−3.72
3	3	49	50.69	−1.69	10	8	119	128.23	−9.23
4	4	64	66.20	−2.20	11	9	149	143.74	5.26
5	4	74	66.20	7.80	12	9	145	143.74	1.26
6	5	87	81.71	5.29	13	10	154	159.25	−5.25
7	6	96	97.21	−1.21	14	10	166	159.25	6.75

y_i 的拟合值的公式（2.19）中的参数可以有这样的实际解释：常数项表示每次维修的起步时间，大概 4 分钟；元件个数前的系数表示每多修一个元件要增加的维修时间，大概 15.5 分钟. 例如，维修 4 个元件时，将元件个数＝4 代入回归直线（2.19）中，得到维修时间的拟合值 $y_i=4.162+15.509\times 4=66.20$. 因为元件个数＝4 在我们的数据集中对应着两个观测（见表 2-7 中第 4 和第 5 个观测值），从表 2-7 中可以看出，这两个观测值的拟合值都是 66.20. 然而，因为观测 4 和 5 的响应变量 Y 的值不同，所以残差也不同.

比较（2.2）、（2.7）和（2.14），我们可以得到 $\hat{\beta}_1$ 的另一个计算式

$$\hat{\beta}_1=\frac{\mathrm{Cov}(Y,X)}{\mathrm{Var}(X)}=\mathrm{Cor}(Y,X)\frac{s_y}{s_x}, \tag{2.20}$$

可以看出，$\hat{\beta}_1$、$\mathrm{Cov}(Y,X)$ 和 $\mathrm{Cor}(Y,X)$ 有相同的符号，直观上说，就是正（负）斜率意味着正（负）相关性.

35

到目前为止，在我们的分析中，仅假定 Y 和 X 是线性相关的，称为*线性假定*，这只是对响应变量和预测变量之间关系的一种推测. 在用这个假定之前，应先检验假定的合理性，也就是确定现有数据是否支持 Y 和 X 是线性相关的. 一个非正式的方法是考察响应变量对预测变量的散点图，最好将最小二乘直线也画在图上（见图 2-5）. 如果我们观察到的是一种非线性的关系，就要采取必要措施，例如，可先对数据作适当变换，再进行分析. 数据变换方法将在第 6 章讨论.

如果散点的分布呈直线状，则线性假定是合理的，可以用来进行分析. 当另外一些假定成立时，最小二乘估计还具有一些良好的性质，这些假定将在第 4 章介绍. 同样，在利用这些假定进行分析之前，也必须检验假定的合理性，才能得出有意义的结论. 第 4 章给出了检验这些假定的方法. 接下来，在 2.6 节～2.9 节，我们将根据最小二乘估计的性质，进行一些统计推断（如置信区间估计、假设检验和拟合优度检验等）.

2.6 假设检验

如前所述，X 是否具备对 Y 的预测能力，一般可以通过相关系数和相应的 Y 对 X 的散点图来衡量. 但是，这只是一种视觉上的直观判断方法. 现在提供一个更严格的数量化方法：对回归参数 β_1 作假设检验. 在模型（2.9）中，若 $\beta_1=0$ 意味着 Y 和 X 之间没有线

性关系，若$\beta_1 \neq 0$，则Y和X之间存在线性关系．这样，要回答X是否具备对Y的预测能力，就需要在回归模型中对假设$\beta_1=0$做检验．但是，要检验这样的假设，对模型（2.9）还要附加下面的假定：对于X的每一个固定的值，所有的ε都相互独立，并且都服从均值为0，方差为σ^2的正态分布，即$\varepsilon_i \sim \mathrm{iid}N(0, \sigma^2)$，$\sigma^2>0$．在这些附加假定下，最小二乘估计$\hat{\beta}_0$和$\hat{\beta}_1$具有明确的抽样分布，它们都是正态分布，均值分别为$\beta_0$和$\beta_1$，即$\hat{\beta}_0$和$\hat{\beta}_1$分别是$\beta_0$和$\beta_1$的无偏[⊖]估计，方差分别如（2.21）和（2.22）所示

36

$$\mathrm{Var}(\hat{\beta}_0)=\sigma^2\left[\frac{1}{n}+\frac{\bar{x}^2}{\sum(x_i-\bar{x})^2}\right], \tag{2.21}$$

$$\mathrm{Var}(\hat{\beta}_1)=\frac{\sigma^2}{\sum(x_i-\bar{x})^2}. \tag{2.22}$$

由于$\hat{\beta}_0$和$\hat{\beta}_1$的方差都依赖于未知参数σ^2，所以我们需要首先求出参数σ^2的估计．σ^2的一个无偏估计是

$$\hat{\sigma}^2=\frac{\sum e_i^2}{n-2}=\frac{\sum(y_i-\hat{y}_i)^2}{n-2}=\frac{\mathrm{SSE}}{n-2}, \tag{2.23}$$

其中，SSE是残差（误差）平方和，分母中的$n-2$是**自由度**（degrees of freedom，df）．自由度等于样本中的观测个数减去待估的回归参数的个数．

将（2.23）中σ^2的估计$\hat{\sigma}^2$代入（2.21）和（2.22）中，可以得到$\hat{\beta}_0$和$\hat{\beta}_1$的方差的无偏估计．**标准差的估计量称为标准误**（standard error，s.e.），于是，$\hat{\beta}_0$和$\hat{\beta}_1$的标准误分别为

$$\mathrm{s.e.}(\hat{\beta}_0)=\hat{\sigma}\sqrt{\frac{1}{n}+\frac{\bar{x}^2}{\sum(x_i-\bar{x})^2}}, \tag{2.24}$$

$$\mathrm{s.e.}(\hat{\beta}_1)=\frac{\hat{\sigma}}{\sqrt{\sum(x_i-\bar{x})^2}}, \tag{2.25}$$

其中，$\hat{\sigma}$是（2.23）中$\hat{\sigma}^2$的平方根．$\hat{\beta}_1$的标准误刻画了斜率的估计精度，标准误越小估计精度越高．

利用$\hat{\beta}_0$和$\hat{\beta}_1$的抽样分布，可以分析预测变量X对响应变量Y的预测能力．在正态分布假设下，检验原假设$\mathrm{H}_0:\beta_1=0$对备择假设$\mathrm{H}_1:\beta_1\neq 0$（简记为$\mathrm{H}_0:\beta_1=0 \leftrightarrow \mathrm{H}_1:\beta_1\neq 0$）的检验是$t$检验，所用的统计量是

$$t_1=\frac{\hat{\beta}_1}{\mathrm{s.e.}(\hat{\beta}_1)}. \tag{2.26}$$

当$\mathrm{H}_0:\beta_1=0$为真时，t_1服从自由度为$n-2$的学生氏t分布．通过比较该统计量的观测值与适当的临界值的关系，得出检验的结论．临界值$t_{(n-2,\alpha/2)}$可从本书附录（表A-2）的t分布表中查得，其中α是给定的显著性水平．由于这是双边的备择假设，所以用$\alpha/2$确定分

37

⊖ 如果估计量$\hat{\theta}$的期望等于待估的参数θ，则$\hat{\theta}$称为θ的无偏估计．

位点．如果

$$|t_1| \geqslant t_{(n-2,\alpha/2)}, \tag{2.27}$$

则在显著性水平α下拒绝H_0，其中$|t_1|$是t_1的绝对值．与（2.27）等价的检验准则是比较该t检验的p值$p(|t_1|)$和α的大小，其中$p(|t_1|)$是服从自由度为$n-2$的学生氏t分布的随机变量的绝对值大于$|t_1|$的概率．如果

$$p(|t_1|) \leqslant \alpha, \tag{2.28}$$

则拒绝H_0．图 2-6 是t分布的密度函数的图像，p值的大小就是曲线下两侧的阴影部分的面积和，统计软件包进行回归分析时通常都会计算和输出p值．拒绝$H_0:\beta_1=0$，意味着β_1很有可能不是 0，从而，预测变量X对响应变量Y的预测效果在统计上是显著的．

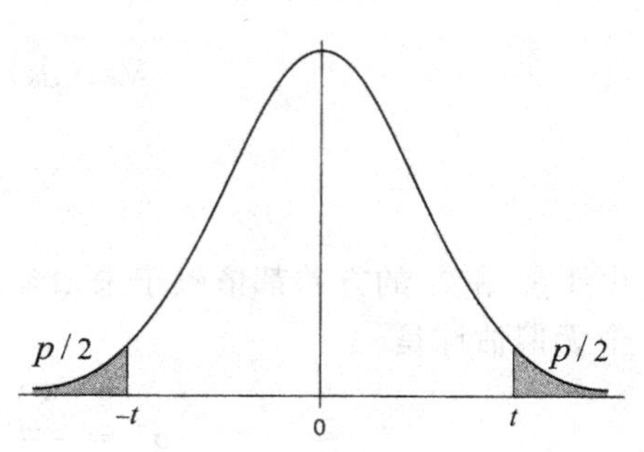

图 2-6　t分布的概率密度函数的图像，t检验的p值是曲线下阴影的面积和

为了全面介绍回归参数的假设检验，我们再给出其他三种在实际中常用的假设检验．

检验 $H_0:\beta_1=\beta_1^0$

上面的t检验可以推广至检验更一般的假设$H_0:\beta_1=\beta_1^0 \leftrightarrow H_1:\beta_1\neq\beta_1^0$，其中$\beta_1^0$是我们设定的一个常数．此时，采用$t$检验，所用的统计量是

38

$$t_1 = \frac{\hat{\beta}_1 - \beta_1^0}{\text{s.e.}(\hat{\beta}_1)}. \tag{2.29}$$

当$\beta_1^0=0$时，（2.29）对应的t检验就退化为（2.26）对应的t检验．（2.29）中的检验统计量t_1仍然服从自由度为$n-2$的t分布，因此，如果（2.27）成立（或等价地，（2.28）成立），则拒绝$H_0:\beta_1=\beta_1^0$．

在计算机维修的例子中，假定管理者估计每增加一个需要维修的元件，维修时间将增加 12 分钟．那么数据支持这种推测吗？可以通过检验$H_0:\beta_1=12 \leftrightarrow H_1:\beta_1\neq 12$来回答这个问题．相应的检验统计量服从自由度为 12 的t分布，其值为

$$t_1 = \frac{\hat{\beta}_1 - 12}{\text{s.e.}(\hat{\beta}_1)} = \frac{15.509-12}{0.505} = 6.948,$$

该检验的临界值为$t_{(n-2,\alpha/2)}=t_{(12,0.025)}=2.18$．因为$t_1=6.948>2.18$，该结果高度显著地拒绝原假设，也就是说，数据并不支持管理者对上述维修时间的估计，他们的估计偏低了．

检验 $H_0:\beta_0=\beta_0^0$

在实际应用中，也经常会出现对回归参数β_0的假设检验．特别地，我们希望检验$H_0:\beta_0=\beta_0^0 \leftrightarrow H_1:\beta_0\neq\beta_0^0$，其中$\beta_0^0$是我们设定的一个常数．该检验所用的统计量为

$$t_0 = \frac{\hat{\beta}_0 - \beta_0^0}{\text{s.e.}(\hat{\beta}_0)}. \tag{2.30}$$

若$\beta_0^0=0$，则得到该检验的一个特例，即用

$$t_0 = \frac{\hat{\beta}_0}{\text{s. e.}(\hat{\beta}_0)}, \tag{2.31}$$

检验 $H_0: \beta_0 = 0 \leftrightarrow H_1: \beta_0 \neq 0$.

当用统计软件包作回归分析时，输出结果如表 2-8 所示，称为**回归系数表**，通常包括：回归参数的最小二乘估计及其标准误，对回归参数为 0 的假设进行 t 检验的统计量的值，以及 p 值. 为了将表中的结果和计算所用的公式联系起来，我们将公式的方程号列在括号中.

以计算机维修数据为例，对表 2-5 中的数据作回归分析，表 2-9 给出了部分输出结果. 例如，$\hat{\beta}_1 = 15.509$，$\text{s. e.}(\hat{\beta}_1) = 0.505$，于是 $t_1 = 15.509/0.505 = 30.71$. 如果取 $\alpha = 0.05$，该检验的临界值是 $t_{(12, 0.025)} = 2.18$. 统计量的值 $t_1 = 30.71$ 比临界值 2.18 大很多，根据 (2.27)，拒绝 $H_0: \beta_1 = 0$，这意味着预测变量元件个数对响应变量维修时间有显著预测能力. 另外，根据 (2.28)，由于 p 值 ($p_1 < 0.0001$) 显著小于 $\alpha = 0.05$，也可以得到与前面相同的结论.

39

表 2-8 标准的回归输出结果，相应公式的方程号列在括号中

变量	系数（公式）	标准误（公式）	t 检验（公式）	p 值
常数项	$\hat{\beta}_0$ (2.15)	s. e. ($\hat{\beta}_0$) (2.24)	t_0 (2.31)	p_0
X	$\hat{\beta}_1$ (2.14)	s. e. ($\hat{\beta}_1$) (2.25)	t_1 (2.26)	p_1

表 2-9 计算机维修数据的回归输出结果

变量	系数	标准误	t 检验	p 值
常数项	4.162	3.355	1.24	0.238 5
元件个数	15.509	0.505	30.71	<0.0001

利用相关系数的检验

如前所述，对 $H_0: \beta_1 = 0 \leftrightarrow H_1: \beta_1 \neq 0$ 的检验，就是检验响应变量和预测变量是否线性相关，采用 (2.26) 对应的 t 检验. 事实上，我们可以用对 Y 和 X 的相关系数的检验代替对回归系数的检验. 设 Y 和 X 的相关系数为 ρ，如果 $\rho \neq 0$，则 Y 和 X 是线性相关的. 检验假设 $H_0: \rho = 0 \leftrightarrow H_1: \rho \neq 0$ 的统计量为

$$t_1 = \frac{\text{Cor}(Y, X)\sqrt{n-2}}{\sqrt{1 - [\text{Cor}(Y, X)]^2}}, \tag{2.32}$$

其中 $\text{Cor}(Y, X)$ 是 (2.6) 定义的 Y 和 X 的样本相关系数，在这里作为 ρ 的估计量. (2.32) 中的统计量服从自由度为 $n-2$ 的 t 分布，该检验也是一个 t 检验. 如果 (2.27) 成立（或等价地，(2.28) 成立），则拒绝 $H_0: \rho = 0$，意味着 Y 和 X 在统计上有显著的线性关系.

显然，如果 Y 和 X 没有线性关系，则 $\beta_1 = 0$. 因此，检验 $H_0: \beta_1 = 0$ 和检验 $H_0: \rho = 0$ 是一样的. 尽管 (2.26) 和 (2.32) 给出的检验统计量看上去是不同的，但可以证明它们是等价的.

40

2.7 置信区间

为了构造回归参数的置信区间，和 2.6 节的讨论方式一样，我们也需要假定随机扰动项 $\varepsilon \sim \text{iid}N(0, \sigma^2)$，$\sigma^2 > 0$，以保证估计量 $\hat{\beta}_0$ 和 $\hat{\beta}_1$ 也是正态分布. 从而，β_0 的 $(1-\alpha) \times 100\%$ 的置信区间为

$$\hat{\beta}_0 \pm t_{(n-2,\alpha/2)} \times \text{s.e.}(\hat{\beta}_0), \tag{2.33}$$

其中 $t_{(n-2,\alpha/2)}$ 是自由度为 $n-2$ 的 t 分布的 $(1-\alpha/2)$ 分位点. 类似地，β_1 的 $(1-\alpha) \times 100\%$ 的置信区间为

$$\hat{\beta}_1 \pm t_{(n-2,\alpha/2)} \times \text{s.e.}(\hat{\beta}_1). \tag{2.34}$$

(2.34) 给出的置信区间可以解释为：如果从 Y 和 X 的取值范围内重复抽取相同容量的样本，并且根据每个样本构造斜率的比方说 95%的置信区间，则这些区间中约 95%会包含斜率的真值.

根据表 2-9 可以得到 β_1 的 95%的置信区间为

$$15.509 \pm 2.18 \times 0.505 = (14.408, 16.610). \tag{2.35}$$

由此可知，每维修一个元件所需要增加的维修时间是 14～17 分钟. 此例中 β_0 的置信区间的计算留给读者作为练习.

注意到，β_0 和 β_1 的置信区间 (2.33) 和 (2.34) 是分别构造的，但这并不意味着两个参数的联立（或联合）置信域是矩形的. 事实上，它们的联立置信域是椭圆形的. 该置信域的确定是多元回归分析中的问题，参见第 3 章附录 (A.15)，这里的 β_0 和 β_1 的联立置信域是那里的一个特例.

2.8 预测

前面拟合的回归方程可以用来做预测. 首先，我们先区分两种类型的预测：

1. 对于任意给定的预测变量的值 x_0，给出响应变量 Y 的预测值.
2. 当 $X = x_0$ 时，估计响应变量的响应均值 μ_0.

对于第一个问题，预测值 $\hat{y}_0$ 是

41

$$\hat{y}_0 = \hat{\beta}_0 + \hat{\beta}_1 x_0. \tag{2.36}$$

该预测值的标准误是

$$\text{s.e.}(\hat{y}_0) = \hat{\sigma}\sqrt{1 + \frac{1}{n} + \frac{(x_0 - \bar{x})^2}{\sum (x_i - \bar{x})^2}}. \tag{2.37}$$

预测值的 $(1-\alpha) \times 100\%$ 的置信限为

$$\hat{y}_0 \pm t_{(n-2,\alpha/2)}\, \text{s.e.}(\hat{y}_0). \tag{2.38}$$

对于第二个问题，实际上是响应均值 $\mu_0 = \beta_0 + \beta_1 x_0$ 的估计问题，可由下式估计：

$$\hat{\mu}_0 = \hat{\beta}_0 + \hat{\beta}_1 x_0. \tag{2.39}$$

该估计的标准误是

$$\text{s.e.}(\hat{\mu}_0)=\hat{\sigma}\sqrt{\frac{1}{n}+\frac{(x_0-\overline{x})^2}{\sum(x_i-\overline{x})^2}},\tag{2.40}$$

μ_0 的 $(1-\alpha)\times100\%$置信限为

$$\hat{\mu}_0\pm t_{(n-2,\alpha/2)}\,\text{s.e.}(\hat{\mu}_0).\tag{2.41}$$

比较（2.36）和（2.39）可以发现，μ_0 的点估计和响应变量的预测值$\hat{y}_0$ 是一样的. 而比较（2.37）和（2.40）可以发现，$\hat{\mu}_0$ 的标准误小于$\hat{y}_0$ 的标准误. 直观来看，这是有道理的. 当 $X=x_0$ 时，预测一个观测值比估计响应均值存在更大的不确定性（变数）. 我们知道，估计响应均值就是一种取平均的做法，通过平均就减少了波动性和不确定性.

为了区分（2.38）和（2.41）中的置信限，我们通常称（2.38）给出的置信限为响应变量 Y 的预测限（或预测区间），称（2.41）给出的为参数 $\mu_0=\beta_0+\beta_1x_0$ 的置信限（置信区间）.

假定我们要预测维修 4 个元件所需的时间，用$\hat{y}_4$ 表示预测值，由（2.36）得

42

$$\hat{y}_4=4.162+15.509\times4=66.20,$$

由（2.37）得标准误为

$$\text{s.e.}(\hat{y}_4)=5.392\sqrt{1+\frac{1}{14}+\frac{(4-6)^2}{114}}=5.67.$$

另一方面，如果维修部门想要估计维修 4 个元件所需时间的数学期望（平均时间）μ_4，可以用（2.39）和（2.40）计算，其估计值为

$$\hat{\mu}_4=4.162+15.509\times4=66.20,$$

估计的标准误为

$$\text{s.e.}(\hat{\mu}_4)=5.392\sqrt{\frac{1}{14}+\frac{(4-6)^2}{114}}=1.76.$$

根据（2.38）和（2.41），结合标准误，可以构造相应的置信区间.

从（2.37）可以看出，预测变量的取值离实际观测的中心（即样本均值）越远，预测的标准误也就越大. 在计算机维修的例子中，如果需要维修的元件个数离实际观测到的数据比较远，此时估计维修时间就要特别当心，因为预测中会存在两种危险. 首先，较大的标准误会造成较大的不确定性. 更重要的是，对于观测范围之外的数据，之前估计的线性关系可能不再成立了. 因此，在远离预测变量的观测范围时使用拟合的回归直线应该小心. 在上面的例子中，我们不应使用得到的拟合方程去预测维修 25 个元件所需的时间，因为这个值远远超出现有的观测范围.

2.9 拟合效果度量

在拟合了 Y 关于 X 的线性模型之后，我们不但想知道这种线性关系是否真的存在，还想度量模型对数据的拟合效果. 拟合效果可以采用下面的方法之一进行度量，这些方法有很高的关联性.

1. 当用（2.26）或（2.32）进行假设检验时，如果拒绝 H_0，检验统计量的值（或者

相应的 p 值）可以反映 Y 与 X 之间线性关系的强度（不只是存在性）. 一般来说，$|t|$ 越大或相应的 p 值越小，Y 与 X 之间的线性关系就越强. 尽管这些检验是客观的，但需要满足前面所作的那些假定，特别是扰动项 ε 的正态性假定.

2. Y 与 X 之间线性关系的强度还可以通过考察 Y 对 X 的散点图和（2.6）给出的相关系数 $\mathrm{Cor}(Y, X)$ 的值直接度量. 散点图上的这组点离开一条直线越近（或 $\mathrm{Cor}(Y, X)$ 越接近 1 或 -1），Y 与 X 之间的线性关系越强. 这个方法是不正规的且具有主观性，但只需要线性假定.

3. 考察 Y 对 $\hat{Y}$ 的散点图，散点图上的这组点离开一条直线越近，Y 与 X 之间的线性关系越强. 我们也可以通过计算 Y 和 $\hat{Y}$ 的相关系数

43

$$\mathrm{Cor}(Y,\hat{Y}) = \frac{\sum (y_i - \overline{y})(\hat{y}_i - \bar{\hat{y}})}{\sqrt{\sum (y_i - \overline{y})^2 \sum (\hat{y}_i - \bar{\hat{y}})^2}}, \tag{2.42}$$

来度量线性关系的强度，其中 $\overline{y}$ 是响应变量 Y 的均值，$\bar{\hat{y}}$ 是拟合值 $\hat{Y}$ 的均值. 我们会发现，在 Y 对 X 的散点图和 Y 对 $\hat{Y}$ 的散点图中，点的状况是一致的，并且，两个相关系数具有如下的关系

$$\mathrm{Cor}(Y,\hat{Y}) = |\,\mathrm{Cor}(Y,X)\,|. \tag{2.43}$$

注意到 $\mathrm{Cor}(Y, \hat{Y})$ 不会为负值（为什么?），但 $\mathrm{Cor}(Y, X)$ 可正可负（$-1 \leqslant \mathrm{Cor}(Y, X) \leqslant 1$）. 显然，在简单线性回归中，$Y$ 对 $\hat{Y}$ 的散点图是多余的. 但在多元线性回归中，Y 对 $\hat{Y}$ 的散点图就不是多余的了. 在第 3 章我们将看到，这个图非常有用，可以评估 Y 与预测变量集 X_1，X_2，…，X_p 的关系的强度.

4. 尽管在简单线性回归中，Y 对 $\hat{Y}$ 的散点图和 $\mathrm{Cor}(Y, \hat{Y})$ 是多余的，但不论在简单线性回归还是多元线性回归中，二者都反映了拟合效果的好坏. 而且，$\mathrm{Cor}(Y, \hat{Y})$ 还与另一个度量线性模型对观测数据拟合效果的非常有用的工具密切相关. 下面来介绍这个度量工具. 当我们获得线性模型参数的最小二乘估计后，再来计算下面的量

$$\begin{aligned} \mathrm{SST} &= \sum (y_i - \overline{y})^2, \\ \mathrm{SSR} &= \sum (\hat{y}_i - \overline{y})^2, \\ \mathrm{SSE} &= \sum (y_i - \hat{y}_i)^2, \end{aligned} \tag{2.44}$$

其中 SST 是 Y 偏离其均值 $\overline{y}$ 的总离差平方和，SSR 是回归平方和，SSE 为残差平方和. 对于某一点（x_i，y_i），图 2-7 标出了（$y_i - \overline{y}$）、（$\hat{y}_i - \overline{y}$）和（$y_i - \hat{y}_i$）的值的大小. 图中还画出了两条直线，直线 $\hat{Y} = \hat{\beta}_0 + \hat{\beta}_1 X$ 是基于所有数据点（图中未画出所有的数据点!）拟合的回归直线，另一条直线是水平线，用 $Y = \overline{y}$ 表示这条直线. 注意，每一个数据点（x_i，y_i）对应了图中两个点，分别是位于拟合直线上的（x_i，$\hat{y}_i$）和位于直线 $Y = \overline{y}$ 上的（x_i，$\overline{y}$）.

在简单线性回归和多元线性回归中，下面的基本等式都是成立的

44

$$\mathrm{SST} = \mathrm{SSR} + \mathrm{SSE}. \tag{2.45}$$

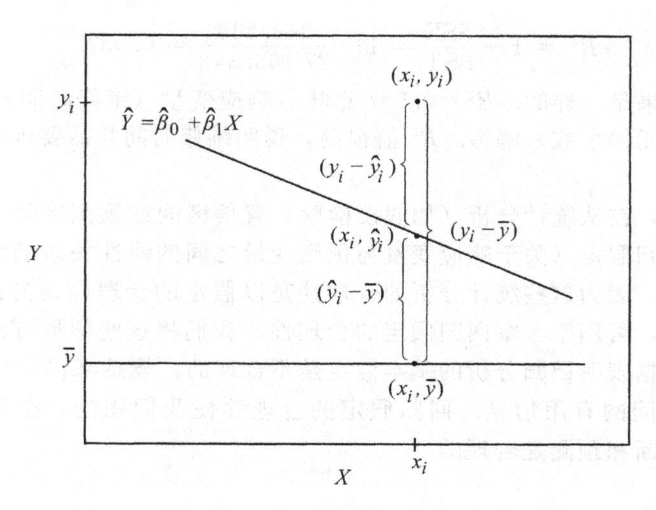

图 2-7 拟合回归直线后计算得到的各个量的图示

为了得到上式，我们先将观测值表示为

$$\begin{array}{ccccc} y_i & = & \hat{y}_i & + & (y_i - \hat{y}_i) \\ \text{观测值} & = & \text{拟合值} & + & \text{残差} \end{array}$$

然后两端都减去 $\bar{y}$，得

$$\begin{array}{ccccc} y_i - \bar{y} & = & (\hat{y}_i - \bar{y}) & + & (y_i - \hat{y}_i) \\ \text{观测值与均值之差} & = & \text{观测值与拟合值之差} & + & \text{残差} \end{array}$$

于是，关于 Y 的总离差平方和 SST 可以分解为 SSR 和 SSE 两部分之和，其中 SSR 度量了 X 对 Y 的预测能力，SSE 度量了预测误差. 因此，比值 $R^2 = \mathrm{SSR}/\mathrm{SST}$ 就等于 Y 的总变差中能由预测变量 X 解释的比例. 由（2.45）可将 R^2 表示为

$$R^2 = \frac{\mathrm{SSR}}{\mathrm{SST}} = 1 - \frac{\mathrm{SSE}}{\mathrm{SST}}. \tag{2.46}$$

另外，还可以证得

$$[\mathrm{Cor}(Y,X)]^2 = [\mathrm{Cor}(Y,\hat{Y})]^2 = R^2. \tag{2.47}$$

可见，在简单线性回归中，R^2 就等于响应变量 Y 和预测变量 X 的相关系数的平方，也等于响应变量 Y 和拟合值 $\hat{Y}$ 的相关系数的平方，所以式（2.46）是对相关系数平方的另一种解释. R^2 是一个拟合优度指数，表示的是响应变量 Y 的总离差平方和中能由预测变量 X 解释的比例. 显然，由 $\mathrm{SSE} \leqslant \mathrm{SST}$，知 $0 \leqslant R^2 \leqslant 1$. 如果 R^2 接近 1，说明 Y 的绝大部分变化可由 X 解释. 因此，R^2 称为*决定系数*，反映了预测变量对响应变量的解释能力. 在多元回归分析中，R^2 也有类似的意义.

45

针对计算机维修数据，根据表 2-7 中的拟合值和残差，可以算得 $\mathrm{Cor}(Y, X) = \mathrm{Cor}(Y, \hat{Y}) = 0.994$，于是 $R^2 = 0.994^2 = 0.987$. 如果利用（2.46）计算，此时，$\mathrm{SST} = 27\,768.348$，$\mathrm{SSE} = 348.848$，所以

$$R^2 = 1 - \frac{\text{SSE}}{\text{SST}} = 1 - \frac{348.848}{27\,768.348} = 0.987.$$

两种方法算出的结果是一样的. $R^2=0.987$ 意味着响应变量（维修时间）接近 99%的变差可以由预测变量（元件个数）解释. R^2 值很高，说明维修时间与需要维修的元件个数之间有很强的线性关系.

我们再次强调，在从统计分析（如假设检验、置信区间或预测区间）中得出任何结论之前，必须考察回归假定（关于响应变量与预测变量之间的线性关系的假定和关于误差项的假定）的合理性，因为这些统计分析的合理性是以假定的合理性为前提的. 第 4 章给出了一些图形的方法，可用于考察回归假定的合理性. 我们将这些图形方法应用到计算机修理例子中，没有证据表明回归分析的基本假定是不合理的. 概括来讲，14 个数据点为我们提供了研究维修时间的有用信息. 回归假定的合理性使我们相信，在观测到的数据范围内，我们所作的推断和预测是合理的.

2.10 过原点的回归直线

我们已经拟合了如下的回归模型

$$Y = \beta_0 + \beta_1 X + \varepsilon, \tag{2.48}$$

这是一条有截距项的回归直线. 有时，我们可能会拟合如下模型

$$Y = \beta_1 X + \varepsilon, \tag{2.49}$$

这是一条过原点的直线，该模型也称为*无截距模型*. 有时出于对问题本身或其他客观因素的考虑，回归直线可能必须经过原点. 例如，在旅行中所经过的距离作为旅行所花费的时间的函数应该没有截距项. 因此，在这种情况下，回归模型（2.49）是合适的. 在其他的许多实际应用中也会发现，模型（2.49）比（2.48）更合适，我们将在第 7 章看到这些例子.

46

（2.49）中参数 β_1 的最小二乘估计为

$$\hat{\beta}_1 = \frac{\sum y_i x_i}{\sum x_i^2}. \tag{2.50}$$

第 i 个拟合值为

$$\hat{y}_i = \hat{\beta}_1 x_i, \quad i = 1, 2, \cdots, n, \tag{2.51}$$

对应的残差为

$$e_i = y_i - \hat{y}_i, \quad i = 1, 2, \cdots, n. \tag{2.52}$$

$\hat{\beta}_1$ 的标准误为

$$\text{s.e.}(\hat{\beta}_1) = \frac{\hat{\sigma}}{\sqrt{\sum x_i^2}}, \tag{2.53}$$

其中

$$\hat{\sigma} = \sqrt{\frac{\sum e_i^2}{n-1}} = \sqrt{\frac{\text{SSE}}{n-1}}. \tag{2.54}$$

由于只有一个待估参数，所以 SSE 的自由度是 $n-1$，而不是 $n-2$，$n-2$ 是含截距模型对应的自由度.

注意到，与含截距模型不同的是，(2.52) 中的残差之和不必为 0（见习题 2.11 (c)). 另外，(2.45) 中的基本等式一般也不再成立了. 所以，含截距模型的一些度量方法，如 (2.46) 中的 R^2 就不再适合无截距模型了. 将 (2.44) 中的 $\bar{y}$ 替换为 0，我们可以得到无截距模型的恒等式，即

$$\sum_{i=1}^{n} y_i^2 = \sum_{i=1}^{n} \hat{y}_i^2 + \sum_{i=1}^{n} e_i^2, \tag{2.55}$$

从而，R^2 重新定义为

$$R^2 = \frac{\sum \hat{y}_i^2}{\sum y_i^2} = 1 - \frac{\sum e_i^2}{\sum y_i^2}. \tag{2.56}$$

这是适合无截距模型的 R^2. 然而，需要注意的是，两种情形下 R^2 的意义不同. 在含截距情形中，R^2 表示的是，Y 经自己的均值调整后，其变差能由预测变量 X 解释的比例. 而在无截距情形中，没有对 Y 进行调整. 例如，若我们拟合的模型是 (2.49)，但 R^2 用式 (2.46) 计算，有可能在一些情况下算出的 R^2 是负值（见习题 2.11(d)). 因此，在不同的模型中，R^2 的公式是不一样的，在解释 R^2 在回归模型中的作用时，要根据所设的模型，用正确的公式.

47

前面还介绍了假设检验问题 $H_0:\beta_1=\beta_1^0 \leftrightarrow H_1:\beta_1\neq\beta_1^0$. 如果将 (2.29) 中的 $\hat{\beta}_1$ 和 s.e.($\hat{\beta}_1$)分别替换为 (2.50) 和 (2.53)，该 t 检验也适用于无截距情形.

正如我们前面所提到的，无论是出于对问题本身的考虑，还是对一些客观因素的考虑，我们都可以使用无截距模型. 但在一些应用中，我们可能无法确定该使用哪个模型. 在这种情况下，选择 (2.48) 还是 (2.49) 就必须小心了. 此处提供两个方法供参考. 首先，通过比较两个模型的残差均方 ($\hat{\sigma}^2$) 评判拟合的效果，因为 $\hat{\sigma}^2$ 反映了模型中观测值和预测值的接近程度. 当然我们选择 $\hat{\sigma}^2$ 的值比较小的那个模型作为我们研究的对象. 其次，我们可以用数据拟合模型 (2.48)，并用 (2.31) 对应的 t 检验来检验截距的显著性. 如果结果是截距显著不为 0，则采用模型 (2.48)，否则用模型 (2.49).

Eisenhauer(2003) 对过原点的回归模型作了很好的总结，他还提醒我们在用统计软件拟合过原点的回归模型时务必小心，因为有些软件可能会对这种模型给出一些错误的和混乱的结果.

2.11 平凡的回归模型

在这一节，我们给出两个平凡回归模型的例子，也就是没有斜率项的回归模型[⊖]. 第一个例子是基于有 n 个观测 $y_1, y_2, \cdots, y_n$ 的随机样本，对单变量 Y 的均值 μ 进行检验. 在这里，我们检验假设 $H_0:\mu=0 \leftrightarrow H_1:\mu\neq 0$. 设 Y 服从均值为 μ，方差为 σ^2 的正态分布，

⊖ 通常，我们不认为这是回归模型，此处，作者认为，这也是回归模型的特例，因此称为平凡回归模型. ——译者注

则我们熟知的单样本 t 检验的统计量

$$t=\frac{\overline{y}-0}{\text{s. e.}(\overline{y})}=\frac{\overline{y}}{s_y/\sqrt{n}} \tag{2.57}$$

可用来检验 H_0，其中 s_y 是 Y 的样本标准差．或者，上面的假设也可以写成

$$H_0(\text{模型 }1): Y=\varepsilon \leftrightarrow H_1(\text{模型 }2): Y=\beta_0+\varepsilon, \tag{2.58}$$

其中 $\beta_0=\mu_0\neq 0$．这样，模型 1 意味着 $\mu=0$，模型 2 意味着 $\mu\neq 0$．模型 2 中 β_0 的最小二乘估计是 $\overline{y}$，第 i 个拟合值 $\hat{y}_i=\overline{y}$，第 i 个残差 $e_i=y_i-\overline{y}$（见习题 2.13）．于是，σ^2 的估计为

48

$$\hat{\sigma}^2=\frac{\text{SSE}}{n-1}=\frac{\sum(y_i-\overline{y})^2}{n-1}=s_y^2, \tag{2.59}$$

也就是 Y 的*样本方差*．从而，得到 $\hat{\beta}_0$ 的标准误为 $\hat{\sigma}/\sqrt{n}=s_y/\sqrt{n}$，也就是样本均值 $\overline{y}$ 的标准误．针对模型 1 和模型 2 的 t 检验的统计量为

$$t_1=\frac{\hat{\beta}_0-0}{\text{s. e.}(\hat{\beta}_0)}=\frac{\overline{y}}{s_y/\sqrt{n}}, \tag{2.60}$$

与 (2.57) 中单样本 t 检验的统计量相同．

第二个例子与成对样本的 t 检验有关．例如，考察某种饮食方式是否对减肥有效的问题．现随机抽取 n 个人，每个人在指定的时间内遵循这种饮食方式，并分别记录下每个人在试验开始时的体重 Y_1 和结束时的体重 Y_2．令 $Y=Y_1-Y_2$，表示体重之差，则 Y 是一个随机变量，设均值为 μ，方差为 σ^2．于是，检验该饮食方式是否对减肥有效等价于检验 $H_0:\mu=0\leftrightarrow H_1:\mu>0$．根据 Y 的定义，设 Y 服从正态分布，则成对样本的 t 检验所用的统计量与 (2.57) 是一样的．该问题同样可以建立如 (2.58) 的模型，并用 (2.60) 检验该饮食方式是否对减肥有效．

上面两个例子表明，单样本和成对样本的检验都可看做回归分析的特殊情况．

2.12 文献

目前，已有很多优秀的书籍介绍回归分析的标准理论，其中一些是为专门的学科写的，每一本书都完整介绍了理论结果．在 Snedecor and Cochran (1980)、Fox (1984) 以及 Kmenta (1986) 的书中，用简单的代数方法和求和符号推导结果．而 Searle (1971)、Rao (1973)、Seber (1977)、Myers (1990)、Sen and Srivastava (1990)、Green (1993)、Graybill and Iyer (1994) 以及 Draper and Smith (1998) 则倾向于用矩阵代数进行推导．

习题

2.1 根据表 2-6 中的数据：

(a) 计算 $\text{Var}(Y)$ 和 $\text{Var}(X)$；

(b) 证明 $\sum_{i=1}^{n}(y_i-\overline{y})=0$；

(c) 证明任一标准化随机变量，其均值为 0，方差为 1；

(d) 证明 (2.5)、(2.6) 和 (2.7) 给出的计算 $\text{Cor}(Y, X)$ 的公式是等同的；

49

(e) 证明 (2.14) 和 (2.20) 给出的 $\hat{\beta}_1$ 的估计公式是等同的.

2.2 判断下面论述是否正确，并说明理由.

(a) $\text{Cov}(Y, X)$ 和 $\text{Cor}(Y, X)$ 可取 $-\infty$ 到 $+\infty$ 之间的值.

(b) 如果 $\text{Cov}(Y, X)=0$ 或 $\text{Cor}(Y, X)=0$，则说明 Y 和 X 之间没有任何关系.

(c) 对 Y 关于 $\hat{Y}$ 的散点图中的点拟合最小二乘直线，其截距为 0，斜率为 1.

2.3 利用表 2-9 中的回归结果，检验下面的假设，取 $\alpha=0.1$：

(a) $H_0:\beta_1=15 \leftrightarrow H_1:\beta_1\neq 15$

(b) $H_0:\beta_1=15 \leftrightarrow H_1:\beta_1>15$

(c) $H_0:\beta_0=0 \leftrightarrow H_1:\beta_0\neq 0$

(d) $H_0:\beta_0=5 \leftrightarrow H_1:\beta_0\neq 5$

2.4 利用表 2-9 中的回归结果，构造 β_0 的 99% 的置信区间.

2.5 当用最小二乘法对一组数据拟合简单线性回归模型 $Y=\beta_0+\beta_1X+\varepsilon$ 时，下面的结论都是正确的. 请给出数学推导或用表 2-5 中的数据加以验证.

(a) 最小二乘残差之和为 0.

(b) (2.26) 和 (2.32) 中的两个检验是等价的.

(c) Y 关于 X 的散点图和 Y 关于 $\hat{Y}$ 的散点图有相同的模式.

(d) Y 和 $\hat{Y}$ 的相关系数一定是非负的.

2.6 用表 2-5 中的数据，以及表 2-7 中的拟合值和残差，验证：

(a) $\text{Cor}(Y, X)=\text{Cor}(Y, \hat{Y})=0.994$　(b) $\text{SST}=27\,768.348$　(c) $\text{SSE}=348.848$

2.7 对表 2-4 中的四个数据集，验证以下量对应的值相同：

(a) $\hat{\beta}_0$ 和 $\hat{\beta}_1$；　(b) $\text{Cor}(Y, X)$；　(c) R^2；　(d) t 检验的统计量.

2.8 当用最小二乘法对一组数据拟合简单线性回归模型 $Y=\beta_0+\beta_1X+\varepsilon$ 时，如果没有拒绝 $H_0:\beta_1=0$，就意味着模型可简单写成 $Y=\beta_0+\varepsilon$. 此时 β_0 的最小二乘估计为 $\hat{\beta}_0=\bar{y}$（你能证明这一点吗?).

50

(a) 这种情况下，普通最小二乘残差是什么？

(b) 证明普通最小二乘残差之和为 0.

2.9 用 Y 和 X 分别表示 1972 年和 1968 年美国 19 个州妇女的劳动就业率. 表 2-10 给出了该数据集的回归结果，并且算得 $\text{SSR}=0.035\,8$，$\text{SSE}=0.054\,4$. 设模型 $Y=\beta_0+\beta_1X+\varepsilon$ 满足通常的回归假定.

(a) 计算 $\text{Var}(Y)$ 和 $\text{Cor}(Y, X)$.

(b) 设 1968 年某城市的妇女就业率是 45%，则 1972 年该城市的妇女就业率估计是多少？

(c) 进一步假设 1968 年妇女就业率的均值和方差分别是 0.5 和 0.005，构造上一问 (b) 中估计量的 95% 的置信区间.

(d) 构造回归直线斜率 β_1 的 95% 的置信区间.

(e) 在 5% 的显著性水平下，检验假设 $H_0:\beta_1=1 \leftrightarrow H_1:\beta_1>1$.

(f) 如果对调 Y 和 X 的位置再做回归分析，你认为 R^2 会怎样？

表 2-10　妇女就业率问题中 Y 对 X 的回归分析输出结果

变量	系数	标准误	t 检验	p 值
常数项	0.203 311	0.097 6	2.08	0.052 6
X	0.656 040	0.196 1	3.35	$<0.003\,8$
$n=19$	$R^2=0.397$	$R_a^2=0.362$	$\hat{\sigma}=0.056\,6$	自由度=17

2.10 人们想知道，是否身高接近的人容易结婚．为此，抽取了新近结婚的夫妇的一个样本．用 X 和 Y 分别表示夫妇中丈夫的身高和妻子的身高，该身高数据（单位：厘米）见表2-11，也可在本书的网站查到．

(a) 计算丈夫身高和妻子身高的协方差．

51

(b) 当身高的单位是英寸而不是厘米时，协方差会怎样变化？

(c) 计算丈夫身高和妻子身高的相关系数．

(d) 当身高的单位是英寸而不是厘米时，相关系数会怎样变化？

(e) 如果每一个男人都娶了一位比他矮5厘米的女人，相关系数是多少？

(f) 如果要建立丈夫身高和妻子身高的回归模型，你将选择哪个变量作响应变量？说明你的理由．

(g) 针对你在2.10(f)中建立的回归模型，检验斜率是否为0．

(h) 针对你在2.10(f)中建立的回归模型，检验截距是否为0．

表 2-11　丈夫身高（H）和妻子身高（W）数据　（单位：厘米）

行号	H	W	行号	H	W	行号	H	W
1	186	175	33	180	166	65	181	175
2	180	168	34	188	181	66	170	169
3	160	154	35	153	148	67	161	149
4	186	166	36	179	169	68	188	176
5	163	162	37	175	170	69	181	165
6	172	152	38	165	157	70	156	143
7	192	179	39	156	162	71	161	158
8	170	163	40	185	174	72	152	141
9	174	172	41	172	168	73	179	160
10	191	170	42	166	162	74	170	149
11	182	170	43	179	159	75	170	160
12	178	147	44	181	155	76	165	148
13	181	165	45	176	171	77	165	154
14	168	162	46	170	159	78	169	171
15	162	154	47	165	164	79	171	165
16	188	166	48	183	175	80	192	175
17	168	167	49	162	156	81	176	161
18	183	174	50	192	180	82	168	162
19	188	173	51	185	167	83	169	162
20	166	164	52	163	157	84	184	176
21	180	163	53	185	167	85	171	160
22	176	163	54	170	157	86	161	158
23	185	171	55	176	168	87	185	175
24	169	161	56	176	167	88	184	174
25	182	167	57	160	145	89	179	168
26	162	160	58	167	156	90	184	177
27	169	165	59	157	153	91	175	158
28	176	167	60	180	162	92	173	161
29	180	175	61	172	156	93	164	146
30	157	157	62	184	174	94	181	168
31	170	172	63	185	160	95	187	178
32	186	181	64	165	152	96	181	170

52

2.11 考虑用最小二乘法对一组数据拟合一个过原点的线性回归模型 $Y=\beta_1 X+\varepsilon$.

(a) 给出一个例子，从理论上或其他客观因素角度说明选取模型（2.49）是合适的.

(b) 证明 β_1 的最小二乘估计是式（2.50）.

(c) 证明残差 e_1，e_2，…，e_n 之和不必为 0.

(d) 给出 Y 和 X 的一组数据集的例子，说明如果将拟合模型（2.49）的结果代入（2.46）中，算出的 R^2 是负值.

(e) 采用什么测度比较模型（2.49）和模型（2.48）的拟合效果？

2.12 为了评估某一大都市报发行周日版的可行性，调查了 34 份报纸的平日发行量和周日发行量（单位：千）（数据来源：*Gale Directory of Publications*，1994）. 数据见表 2-12，也可在本书网站上查到.

(a) 画出周日发行量对平日发行量的散点图. 该图是否提示二者之间存在线性关系？你认为这种关系合理吗？

(b) 拟合一条回归直线，用平日发行量预测周日发行量.

(c) 分别构造 β_0 和 β_1 的 95%的置信区间.

(d) 周日发行量和平日发行量之间有显著的线性关系吗？用假设检验证明你的观点，要写出你的假设和结论.

(e) 周日发行量的变化中能由平日发行量解释的比例有多大？

(f) 当报纸的平日发行量是 500 000 时，给出周日发行量均值的 95%的置信区间.

(g) 某正在考虑发行周日版的报纸，现在的平日发行量是 500 000，给出其周日发行量的 95%的预测区间. 该区间与（f）中的区间有什么不同？

(h) 另一份正在考虑发行周日版的报纸，现在的平日发行量是 2 000 000，给出其周日发行量的 95%的预测区间. 如何将该区间与（g）中的区间作比较？你认为该预测区间精确吗？

表 2-12　报纸数据：平日发行量和周日发行量　　（单位：千）

报纸	平日发行量	周日发行量
Baltimore Sun	391.952	488.506
Boston Globe	516.981	798.298
Boston Herald	355.628	235.084
Charlotte Observer	238.555	299.451
Chicago Sun Times	537.780	559.093
Chicago Tribune	733.775	1 133.249
Cincinnati Enquirer	198.832	348.744
Denver Post	252.624	417.779
Des Moines Register	206.204	344.522
Hartford Courant	231.177	323.084
Houston Chronicle	449.755	620.752
Kansas City Star	288.571	423.305
Los Angeles Daily News	185.736	202.614
Los Angeles Times	1 164.388	1 531.527
Miami Herald	444.581	553.479

53

（续）

报纸	平日发行量	周日发行量
Minneapolis Star Tribune	412.871	685.975
New Orleans Times-Picayune	272.280	324.241
New York Daily News	781.796	983.240
New York Times	1 209.225	1 762.015
Newsday	825.512	960.308
Omaha World Herald	223.748	284.611
Orange County Register	354.843	407.760
Philadelphia Inquirer	515.523	982.663
Pittsburgh Press	220.465	557.000
Portland Oregonian	337.672	440.923
Providence Joumal-Bulletin	197.120	268.060
Rochester Democrat & Chronicle	133.239	262.048
Rocky Mountain News	374.009	432.502
Sacramento Bee	273.844	338.355
San Francisco Chronicle	570.364	704.322
St. Louis Post-Dispatch	391.286	585.681
St. Paul Pioneer Press	201.860	267.781
Tampa Tribune	321.626	408.343
Washington Post	838.902	1 165.567

54

2.13 设 $y_1, y_2, \cdots, y_n$ 是来自均值 μ 和方差 σ^2 都未知的正态总体的一个样本．估计 μ 的一种方法是拟合下面的线性模型

$$y_i = \mu + \varepsilon, \quad i = 1,2,\cdots,n \tag{2.61}$$

并用最小二乘法（LS）进行估计，也就是，最小化平方和 $\sum_{i=1}^{n}(y_i-\mu)^2$．另一种方法是用最小绝对值法（LAV）进行估计，也就是最小化垂直距离的绝对值之和 $\sum_{i=1}^{n}|y_i-\mu|$．

(a) 证明 μ 的最小二乘估计是样本均值 $\bar{y}$.

(b) 证明 μ 的 LAV 估计是样本中位数.

(c) 举出样本均值的一个优点和一个缺点.

(d) 举出样本中位数的一个优点和一个缺点.

(e) 你会选择 μ 的两个估计中的哪一个？为什么？

2.14 估计参数的方法，除了最小二乘法，还有一种正交回归法．在正交回归法中，我们通过最小化每个点到回归直线垂直距离的平方和，估计简单回归模型的参数．证明：使得垂直距离的平方和达到最小的直线的截距和斜率，就是使得下面的函数达到最小的 β_0 和 β_1，

$$g(\beta_0,\beta_1) = \frac{\sum_{i=1}^{n}(y_i - \beta_0 - \beta_1 x_i)^2}{1+\beta_1^2}. \tag{2.62}$$

与最小二乘法不同的是，(2.62) 的最小化问题没有解析解，但可以通过迭代算法得到一个解．这也是最小二乘法比该方法更普及流行的一个原因.

55

第3章 多元线性回归

3.1 引言

本章我们将介绍一般的多元线性回归模型，给出回归分析的标准结果. 虽然我们对这些标准理论结果没有进行数学推导，但通过数值例子进行了演示说明. 对数学推导感兴趣的读者可参考第2章最后给出的文献表，其中的很多书系统地介绍了多元线性回归的理论发展.

3.2 数据和模型的描述

假设我们已得到响应变量 Y 和 p 个预测变量或解释变量 X_1，X_2，…，X_p 的 n 组观测数据，如表3-1所示. Y 与 X_1，X_2，…，X_p 之间的关系可用如下线性模型刻画

$$Y = \beta_0 + \beta_1 X_1 + \beta_2 X_2 + \cdots + \beta_p X_p + \varepsilon, \tag{3.1}$$

其中 β_0 是常数项，β_1，β_2，…，β_p 是模型的偏回归系数（为简单起见称为回归系数），它们都是常数，ε 是随机扰动或误差. 假定对 X_1，X_2，…，X_p 在观测数据范围内的任何取值，线性方程（3.1）都是对 Y 和 X_1，X_2，…，X_p 之间真实关系的一种合理的近似（即 Y 近似是 X_1，X_2，…，X_p 的线性函数，ε 是这种近似的偏差）. 要特别说明的是，ε 只是一个随机误差，当 X_1，X_2，…，X_p 的值确定以后，ε 不再含有回归系数的任何信息.

表3-1 多元回归分析中的数据记号

观测序号	响应变量 Y	预测变量			
		X_1	X_2	…	X_p
1	y_1	x_{11}	x_{12}	…	x_{1p}
2	y_2	x_{21}	x_{22}	…	x_{2p}
3	y_3	x_{31}	x_{32}	…	x_{3p}
⋮	⋮	⋮	⋮	⋮	⋮
n	y_n	x_{n1}	x_{n2}	…	x_{np}

由（3.1），表3-1中的每一个观测可写成

$$y_i = \beta_0 + \beta_1 x_{i1} + \cdots + \beta_p x_{ip} + \varepsilon_i, \quad i = 1,2,\cdots,n, \tag{3.2}$$

其中 y_i 是响应变量 Y 的第 i 个观测值，x_{i1}，x_{i2}，…，x_{ip} 是预测变量的第 i 组观测值（表3-1的第 i 行），ε_i 是近似 y_i 时产生的误差.

多元线性回归是对简单线性回归的推广，因此本章给出的结果本质上是第2章中所得到的结果的推广. 我们也可以把简单线性回归看成是多元线性回归的特例，因为，当预测变量的个数 $p=1$ 时，多元回归得出的结果就是简单回归的结果. 例如，当 $p=1$ 时，（3.1）和（3.2）分别退化为（2.9）和（2.10）.

3.3 实例：主管人员业绩数据

在这一章中，我们使用一组（管理领域中）工业心理学的研究数据解释一些标准的回归结果．在一个大型金融机构中，开展了一项雇员对其主管满意度的调查．其中一个问题是评价主管的整体能力的，其他的问题涉及主管与雇员互动关系的若干具体方面．该研究旨在解释主管的某些特质与员工对其整体满意度之间的关系．有6个问卷项目被选为可能的解释变量，表3-2给出了研究中的响应变量和6个解释变量．从表中可以看出，解释变量分为两种主要类型．X_1，X_2 和 X_5 是关于雇员和主管之间直接的人际关系的变量，X_3 和 X_4 是反映工作整体情况的变量．变量 X_6 不是对主管的直接评价，而是雇员对公司内的晋升机会的一般评价．

58

表3-2 主管人员业绩数据中的变量

变量	定义
Y	主管人员工作能力整体评价
X_1	处理雇员抱怨的态度
X_2	不允许出现特权
X_3	学习新事物的机会
X_4	基于业绩的升职机会
X_5	对不良表现过分严苛
X_6	获得更好工作的速度

在调查中，各个雇员对每个问卷项目的评价从非常满意到很不满意分别打1到5分，获得相关数据．然后将这些评价分成两类：{1，2}代表正面评价，{3，4，5}代表负面评价．在公司中随机选择30个部门进行调查，每个部门大约有35名雇员和1名主管．表3-3给出了每个部门对每个问卷项目给出正面评价的雇员比例．从而获得7个变量的30个观测数据，每个部门一个观测．我们称这个数据集为主管人员业绩数据，可在本书网站上查到．[⊖]

设 Y 与6个解释变量的关系用下面的线性模型刻画

$$Y = \beta_0 + \beta_1 X_1 + \beta_2 X_2 + \cdots + \beta_6 X_6 + \varepsilon, \tag{3.3}$$

该线性模型隐含了若干假定，如对于预测变量的每一组值，所有的 ε 相互独立，并且都服从均值为0，方差为 σ^2 的正态分布，这些假定的合理性问题将在第4章讨论．

59

表3-3 主管人员业绩数据（百分比数）

行号	Y	X_1	X_2	X_3	X_4	X_5	X_6
1	43	51	30	39	61	92	45
2	63	64	51	54	63	73	47
3	71	70	68	69	76	86	48

⊖ http://www.aucegypt.edu/faculty/hadi/RABE5

（续）

行号	Y	X_1	X_2	X_3	X_4	X_5	X_6
4	61	63	45	47	54	84	35
5	81	78	56	66	71	83	47
6	43	55	49	44	54	49	34
7	58	67	42	56	66	68	35
8	71	75	50	55	70	66	41
9	72	82	72	67	71	83	31
10	67	61	45	47	62	80	41
11	64	53	53	58	58	67	34
12	67	60	47	39	59	74	41
13	69	62	57	42	55	63	25
14	68	83	83	45	59	77	35
15	77	77	54	72	79	77	46
16	81	90	50	72	60	54	36
17	74	85	64	69	79	79	63
18	65	60	65	75	55	80	60
19	65	70	46	57	75	85	46
20	50	58	68	54	64	78	52
21	50	40	33	34	43	64	33
22	64	61	52	62	66	80	41
23	53	66	52	50	63	80	37
24	40	37	42	58	50	57	49
25	63	54	42	48	66	75	33
26	66	77	66	63	88	76	72
27	78	75	58	74	80	78	49
28	48	57	44	45	51	83	38
29	85	85	71	71	77	74	55
30	82	82	39	59	64	78	39

60

3.4 参数估计

我们希望根据获得的数据估计参数 β_0，β_1，…，β_p. 本章仍采用第 2 章简单线性回归分析中的最小二乘估计法，即最小化误差平方和. 由（3.2），误差可写为

$$\varepsilon_i = y_i - \beta_0 - \beta_1 x_{i1} - \cdots - \beta_p x_{ip}, \quad i = 1,2,\cdots,n. \tag{3.4}$$

误差平方和为

$$S(\beta_0, \beta_1, \cdots, \beta_p) = \sum_{i=1}^{n} \varepsilon_i^2 = \sum_{i=1}^{n} (y_i - \beta_0 - \beta_1 x_{i1} - \cdots - \beta_p x_{ip})^2. \tag{3.5}$$

根据微积分求极值的方法，建立正规方程组[⊖]，方程组的解就是最小化 $S(\beta_0, \beta_1, \cdots, \beta_p)$ 得到的参数的最小二乘估计 $\hat{\beta}_0$，$\hat{\beta}_1$，…，$\hat{\beta}_p$. $\hat{\beta}_0$ 是截距项或常数项的估计，$\hat{\beta}_j$ 是预测变量

⊖ 熟悉矩阵理论的读者，如要了解正规方程组和最小二乘估计可分别参看本章附录（A.2）和（A.3）.

X_j 的（偏）回归系数的估计.

假定方程组有解且是唯一解，本章附录为熟悉矩阵知识的读者提供了该方程组的显式解. 在此，我们对求解正规方程组不做过多介绍，而假设统计软件可给出准确的数值解.

利用最小二乘估计$\hat{\beta}_0$，$\hat{\beta}_1$，…，$\hat{\beta}_p$，可写出拟合的最小二乘回归方程

$$\hat{Y} = \hat{\beta}_0 + \hat{\beta}_1 X_1 + \cdots + \hat{\beta}_p X_p. \tag{3.6}$$

对于预测变量的每一组观测，我们可以计算 y_i 的拟合值

$$\hat{y}_i = \hat{\beta}_0 + \hat{\beta}_1 x_{i1} + \cdots + \hat{\beta}_p x_{ip}, \quad i = 1,2,\cdots,n. \tag{3.7}$$

相应的普通最小二乘残差为

$$e_i = y_i - \hat{y}_i, \quad i = 1,2,\cdots,n. \tag{3.8}$$

ε 的方差 σ^2 的无偏估计为

$$\hat{\sigma}^2 = \frac{\text{SSE}}{n-p-1}, \tag{3.9}$$

其中

$$\text{SSE} = \sum_{i=1}^{n}(y_i - \hat{y}_i)^2 = \sum_{i=1}^{n} e_i^2, \tag{3.10}$$

是*残差平方和*. 式（3.9）分母中的 $n-p-1$ 是*自由度*（df），等于观测数据个数减去待估参数的个数.

61

在满足某些假定的前提下，最小二乘估计有一些优良的性质，第 4 章将详细介绍这些对模型的假定，并且讨论如何验证这些假定的合理性. 虽然本章没有具体介绍这些假定的验证，但我们已将其应用到主管人员业绩的例子中，并未发现模型假定不合理的证据. 因此，我们将在本章继续使用这个例子对多元回归分析进行演示说明.

3.7 节给出了最小二乘估计的性质，基于这些性质，我们可以进行一些适当的统计推断（例如区间估计、假设检验和拟合优度检验等），这些内容将在 3.8 节～3.11 节介绍.

3.5 回归系数的解释

对多元回归方程中回归系数的解释比较混乱，可以从不同的角度进行解释. 先说一下回归方程. 简单线性回归方程表示一条直线，而多元线性回归方程表示一个平面（有两个预测变量时），或一个超平面（有多于两个预测变量时）. 在多元回归中，β_0 可称为常系数，其意义与简单回归中的一样，表示当 $X_1 = X_2 = \cdots = X_p = 0$ 时 Y 的值. 而回归系数 β_j（$j=1$，2，…，p）有多种解释. 一种解释是，当 X_j 变化一个单位而其他预测变量固定取常数时，Y 的改变量，这个改变量与其他预测变量固定取什么常数无关. 然而，在实际中，预测变量间往往是有关联的，可能无法做到固定某些预测变量的值而改变其他变量的值. 这是这种解释的弱点.

回归系数 β_j 的另一种解释是，经过其他预测变量的“调整”后，X_j 对响应变量 Y 的贡献，因此 β_j 也称为*偏回归系数*. 多元回归中的“调整”如何理解呢？不失一般性，我们以有两个解释变量的多元回归为例说明这个问题. 当 $p=2$ 时，模型变成

$$Y = \beta_0 + \beta_1 X_1 + \beta_2 X_2 + \varepsilon. \tag{3.11}$$

例如，在主管业绩数据中，我们仅取 X_1 和 X_2 作为解释变量，用统计软件估计回归方程得

$$\hat{Y} = 15.3276 + 0.7803 X_1 - 0.0502 X_2. \tag{3.12}$$

X_1 的系数表示：当 X_2 固定时，X_1 每增加一个单位，Y 将增加 0.780 3 个单位．同时，正如下面所讲的，这个值也表示经过 X_2 调整后，X_1 对 Y 的贡献．类似地，X_2 的系数表示：当 X_1 固定时，X_2 每增加一个单位，Y 将减少 0.050 2 个单位，也表示经过 X_1 调整后，X_2 对 Y 的贡献．

现在重点介绍（3.11）中 β_2 是经过 X_1“调整”后，X_2 对 Y 的贡献（关于 β_1 的解释是完全对称的，我们不再细述）．回归系数 β_2 的估计可通过若干个简单回归方程的计算得到．通过计算过程的展示，对 β_2 的第二种解释就比较容易理解了．

62

1. 拟合 Y 对 X_1 的简单回归模型．记这个简单回归模型的残差为 $\mathbf{e}_{Y\cdot X_1}$，该符号中，圆点之前的变量为响应变量，圆点之后的变量为预测变量．拟合的回归方程为

$$\hat{Y} = 14.3763 + 0.754610 X_1. \tag{3.13}$$

我们称残差 $\mathbf{e}_{Y\cdot X_1} = Y - \hat{Y}$ 为经过 X_1“调整”后的 Y（实际上，这个调整后的 Y 就是残差 $\mathbf{e}_{Y\cdot X_1}$）．

2. 拟合 X_2（这里暂时作为响应变量）对 X_1 的简单回归模型．记此回归的残差为 $\mathbf{e}_{X_2\cdot X_1}$，拟合的回归方程为

$$\hat{X}_2 = 18.9654 + 0.513032 X_1. \tag{3.14}$$

也称残差 $\mathbf{e}_{X_2\cdot X_1} = X_2 - \hat{X}_2$ 为经过 X_1“调整”后的 X_2．残差 $\mathbf{e}_{Y\cdot X_1}$ 和 $\mathbf{e}_{X_2\cdot X_1}$ 的值见表 3-4．

表 3-4　偏残差

行号	$\mathbf{e}_{Y\cdot X_1}$	$\mathbf{e}_{X_2\cdot X_1}$	行号	$\mathbf{e}_{Y\cdot X_1}$	$\mathbf{e}_{X_2\cdot X_1}$
1	−9.861 4	−15.130 0	16	−1.291 2	−15.138 3
2	0.328 7	−0.799 5	17	−4.518 2	1.426 9
3	3.801 0	13.122 4	18	5.347 1	15.252 7
4	−0.916 7	−6.286 4	19	−2.199 0	−8.877 6
5	7.764 1	−2.981 9	20	−8.143 7	19.278 7
6	−12.879 9	1.817 8	21	5.439 3	−6.486 7
7	−6.935 2	−11.338 5	22	3.592 5	1.739 7
8	0.027 9	−7.442 8	23	−11.180 6	−0.825 5
9	−4.254 3	10.966 0	24	−2.296 9	4.052 4
10	6.592 5	−5.260 4	25	7.874 8	−4.669 1
11	9.629 4	6.843 9	26	−6.481 3	7.531 1
12	7.347 1	−2.747 3	27	7.027 9	0.557 2
13	7.837 9	6.226 6	28	−9.389 1	−4.208 2
14	−9.008 9	21.452 9	29	6.481 8	8.426 9
15	4.518 7	−4.468 9	30	5.745 7	−22.034 0

3. 拟合上面两个残差的简单回归模型，其中 $\mathbf{e}_{Y\cdot X_1}$ 是响应变量，$\mathbf{e}_{X_2\cdot X_1}$ 是预测变量．拟合的回归方程为

$$\hat{\mathbf{e}}_{Y\cdot X_1} = 0 - 0.050\,2\mathbf{e}_{X_2\cdot X_1}. \tag{3.15}$$

一个有意思的结果是，在最后一个回归方程中，$\mathbf{e}_{X_2\cdot X_1}$ 的系数与（3.12）中 X_2 的多元回归系数是一样的，都是$-0.050\,2$. 事实上，它们的标准误也一样. 如何直观地解释呢？在第一步中，我们考察了 Y 和 X_1 之间的线性关系. 得到的回归残差是 Y 中去掉 X_1 的线性影响之后的部分，或者说，是 Y 中与 X_1 没有线性关系的部分，或经过 X_1"调整"后的 Y. 在第二步中，我们用 X_2 代替 Y，重复第一步的分析. 此时的残差是 X_2 中与 X_1 没有线性关系的部分，是经过 X_1"调整"后的 X_2. 第三步建立上面得到的 Y 的残差和 X_2 的残差之间的线性关系，得到的回归系数表示，去掉 X_1 对 Y 和 X_2 的线性影响之后，X_2 对 Y 的影响，即经过 X_1"调整"后，X_2 对 Y 的影响. 这就是对回归系数 β_2 的第二种解释.

现在回到一般的多元线性回归，回归系数 β_j 反映的是 X_j 对响应变量 Y 的贡献，这种贡献是 Y 和 X_j 都经过其他预测变量的线性调整后得到的，因此，β_j 也取名偏回归系数（见习题 3.5）. 这就是多元回归中对回归系数的第二种解释，这种解释比第一种解释统计意义深刻一些.

注意到回归方程（3.15）中的截距为 0，这是因为两组残差的均值都是 0（因为残差和为 0）. 用与上面相同的方法可以获得（3.12）中 X_1 的回归系数，只需在上面的三步中交换 X_2 和 X_1 的位置即可，留给读者作为练习.

从上面的讨论可以看出，同一个变量的简单回归系数和多元回归系数是不一样的，除非预测变量间是不相关的. 在非实验数据或观测数据中，预测变量很少是不相关的. 相反，在实验环境下，实验设计往往是产生不相关的预测变量，因为在实验中，预测变量的值是由研究人员设置的. 所以，在实验样本中，预测变量很可能是不相关的，此种情况下，简单回归系数和多元回归系数是相同的.

3.6 中心化和规范化

我们发现，回归方程中回归系数的值依赖于变量的度量单位. 例如，在研究与收入有关的问题时，当用美元作单位，收入的回归系数是 5.123，但如果用千美元作单位，系数就变为 5 123. 为了得到唯一的回归系数，我们可以在回归计算之前，对变量进行中心化和规范化. 此外，还有一些情况下，例如第 9 章和第 10 章处理共线性问题时，为了得到令人满意的结果，也需要对变量进行中心化和规范化. 这一节将介绍中心化和规范化的方法.

前面主要研究的是如下带有常数项 β_0 的回归模型

$$Y = \beta_0 + \beta_1 X_1 + \cdots + \beta_p X_p + \varepsilon, \tag{3.16}$$

但有时也可能需要拟合*无截距模型*（见第 3 章和第 7 章的例子）

$$Y = \beta_1 X_1 + \cdots + \beta_p X_p + \varepsilon. \tag{3.17}$$

在含截距模型中，可对变量进行中心化和规范化，而在无截距模型中，只需进行规范化.

3.6.1 含截距模型的中心化和规范化

如果我们要拟合含截距模型（3.16），需要对变量进行中心化和规范化. 所谓中心化就是变量的每一个观测都减去所有观测的均值．例如，响应变量中心化后是$Y-\overline{y}$，第j个预测变量中心化后是$X_j-\overline{x}_j$，其中$\overline{y}$是Y的样本均值，$\overline{x}_j$是X_j的样本均值．中心化后的变量的均值都是0．

中心化后的变量还可以再进行规范化，有两种常用的规范化方法：单位化和标准化．响应变量Y和第j个预测变量X_j中心化后，再作单位化，得到

$$\widetilde{z}_y=(Y-\overline{y})/L_y,\quad \widetilde{z}_j=(X_j-\overline{x}_j)/L_j,\quad j=1,\cdots,p, \tag{3.18}$$

其中

$$L_y=\sqrt{\sum_{i=1}^{n}(y_i-\overline{y})^2}\quad 和\quad L_j=\sqrt{\sum_{i=1}^{n}(x_{ij}-\overline{x}_j)^2},\quad j=1,\cdots,p. \tag{3.19}$$

L_y可看作中心化后的响应变量$Y-\overline{y}$的长度，因为它度量了$Y-\overline{y}$的观测的尺寸大小．类似地，L_j可看作变量$X_j-\overline{x}_j$的长度．（3.18）中的$\widetilde{z}_y$和$\widetilde{z}_j$的均值为0，长度为1，所以称这种规范化方法为单位化．另外，单位化还有下面的性质：

$$\mathrm{Cor}(X_j,X_k)=\sum_{i=1}^{n}z_{ij}z_{ik}. \tag{3.20}$$

即原始变量X_j和X_k的相关系数可用规范化后变量$\widetilde{z}_j$和$\widetilde{z}_k$的乘积之和进行计算．

第二种规范化方法是标准化，做法是

$$\widetilde{Y}=\frac{Y-\overline{y}}{s_y},\quad \widetilde{X}_j=\frac{X_j-\overline{x}_j}{s_j},\quad j=1,\cdots,p, \tag{3.21}$$

其中

$$s_y=\sqrt{\frac{\sum_{i=1}^{n}(y_i-\overline{y})^2}{n-1}},\quad s_j=\sqrt{\frac{\sum_{i=1}^{n}(x_{ij}-\overline{x}_j)^2}{n-1}},\quad j=1,\cdots,p \tag{3.22}$$

65

分别是响应变量和第j个预测变量的样本标准差．显然，（3.21）中的$\widetilde{Y}$和$\widetilde{X}_j$的均值为0，标准差为1．

由于中心化和规范化数据并不影响变量间的相关性，所以，对变量进行规范化时，可根据实际需要和方便性选择单位化还是标准化．

3.6.2 无截距模型的规范化

若要拟合一个无截距模型（3.17），不能对数据作中心化，因为中心化会使模型增加常数项，可见下面的推导．对变量作中心化，模型变为

$$Y-\overline{y}=\beta_1(X_1-\overline{x}_1)+\cdots+\beta_p(X_p-\overline{x}_p)+\varepsilon. \tag{3.23}$$

整理后，可得

$$\begin{aligned}Y&=\overline{y}-(\beta_1\overline{x}_1+\cdots+\beta_p\overline{x}_p)+\beta_1X_1+\cdots+\beta_pX_p+\varepsilon\\&=\beta_0+\beta_1X_1+\cdots+\beta_pX_p+\varepsilon,\end{aligned} \tag{3.24}$$

其中$\beta_0=\overline{y}-(\beta_1\overline{x}_1+\cdots+\beta_p\overline{x}_p)$尽管（3.23）中并没有显式地出现常数项，但（3.24）中就清楚地看到常数项了．所以，当我们研究无截距模型时，只需对数据进行规范化．规范化后的变量为

$$\widetilde{z}_y = Y/L_y, \quad \widetilde{z}_j = X_j/L_j, \quad j = 1,\cdots,p, \tag{3.25}$$

其中

$$L_y = \sqrt{\sum_{i=1}^{n} y_i^2}, \quad L_j = \sqrt{\sum_{i=1}^{n} x_{ij}^2}, \quad j = 1,2,\cdots,p. \tag{3.26}$$

(3.25) 中规范化后的变量长度为 1，但均值不必为 0，它们也不必满足 (3.20)，除非原始变量的均值为 0.

需要指出的是，一般情况下，我们都可以对变量进行中心化（如适合）和规范化，因为原始变量的回归系数可由变换后变量的回归系数恢复出来. 例如，我们拟合了一组中心化后的数据，得到回归系数的估计$\hat{\beta}_1$，$\hat{\beta}_2$，…，$\hat{\beta}_p$，这与拟合原始数据得到的估计是相同的. 用中心化后的数据估计的常数项都是 0，所以，含截距模型的原始常数项可按下式估计

$$\hat{\beta}_0 = \bar{y} - (\hat{\beta}_1 \bar{x}_1 + \cdots + \hat{\beta}_p \bar{x}_p).$$

66

然而，规范化会改变回归系数的估计. 例如，用原始数据得到的估计$\hat{\beta}_1$，$\hat{\beta}_2$，…，$\hat{\beta}_p$ 与用标准化后数据得到的估计之间的关系是

$$\hat{\beta}_j = (s_y/s_j)\,\hat{\theta}_j, \quad j = 1,2,\cdots,p, \quad \hat{\beta}_0 = \bar{y} - \sum_{j=1}^{p} \hat{\beta}_j \bar{x}_j, \tag{3.27}$$

其中$\hat{\beta}_j$ 和$\hat{\theta}_j$ 是分别用原始数据和标准化后数据得到的第 j 个回归系数的估计. 如果进行的是单位化而不是标准化，可以得到类似的关系式.

变量进行标准化后对应的回归系数通常称为*贝塔系数*，表示的是标准化后的预测变量变化一个单位，对响应变量的边际影响. 例如，$\hat{\theta}_j$ 表示的是 X_j 的标准化变量每增加一个单位，标准化后的 Y 的改变量.

在第 9 章和第 10 章，我们将看到中心化和规范化变量的更多应用.

3.7 最小二乘估计的性质

在某些标准的回归假设下（见第 4 章），最小二乘估计具有下面的性质. 熟悉矩阵代数的读者可在本章的附录中看到这些性质的严格证明.

1. $\hat{\beta}_j$，$j=0$，1，…，p 是β_j 的无偏估计，并且方差为 $\sigma^2 c_{jj}$，其中 c_{jj} 是正规方程组的系数矩阵（称为*平方和及乘积和矩阵*）的逆矩阵 C 的主对角线上的第 j 个元素. $\hat{\beta}_i$ 和$\hat{\beta}_j$ 的协方差为$\sigma^2 c_{ij}$，其中 c_{ij} 是矩阵C 的第 i 行第 j 列的元素. 在 β_j 所有的线性无偏估计中，最小二乘估计的方差是最小的，所以，最小二乘估计称为*最佳线性无偏估计*（best linear unbiased estimators，BLUE）.

2. $\hat{\beta}_j$，$j=0$，1，…，p 服从均值为β_j，方差为 $\sigma^2 c_{jj}$ 的正态分布.

3. $W=\text{SSE}/\sigma^2$ 服从自由度为 $n-p-1$ 的 χ^2 分布，并且每个$\hat{\beta}_j$，$j=0$，1，…，p 和$\hat{\sigma}^2$ 都是相互独立的.

4. 向量$\hat{\beta}=$（$\hat{\beta}_0$，$\hat{\beta}_1$，…，$\hat{\beta}_p$）服从均值为（β_0，β_1，…，β_p），方差-协方差矩阵为 $\sigma^2 C$

的 $p+1$ 维正态分布.

以上性质可用来对回归参数作假设检验和构造置信区间，这些内容将在 3.9 节介绍.

67

3.8 复相关系数

当用线性模型拟合了给定的数据之后，接下来的问题就是评价拟合的效果. 在 2.9 节我们已经做过这方面的讨论，所有方法可以很自然地推广到多元回归中，这里不再赘述.

在多元回归中，还需要评价 Y 与预测变量集合 X_1，X_2，…，X_p 的线性关系的强度. 我们可以用 Y 对$\hat{Y}$的散点图和如下的 Y 与$\hat{Y}$的相关系数来评价，

$$\mathrm{Cor}(Y,\hat{Y})=\frac{\sum(y_i-\overline{y})(\hat{y}_i-\bar{\hat{y}})}{\sqrt{\sum(y_i-\overline{y})^2\sum(\hat{y}_i-\bar{\hat{y}})^2}}, \tag{3.28}$$

其中$\overline{y}$是响应变量 Y 的均值，$\bar{\hat{y}}$是拟合值$\hat{Y}$的均值. 类似简单线性回归的情形（2.46），决定系数 $R^2=[\mathrm{Cor}(Y,\hat{Y})]^2$ 定义为

$$R^2=\frac{\mathrm{SSR}}{\mathrm{SST}}=1-\frac{\mathrm{SSE}}{\mathrm{SST}}=1-\frac{\sum(y_i-\hat{y}_i)^2}{\sum(y_i-\overline{y})^2}, \tag{3.29}$$

R^2 表示的是响应变量 Y 的总变差中能由预测变量集合 X_1，X_2，…，X_p 解释的比例. 在多元回归中，$R=\sqrt{R^2}$称为*复相关系数*，它度量了单个变量 Y 和变量集合 X_1，X_2，…，X_p 的线性关系的强度.

对于主管人员业绩数据，可以算出 $R^2=0.73$，意味着对主管人员工作能力整体评价中 73%的变差可由 6 个变量解释.

如果模型较好地拟合了数据，R^2 显然应该接近 1，因为此时观测值和预测值离得很近，从而 $\sum(y_i-\hat{y}_i)^2$ 会很小. 另一方面，如果 Y 和预测变量 X_1，X_2，…，X_p 之间没有线性关系，则用线性模型拟合的效果就很差，此时对 y_i 最好的预测就是 $\overline{y}$. 即当 Y 和预测变量没有线性关系时，对 Y 最好的预测就是样本均值，因为样本均值使离差平方和达到最小，此时 R^2 几乎为 0. 所以，R^2 通常用来度量线性模型对数据的拟合效果. 然而正如第 2 章中提到的，R^2 的值较大并不意味着模型对数据拟合得很好. 在 3.10 节我们将详细分析模型对数据的拟合效果.

一个与 R^2 密切相关的量是 R_a^2，称为*修正的* R^2，也可用来评价拟合效果的好坏，其定义为

$$R_a^2=1-\frac{\mathrm{SSE}/(n-p-1)}{\mathrm{SST}/(n-1)}, \tag{3.30}$$

68

就是在（3.29）中，将 SSE 和 SST 分别除以各自的自由度. 由（3.30）和（3.29）可得

$$R_a^2=1-\frac{n-1}{n-p-1}(1-R^2). \tag{3.31}$$

R_a^2 通常用来比较预测变量个数不同的模型的拟合效果（见第 11 章），因为 R_a^2 能对预测变量个数不同的模型做一些“修正”处理. 与 R^2 不同的是，R_a^2 不能理解为响应变量 Y 的总

变差中能由预测变量解释的比例．很多回归软件包都会给出 R^2 和 R_a^2．

3.9 单个回归系数的推断

根据 3.7 节给出的最小二乘估计的性质，我们可对回归系数进行统计推断．考虑假设 $\mathrm{H}_0:\beta_j=\beta_j^0 \leftrightarrow \mathrm{H}_1:\beta_j\neq\beta_j^0$，其中 β_j^0 是我们设定的一个常数，所用的检验统计量为

$$t_j=\frac{\hat{\beta}_j-\beta_j^0}{\mathrm{s.e.}(\hat{\beta}_j)}, \tag{3.32}$$

当 H_0 为真时，t_j 服从自由度为 $n-p-1$ 的 t 分布．通过比较该统计量的观测值与适当的临界值 $t_{(n-p-1,\alpha/2)}$ 的关系，得出检验的结论．$t_{(n-p-1,\alpha/2)}$ 表示自由度为 $n-p-1$ 的 t 分布的 $1-\alpha/2$分位点，其中 α 是给定的显著性水平．由于这是双边的备择假设，所以用 $\alpha/2$ 确定分位点．该临界值可从本书附录（表 A-2）的 t 分布表中查得．如果

$$|t_j|\geqslant t_{(n-p-1,\alpha/2)}, \tag{3.33}$$

则在显著性水平 α 下拒绝 H_0，其中 $|t_j|$ 是 t_j 的绝对值．与（3.33）等价的检验准则是比较该检验的 p 值和 α 的大小，其中 p 值 $p(|t_j|)$ 是服从自由度为 $n-p-1$ 的 t 分布的随机变量的绝对值大于 $|t_j|$ 的概率（见图 2-6）．如果

$$p(|t_j|)\leqslant\alpha, \tag{3.34}$$

则拒绝 H_0．统计软件包进行回归分析时通常都会计算和输出 p 值．

我们通常检验的是 $\mathrm{H}_0:\beta_j=0$，所用的 t 统计量为

69

$$t_j=\frac{\hat{\beta}_j}{\mathrm{s.e.}(\hat{\beta}_j)}, \tag{3.35}$$

它是 $\hat{\beta}_j$ 与其标准误 $\mathrm{s.e.}(\hat{\beta}_j)$ 之比，在本章附录（A.10）中给出了 $\mathrm{s.e.}(\hat{\beta}_j)$ 的表达式．统计软件包可计算所有系数估计的标准误，作为标准回归输出结果的一部分．

拒绝 $\mathrm{H}_0:\beta_j=0$，意味着 β_j 很有可能不是 0，表明预测变量 X_j 对经过其他预测变量调整后的响应变量 Y 的预测效果在统计上是显著的．

对 β_j 的另一种统计推断是区间估计，其 $1-\alpha$ 的置信区间为

$$\hat{\beta}_j\pm t_{(n-p-1,\alpha/2)}\times\mathrm{s.e.}(\hat{\beta}_j), \tag{3.36}$$

（3.36）只是单个参数 β_j 的置信区间，所有回归参数的联合置信域在本章的附录（A.15）中给出．

当 $p=1$（即简单线性回归）时，（3.35）中的检验统计量以及（3.33）和（3.34）中的检验准则，将分别为（2.26）中的检验统计量，以及（2.27）和（2.28）中的检验准则．这表明当 $p=1$ 时，多元回归的结果就是简单回归的结果．

其他一些在实际中与多元回归有关的统计推断问题，将在以下几节中介绍．

例子：主管人员业绩数据（续）

下面我们对主管人员业绩例子中的参数进行 t 检验．表 3-5 给出了 Y 与 6 个解释变量建立的线性回归模型的拟合结果，拟合的回归方程为

$$\hat{Y}=10.787+0.613X_1-0.073X_2+0.320X_3+0.081X_4+0.038X_5-0.217X_6. \tag{3.37}$$

表 3-5 主管人员业绩数据的回归输出

变量	系数	标准误	t 检验	p 值
常数项	10.787	11.589 0	0.93	0.361 6
X_1	0.613	0.161 0	3.81	0.000 9
X_2	−0.073	0.135 7	−0.54	0.595 6
X_3	0.320	0.168 5	1.90	0.069 9
X_4	0.081	0.221 5	0.37	0.715 5
X_5	0.038	0.147 0	0.26	0.796 3
X_6	−0.217	0.178 2	−1.22	0.235 6
$n=30$	$R^2=0.73$	$R_a^2=0.66$	$\hat{\sigma}=7.068$	自由度=23

表中 t 检验的值是检验 $H_0:\beta_j=0 \leftrightarrow H_1:\beta_j \neq 0(j=0, 1, \cdots, p)$ 的统计量的值. 从表 3-5 可以看出，如果取 $\alpha=0.05$，只有 X_1 的回归系数是显著不为 0 的，而 X_3 的回归系数接近显著不为 0，其他变量都是不显著的. 对于单个参数的区间估计留给读者作为练习.

本例中的常数项统计上是不显著的（t 检验的值为 0.93，p 值为 0.361 6）. 除非有特别强的理论依据，否则即使常数项统计上不显著，任何回归模型都应包含常数项，因为常数项代表了响应变量的基础或背景水平. 一般来讲，不显著的预测变量可以从模型中去掉，但常数项一定要保留. 70

3.10 线性模型中的假设检验

除了对单个回归系数的假设检验，在分析线性模型时，还要考虑其他一些假设检验问题. 最常研究的假设有以下 4 个.

1. 所有预测变量的回归系数均为 0.
2. 某些回归系数为零.
3. 某些回归系数相等.
4. 回归系数满足某些特定的约束.

回归系数的这些不同假设可用一个统一的方法进行检验. 我们首先介绍这个统一的方法，然后针对主管业绩的例子演示说明各个不同的检验.

模型（3.1）称为全模型（full model，FM）. 现在的原假设是某些回归系数取指定的值. 把这些指定的值代入全模型中，得到的模型称为简化模型（reduced model，RM）. 简化模型中的待估参数的个数少于全模型中待估参数的个数. 于是，我们希望检验

$$H_0:\text{简化模型是适当的} \leftrightarrow H_1:\text{全模型是适当的}.$$

注意到简化模型是*嵌套的*，所谓一组模型是嵌套的是指，它们是一个更大模型的特殊情况. 解决这些嵌套模型的假设检验问题，就是比较全模型和原假设中的简化模型对数据的拟合效果. 如果简化模型与全模型的拟合效果一样好，就不能拒绝简化模型（通过指定某些 β_j 的值）的原假设. 下面具体介绍这种方法. 71

设 $\hat{y}_i$ 和 $\hat{y}_i^*$ 分别表示全模型和简化模型给出的 y_i 的预测值. 全模型拟合数据时损失的

信息用全模型的残差平方和表示，记作 SSE(FM)，即

$$\mathrm{SSE(FM)} = \sum (y_i - \hat{y}_i)^2. \tag{3.38}$$

类似地，用简化模型拟合数据时损失的信息用简化模型的残差平方和表示，记作SSE(RM)，即

$$\mathrm{SSE(RM)} = \sum (y_i - \hat{y}_i^*)^2. \tag{3.39}$$

全模型中有 $p+1$ 个待估参数（β_0，β_1，…，β_p），我们假设简化模型中有 k 个待估参数. 注意到，SSE(RM)≥SSE(FM)，因为全模型中增加的参数（变量）不会减少残差平方和. 因此，二者之差 SSE(RM) －SSE(FM) 就是简化模型的残差平方和的增加量. 如果这个差值很大，说明简化模型的拟合效果逊于全模型，简化模型是不合适的. 我们用下面的比值作为检验统计量

$$F = \frac{[\mathrm{SSE(RM)} - \mathrm{SSE(FM)}]/(p+1-k)}{\mathrm{SSE(FM)}/(n-p-1)}. \tag{3.40}$$

这是一个 F 检验. 注意到，上式中 SSE(RM)－SSE(FM) 和 SSE(FM)分别除了各自的自由度，是为了修正参数个数不同带来的影响，这样可以保证该检验统计量具有标准的统计分布. 全模型有 $p+1$ 个参数，因此 SSE(FM) 的自由度是 $n-p-1$. 类似地，简化模型有 k 个参数，因此 SSE(RM) 的自由度是 $n-k$. 于是，SSE(RM)－SSE(FM) 的自由度是 $(n-k)-(n-p-1)=p+1-k$. 当 H_0 真时，(3.40) 中的统计量 F 服从自由度为 $p+1-k$ 和 $n-p-1$ 的 F 分布.

如果统计量 F 的观测值大于临界值 $F_{(p+1-k,n-p-1;\alpha)}$，则以显著性水平 α 拒绝原假设，也就是认为简化模型是不合适的. 临界值 $F_{(p+1-k,n-p-1;\alpha)}$ 是自由度为 $p+1-k$ 和 $n-p-1$ 的 F 分布的 $1-\alpha$ 分位点，可从本书附录（表 A-4 和表 A-5）的 F 分布表中查得. 对上述结论感兴趣的读者可参看 Graybill (1976)、Rao (1973)、Searle (1971) 或者 Seber and Lee (2003).

综上所述，如果

$$F \geqslant F_{(p+1-k,n-p-1;\alpha)}, \tag{3.41}$$

或者等价地，如果

72

$$p(F) \leqslant \alpha, \tag{3.42}$$

则在显著性水平 α 下拒绝 H_0，其中 $p(F)$ 是该 F 检验的 p 值，表示服从自由度为 $p+1-k$ 和 $n-p-1$ 的 F 分布的随机变量大于 (3.40) 中统计量 F 的观测值的概率. 许多统计软件包进行回归分析时通常都会计算和输出 p 值.

本节下面的部分将针对主管人员业绩数据，给出上述 F 检验的若干具体的数值例子.

3.10.1 检验所有预测变量的回归系数为 0

(3.40) 中 F 检验的一个重要特例是，检验假设：所有预测变量对响应变量都没有解释能力，即所有预测变量的回归系数为 0. 此时，简化模型和全模型分别为

$$\mathrm{RM}: H_0: Y = \beta_0 + \varepsilon, \tag{3.43}$$

$$\mathrm{FM}: H_1: Y = \beta_0 + \beta_1 X_1 + \cdots + \beta_p X_p + \varepsilon. \tag{3.44}$$

全模型的残差平方和 SSE(FM)＝SSE，而简化模型的残差平方和 SSE(RM) $= \sum(y_i - \bar{y})^2 =$ SST，因为简化模型中 β_0 的最小二乘估计是 $\bar{y}$. 简化模型有 1 个回归参数，全模型有 $p+1$ 回归参数，因此，(3.40) 中的 F 统计量为

$$F = \frac{[\text{SSE(RM)} - \text{SSE(FM)}]/(p+1-k)}{\text{SSE(FM)}/(n-p-1)} = \frac{[\text{SST} - \text{SSE}]/p}{\text{SSE}/(n-p-1)}. \tag{3.45}$$

因为 SST＝SSR＋SSE，我们用 SSR 代替上式中的 SST－SSE，得到

$$F = \frac{\text{SSR}/p}{\text{SSE}/(n-p-1)} = \frac{\text{MSR}}{\text{MSE}}, \tag{3.46}$$

其中 MSR 是*回归均方*，MSE 是*残差均方*. F 统计量 (3.46) 可用来检验假设：所有预测变量（不含常数项）的回归系数为 0.

F 统计量 (3.46) 还可以直接用样本的复相关系数表示. 检验总体的所有回归系数是否为 0，等价于检验总体的复相关系数是否为 0. 设 R_p 为样本的复相关系数，可用含 p 个预测变量的模型拟合 n 组观测（即估计 p 个回归系数和截距项），得到 R_p（见 3.8 节中关于复相关系数 R 的定义，此处下标 p 表示回归方程中有 p 个预测变量）. 从而，利用 R_p 构造检验假设

$$\text{H}_0: \beta_1 = \beta_2 = \cdots = \beta_p = 0$$

73

的 F 统计量为

$$F = \frac{R_p^2/p}{(1-R_p^2)/(n-p-1)}, \tag{3.47}$$

其自由度为 p 和 $n-p-1$.

与上面的 F 检验有关的量列在*方差分析表*（ANOVA）中，如表 3-6 所示. 第一列表明响应变量 Y 的变差有两个来源，从而 Y 的总离差平方和 SST $= \sum(y_i - \bar{y})^2$ 可按这两个来源分解为两部分. 一部分是可由预测变量解释的，即回归平方和 SSR $= \sum(\hat{y}_i - \bar{y})^2$，另一部分是不能被预测变量解释的，即残差平方和 SSE $= \sum(y_i - \hat{y}_i)^2$. 所以，SST＝SSR＋SSE，表中第二列给出了这两部分平方和. 第三列给出的是第二列中两个平方和的自由度（df），第四列是均方（MS），即平方和除以各自的自由度，最后一列是 (3.46) 中 F 统计量的值. 一些统计软件还会增加一列给出相应的 p 值或 $p(F)$.

表 3-6　多元回归中的方差分析（ANOVA）表

方差来源	平方和	自由度	均方	F 检验
回归	SSR	p	$\text{MSR} = \frac{\text{SSR}}{p}$	$F = \frac{\text{MSR}}{\text{MSE}}$
残差	SSE	$n-p-1$	$\text{MSE} = \frac{\text{SSE}}{n-p-1}$	

回到主管人员业绩例子中. 虽然回归系数的 t 检验已显示一些系数（β_1 和 β_3）是显著不为 0 的，但为了举例说明 F 检验，我们对 $\text{H}_0: \beta_1 = \beta_2 = \cdots = \beta_6 = 0$ 进行检验，也就是检验 6 个解释变量是否有解释能力. 此时，(3.43) 和 (3.44) 中的简化模型和全模型分别为

$$\text{RM}: \text{H}_0: Y = \beta_0 \qquad\qquad\qquad + \varepsilon, \tag{3.48}$$

$$\text{FM}: \text{H}_1: Y = \beta_0 + \beta_1 X_1 + \cdots + \beta_6 X_6 + \varepsilon. \tag{3.49}$$

对于全模型，我们要估计 7 个参数，其中 6 个回归系数和一个截距项 β_0. 表 3-7 给出了方差分析的结果，全模型的残差平方和 SSE(FM)＝SSE＝1 149. 当 H_0 为真时，简化模型只有一个待估参数 β_0，其残差平方和为

74

$$\text{SSE(RM)} = \text{SST} = \text{SSR} + \text{SSE} = 3\,147.97 + 1\,149 = 4\,296.97.$$

该值即为 $\sum(y_i - \bar{y})^2$. F 比的观测值为 10.5，也可用与（3.46）等价的（3.47）计算如下

$$F = \frac{R_p^2/p}{(1-R_p^2)/(n-p-1)} = \frac{0.732\,6/6}{(1-0.732\,6)/23} = 10.50.$$

该 F 统计量服从自由度为 6 和 23 的 F 分布. 在本书附表 A-5 查得临界值 $F_{(6,23;0.01)} = 3.71$（经过插值得到 3.71）. 由于 F 统计量的值大于临界值，所以拒绝原假设，即不是所有的 β_j 都为 0. 这个结果并不让人意外，因为某些 t 值是显著的.

表 3-7 主管人员业绩数据：方差分析（ANOVA）表

方差来源	平方和	自由度	均方	F 检验
回归	3 147.97	6	524.661	10.5
残差	1 149.00	23	49.956 5	

任何一个回归系数的 t 检验是显著的，则所有回归系数的 F 检验通常也是显著的. 但令人费解的是，当所有回归系数的 t 检验不显著时，（3.47）给出的 F 检验却是显著的. 这意味着虽然每个变量单独没有显著的解释能力，但整个变量组联合起来对响应变量有显著的解释能力. 当发生这种情况时应非常小心，因为它提示数据中可能存在的问题，即一些解释变量可能是高度相关的，这种情况通常称为多重共线性. 我们将在第 9 章讨论这个问题.

3.10.2 检验某些回归系数为 0

到目前为止，针对主管人员业绩的例子，我们一直用 6 个变量 X_1，X_2，…，X_6 解释 Y.（3.46）的 F 检验告诉我们所有的回归系数不可能都是 0，也就是有一个或多个预测变量与 Y 相关. 现在我们感兴趣的问题是：Y 能由较少的变量充分解释吗？回归分析的一个重要目的就是用尽可能少的有意义的变量充分解释观测到的现象. 这有两个好处：第一，可以分离出最重要的变量；第二，可以简洁地描述研究过程，使这一过程更易理解. 这就是所谓的简化描述或吝啬原则. 简化描述是回归分析应遵循的一个重要指导原则.

75

考察 Y 能否由较少的变量解释，就是检验部分回归系数能否为 0. 如果没有重要的理论依据要求某些变量必须在模型中，我们就应该对每一个变量进行如表 3-5 所示的 t 检验. 在本例中，我们希望用两个变量解释主管人员的综合工作能力，一个来自刻画雇员和主管之间人际关系的变量组 X_1，X_2，X_5，另一个来自与个人品性无关的变量组 X_3，X_4，X_6. 根据 t 检验，X_1 和 X_3 是显著的. 我们希望考察 X_1 和 X_3 是否具有全部变量的解释能力. 此时的简化模型为

$$\text{RM}: Y = \beta_0 + \beta_1 X_1 + \beta_3 X_3 + \varepsilon. \tag{3.50}$$

该模型对应的原假设为

$$\text{H}_0: \beta_2 = \beta_4 = \beta_5 = \beta_6 = 0. \tag{3.51}$$

表 3-8 给出了拟合简化模型的回归输出结果，包括方差分析表和系数表.

表 3-8　Y 关于 X_1 和 X_3 的回归输出

方差分析表				
方差来源	平方和	自由度	均方	F 检验
回归	3 042.32	2	1 521.160 0	32.7
残差	1 254.65	27	46.468 5	
系数表				
变量	系数	标准误	t 检验	p 值
常数项	9.870 9	7.061 0	1.40	0.173 5
X_1	0.643 5	0.118 5	5.43	<0.000 1
X_3	0.211 2	0.134 4	1.57	0.127 8
$n=30$	$R^2=0.708$	$R_a^2=0.686$	$\hat{\sigma}=6.817$	自由度$=27$

简化模型的残差平方和直接从表 3-8 中得到 SSE(RM)＝1 254.65，而全模型的残差平方和由表 3-7 查得 SSE(FM)＝1 149. 从而，(3.40) 中 F 统计量的值为

$$F = \frac{[1\,254.65 - 1\,149]/4}{1149/23} = 0.528, \tag{3.52}$$

对应的 F 分布的自由度为 4 和 23.

76

该检验的临界值为 $F_{(4,23;0.05)}=2.8$，由于 F 值<2.8，是不显著的，所以不能拒绝原假设. 可以认为 X_1 和 X_3 对 Y 的变差的解释能力与全部 6 个变量是相当的，即使去掉变量 X_2，X_4，X_5，X_6，也不会影响模型的解释能力.

最后，对本小节作几点注解.

1. F 统计量也可以用样本的复相关系数计算. 设 R_p 为含 p 个变量的全模型拟合数据得到的样本复相关系数，R_q 为含 q 个变量的简化模型拟合数据得到的样本复相关系数. 该简化模型对应的原假设为：$p-q$ 个变量的回归系数为 0. 检验该假设的 F 统计量为

$$F = \frac{(R_p^2 - R_q^2)/(p-q)}{(1-R_p^2)/(n-p-1)}, \quad \text{自由度为 } p-q \text{ 和 } n-p-1. \tag{3.53}$$

在目前讨论的例子中，由表 3-7 和表 3-8 可知，$n=30$，$p=6$，$q=2$，$R_6^2=0.732\,6$，$R_2^2=0.708\,0$，将它们都代入 (3.53)，得到 F 值为 0.528，与前面一致.

2. 当简化模型只比全模型少一个系数（即少一个预测变量）时，不妨设为 β_j，则 (3.40) 中的 F 统计量的自由度为 1 和 $n-p-1$，可以证明它与 (3.33) 中的 t 统计量是等价的. 准确地说，二者的关系是

$$F = t_j^2, \tag{3.54}$$

即自由度为 1 和 $n-p-1$ 的 F 统计量等同于自由度为 $n-p-1$ 的 t 统计量的平方，这是统计理论中熟知的结果.（读者可根据本书附录中表 A-2、表 A-4 和表 A-5 验证 $F(1,v)=t^2(v)$.）

3. 如果预测变量个数 $p=1$，就是简单线性回归. 令多元回归方差分析表（表 3-6）中的 p 取 1，可得简单回归方差分析表（表 3-9）. 表 3-9 中的 F 检验可用来检验原假设：预测变量 X_1 没有解释能力，即它的回归系数为 0. 这与 2.6 节中 t_1 统计量（2.26）检验的假设是相同的，其中

$$t_1 = \frac{\hat{\beta}_1}{\text{s. e.}(\hat{\beta}_1)}. \tag{3.55}$$

所以，在简单回归中，F 检验和 t 检验是等价的，二者的关系是

77

$$F = t_1^2. \tag{3.56}$$

表 3-9 简单回归中方差分析表（ANOVA）

方差来源	平方和	自由度	均方	F 检验
回归	SSR	1	MSR=SSR	$F=\frac{\text{MSR}}{\text{MSE}}$
残差	SSE	$n-2$	$\text{MSE}=\frac{\text{SSE}}{n-2}$	

3.10.3 检验某些回归系数相等

有时可能要检验模型中两个或多个回归系数是否相等，例如，在目前的例子中，我们要检验 X_1 和 X_3 的回归系数是否相等. 该检验是在假定 X_2，X_4，X_5，X_6 的回归系数均为 0 的前提下进行的，所以，原假设为

$$\text{H}_0: \beta_1 = \beta_3 \,|\, (\beta_2 = \beta_4 = \beta_5 = \beta_6 = 0). \tag{3.57}$$

由于假定 $\beta_2=\beta_4=\beta_5=\beta_6=0$，所以全模型为

$$Y = \beta_0 + \beta_1 X_1 + \beta_3 X_3 + \varepsilon. \tag{3.58}$$

在原假设下，设 $\beta_1=\beta_3=\beta_1'$，所以简化模型为

$$Y = \beta_0' + \beta_1'(X_1 + X_3) + \varepsilon, \tag{3.59}$$

其中 $\beta_0'=\beta_0$. 首先，用模型（3.58）拟合数据，回归结果已输出在表 3-8 中. 然后，用简化模型（3.59）拟合数据，方法是构造一个新的变量 $W=X_1+X_3$，得模型

$$Y = \beta_0' + \beta_1' W + \varepsilon. \tag{3.60}$$

进而计算 β_0'，β_1' 的最小二乘估计和样本复相关系数（即 Y 和 W 的简单相关系数，因为只有一个预测变量）. 此时 $p=2$，$q=1$. 简化模型的拟合方程为

$$\hat{Y} = 9.988 + 0.444W$$

样本复相关系数 $R_1^2=0.6685$.（3.53）中 F 统计量的值为

$$F = \frac{(R_p^2 - R_q^2)/(p-q)}{(1-R_p^2)/(n-p-1)} = \frac{(0.7080 - 0.6685)/(2-1)}{(1-0.7080)/(30-2-1)} = 3.65,$$

自由度为 1 和 27. 该检验的临界值为 $F_{(1,27;0.05)}=4.21$，由于 F 值<4.21，是不显著的，所以不能拒绝原假设. 该方程的残差的分布也令人满意（这里没有给出）.

78

假设检验的结果告诉我们，方程

$$\hat{Y} = 9.988 + 0.444(X_1 + X_3)$$

与数据并未出现不一致. 所以，我们得出结论，在确定雇员对主管人员的满意度时，X_1 和 X_3 有相同的正影响. 对该假设也可进行如下的 t 检验

$$t = \frac{\hat{\beta}_1 - \hat{\beta}_3}{\text{s.e.}(\hat{\beta}_1 - \hat{\beta}_3)},$$

其对应自由度为 27 的 t 分布[⊖]. 两种检验的结果是相同的，因为自由度为 1 和 p 的 F 分布等同于自由度为 p 的 t 分布的平方.

针对目前的例子，我们已经讨论了如何逐步地建立模型，讨论了在假定其他回归系数为 0 的情况下，β_1 和 β_3 是否相等的问题. 我们还可以检验一个更复杂的原假设，即 β_1 和 β_3 相等，而 β_2，β_4，β_5，β_6 全为 0，用 H_0' 表示为

$$\text{H}_0': \beta_1' = \beta_3, \quad \beta_2 = \beta_4 = \beta_5 = \beta_6 = 0. \tag{3.61}$$

(3.57) 和 (3.61) 的区别在于，(3.57) 是事先假定 β_2，β_4，β_5，β_6 全为 0，而 (3.61) 是要检验这一假定. 检验 (3.61) 比较简单，H'_0 对应的简化模型是 (3.59)，但它不是与检验 H_0 时的模型 (3.58) 作比较，而是与含 6 个变量的全模型作比较. 此时 $p=6$，$q=1$. 所以，检验 H_0' 的 F 统计量的值为

$$F = \frac{(0.7326 - 0.6685)/5}{0.2674/23} = 1.10, \quad \text{自由度为 5 和 23.}$$

经过与相应的临界值比较，也是不显著的，与前面的结果一样. 需要说明的是，检验 H_0 的第一个检验对回归系数是否相同更为敏感. (为什么?)

3.10.4 带约束的回归参数的估计和检验

有时对一组数据拟合回归方程时，希望对参数增加一些约束. 一种常见的约束是回归系数之和为某指定值，通常是 1. 由于变量间可能存在某种理论上或客观上的联系，所以对回归系数增加一些约束是很自然的. 在目前的例子中，尽管变量间没有明显的联系，但为了演示说明，我们考虑约束 $\beta_1 + \beta_3 = 1$. 假定我们已经接受了模型 (3.58)，可以进一步讨论，如果 X_1 和 X_3 都增加一个固定的量，Y 是否增加同一固定的量. 该问题的原假设可表示为

79

$$\text{H}_0: \beta_1 + \beta_3 = 1 \mid (\beta_2 = \beta_4 = \beta_5 = \beta_6 = 0). \tag{3.62}$$

因为 $\beta_1 + \beta_3 = 1$，或等价地，$\beta_3 = 1 - \beta_1$，在 H_0 下，简化模型为

$$\text{H}_0: Y = \beta_0 + \beta_1 X_1 + (1 - \beta_1) X_3 + \varepsilon.$$

整理后，得

$$\text{H}_0: Y - X_3 = \beta_0 + \beta_1 (X_1 - X_3) + \varepsilon,$$

又可以写成

$$\text{H}_0: Y' = \beta_0 + \beta_1 V + \varepsilon,$$

其中 $Y' = Y - X_3$，$V = X_1 - X_3$. 通过拟合 Y' 为响应变量，V 为预测变量的回归方程，可得到带有约束的参数 β_1 和 β_3 的最小二乘估计. 该方程为

⊖ $\text{s.e.}(\hat{\beta}_i - \hat{\beta}_j) = \sqrt{\text{Var}(\hat{\beta}_i) + \text{Var}(\hat{\beta}_j) - 2\text{Cov}(\hat{\beta}_i, \hat{\beta}_j)}$，可参阅本章附录.

$$\hat{Y}' = 1.166 + 0.694V,$$

则简化模型的拟合方程为

$$\hat{Y} = 1.166 + 0.694X_1 + 0.306X_3$$

以及 $R^2 = 0.6905$. 检验 H_0 的 F 统计量的值为

$$F = \frac{(0.7080 - 0.6905)/1}{0.2920/27} = 1.62, \quad \text{自由度为 1 和 27},$$

其中 R_2 是预测变量为 X_1 和 X_3 的回归模型的复相关系数. 由上式的 F 值看出, 对原假设 H_0 的检验是不显著的, 因此不能拒绝 X_1 和 X_3 的回归系数之和为 1 的假设.

至此, 我们已经检验了关于 β_1 和 β_3 的两个假设, $\beta_1 = \beta_3$ 和 $\beta_1 + \beta_3 = 1$. 结果是两个假设都没有被拒绝, 意味着两个参数可能都是 0.5. 我们可用前面的方法直接去检验原假设 $H_0: \beta_1 = \beta_3 = 0.5$.

在上面的例子中, 我们检验了 $\beta_1 = \beta_3$, 该检验可以看做带约束条件的假设检验的特例, 约束条件为 $\beta_1 - \beta_3 = 0$. 同理, 部分或全部回归系数为 0 的检验问题也可以看做带约束条件的假设检验的特例.

从上面的讨论可知, 对于给定的数据集合, 有时会有多个不同的模型描述这个数据集合. 因此, 在数据分析时, 我们要找出所有与数据匹配的模型. 其中一些模型可能比其他的更有意义 (是否有意义应根据应用背景和考虑的主题来评价). 作为研究的结果, 最终我们会采纳其中的某一个模型. 作为研究方法, 对数据的多种描述可比专注于一种描述优越, 它能对事物的内在结构获得更深入的认识.

80

回归方程中包含哪些变量是一个非常复杂的问题, 将在第 11 章中详细讨论. 在这里, 我们作两点说明, 并在后面的章节中进行详细阐述.

1. 若回归系数的估计不是显著不为 0, 通常就取为 0. 这样做有两个好处: 简化模型和减小预测方差.

2. 在所研究的某个问题中, 尽管某个变量或一组变量的回归系数在统计上不显著, 但有时因为它们理论上的重要性可能会被保留在方程中. 也就是说, 虽然回归系数并不显著非 0, 但也不能取为 0. 这些保留下来的变量应有益于研究过程, 相应的回归系数应有助于评价各解释变量对响应变量 Y 的贡献.

3.11 预测

给定预测变量的值, 可用拟合的回归方程预测响应变量的值. 当预测变量取值 $x_0 = (x_{01}, x_{02}, \cdots, x_{0p})$ 时, 响应变量为 y_0, 它的预测值 $\hat{y}_0$ 为

$$\hat{y}_0 = \hat{\beta}_0 + \hat{\beta}_1 x_{01} + \hat{\beta}_2 x_{02} + \cdots + \hat{\beta}_p x_{0p}, \tag{3.63}$$

$y_0 - \hat{y}_0$ 标准误 s.e. $(y_0 - \hat{y}_0)$ 由本章附录 (A.12) 给出, 熟悉矩阵符号的读者可以查看, 很多统计软件包也会计算该值. $\hat{y}_0$ 的 $1-\alpha$ 的置信限[⊖]为

⊖ 为了与参数的置信限相区别, 国内称预测值的置信限为预测限或预测区间, 此处我们照原文译. ——译者注

$$\hat{y}_0 \pm t_{(n-p-1,\alpha/2)} \text{s.e.}(y_0 - \hat{y}_0).$$

和简单回归中的情形一样，对于预测变量的观测值 x_0，除了可以预测响应变量的值，还可用来估计响应均值. 设相应的响应均值为 μ_0，其估计值$\hat{\mu}_0$ 与（3.63）相同，即

$$\hat{\mu}_0 = \hat{\beta}_0 + \hat{\beta}_1 x_{01} + \hat{\beta}_2 x_{02} + \cdots + \hat{\beta}_p x_{0p},$$

其标准误 s.e.（$\hat{\mu}_0$）由本章附录（A.14）给出. μ_0 的 $1-\alpha$ 的置信限为

$$\hat{\mu}_0 \pm t_{(n-p-1,\alpha/2)} \text{s.e.}(\hat{\mu}_0).$$

81

3.12 小结

我们已经介绍了线性模型的各种具体的假设检验，也给出了作假设检验的一般方法，还看到各种检验统计量也可用相应的样本复相关系数计算. 这里还是要强调，在作任何假设检验之前，务必考察模型假定的合理性. 正如在第 4 章中看到的，残差图是一种非常方便的完成此任务的图形化方法. 如果模型假定不合理，则假设检验的结果就是无效的. 如果根据检验结果选择了一个新模型，也要在分析结束之前，考察新模型的残差. 只有仔细注意细节，才能获得令人满意的数据分析结果.

习题

3.1 应用主管人员业绩数据，验证拟合方程（3.12）$\hat{Y}=15.3276+0.7803X_1-0.0502X_2$ 中 X_1 的系数，可通过若干简单回归方程得到，如 3.5 节对 X_2 的系数的讨论.

3.2 构造含一个响应变量和两个预测变量的小数据集，使得在两个拟合方程$\hat{Y}=\hat{\beta}_0+\hat{\beta}_1X_1$ 和$\hat{Y}=\hat{\alpha}_0+\hat{\alpha}_1X_1+\hat{\alpha}_2X_2$ 中，X_1 的系数相等. 提示：两个预测变量应不相关.

3.3 表 3-10 给出了 22 名学生的统计课考试成绩，包括期末成绩 F，两次预考成绩 P_1 和 P_2，该数据可在本书网站上查到.

表 3-10　考试数据：期末成绩（F）、第一次预考成绩（P_1）和第二次预考成绩（P_2）

行号	F	P_1	P_2	行号	F	P_1	P_2
1	68	78	73	12	75	79	75
2	75	74	76	13	81	89	84
3	85	82	79	14	91	93	97
4	94	90	96	15	80	87	77
5	86	87	90	16	94	91	96
6	90	90	92	17	94	86	94
7	86	83	95	18	97	91	92
8	68	72	69	19	79	81	82
9	55	68	67	20	84	80	83
10	69	69	70	21	65	70	66
11	91	91	89	22	83	79	81

(a) 分别用以下模型拟合数据.

$$\text{模型 1：} F = \beta_0 + \beta_1 P_1 \qquad + \varepsilon$$

$$\text{模型 2：} F = \beta_0 \qquad + \beta_2 P_2 + \varepsilon$$

$$\text{模型 3：} F = \beta_0 + \beta_1 P + \beta_2 P_2 + \epsilon$$

(b) 对 3 个模型分别检验 $\beta_0 = 0$.

(c) P_1 和 P_2 中哪个变量在单独预测 F 时，预测效果好一些？

(d) 如果一个学生的两次预考成绩分别为 78 分和 85 分，你会选择 3 个模型中的哪一个预测他的期末成绩？预测值是多少？

82

3.4 寻找或构造一个可作简单回归或多元回归的数据集，使得修正的 R_a^2 是负的.

3.5 下面给出了若干回归方程（有简单回归，也有多元回归方程）.

$$\hat{Y} = \hat{\beta}_0 + \hat{\beta}_1 X_1 + \hat{\beta}_2 x_2, \tag{3.64}$$

$$\hat{Y} = \hat{\beta}'_0 + \hat{\beta}'_1 X_1, \tag{3.65}$$

$$\hat{Y} = \hat{\beta}''_0 \qquad + \hat{\beta}'_2 X_2, \tag{3.66}$$

$$\hat{X}_1 = \hat{\alpha}_0 \qquad + \hat{\alpha}_2 X_2, \tag{3.67}$$

$$\overline{X}_2 = \hat{\alpha}'_0 + \hat{\alpha}_1 X_1. \tag{3.68}$$

指出相应的回归系数的估计之间有下列关系，并利用表 3-10 中的数据（$Y=F$，$X_1=P_1$，$X_2=P_2$）进行验证：

(a) $\hat{\beta}'_1 = \hat{\beta}_1 + \hat{\beta}_2\,\hat{\alpha}_1$，即 Y 关于 X_1 的简单回归系数就是多元回归中 X_1 的系数再加上多元回归中 X_2 的系数与 X_2 关于 X_1 的回归系数之积.

(b) $\hat{\beta}'_2 = \hat{\beta}_2 + \hat{\beta}_1\,\hat{\alpha}_2$，即 Y 关于 X_2 的简单回归系数就是多元回归中 X_2 的系数再加上多元回归中 X_1 的系数与 X_1 关于 X_2 的回归系数之积.

3.6 现用含一个响应变量 Y 和一个预测变量 X_1 的简单线性回归模型拟合 20 个观测数据，表 3-11 给出了回归输出结果，但部分结果缺失. 请补全表中缺失的 13 个结果，并计算 Var(Y) 和 Var(X_1).

表 3-11 拟合 20 个观测数据，Y 对 X_1 的回归输出结果

方差分析表				
方差来源	平方和	自由度	均方	F 检验
回归	1 848.76	—	—	—
残差	—	—	—	
系数表				
变量	系数	标准误	t 检验	p 值
常数项	−23.432 5	12.74	—	0.082 4
X_1	—	0.152 8	8.32	<0.000 1
n=—	R^2=—	R_a^2=—	$\hat{\sigma}$=—	自由度=—

3.7 现用含一个响应变量 Y 和一个预测变量 X_1 的简单线性回归模型拟合 18 个观测数据，表 3-12 给出了回归输出结果，但部分结果缺失. 请补全缺失的 13 个结果，并计算 Var(Y) 和 Var(X_1).

83

表 3-12 拟合 18 个观测数据，Y 对 X_1 的回归输出结果

方差分析表				
方差来源	平方和	自由度	均方	F 检验
回归	—	—	—	—
残差	—	—	—	

（续）

系数表				
变量	系数	标准误	t 检验	p 值
常数项	3.431 79	—	0.265	0.794 1
X_1	—	0.142 1	—	<0.000 1
$n=-$	$R^2=0.716$	$R_a^2=-$	$\hat{\sigma}=7.342$	自由度=－

3.8 利用表 3-5 的回归结果，构造参数 β_1 和 β_2 的 95%的置信区间.

3.9 在检验回归系数是否相等时，为什么（3.57）中 H_0 对应的检验比（3.61）中 H_0' 对应的检验更敏感？

3.10 应用主管人员业绩数据，在下面两个模型中检验 $H_0:\beta_1=\beta_3=0.5$：

(a) $Y=\beta_0+\beta_1X_1+\beta_3X_3+\varepsilon$.

(b) $Y=\beta_0+\beta_1X_1+\beta_2X_2+\beta_3X_3+\varepsilon$.

84

3.11 根据习题 2.10 和表 2-11 中的数据（可在本书网站查到），完成以下问题：

(a) 用你在习题 2.10 (f) 中选择的响应变量建立回归方程，检验原假设：截距和斜率都是 0.

(b) 你将选择假设检验问题 2.10 (g)、2.10 (h) 和 3.11 (a) 中的哪一个，去检验身高相近的人容易结婚这一假设？你的结论是什么？

(c) 如果上面的假设检验都不适合检验身高相近的人容易结婚这一假设，你有其他的检验方法吗？检验的结论是什么？

3.12 为判定一家公司是否歧视女性，从该公司收集了一些数据记录，包括年薪（单位：千美元）、资历（反映员工素质）和性别（1 为男性，0 为女性）. 现用两个线性模型拟合数据，回归输出结果列在表 3-13 中. 设通常的回归假定是成立的，请就两个模型回答以下问题：

表 3-13 就业歧视数据的回归输出结果

模型 1：响应变量为年薪				
变量	系数	标准误	t 检验	p 值
常数项	200 09.5	0.824 4	24 271	<0.000 1
资历	0.935 253	0.050 0	18.7	<0.000 1
性别	0.224 337	0.468 1	0.479	0.632 9
模型 2：响应变量为资历				
变量	系数	标准误	t 检验	p 值
常数项	－167 44.4	896.4	－18.7	<0.000 1
性别	0.850 979	0.434 9	1.96	0.053 2
年薪	0.836 991	0.044 8	18.7	<0.000 1

(a) 对模型 1，男性的年薪比同等资历的女性高吗？

(b) 对模型 2，男性的资历比同样年薪的女性低吗？

(c) 上面的结果有不一致吗？请作解释.

(d) 如果你是被告公司的辩护律师，你会选择哪个模型？请作解释.

3.13 表 3-14 给出了多元回归分析的输出结果，响应变量是某公司职员的起始工资，预测变量如下：

85

性别	示性变量（1为男性，0为女性）
教育	受雇时在校学习时间（单位：年）
经历	来公司前的工作时间（单位：月）
本公司经历	在本公司的工作时间（单位：月）

在下面（a）～（b）题，写出所作检验的原假设和备择假设，并在5%显著性水平下，给出你的结论.

(a) 考察回归整体拟合效果的 F 检验.

(b) 经过性别、教育和本公司经历等变量的调整后，工资和经历之间有正线性关系吗？

(c) 对一个受过12年教育，有10个月经历和15个月本公司经历的男性，他的工资预测是多少？

(d) 对受过12年教育，有10个月经历和15个月本公司经历的男性，他们的平均工资预测是多少？

(e) 对受过12年教育，有10个月经历和15个月本公司经历的女性，她们的平均工资预测是多少？

表3-14　工资对四个预测变量的回归输出结果

方差分析表				
方差来源	平方和	自由度	均方	F检验
回归	23 665 352	4	5 916 338	22.98
残差	22 657 938	88	257 477	
系数表				
变量	系数	标准误	t检验	p值
常数项	3 526.4	327.7	10.76	0.000
性别	722.5	117.8	6.13	0.000
教育	90.02	24.69	3.65	0.000
经历	1.269 0	0.587 7	2.16	0.034
本公司经历	23.406	5.201	4.50	0.000
$n=93$	$R^2=0.515$	$R_a^2=0.489$	$\hat{\sigma}=507.4$	自由度=88

3.14 表3-14给出了一个全模型的回归输出结果．现在考虑工资仅对教育作回归的简化模型，表3-15是相应的方差分析表．构造一个比较全模型和简化模型的假设检验．可以从检验结果得出什么结论？（取 $\alpha=0.05$）.

表3-15　起始工资仅对教育作回归的方差分析表

方差分析表				
方差来源	平方和	自由度	均方	F检验
回归	7 862 535	1	7 862 535	18.60
残差	38 460 756	91	422 646	

86

3.15 香烟消费数据：一个国家保险组织想要研究在美国所有50个州和哥伦比亚特区的香烟消费模式．表3-16给出了该研究中所选的变量，表3-17给出了1970年的数据，各州按字母顺序排列．该数据可在本书网站查到．在下面（a）～（b）题，写出所作检验的原假设和备择假设，并在5%显著性水平下，给出你的结论．

表 3-16 香烟消费数据中的变量

变量	定义
年龄	一个州的居民年龄的中位数
HS	一个州中年龄超过 25 岁且读完高中的居民比例
收入	州人均收入（单位：美元）
黑人比例	一个州中黑人人口比例
女性比例	一个州中女性人口比例
价格	一个州中一包香烟的加权平均价格（单位：美分）
销量	一个州香烟销量的人均包数

表 3-17 香烟消费数据（1970 年）

州	年龄	HS	收入	黑人比例	女性比例	价格	销量
AL	27.0	41.3	2 948.0	26.2	51.7	42.7	89.8
AK	22.9	66.7	4 644.0	3.0	45.7	41.8	121.3
AZ	26.3	58.1	3 665.0	3.0	50.8	38.5	115.2
AR	29.1	39.9	2 878.0	18.3	51.5	38.8	100.3
CA	28.1	62.6	4 493.0	7.0	50.8	39.7	123.0
CO	26.2	63.9	3 855.0	3.0	50.7	31.1	124.8
CT	29.1	56.0	4 917.0	6.0	51.5	45.5	120.0
DE	26.8	54.6	4 524.0	14.3	51.3	41.3	155.0
DC	28.4	55.2	5 079.0	71.1	53.5	32.6	200.4
FL	32.3	52.6	3 738.0	15.3	51.8	43.8	123.6
GA	25.9	40.6	3 354.0	25.9	51.4	35.8	109.9
HI	25.0	61.9	4 623.0	1.0	48.0	36.7	82.1
ID	26.4	59.5	3 290.0	0.3	50.1	33.6	102.4
IL	28.6	52.6	4 507.0	12.8	51.5	41.4	124.8
IN	27.2	52.9	3 772.0	6.9	51.3	32.2	134.6
IA	28.8	59.0	3 751.0	1.2	51.4	38.5	108.5
KS	28.7	59.9	3 853.0	4.8	51.0	38.9	114.0
KY	27.5	38.5	3 112.0	7.2	50.9	30.1	155.8
LA	24.8	42.2	3 090.0	29.8	51.4	39.3	115.9
ME	28.0	54.7	3 302.0	0.3	51.3	38.8	128.5
MD	27.1	52.3	4 309.0	17.8	51.1	34.2	123.5
MA	29.0	58.5	4 340.0	3.1	52.2	41.0	124.3
MI	26.3	52.8	4 180.0	11.2	51.0	39.2	128.6
MN	26.8	57.6	3 859.0	0.9	51.0	40.1	104.3
MS	25.1	41.0	2 626.0	36.8	51.6	37.5	93.4
MO	29.4	48.8	3 781.0	10.3	51.8	36.8	121.3
MT	27.1	59.2	3 500.0	0.3	50.0	34.7	111.2

（续）

州	年龄	HS	收入	黑人比例	女性比例	价格	销量
NB	28.6	59.3	3 789.0	2.7	51.2	34.7	108.1
NV	27.8	65.2	4 563.0	5.7	49.3	44.0	189.5
NH	28.0	57.6	3 737.0	0.3	51.1	34.1	265.7
NJ	30.1	52.5	4 701.0	10.8	51.6	41.7	120.7
NM	23.9	55.2	3 077.0	1.9	50.7	41.7	90.0
NY	30.3	52.7	4 712.0	11.9	52.2	41.7	119.0
NC	26.5	38.5	3 252.0	22.2	51.0	29.4	172.4
ND	26.4	50.3	3 086.0	0.4	49.5	38.9	93.8
OH	27.7	53.2	4 020.0	9.1	51.5	38.1	121.6
OK	29.4	51.6	3 387.0	6.7	51.3	39.8	108.4
OR	29.0	60.0	3 719.0	1.3	51.0	29.0	157.0
PA	30.7	50.2	3 971.0	8.0	52.0	44.7	107.3
RI	29.2	46.4	3 959.0	2.7	50.9	40.2	123.9
SC	24.8	37.8	2 990.0	30.5	50.9	34.3	103.6
SD	27.4	53.3	3 123.0	0.3	50.3	38.5	92.7
TN	28.1	41.8	3 119.0	15.8	51.6	41.6	99.8
TX	26.4	47.4	3 606.0	12.5	51.0	42.0	106.4
UT	23.1	67.3	3 227.0	0.6	50.6	36.6	65.5
VT	26.8	57.1	3 468.0	0.2	51.1	39.5	122.6
VA	26.8	47.8	3 712.0	18.5	50.6	30.2	124.3
WA	27.5	63.5	4 053.0	2.1	50.3	40.3	96.7
WV	30.0	41.6	3 061.0	3.9	51.6	41.6	114.5
WI	27.2	54.5	3 812.0	2.9	50.9	40.2	106.4
WY	27.2	62.9	3 815.0	0.8	50.0	34.4	132.2

(a) 在销量关于6个预测变量的回归模型中，检验假设“不需要女性比例这一变量”.

(b) 在上面的回归模型中，检验假设“不需要女性比例和HS这两个变量”.

(c) 计算收入变量回归系数的95%的置信区间.

(d) 去掉收入这个变量后拟合回归方程，其他5个预测变量对销量变差的解释比例是多少？请作解释.

(e) 用价格、年龄和收入这3个变量作预测变量拟合回归方程，它们对销量变差的解释比例是多少？请作解释.

(f) 仅用收入这个变量作预测变量拟合回归方程，它对销量变差的解释比例是多少？请作解释.

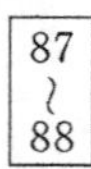

3.16 考虑以下两个模型：

$$\text{RM}: \text{H}_0: Y = \varepsilon,$$

$$\text{FM}: \text{H}_1: Y = \beta_0 + \beta_1 X_1 + \cdots + \beta_p X_p + \varepsilon.$$

(a) 对上述假设进行F检验.

(b) 令$p=1$（即简单回归），请构造一个Y和X_1的数据集，使得在5%的显著性水平下，不能拒

绝 H_0.

(c) 这里原假设的含义是什么?

(d) 计算上面两个模型的 R^2.

附录 多元回归的矩阵表示

下面，我们用矩阵表示多元回归的标准结果. 定义下面的矩阵:

$$\boldsymbol{Y}=\begin{pmatrix}y_1\\y_2\\\vdots\\y_n\end{pmatrix},\quad \boldsymbol{X}=\begin{pmatrix}x_{10}&x_{11}&\cdots&x_{1p}\\x_{20}&x_{21}&\cdots&x_{2p}\\\vdots&\vdots&&\vdots\\x_{n0}&x_{n1}&\cdots&x_{np}\end{pmatrix},\quad \boldsymbol{\beta}=\begin{pmatrix}\beta_0\\\beta_1\\\vdots\\\beta_p\end{pmatrix},\quad \boldsymbol{\varepsilon}=\begin{pmatrix}\varepsilon_1\\\varepsilon_2\\\vdots\\\varepsilon_n\end{pmatrix}.$$

线性模型 (3.1) 可用上面的矩阵表示为

$$\boldsymbol{Y}=\boldsymbol{X\beta}+\boldsymbol{\varepsilon}, \tag{A.1}$$

其中 $x_{i0}=1$，$i=1, 2, \cdots, n$. 最小二乘估计中对 ε 的假定可表示为

$$E(\boldsymbol{\varepsilon})=\boldsymbol{0} \quad 和 \quad \mathrm{Var}(\boldsymbol{\varepsilon})=E(\boldsymbol{\varepsilon\varepsilon}^{\mathrm{T}})=\sigma^2\boldsymbol{I}_n,$$

其中 $E(\boldsymbol{\varepsilon})$ 是 $\boldsymbol{\varepsilon}$ 的数学期望（均值），$\boldsymbol{I}_n$ 是 n 阶单位矩阵，$\boldsymbol{\varepsilon}^{\mathrm{T}}$ 是 $\boldsymbol{\varepsilon}$ 的转置. 所有的 $\boldsymbol{\varepsilon}_i$ 是两两不相关的，且均值为 0，方差为常数，于是

$$E(\boldsymbol{Y})=\boldsymbol{X\beta}.$$

通过最小化观测与其期望的偏差平方和，得到 $\boldsymbol{\beta}$ 的最小二乘估计 $\hat{\boldsymbol{\beta}}$，也就是最小化如下的 $S(\boldsymbol{\beta})$

$$S(\boldsymbol{\beta})=\boldsymbol{\varepsilon}^{\mathrm{T}}\boldsymbol{\varepsilon}=(\boldsymbol{Y}-\boldsymbol{X\beta})^{\mathrm{T}}(\boldsymbol{Y}-\boldsymbol{X\beta}).$$

最小化 $S(\boldsymbol{\beta})$，导出方程组

$$(\boldsymbol{X}^{\mathrm{T}}\boldsymbol{X})\hat{\boldsymbol{\beta}}=\boldsymbol{X}^{\mathrm{T}}\boldsymbol{Y}. \tag{A.2}$$

该方程组就是 3.4 节中提到的正规方程组. 设 $\boldsymbol{X}^{\mathrm{T}}\boldsymbol{X}$ 是可逆矩阵，则最小二乘估计 $\hat{\boldsymbol{\beta}}$ 可表示为

$$\hat{\boldsymbol{\beta}}=(\boldsymbol{X}^{\mathrm{T}}\boldsymbol{X})^{-1}\boldsymbol{X}^{\mathrm{T}}\boldsymbol{Y}, \tag{A.3}$$

从上式看出，$\hat{\boldsymbol{\beta}}$ 是 $\boldsymbol{Y}$ 的线性函数. 观测 $\boldsymbol{Y}$ 的拟合向量 $\hat{\boldsymbol{Y}}$ 为

$$\hat{\boldsymbol{Y}}=\boldsymbol{X}\hat{\boldsymbol{\beta}}=\boldsymbol{PY}, \tag{A.4}$$

其中

$$\boldsymbol{P}=\boldsymbol{X}(\boldsymbol{X}^{\mathrm{T}}\boldsymbol{X})^{-1}\boldsymbol{X}^{\mathrm{T}}, \tag{A.5}$$

称为帽子矩阵或投影矩阵. 残差向量可表示为

$$\boldsymbol{e}=\boldsymbol{Y}-\hat{\boldsymbol{Y}}=\boldsymbol{Y}-\boldsymbol{PY}=(\boldsymbol{I}_n-\boldsymbol{P})\boldsymbol{Y}. \tag{A.6}$$

最小二乘估计有如下性质:

1. $\hat{\boldsymbol{\beta}}$ 是 $\boldsymbol{\beta}$ 的无偏估计（即 $E(\hat{\boldsymbol{\beta}})=\boldsymbol{\beta}$），并且方差-协方差矩阵 $\mathrm{Var}(\hat{\boldsymbol{\beta}})$ 为

$$\mathrm{Var}(\hat{\boldsymbol{\beta}})=\boldsymbol{E}(\hat{\boldsymbol{\beta}}-\boldsymbol{\beta})(\hat{\boldsymbol{\beta}}-\boldsymbol{\beta})^{\mathrm{T}}=\sigma^2(\boldsymbol{X}^{\mathrm{T}}\boldsymbol{X})^{-1}=\sigma^2\boldsymbol{C},$$

其中

$$\boldsymbol{C}=(\boldsymbol{X}^{\mathrm{T}}\boldsymbol{X})^{-1}. \tag{A.7}$$

在 $\boldsymbol{\beta}$ 的所有线性无偏估计中，最小二乘估计的方差最小，所以，这里的 $\hat{\boldsymbol{\beta}}$ 称为 $\boldsymbol{\beta}$ 的最佳线性无偏估计 (best linear unbiased estimator，BLUE).

2. 残差平方和可表示为

$$\boldsymbol{e}^{\mathrm{T}}\boldsymbol{e}=\boldsymbol{Y}^{\mathrm{T}}(\boldsymbol{I}_n-\boldsymbol{P})^{\mathrm{T}}(\boldsymbol{I}_n-\boldsymbol{P})\boldsymbol{Y}=\boldsymbol{Y}^{\mathrm{T}}(\boldsymbol{I}_n-\boldsymbol{P})\boldsymbol{Y}. \tag{A.8}$$

最后一个等式成立是因为 $(\boldsymbol{I}_n-\boldsymbol{P})$ 是一个对称的幂等矩阵.

3. σ^2 的无偏估计为

$$\hat{\sigma}^2 = \frac{\boldsymbol{e}^{\mathrm{T}}\boldsymbol{e}}{n-p-1} = \frac{\boldsymbol{Y}^{\mathrm{T}}(\boldsymbol{I}_n - \boldsymbol{P})\boldsymbol{Y}}{n-p-1}. \tag{A.9}$$

如果再假设 $\varepsilon_i(i=1, 2, \cdots, n)$ 相互独立且都服从正态分布，还可以得到下面的性质：

4. $\hat{\boldsymbol{\beta}}$服从$p+1$维正态分布，均值向量为$\boldsymbol{\beta}$，方差-协方差矩阵为$\sigma^2\boldsymbol{C}$. $\hat{\beta}_j$ 的边际分布是均值为β_j，方差为 $\sigma^2 c_{jj}$ 的正态分布，其中 c_{jj} 是矩阵C(A.7) 的主对角线上的第 j 个元素. 所以，$\hat{\beta}_j$ 的标准误是

$$\text{s.e.}(\hat{\beta}_j) = \hat{\sigma}\sqrt{c_{jj}}, \tag{A.10}$$

$\hat{\beta}_i$ 和$\hat{\beta}_j$ 的协方差为 $\text{Cov}(\hat{\beta}_i, \hat{\beta}_j)=\sigma^2 c_{ij}$.

5. $W=(\boldsymbol{e}^{\mathrm{T}}\boldsymbol{e})/\sigma^2$ 服从自由度为 $n-p-1$ 的 χ^2 分布.

6. $\hat{\boldsymbol{\beta}}$和$\hat{\sigma}^2$ 相互独立.

90

7. 拟合向量$\hat{\boldsymbol{Y}}$服从退化的 n 维正态分布，均值为 $\boldsymbol{E}(\hat{\boldsymbol{Y}})=\boldsymbol{X\beta}$，方差-协方差矩阵为 $\text{Var}(\hat{\boldsymbol{Y}})=\sigma^2\boldsymbol{P}$.

8. 残差向量 $\boldsymbol{e}$ 服从退化的 n 维正态分布，均值为 $E(\boldsymbol{e})=\boldsymbol{0}$，方差-协方差矩阵为 $\text{Var}(\boldsymbol{e}) = \sigma^2(\boldsymbol{I}_n-\boldsymbol{P})$.

9. 对于观测向量 $\boldsymbol{x}_0=(x_{00}, x_{01}, x_{02}, \cdots, x_{0p})^{\mathrm{T}}$，其中 $x_{00}=1$，响应变量 y_0 的预测值$\hat{y}_0$ 为

$$\hat{y}_0 = \boldsymbol{x}_0^{\mathrm{T}}\hat{\boldsymbol{\beta}}, \tag{A.11}$$

$y_0-\hat{y}_0$ 的标准误为

$$\text{s.e.}(y_0-\hat{y}_0) = \hat{\sigma}\sqrt{1+\boldsymbol{x}_0^{\mathrm{T}}(\boldsymbol{X}^{\mathrm{T}}\boldsymbol{X})^{-1}\boldsymbol{x}_0}. \tag{A.12}$$

这个公式用于响应变量 y_0 的置信限（预测区间）的计算. $\boldsymbol{x}_0^{\mathrm{T}}$ 对应的响应均值 μ_0 的估计为

$$\hat{\mu}_0 = \boldsymbol{x}_0^{\mathrm{T}}\hat{\boldsymbol{\beta}} \tag{A.13}$$

这个估计与 (A.11) 是相同的，其标准误为

$$\text{s.e.}(\hat{\mu}_0) = \hat{\sigma}\sqrt{x_0^{\mathrm{T}}(\boldsymbol{X}^{\mathrm{T}}\boldsymbol{X})^{-1}x_0}. \tag{A.14}$$

但是 μ_0 的置信区间与 y_0 的置信区间（预测区间）是不一样的.

10. 回归参数 $\boldsymbol{\beta}$ 的 $100(1-\alpha)\%$的联合置信域为

91

$$\left\{\boldsymbol{\beta}: \frac{(\boldsymbol{\beta}-\hat{\boldsymbol{\beta}})^{\mathrm{T}}(\boldsymbol{X}^{\mathrm{T}}\boldsymbol{X})(\boldsymbol{\beta}-\hat{\boldsymbol{\beta}})}{\hat{\sigma}^2(p+1)} \leqslant F_{(p+1, n-p-1, \alpha)}\right\}, \tag{A.15}$$

这是一个以$\hat{\boldsymbol{\beta}}$为中心的椭球体.

第 4 章 回归诊断：违背模型假定的检测

4.1 引言

在第 2 章和第 3 章，我们已经介绍了简单和多元线性回归模型中统计推断的基本结果．这些结果建立在一些概述性统计量基础上，由数据可以计算这些统计量的值．在对一组给定的数据拟合模型时，我们希望这种拟合不要过分依赖于某个或少数几个观测．须知，在进行回归模型的统计分析之前，我们已经默认回归模型的标准假定，只有验证了标准回归假定是合理的，第 2 章和第 3 章中介绍的分布理论、置信区间和假设检验才是有效的和有意义的．本章将介绍这些假定（见 4.2 节）．当违背这些基本假定时，前面给出的标准结果是不成立的，并且使用这些结果将导致严重的错误．我们再次强调本书关注的焦点是，检测和修正违反基本的线性模型假定的情况，也是一种全面、有效地分析数据的手段．我们主要采用图形化方法而不是严格的数值规则来检测模型假定的合理性．

4.2 标准回归假定

在前两章中，我们给出了回归参数的最小二乘估计及其性质．这些性质及第 2 章和第 3 章中所作的统计分析都是以下面的假定为前提的．

1. **对模型形式的假定**：假定刻画响应变量 Y 与预测变量 X_1，X_2，…，X_p 关系的模型关于回归参数 β_0，β_1，…，β_p 是线性的，即

$$Y=\beta_0+\beta_1X_1+\cdots+\beta_pX_p+\varepsilon, \tag{4.1}$$

则第 i 个观测可以表示为

$$y_i=\beta_0+\beta_1x_{i1}+\cdots+\beta_px_{ip}+\varepsilon_i,\quad i=1,2,\cdots,n. \tag{4.2}$$

我们称之为*线性假定*．在简单回归中，可通过考察 Y 对 X 的散点图很容易地检验线性假定的合理性．而在多元回归中，由于数据维数较高，线性假定的检验要困难些．本章后面将给出一些图形化方法以检验多元回归中线性假定的合理性．如果线性假定不满足，有时可通过数据变换化为线性的．数据变换方法将在第 6 章讨论．

2. **对误差的假定**：假定（4.2）中的误差 ε_1，ε_2，…，ε_n 独立同分布（iid），同时服从均值为 0，方差为 σ^2 的正态分布．注意，这蕴含着四个假定：

- 误差 ε_i，$i=1$，2，…，n 服从正态分布．我们称之为*正态性假定*．正态性假定不容易验证，尤其在预测变量取值不重复时．本章后面将介绍利用合适的残差图评判正态性假定的合理性．
- 误差 ε_1，ε_2，…，ε_n 的均值都为 0.
- 误差 ε_1，ε_2，…，ε_n 有相同的（但未知）方差 σ^2．我们称之为*等方差假定*，或*方差齐性假定*．若该假定不成立，称为*异方差问题*，将在第 7 章讨论．

- 误差 ε_1，ε_2，…，ε_n 相互独立（两两协方差为 0）．我们称之为*独立误差假定*．若该

假定不成立，称为自相关问题，将在第 8 章讨论.

3. **对预测变量的假定**：对预测变量的假定有以下三个.

- 预测变量是非随机的，即它们的取值 x_{1j}，x_{2j}，…，x_{nj}；$j=1$，2，…，p 是固定的或事先选定的. 只有当实验者可以设置预测变量的值为预定水平，该假定才能满足. 显然，在非实验或观测情况下，这种假定不满足. 此时第 2 和第 3 章中的理论结果仍然成立，但对结果的解释必须修改. 当预测变量是随机变量时，所有推断都是关于观测数据的条件推断. 需要指出的是，条件推断与本书介绍的数据分析方法原理上是一致的，主要目的都是从可用的数据中提取最大量的信息.
- 预测变量的取值 x_{1j}，x_{2j}，…，x_{nj}；$j=1$，2，…，p 没有测量误差. 这个假定几乎是不能满足的. 测量误差会影响误差的方差、复相关系数以及单个回归系数的估计. 这些影响的大小取决于几个因素，其中最重要的是测量误差的标准差和误差间的相关结构. 测量误差会增大误差方差，减小观测到的复相关系数. 测量误差对单个回归系数的影响更难以评估，因为某个变量回归系数的估计，不仅受到其自身测量误差的影响，还受到方程中其他变量的测量误差的影响.

即使在所有的测量误差均不相关这种最简单的情况下，要修正测量误差对回归系数估计的影响，也需要知道各变量测量误差的方差与随机误差的方差的比值. 这些误差的信息一般是很少的，如果有的话，众所周知（尤其是在社会科学领域，这个问题是最严重的），我们也不可能奢望完全消除测量误差对回归系数估计的影响. 如果测量误差不比随机误差大，测量误差的影响是可以忽略的. 在解释系数时，应该记住这一点. 当变量有测量误差时，回归系数的估计虽然有一些问题，但回归方程仍可用于预测. 但是，测量误差的存在会降低预测的精度. 对这个问题更广泛的讨论，读者可参考 Fuller（1987）、Chatterjee and Hadi（1988）以及 Chi-Lu and Van Ness（1999）.

95

- 预测变量 X_1，X_2，…，X_p 假定是线性无关的. 该假定是为了保证最小二乘解（第 3 章附录正规方程组（A.2）的解）的唯一性. 若该假定不成立，称为共线性问题，将在第 9 章和第 10 章讨论.

关于预测变量的前两个假定无法验证其合理性，所以在我们的分析中，对此类假定不予关注和讨论，但它们的确会影响对回归结果的解释.

4. **对观测的假定**：所有观测是同样可靠的，它们对回归结果的确定和对结论的影响有基本相同的作用.

轻微违背基本假定不会对主要的分析结果产生重大的影响，这是最小二乘法的一个特点. 但如果严重违背基本假定就会极大破坏结果的合理性. 因此，通过图形研究残差结构和数据模式是非常重要的，可以了解违背基本假定的情况.

4.3 各种残差

在回归分析中，一个简单有效的检测模型缺陷的方法就是考察残差图. 当存在违背模型假定的情况时，残差图可以指明违背的是哪个或哪几个标准假定. 更重要的是，分析残差可提示数据结构，或挖掘那些仅基于概述统计量作分析会忽视的数据信息. 这些提示信息可帮助我们更好地理解所研究的问题，并找到更好的模型. 回归分析最重要的一部分内容就是对残差进行仔细的图解分析.

正如我们在第 2 章和第 3 章中看到的，对一组数据用最小二乘法拟合线性模型（4.1），得到如下的拟合值，

$$\hat{y}_i = \hat{\beta}_0 + \hat{\beta}_1 x_{i1} + \cdots + \hat{\beta}_p x_{ip}, \quad i = 1,2,\cdots,n, \tag{4.3}$$

相应的普通最小二乘残差（简称普通残差）为

96

$$e_i = y_i - \hat{y}_i, \quad i = 1,2,\cdots,n. \tag{4.4}$$

（4.3）中的拟合值还有另一种表达形式

$$\hat{y}_i = p_{i1} y_1 + p_{i2} y_2 + \cdots + p_{in} y_n, \quad i = 1,2,\cdots,n, \tag{4.5}$$

其中所有 p_{ij} 只依赖于预测变量的取值（不涉及响应变量）. 式（4.5）直接反映了观测值和预测值间的关系. 在简单回归中，p_{ij} 取为

$$p_{ij} = \frac{1}{n} + \frac{(x_i - \overline{x})(x_j - \overline{x})}{\sum (x_i - \overline{x})^2}. \tag{4.6}$$

在多元回归中，p_{ij} 是帽子或投影矩阵中的元素，该矩阵由第 3 章附录（A.5）定义.

当 $i=j$ 时，p_{ii} 是投影矩阵 $\boldsymbol{P}$ 的第 i 个主对角线元素. 在简单回归中，

$$p_{ii} = \frac{1}{n} + \frac{(x_i - \overline{x})^2}{\sum (x_i - \overline{x})^2}. \tag{4.7}$$

p_{ii} 称为第 i 个观测的杠杆值，因为从式（4.5）可以看出，第 i 个拟合值 $\hat{y}_i$ 是 Y 的所有观测值的加权和，而 p_{ii} 就是 y_i 对于 $\hat{y}_i$ 的权重（参见 Hoaglin and Welsch，1978）. 因此，我们有如下的 n 个杠杆值

$$p_{11}, p_{22}, \cdots, p_{nn}. \tag{4.8}$$

杠杆值在回归分析中起着重要的作用，我们会经常看到它们.

当 4.2 节所述的模型假定成立时，由（4.4）定义的普通残差 e_1，e_2，…，e_n 之和为 0，但它们的方差不同，因为

$$\mathrm{Var}(e_i) = \sigma^2 (1 - p_{ii}), \tag{4.9}$$

其中 p_{ii} 是（4.8）中的第 i 个杠杆值，仅依赖于观测值 x_{i1}，x_{i2}，…，x_{ip}. 为了解决方差不等的问题，我们对第 i 个残差 e_i 进行标准化，即 e_i 除以它的标准差，得

$$z_i = \frac{e_i}{\sigma \sqrt{1 - p_{ii}}}. \tag{4.10}$$

因为它的均值为 0，标准差为 1，所以称之为第 i 个标准化残差. 标准化残差依赖于 ε 未知的标准差 σ. σ^2 的一个无偏估计为

$$\hat{\sigma}^2 = \frac{\sum e_i^2}{n-p-1} = \frac{\sum (y_i - \hat{y}_i)^2}{n-p-1} = \frac{\mathrm{SSE}}{n-p-1}, \tag{4.11}$$

其中 SSE 是普通残差平方和.（4.11）分母中的 $n-p-1$ 是自由度（df），它等于观测个数

97

n 减去待估的回归系数个数 $p+1$.

σ^2 的另一个无偏估计为

$$\hat{\sigma}^2_{(i)}=\frac{\text{SSE}_{(i)}}{(n-1)-p-1}=\frac{\text{SSE}_{(i)}}{n-p-2}, \tag{4.12}$$

其中 $\text{SSE}_{(i)}$ 是剔除第 i 个观测后，用剩余的 $n-1$ 个观测拟合模型所得的普通残差平方和. $\hat{\sigma}^2$ 和 $\hat{\sigma}^2_{(i)}$ 都是 σ^2 的无偏估计.

将 $\hat{\sigma}$ 作为 σ 的估计代入（4.10），得

$$r_i=\frac{e_i}{\hat{\sigma}\sqrt{1-p_{ii}}}, \tag{4.13}$$

而将 $\hat{\sigma}_{(i)}$ 作为 σ 的估计代入（4.10），得

$$r_i^*=\frac{e_i}{\hat{\sigma}_{(i)}\sqrt{1-p_{ii}}}. \tag{4.14}$$

形如（4.13）的残差称为*内学生化残差*，形如（4.14）的残差称为*外学生化残差*，因为 $\hat{\sigma}_{(i)}$ 不涉及（外生于）e_i. 为了简化术语和表述，我们将学生化残差也称为标准化残差.

标准化残差之和不为 0，但它们的方差相同. 外标准化残差都近似服从自由度为 $n-p-2$ 的 t 分布，但内标准化残差不服从. 对较大的样本，这些残差都近似服从标准正态分布. 残差之间并不是严格独立的，但当观测量很大时，可近似认为它们是相互独立的.

两种形式的残差之间的关系是

$$r_i^*=r_i\sqrt{\frac{n-p-2}{n-p-1-r_i^2}}, \tag{4.15}$$

其中一个是另一个的单调变换. 因此，作残差图时选用哪种形式的标准化残差，结果不会有多少差别. 从现在开始，我们用内标准化残差作残差图，在残差图中也不再指明二者的差别. 我们将用多种残差图检测回归假定的合理性.

4.4 图形方法

图形方法在数据分析中起着重要的作用，尤其在对数据拟合线性模型时. 正如 Chambers 等（1983，p.1）所说："没有哪件统计工具，能像一个精心挑选的图形那样强大." 图形的方法可以被视为探索性工具，也是验证分析或统计推断不可缺少的一部分. Huber（1991，p.121）说："眼睛具有常规诊断无法企及的洞察力." 说明这个问题的最好的例子，就是第 2 章提到的 Anscombe 四数据（见表 2-4）. Anscombe（1973）采用下面的方法构建 4 个数据集：所有的变量对（Y，X）有相同的概述性统计量值（相同的相关系数，同样的回归直线，相同的标准误等），然而它们的散点图（为方便起见再次给出，见图 4-1）却完全不同.

98

散点图 4-1a 表明线性模型可能是合理的，而图 4-1b 提示了一种非线性模型（或许能线性化）. 图 4-1c 表明，除了一个远离直线的点，该数据很接近一个线性模型. 这个点可能是一个异常点，在由数据得出结论之前应考察一下这个点. 图 4-1d 表明要么实验设计有缺陷，要么是一个不好的样本. 在第四个数据集中，对 $X=19$ 这个点，读者可以验证：

(a) 无论 Y 值多大或多小，该点的残差总是零（方差为零）；(b) 如果删除该点，基于剩余点的最小二乘估计不唯一（除了一条垂线，任何过剩余点均值的直线都是最小二乘直线!）．过度影响回归结果的观测称为*强影响点*．$X=19$ 就是一个极端的强影响点，因为该单点决定了拟合直线的截距和斜率．

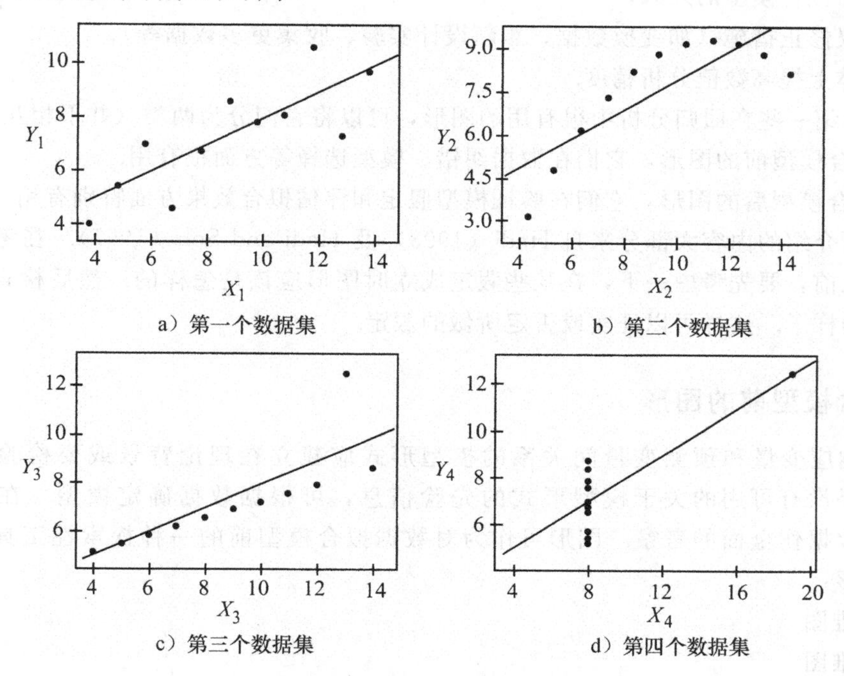

图 4-1　Anscombe 四数据的散点图及其最小二乘拟合直线

99

这里我们把散点图作为一种探索性的工具，其实还可以用图形方法弥补在验证分析中数值方法的不足．假定我们希望检验 Y 与 X 是否有正线性关系，或者等价地，Y 与 X 是否可以拟合一条具有正斜率的回归直线．读者可以验证，4 个数据集有相同的相关系数 ($\mathrm{Cor}(Y, X)=0.80$)，相同的回归直线 ($Y=3+0.5X$)，以及相同的回归系数标准误．因此，基于这些数值结果，人们可能得出错误的结论，即四个数据集都具有正的线性关系．事实上，在进行数值推导时，隐含着一个基本假定：Y 与 X 的关系是线性的．而这种假定并不对 4 个数据集全部成立，例如图 4-1b 对应的数据集，Y 与 X 的关系是非线性的．因此，上面的关于 Y 与 X 是否有正线性关系的检验是无效的．像其他统计方法一样，上述检验也应该基于一些基本假定．只有当基本假定成立时，基于数据分析的方法得出的结论才是有效的．从上面的例子清楚地看出，如果忘了对基本假定的检验，只是基于数值结果作分析有可能会得出错误的结论．

图形方法在很多方面是有用的，它们可以用来：

1. 发现数据中的错误（如异常点可能是印刷错误造成的）；
2. 识别数据中的模式（如密集群、异常值、大的间隔等）；

3. 探索变量间的关系；
4. 发现新的现象；
5. 验证或否定某个假定；
6. 评估拟合模型的效果；
7. 建议修正措施（如变换数据、重新设计实验、收集更多数据等）；
8. 总体上提高数值分析精度.

本章介绍一些在回归分析中很有用的图形，可以将它们分为两类（并不相互排斥）：

- 拟合模型前的图形，它们在数据纠错、模型选择等方面很有用.
- 拟合模型后的图形，它们在验证模型假定和评估拟合效果方面特别有用.

我们所介绍的内容大部分来自 Hadi（1993）及 Hadi and Son（1997）. 在考察一个具体的图形之前，要先考虑一下，在某些假定成立时图形应该是怎样的. 然后检查图形是否符合预期的样子. 这样可以证实或否定所做的假定.

100

4.5 拟合模型前的图形

刻画响应变量和预测变量间关系的模型形式应建立在理论背景或要检验的假定之上. 但如果没有可用的关于模型形式的先验信息，可根据数据确定模型. 在拟合模型前，应对数据作全面的考察. 图形可作为对数据拟合模型前的一种探索性工具. 有 4 种可能的图形：

1. 一维图
2. 二维图
3. 旋转图
4. 动态图

4.5.1 一维图

数据分析通常从考察每个所研究的变量开始，目的是为了对每个变量的分布有一个总的认识. 下列图形可用于考察单个变量：

- 直方图
- 茎叶图
- 点图
- 箱线图

一维图有两个主要功能：显示所考察变量的分布状况，告诉我们该变量是对称的还是偏斜的. 若一个变量非常偏斜，就需要对它作变换. 对一个高度偏斜的变量，我们推荐作对数变换. 实际中应该研究原变量还是变换后的变量，考察单变量图形能对这一问题提供指导性意见.

单变量图也能指出变量中存在的异常值. 首先应该检查异常值是否由转录错误造成.

在这个阶段，不能删除任何观测．如果这些异常值给后面的研究带来很多麻烦，我们就要注意这些值．

4.5.2 二维图

理想情况下，对于多维数据，我们应该考察一个与数据有相同维度的图形．显然，只有变量维数很小时，这才可行．但是，我们可以把变量两两组对，考察数据集中每个变量与其他任一变量的散点图，目的是探寻每对变量间的关系以及识别总体的数据模式． 101

当变量的数目很少时，可以把这些两两的散点图排成矩阵形式，有时称为窗格图或图矩阵．图 4-2 是含有一个响应变量和两个预测变量的图矩阵的例子．两两的散点图在图矩阵的上三角部分．我们也可以把相应的两两的相关系数构成矩阵，放到图矩阵的下三角部分．这样安排方便考察这些散点图．两两的相关系数应该结合相应的散点图进行解释．这样做的原因有两个：(a) 相关系数仅仅度量线性关系的强弱，对应散点图是否呈线性；(b) 相关系数是不稳健的，它的值会极大地受到一两个观测的影响，对应散点图是否有非正常点．

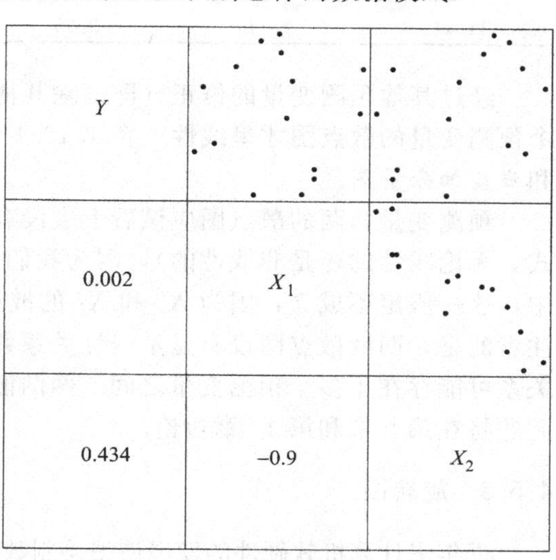

图 4-2 Hamilton 数据的图矩阵，标有两两的相关系数

我们期望图矩阵中每个图是怎样的呢？在简单回归中，我们期望 Y 对 X 的散点图呈线性模式．但在多元回归中，Y 对每个预测变量的散点图可能呈线性模式，也可能不呈线性模式．当 Y 对 X 存在比较确定的线性模式时，即使这些散点图不呈线性模式，也并不意味着线性模型不正确．下面举一个例子． 102

例子：Hamilton 数据

Hamilton (1987) 用下面的方式生成了几个数据集：响应变量 Y 依赖于所有的预测变量而不是其中某一个．表 4-1 给出了其中一个数据集．从数据的图矩阵（图 4-2）可以看出，Y 对 $X_1(R^2=0)$ 的散点图和 Y 对 $X_2(R^2=0.19)$ 的散点图都没有提示存在线性关系．然而，作 Y 关于 X_1 和 X_2 两个变量的回归，可以得到几乎完美的拟合结果．我们分别拟合上述三个回归方程，结果如下：

$$\hat{Y}=11.989+0.004X_1;\qquad t\text{ 检验}=0.009;\qquad R^2=0.0.$$

$$\hat{Y}=10.632+0.195X_2;\qquad t\text{ 检验}=1.74;\qquad R^2=0.188,$$

$$\hat{Y}=-4.515+3.097X_1+1.032X_2;\qquad F\text{ 检验}=39\,222;\qquad R^2=1.0.$$

前两个方程表明，Y 不单独依赖于 X_1 和 X_2 中任何一个，但第三个方程表明用 X_1 和 X_2 同时预测 Y，结果几乎是完美的．顺便指出，第一个方程修正的 R^2 是负的，即 $R_a^2=-0.08$.

表 4-1 Hamilton (1987) 数据

Y	X_1	X_2	Y	X_1	X_2
12.37	2.23	9.66	12.86	3.04	7.71
12.66	2.57	8.94	10.84	3.26	5.11
12.00	3.87	4.40	11.20	3.39	5.05
11.93	3.10	6.64	11.56	2.35	8.51
11.06	3.39	4.91	10.83	2.76	6.59
13.03	2.83	8.52	12.63	3.90	4.90
13.13	3.02	8.04	12.46	3.16	6.96
11.44	2.14	9.05			

经过其他预测变量的修正（即消除其他预测变量的线性影响）之后，图矩阵中 Y 对每个预测变量的散点图才呈线性. 在 4.12.1 节我们介绍两类这样的图形，分别是*添加变量图*和*残差加分量图*.

预测变量两两的散点图应该看上去没有线性模式（更理想的是，没有任何可辨识的模式，无论线性的还是非线性的），因为我们假定预测变量是线性无关的. 在 Hamilton 数据中，这一假定不成立，因为 X_1 和 X_2 的散点图有明显的线性模式（见图 4-2）. 这里我们要注意的是，两两散点图没有显示线性关系并不意味着整个预测变量组线性无关，因为线性关系可能存在于多个预测变量之间. 两两散点图将无法检测这样的多元关系. 这种共线性问题将在第 9 章和第 10 章讨论.

103

4.5.3 旋转图

近年来计算机软硬件的发展使得绘制数据的三维或更高维的图形成为可能. 最简单的例子是三维旋转图. 旋转图就是三个变量的散点图，图中的点可在各个不同方向上旋转，从而使三维结构清晰可见. 用文字无法真正描述旋转图，只有在电脑屏幕上亲眼看到运动着的旋转图，人们才能感受到旋转的真正力量. 当我们看到一个有趣的数据视图，运动可以随时停止. 例如，在 Hamilton 数据中，我们已经看到 X_1 和 X_2 几乎完美地预测了 Y. 通过观察 Y 对 X_1 和 X_2 的旋转图进一步确认了这一结果. 我们旋转图形时，会发现有时所有的点几乎落在一个完美的平面上. 旋转到某个合适的方向，如图 4-3 所示的方向，从一个角度看这个平面，所有散点似乎落在一条直线上.

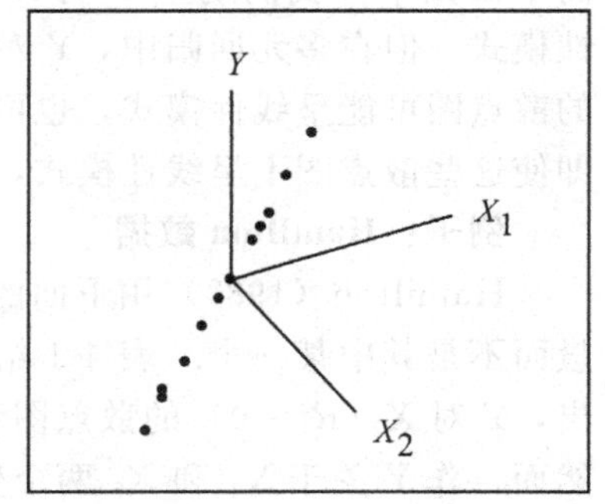

图 4-3 Hamilton 数据的旋转图

4.5.4 动态图

动态图是探索多元数据中的结构和关系的非常有用的工具. 数据分析者从动态图获得的结果是静态图所无法比拟的. 人们可以操作这些图形，并同时在电脑屏幕上看到所发生的变化. 例如，我们可以同时作两个或多个三维旋转图，然后使用动态图形技术探索三维以上的结构和关系. 很多文章和书籍讨论过这个问题，许多统计软件也含有动态图工具

（如旋转、擦除、连接等）. 感兴趣的读者可参考 Becker，Cleveland and Wilks（1987）以及 Velleman（1999）.

104

4.6 拟合模型后的图形

前一节介绍的图形是数据检测和模型构建阶段的有用工具. 拟合模型后的图形有助于检查假定的合理性和评估给定模型拟合的充分性. 这些图形可以分为以下几类.

1. 检查线性和正态性假定的图形.
2. 检测异常点和强影响点的图形.
3. 变量效应的诊断图.

4.7 检查线性和正态性假定的图形

当变量个数较少时，可以通过交互地和动态地操作前一节中讨论的图形检查模型的线性假定. 而当变量个数较多时，就难以对线性假定进行检查. 但是，我们可以通过分析拟合模型后的残差检查线性和正态性假定.

下面的标准化残差图可用来检查线性和正态性假定.

1. *标准化残差的正态概率图*：这是一个由小到大排序后的标准化残差关于所谓的正态得分的散点图. 当样本容量为 n 时，排序后第 i 个残差的正态得分就是标准正态分布的 i/n 分位点，$i=1, 2, \cdots, n$.[⊖] 如果残差服从标准正态分布，排序后的残差应该近似地与正态得分相同. 因此，在正态性假定下，这个图应该类似于一条截距为 0 斜率为 1 的直线（截距和斜率分别表示标准化残差的均值和标准差）.

2. *标准化残差关于每个预测变量的散点图*：在正态性假定下，标准化残差与每个预测变量都是不相关的. 如果该假定成立，图中的点应该是随机散布的. 图中有任何可辨别的模式都表明这些假定可能不成立. 如果线性假定不成立，我们可能会看到一个类似于图 4-4a 的图. 在这种情况下，有必要对 Y 和（或）对应的预测变量作变换以得到线性关系. 而类似于图 4-4b 的图，可能表明存在异方差性. 在这种情况下，也需要对数据作变换以得到稳定的方差. 修正模型缺陷的几种类型的变换将在第 6 章介绍.

105

3. *标准化残差关于拟合值的散点图*：在标准的假定下，标准化残差与拟合值也是不相关的；因此，图中的点也应该是随机散布的. 在简单回归中，标准化残差对 X 的散点图与对拟合值的散点图具有相同的模式.

4. *标准化残差的顺序图*：这个诊断图是标准化残差关于观测序号（Index）的散点图. 如果观测的顺序不重要，这个图是不需要的. 然而，如果顺序很重要（如按照时间或空间

⊖ 可按下式计算

$$\frac{i}{n}\text{分位点}=\Phi^{-1}\left(\frac{i-0.375}{n+0.25}\right)$$

其中 $\Phi(x)$ 是标准正态分布的分布函数，而 0.375 和 0.25 是常用的修正值. 标准化残差排序后的第 i 项就是相应经验分布的 i/n 分位点. 参见梅长林等《近代回归分析方法》. ——译者注

顺序得到的观测)，那么残差的这种顺序图可用来检查误差的独立性假定. 在误差的独立性假定下，这些点应该随机散布在一条过 0 的水平带状区域内.

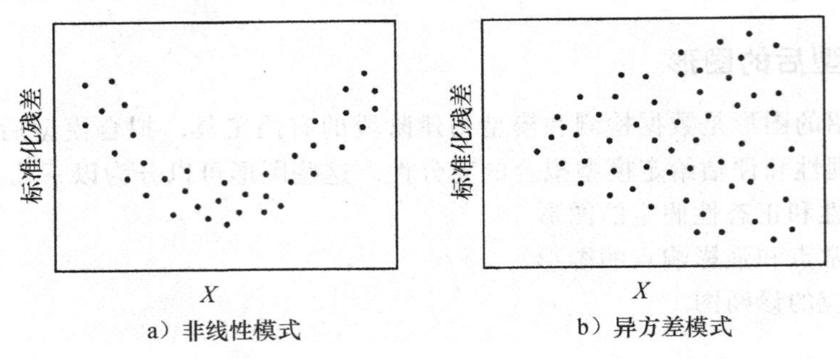

a) 非线性模式　　b) 异方差模式

图 4-4　两个残差关于 X 的散点图，说明违背模型假定的两种情况

4.8 杠杆、强影响点和异常值

在对一组数据拟合模型时，我们希望保证拟合结果不要过度取决于一个或几个观测. 回想一下 Anscombe 四数据，图 4-1d 中的直线完全是由一个点决定的. 如果去掉这个极端点，会得到非常不同的直线. 在有多个变量时，就不可能用图形检测这种情况了. 但是，我们想知道这样的点是否存在. 应该指出的是，这种情况下考察残差是没有用的，因为该例中这一点的残差是 0! 这种点的残差并不大，所以它不是异常点，而是强影响点.

如果一个点被单独删除或与其他点（2 个或 3 个）一起被删除，会导致拟合模型的实质性变化（系数估计值、拟合值、t 检验值等），这样的点就是*强影响点*. 一般来讲，删除任何点都会引起拟合的变化，我们感兴趣的是删除后会引起较大变化的点（即它们有过度的影响）. 我们通过一个实例说明这一点.

106

例子：纽约州河流数据

考虑 1.3.5 节中表 1-9 给出的纽约州河流数据. 我们拟合一个关于平均氮浓度 Y 和四个代表土地使用情况的预测变量的线性模型：

$$Y = \beta_0 + \beta_1 X_1 + \beta_2 X_2 + \beta_3 X_3 + \beta_4 X_4 + \varepsilon. \tag{4.16}$$

表 4-2 给出了分别用数据的三个子集拟合模型时，检验系数显著性的 t 检验的值. 表中第二列给出基于所有 20 个观测（河流）的回归结果，第三列给出删除 Neversink 河（4 号观测）后的结果，第四列给出删除 Hackensack 河（5 号观测）后的结果.

表 4-2　纽约州河流数据：单个变量的 t 检验

检验	删除的观测		
	未删除	Neversink	Hackensack
t_0	1.40	1.21	2.08
t_1	0.39	0.92	0.25
t_2	−0.93	−0.74	−1.45
t_3	−0.21	−3.15	4.08
t_4	1.86	4.45	0.66

这3个数据集之间只相差一个观测，但请注意，它们的回归输出结果却有显著的不同！例如，比较参数 β_3 的 t 检验值 t_3. 基于所有数据时，t_3 是不显著的，删去 Neversink 河的数据时，t_3 显著为负，而删去 Hackensack 河的数据时，t_3 显著为正. 这里仅一个观测就导致了截然不同的结果和结论！Neversink 河和 Hackensack 河这两个观测称为强影响观测，因为它们对回归结果的影响远大于其他观测. 细查一下表1-9中的原始数据，我们可以很容易地注意到 Hackensack 河这个观测，因为与其他观测相比，它的 X_3（住宅用地面积百分比）的值特别大. 这是因为 Hackensack 河是数据中唯一的市区河流，毗邻人口密度高的纽约市. 其他河流都在农村地区. 虽然 Neversink 河也是强影响观测（见表4-2），但从原始数据看不出它与其他河流的显著差别.

因此，识别数据中存在的强影响观测是很重要的. 下面我们介绍几个检测强影响观测的方法. 一般在强影响观测中，或者响应变量 Y 取值异常或者预测变量（在 X-空间中）取值异常.

107

4.8.1 响应变量的异常值

对应于标准化残差较大的观测点，其响应变量的值是异常值，因为它们在 Y 方向上远离拟合方程（如在简单回归中，样本点到拟合直线的铅直距离比较大）. 因为标准化残差近似服从均值为0标准差为1的正态分布，标准化残差与均值（为0）的距离大于2倍或3倍的标准差（为1）时，即标准化残差的绝对值大于2或3时，对应的观测点称为*异常点*. 对含有异常点的数据拟合的模型是不合理的. 可以用正规的检验方法识别异常点（参阅 Hawkins（1980）、Barnett and Lewis（1994）、Hadi and Simonoff（1993）、Hadi and Velleman（1997）及其中的参考文献），或者通过适当的残差图识别. 这里我们将采用第二种方法. 残差图显示出来的残差模式比它们的数值更重要. 当有违背模型基本假定的情况时，残差图往往会将它们暴露无遗. 研究残差图是我们主要的分析方法之一.

4.8.2 预测变量中的异常值

预测变量（X-空间）中也可能出现异常值，它们同样会影响回归结果. 前面提到的杠杆值 p_{ii} 可用来度量 X-空间中的异常程度. 从简单回归情形下 p_{ii} 的公式（4.7）可以看出，预测变量的值离 $\bar{x}$ 越远，其 p_{ii} 值越大. 在多元回归中也是这样. 因此，p_{ii} 可用来度量 X-空间中观测的异常程度，p_{ii} 值大的观测就是 X-空间中的异常观测（与预测变量空间中其他点相比）. 为了与响应变量异常的观测（具有较大的标准化残差）相区别，我们称在 X-空间中异常的观测为*高杠杆点*（如图4-1d中 X_4 的值最大的点）.

杠杆值有几个有趣的性质（参见 Dodge and Hadi（1999）以及 Chatterjee and Hadi（1988）的第2章，有全面的讨论）. 例如，杠杆值 p_{ii} 介于0到1之间，它们平均值为 $(p+1)/n$. 因此 p_{ii} 大于 $2(p+1)/n$（两倍的平均值）的点通常被视为高杠杆点（Hoaglin and Welsch，1978）.

在任何分析中，高杠杆点都应该被标记出来，然后检查它们是否为强影响点. 杠杆值图（如顺序图、点图或箱线图）可以揭示存在的高杠杆点．Gary and Ling（1984）还提出了另外一个有意思的图．

4.8.3 伪装和淹没问题

标准化残差为验证线性和正态性假定以及识别异常值提供了有价值的信息．然而，基于下面两个原因，仅作残差分析可能无法检测异常观测和强影响观测．

108

1. *高杠杆点的存在*：普通残差 e_i 和杠杆值 p_{ii} 的关系是

$$p_{ii} + \frac{e_i^2}{\mathrm{SSE}} \leqslant 1, \tag{4.17}$$

其中 SSE 是残差平方和．这个不等式表明高杠杆点（p_{ii} 值较大的点）往往有较小的残差．例如，图 4-1d 中 $X=19$ 这个点，尽管它的残差为 0，但却是一个有极端影响的点．因此，除了用标准化残差检测异常值，还推荐用杠杆值识别容易带来问题的麻烦点．

2. *伪装和淹没问题*：伪装是指数据包含异常点但我们未能检测到它们．这可能是因为一些异常点被数据中其他的异常点隐藏起来了．淹没是指我们错误地将一些非异常点识别为异常点．出现这种情况是因为异常点往往把回归方程拉向自身，从而使其他点远离拟合方程．因此，在对异常点的检测中，伪装是错误的否定而淹没是错误的肯定．下面给出了一个存在伪装和淹没问题的数据集的例子．在 Hadi and Simonoff（1993）及其参考文献中给出了一些方法，与标准化残差和杠杆值相比，这些方法不容易受到伪装和淹没问题的影响．

鉴于上述原因，需要另外的方法度量各观测的影响．在介绍这些方法之前，我们用一个实际例子说明上述概念．

例子：纽约州河流数据（续）

再看纽约州河流数据的例子，为了便于说明，我们考虑拟合简单回归模型：

$$Y = \beta_0 + \beta_4 X_4 + \varepsilon, \tag{4.18}$$

用以刻画平均氮浓度 Y 和工商业用地面积百分比 X_4 之间的关系．Y 关于 X_4 的散点图和最小二乘拟合直线见图 4-5．相应的标准化残差 r_i 和杠杆值 p_{ii} 见表 4-3，二者的顺序图见图 4-6．标准化残差的顺序图显示没有较大的残差，表明数据中没有异常点．但这是个错误的结论，因为从散点图 4-5 可以看出有两个明显的异常点．这样，伪装就发生了！这是因为杠杆值和残差之间有（4.17）中的关系，虽然 Hackensack 河的杠杆值 $p_{ii}=0.67$ 比较高，但残差却比较小．尽管残差值小是理想的，但这里的残差小不是因为拟合得好，而是因为 5 号观测是一个高杠杆点，4 号观测也是这样，它们把回归直线拉向自身．

109

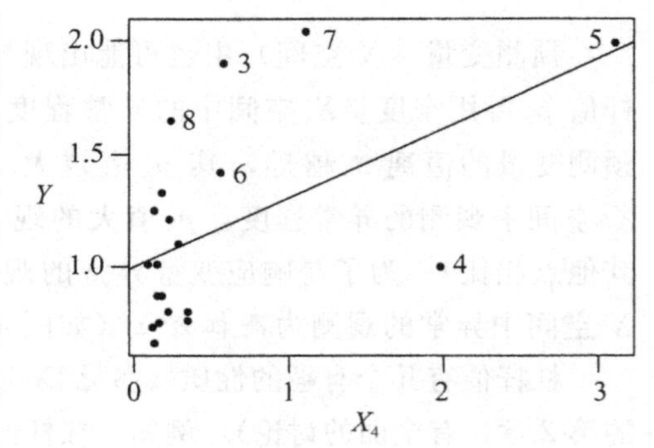

图 4-5 纽约州河流数据：Y 关于 X_4 的散点图和最小二乘拟合直线

表 4-3 纽约州河流数据：拟合模型 (4.18) 所得标准化残差 r_i 和杠杆值 p_{ii}

行号	r_i	p_{ii}	行号	r_i	p_{ii}
1	0.03	0.05	11	0.75	0.06
2	−0.05	0.07	12	−0.81	0.06
3	1.95	0.05	13	−0.83	0.06
4	−1.85	0.25	14	−0.83	0.05
5	0.16	0.67	15	−0.94	0.05
6	0.67	0.05	16	−0.48	0.06
7	1.92	0.08	17	−0.72	0.06
8	1.57	0.06	18	−0.50	0.06
9	−0.10	0.06	19	−1.03	0.06
10	0.38	0.06	20	0.57	0.06

此处 $p=1$，p_{ii}常用的一个阈值是 $2(p+l)/n=0.2$（Hoaglin and Welsch，1978）．因此，应该将前面我们已经从散点图 4-5 看到的两个异常点（Hackensack，$p_{ii}=0.67$；Neversink，$p_{ii}=0.25$）标记为高杠杆点．也可以从图 4-6b 中 p_{ii}的顺序图看到，这两个点远离其他的点．这个例子清楚地表明，仅看残差图是不够的．

110

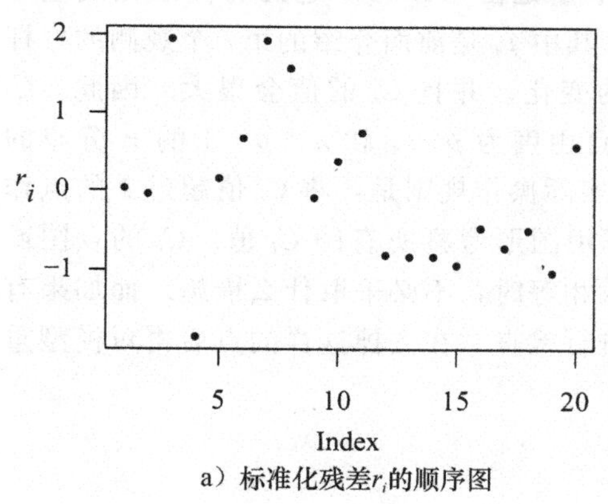

a）标准化残差r_i的顺序图

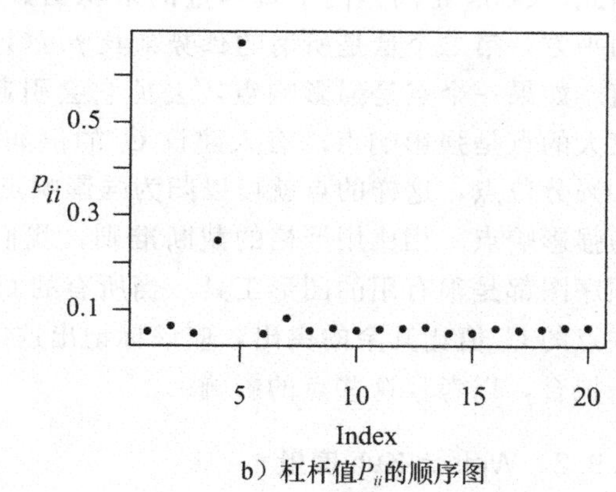

b）杠杆值P_{ii}的顺序图

图 4-6 纽约州河流数据

4.9 观测影响的度量

一个观测的影响，可以用把它从数据中剔除后对拟合结果产生的效应来度量．每次一般只去掉一个观测点．设$\hat{\beta}_0$，$\hat{\beta}_1$，…，$\hat{\beta}_p$ 是用全部数据得到的回归系数的估计，$\hat{\beta}_{0(i)}$，$\hat{\beta}_{1(i)}$，…，$\hat{\beta}_{p(i)}$表示用去掉第 i 个观测的数据得到的回归系数的估计，$i=1$，2，…，n．类似地，设$\hat{y}_{1(i)}$，$\hat{y}_{2(i)}$，…，$\hat{y}_{n(i)}$和$\hat{\sigma}^2_{(i)}$分别表示去掉第 i 个观测后得到的预测值和残差均方．注意，根据去掉第 i 个观测后得到的拟合方程，第 m 个观测的预测值为

$$\hat{y}_{m(i)}=\hat{\beta}_{0(i)}+\hat{\beta}_{1(i)}x_{m1}+\cdots+\hat{\beta}_{p(i)}x_{mp}. \qquad (4.19)$$

考察诸如$\hat{\beta}_j-\hat{\beta}_{j(i)}$或$\hat{y}_j-\hat{y}_{j(i)}$，$j=1$，2，…，$p$ 的数值大小反映的差异，可以度量第 i 个观测的影响．相关文献中给出了很多观测影响的度量工具，读者可在下面任一本书中查到详

细资料：Belsley，Kuh and Welsch（1980）、Cook and Weisberg（1982）、Atkinson（1985）以及 Chatterjee and Hadi（1988）．这里给出其中的三种度量工具．

4.9.1 Cook 距离

Cook（1977）提出一种被广泛使用的度量影响的工具，称为 *Cook 距离*．Cook 距离度量的是用全部数据和去掉第 i 个观测后的数据得到的回归系数的估计之间的差异，或等价地，用全部数据和去掉第 i 个观测后的数据得到的拟合值之间的差异．因此，度量第 i 个观测影响的 Cook 距离为

111

$$C_i = \frac{\sum_{j=1}^{n}(\hat{y}_j - \hat{y}_{j(i)})^2}{\hat{\sigma}^2(p+1)}, \quad i = 1,2,\cdots,n. \tag{4.20}$$

可以证明 C_i 还可表示为

$$C_i = \frac{r_i^2}{p+1} \times \frac{p_{ii}}{1-p_{ii}}, \quad i = 1,2,\cdots,n. \tag{4.21}$$

因此，Cook 距离是两个基本量的乘积函数．第一个量是由（4.13）定义的标准化残差 r_i 的平方，第二个量是所谓的*位势函数* $p_{ii}/(1-p_{ii})$，其中 p_{ii} 是前面介绍的第 i 个观测的杠杆值．如果一个点是强影响点，去掉它会引起很大的变化，并且 C_i 的值会很大．因此，C_i 值大的点是强影响点．有人建议 C_i 的值如果大于自由度为 $p+1$ 和 $n-p-1$ 的 F 分布的 50%分位点，这样的点就可以归为强影响点．一个实际操作规则是，将 C_i 值超过 1 的点作为强影响点．相比用严格的截断准则，我们更推荐用图形考察所有的 C_i 值．C_i 的点图或顺序图都是很有用的图形工具．当所有的 C_i 值大致相等时，不必采取什么措施．而如果有些点的 C_i 值比其余的突出，应该标记出这些点并进行检查．在去掉这样的点后再对模型重新拟合，以考察这些点的影响．

4.9.2 Welsch-Kuh 度量

与 Cook 距离类似的一个度量工具由 Welsch and Kuh（1977）提出，并命名为 DFITS．其定义为

$$\text{DFITS}_i = \frac{\hat{y}_i - \hat{y}_{i(i)}}{\hat{\sigma}_{(i)}\sqrt{p_{ii}}}, \quad i = 1,2,\cdots,n. \tag{4.22}$$

这是分别用全部数据和去掉第 i 个观测后的数据得到的拟合值之间的差异，再经过 $\hat{\sigma}_{(i)}\sqrt{p_{ii}}$ 规范化后得到了 DFITS_i．可以证明，DFITS_i 还可以表示为

$$\text{DFITS}_i = r_i^* \sqrt{\frac{p_{ii}}{1-p_{ii}}}, \quad i = 1,2,\cdots,n, \tag{4.23}$$

其中 r_i^* 是（4.14）定义的标准化残差．如果将 C_i 的定义（4.20）中的 $\hat{\sigma}$ 换成 $\hat{\sigma}_{(i)}$，可以看到 DFITS_i 相当于 $\sqrt{C_i}$．通常我们将 $|\text{DFITS}_i|$ 大于 $2\sqrt{(p+1)/(n-p-1)}$ 的点归为强影响点．同样，我们不用严格的截断准则，而是用诸如 DFITS 的顺序图、点图或箱线图等图

形工具，识别出与其他点相比影响异常高的点. C_i 和 DFITS_i 没有优劣之分，给的结果是相似的，因为它们都是残差和杠杆值的函数. 大部分的统计软件提供其中的一种或两种度量，看任意一个结果就够了.

112

4.9.3 Hadi 影响度量

Hadi (1992) 基于如下的事实，提出了一种度量第 i 个观测的影响的工具：强影响观测要么响应变量取值异常，要么预测变量取值异常，或者二者都有. 因此，定义第 i 个观测的影响的度量为

$$H_i = \frac{p_{ii}}{1-p_{ii}} + \frac{p+1}{1-p_{ii}} \frac{d_i^2}{1-d_i^2}, \quad i = 1,2,\cdots,n, \tag{4.24}$$

其中 $d_i = e_i/\sqrt{\mathrm{SSE}}$是所谓的*正规化残差*. 等式 (4.24) 右侧第一项是度量 X-空间中异常程度的位势函数，第二项是度量响应变量异常程度的残差的函数. 如果一个观测的响应变量取值异常且/或预测变量取值异常，也就是 r_i 且/或 p_{ii} 的值大，则该观测的 H_i 就大. H_i 这个度量工具不是针对某个具体的回归结果 (r_i 或 p_{ii})，而是一种整体的、一般的度量影响的工具，它识别的是至少对一个回归结果有强影响的观测.

注意到，C_i 和 DFITS_i 是残差和杠杆值的乘积函数，而 H_i 是和函数. 与 Cook 距离和 Welsch-Kuh 度量一样，用 H_i 的那些图形方法可以最好地度量观测的影响.

例子：纽约州河流数据 (续)

再次考虑拟合简单回归模型 (4.18)，刻画平均氮浓度 Y 和工商业用地面积百分比 X_4 之间的关系. Y 关于 X_4 的散点图和最小二乘拟合直线见图 4-5. 从图中看出，4 号观测 (Neversink 河) 和 5 号观测 (Hackensack 河) 与其他大部分数据点离得很远. 同时看到 7，3，8 和 6 号观测也有些稀疏地落在左上方的区域里. 拟合模型 (4.18) 得到的上述 3 个影响度量的值列在表 4-4 中，相应的 3 个顺序图见图 4-7. 虽然 C_i 的值都没有超过阈值 1，但图 4-7a 中 C_i 的顺序图很明显表明 4 号观测 (Neversink 河) 应该被标记为强影响观测. 该观测的 DFITS_i 值超过了其阈值 $2\sqrt{(p+1)/(n-p-1)} = 2/3$. 从图 4-7 还看出，$C_i$ 和 DFITS_i 都没有将 5 号观测 (Hackensack 河) 标记出来. 这是因为它的高杠杆值导致残差很小，还因为这两个度量是乘积函数的特点. 图 4-7c 中 H_i 的顺序图显示，5 号观测 (Hackensack 河) 是最强的影响观测，其次是 4 号观测 (Neversink 河)，这与散点图 4-5 是相符的.

113

表 4-4 纽约州河流数据；拟合模型 (4.18) 得到的影响度量：Cook 距离 C_i、Welsch-Kuh 度量 DFITS_i 和 Hadi 影响度量 H_i

行号	C_i	DFITS_i	H_i	行号	C_i	DFITS_i	H_i
1	0.00	0.01	0.06	4	0.56	−1.14	0.77
2	0.00	−0.01	0.07	5	0.02	0.22	2.04
3	0.10	0.49	0.58	6	0.01	0.15	0.10

（续）

行号	C_i	DFITS$_i$	H_i	行号	C_i	DFITS$_i$	H_i
7	0.17	0.63	0.60	14	0.02	−0.19	0.13
8	0.07	0.40	0.37	15	0.02	−0.22	0.16
9	0.00	−0.02	0.07	16	0.01	−0.12	0.09
10	0.00	0.09	0.08	17	0.02	−0.18	0.12
11	0.02	0.19	0.13	18	0.01	−0.12	0.09
12	0.02	−0.21	0.14	19	0.04	−0.27	0.19
13	0.02	−0.22	0.15	20	0.01	0.15	0.11

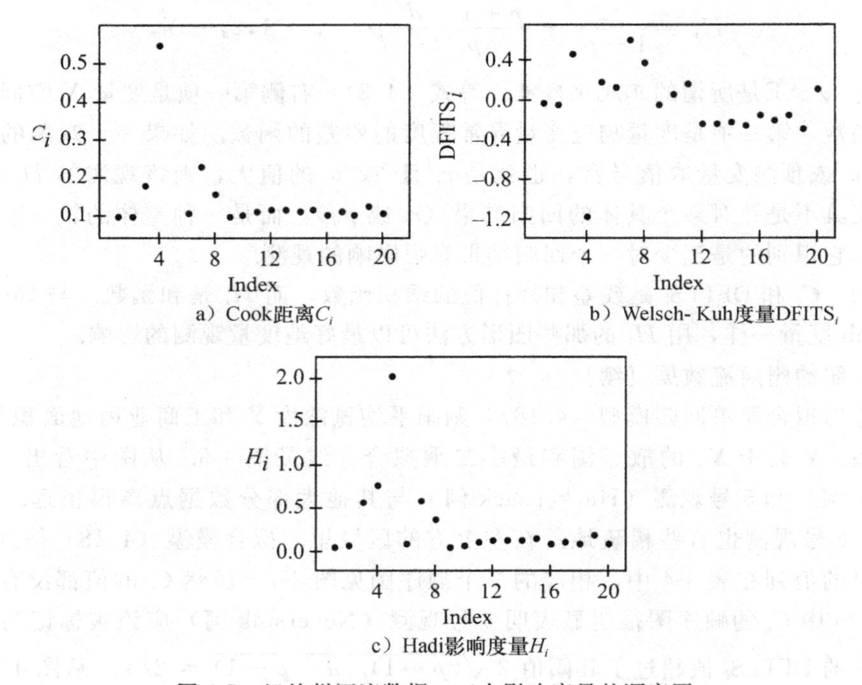

114

图 4-7 纽约州河流数据：三个影响度量的顺序图

4.10 位势-残差图

（4.24）中 H_i 的公式提示我们可以构造一个简单的图来区分哪些非正常的观测是高杠杆点、异常点，或两者都是．这个图称为位势-残差（Potential-Residual，P-R）图（Hadi，1992），因为它是下面两个量的散点图

$$\underset{\text{位势函数}}{\frac{p_{ii}}{1-p_{ii}}} \quad \text{关于} \quad \underset{\text{残差函数}}{\frac{p+1}{1-p_{ii}}\frac{d_i^2}{1-d_i^2}}.$$

P-R 图与 Gray（1986）以及 McCulloch and Meeter（1983）提出的 L-R（杠杆-残差）图是有关的．L-R 图是 p_{ii} 关于 d_i^2 的散点图．这两种图的比较参见 Hadi（1992）．

作为例子，拟合模型（4.18）得到的 P-R 图如图 4-8 所示．5 号观测是一个高杠杆点，独自位于图的左上角．4 个异常观测（3，7，4，8）位于图的右下方区域．

现在我们清楚了，某些特别的数据点可能被标记为异常点、高杠杆点或强影响点．杠杆值和影响度量的主要作用是在整个拟合过程中，为分析者全面展示不同观测带来的影响．对任何被归入某一类的点，我们都应该仔细检查其准确性（是否存在过失误差、抄录错误），关联性（是否属于该数据集），以及特殊含义（异常条件、独特情况）．异常值都应该被仔细检查．如果是高杠杆点但不是强影响点，一般不会引起什么问题．如果是高杠杆点并且也是强影响点，就应该做进一步的研究，因为这些点就预测变量而言是异常的，而且也影响拟合结果．为了了解不同分析法对这些点的敏感性，我们应该去掉这些非正常点后再拟合模型，并对由此产生的回归系数进行检查．

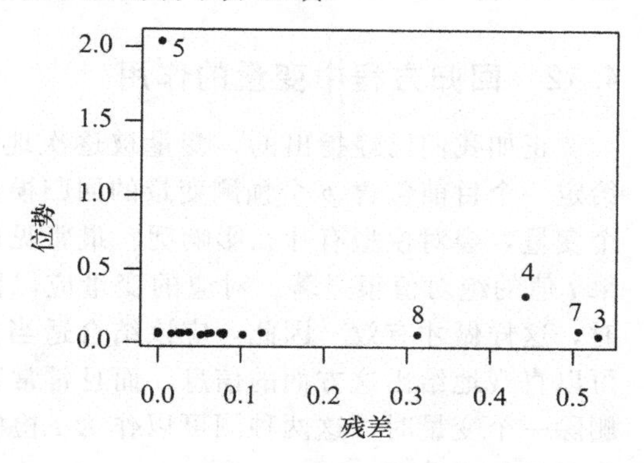

图 4-8　纽约州河流数据：位势-残差图

115

4.11　如何处理异常点

异常点和强影响观测不应该程式化地被删除或自动降低权重，因为它们不一定是坏的观测．相反，如果它们是准确的，它们可能是信息最多的数据点．例如，它们可能表明数据并非来自一个正态总体或该模型不是线性的．为了说明异常点和强影响观测可能是信息最多的数据点，我们举下面指数增长数据的例子．

例：指数增长数据

考察一个细菌培养的实验，涉及的变量有两个，Y 是种群的数量，X 是时间．图 4-9 是两个变量的散点图，从散点图可以看出，大部分点显示种群数量和培养时间之间类似线性关系，如图 4-9 中的直线所示．根据这种线性模型，右上角的点 22 和点 23 是异常点．然而，如果这两个点是准确的，则它们就是数据集中仅有的、表明数据遵循非线性（如指数）模型的观测，如图 4-9中的曲线所示，该种群在一段时间内增加得非常缓慢．然而在一个关键时间点后，种群数量爆炸式增长．

一旦发现了异常点和强影响观测，该如何处理呢？因为异常点和强影响观测可能是信息最多的数据点，它们不应该被没有道理地自动丢弃．相反，我们应该检查清楚它们为什么会异常或具有强影响．基于这些检查，才能采取适当的、正确的措

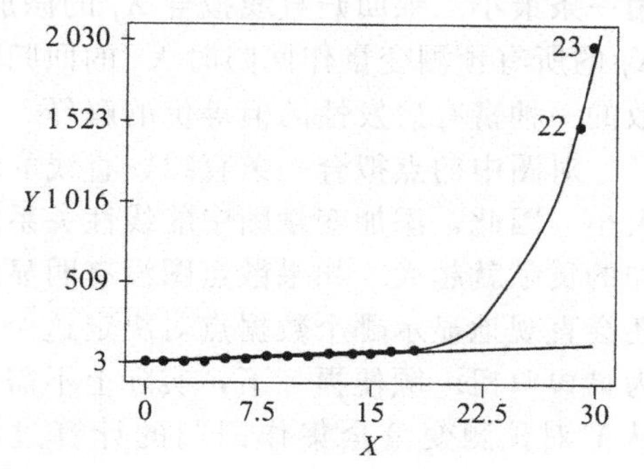

图 4-9　种群数量 Y 关于时间 X 的散点图，曲线是由全部数据拟合指数模型得到的，直线是去掉 22 号和 23 号观测后得到的最小二乘直线

116

施．这些正确的措施包括：纠正错误数据，删除异常点或降低它们的权重，变换数据，考虑不同的模型，以及重新设计实验或抽样调查，收集更多数据等．

4.12 回归方程中变量的作用

正如我们已经指出的，变量被逐次地引入一个回归方程．实践中经常出现的问题是：给定一个目前包含 p 个预测变量的回归模型，如果从模型中删除一个变量或给模型增加一个变量，会对模型有什么影响呢？最常见的答案是对模型中的每个变量计算 t 检验值．如果 t 值的绝对值很显著，对应的变量应保留，否则应删除．须知，仅当模型基本假定成立时，这样做才有效．因此，应该结合适当的数据图形解释 t 值．有两种这样的图形，它们可以直观地给出这方面的信息，而且常常富有启发性．在决定一个回归方程应该保留还是删除一个变量时，这两种图可以作为 t 检验的补充．第一种图称为*添加变量图*，第二种称为*残差加分量图*．

4.12.1 添加变量图

由 Mosteller and Tukey（1977）提出的添加变量图可以图形化地展示一个正考虑引入的变量的回归系数的量值．图中所有点的最小二乘直线的斜率等于该新变量的回归系数的估计．图形还显示在决定该估计值时起关键作用的数据点．我们可以为每个预测变量 X_j 构建一个添加变量图．X_j 的添加变量图本质上是两组不同残差的图．第一组是 Y 关于除 X_j 之外的其他所有预测变量作回归得到的残差，称为 Y-残差．第二组是 X_j（暂时作为响应变量）关于其他所有预测变量作回归得到的残差，称为 X_j-残差．这样，X_j 的添加变量图就是 Y-残差关于 X_j-残差的散点图．因此，如果我们有 p 个预测变量，可以构造 p 个添加变量图，一个图对应一个预测变量．

注意，在 X_j 的添加变量图中，Y-残差代表 Y 的信息中不能由除 X_j 之外的其他预测变量解释的部分．同样，X_j-残差代表 X_j 的信息中不能由其他预测变量解释的部分．如果用一条最小二乘回归直线拟合 X_j 的添加变量图中的点，直线的斜率等于 $\hat{\beta}_j$，即 Y 关于包括 X_j 的所有预测变量作回归时 X_j 的回归系数的估计．这是对我们在 3.5 节谈到的偏回归系数的一种富有启发性的但等价的解释．

117

对图中的点拟合一条直线，直线的斜率就是把一个变量引入方程中后它的回归系数的大小．因此，添加变量图中的线性关系越强，X_j 对于已经包含其他预测变量的回归方程增加的贡献就越大．如果散点图没有明显的斜率，添加的变量不太可能对模型有用．散点图还会直观地显示哪个数据点对决定这个斜率及相应的 t 检验值最有影响．添加变量图也称为*偏回归图*．顺便提一下，实际上不需要单独作这个拟合，因为这些残差可以非常简单地从 Y 对预测变量全集作回归的计算过程中得到．详细讨论请参阅 Velleman and Welsch（1981）及 Chatterjee and Hadi（1988）．

4.12.2 残差加分量图

由 Ezekiel（1924）提出的残差加分量图是回归分析中最早的图形方法之一．Larsen

and McCleary (1972) 重新提了出来，并称之为偏残差图．我们采用 Wood (1973) 的提法，称之为残差加分量图，因为这个名字更不言自明．

X_j 的残差加分量图是以下两个量的散点图

$$\mathbf{e}+\hat{\beta}_j X_j \quad 关于 \quad X_j,$$

其中 $\mathbf{e}$ 是 Y 关于所有预测变量的普通最小二乘回归残差，$\hat{\beta}_j$ 是 X_j 在这个回归中的系数的估计．注意，$\hat{\beta}_j X_j$ 是第 j 个预测变量对拟合值的贡献（分量）．与添加变量图一样，该图中拟合点的直线的斜率就是 X_j 的回归系数的估计．除了能图形化斜率外，这个图还能揭示 Y 和 X_j 是否存在非线性关系．因此，该图能够建议可能的将数据线性化的变换．但前面的添加变量图不能揭示非线性关系，因为图中的横轴不是变量本身．两种图都是有用的，但在检测某变量被引入模型所出现的非线性关系时，残差加分量图比添加变量图更敏感．然而，添加变量图更容易解释并指出强影响观测．

例：苏格兰高山赛跑数据

苏格兰高山赛跑数据是 1984 年在苏格兰举行的 35 场比赛的结果，由一个响应变量 [赛跑记录时间 (Time)，单位：秒] 和两个解释变量 [距离 (Distance，单位：英里；攀爬高度 (Climb)，单位：英尺] 组成．数据集在表 4-5 中给出．因为这个数据集是三维的，我们先考察数据的三维旋转图，将其作为一个探索性工具．旋转图中一个有意思的方向如图 4-10 所示．图中标记了五个观测．显然，观测 7 和 18 是异常点，它们（在时间方向上）远离其他大多数点表征的平面．观测 7 还在高度方向上远离其他点．观测 33 和 31 在图中也是异常点，但程度较轻．观测 11 和 31 虽然接近大多数点表征的平面，但它们却远离平面上其余的点（观测 11 主要在距离方向上远离，而观测 31 是在高度方向上远离）．旋转图清晰地显示了数据包含的非正常点（异常点、高杠杆点或强影响观测）． 118

表 4-5 苏格兰高山赛跑数据

行号	比赛	Time	Distance	Climb
1	Greenmantle New Year Dash	965	2.5	650
2	Carnethy	2 901	6	2 500
3	Craig Dunain	2 019	6	900
4	Ben Rha	2 736	7.5	800
5	Ben Lomond	3 736	8	3 070
6	Goatfell	4 393	8	2 866
7	Bens of Jura	12 277	16	7 500
8	Cairnpapple	2 182	6	800
9	Scolty	1 785	5	800
10	Traprain Law	2 385	6	650
11	Lairig Ghru	11 560	28	2 100
12	Dollar	2 583	5	2 000
13	Lomonds of Fife	3 900	9.5	2 200
14	Cairn Table	2 648	6	500
15	Eildon Two	1 616	4.5	1 500

（续）

行号	比赛	Time	Distance	Climb
16	Cairngorm	4 335	10	3 000
17	Seven Hills of Edinburgh	5 905	14	2 200
18	Knock Hill	4 719	3	350
19	Black Hill	1 045	4.5	1 000
20	Creag Beag	1 954	5.5	600
21	Kildoon	957	3	300
22	Meall Ant-Suiche	1 674	3.5	1 500
23	Half Ben Nevis	2 859	6	2 200
24	Cow Hill	1 076	2	900
25	North Berwick Law	1 121	3	600
26	Creag Dubh	1 573	4	2 000
27	Burnswark	2 066	6	800
28	Largo	1 714	5	950
29	Criffel	3 030	6.5	1 750
30	Achmony	1 257	5	500
31	Ben Nevis	5 135	10	4 400
32	Knockfarrel	1 943	6	600
33	Two Breweries Fell	10 215	18	5 200
34	Cockleroi	1 686	4.5	850
35	Moffat Chase	9 590	20	5 000

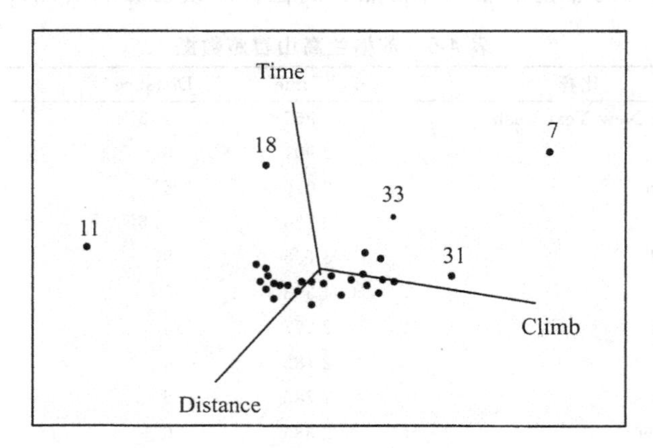

图 4-10　苏格兰高山赛跑数据的旋转图

响应变量关于两个预测变量的拟合方程为

$$\text{Time} = -539.483 + 373.073\text{Distance} + 0.662888\text{Climb}. \tag{4.25}$$

我们希望解决的问题是：若模型中已包含一个预测变量，新引入的另一个预测变量的贡献是否显著？上面方程中两个预测变量的 t 检验值分别为 10.3 和 5.39，都是高度显著的. 这意味着，上述问题对这两个变量的回答都是肯定的．通过考察相应的添加变量图和残差加分量图可进一步增强这个结论的可信性．图 4-11 和图 4-12 分别给出这两个图．例如，在如图 4-11a 所示的距离的添加变量图中，纵轴是时间关于高度（已在模型中的预测变量）回归获得的残差，横轴是距离（新引入的预测变量）关于高度回归获得的残差．类似地，在高度的添加变量图中，纵轴是时间关于距离回归获得的残差，横轴是高度关于距离回归获得的残差．

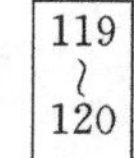

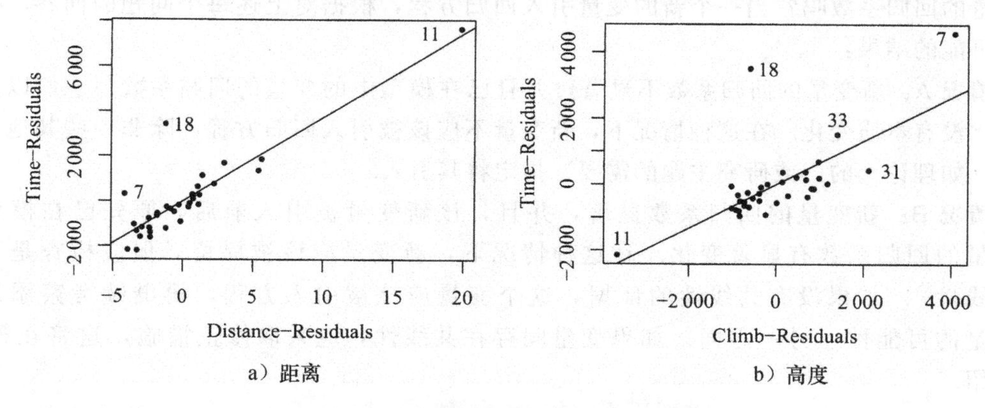

a）距离　　b）高度

图 4-11　苏格兰高山赛跑数据：添加变量图

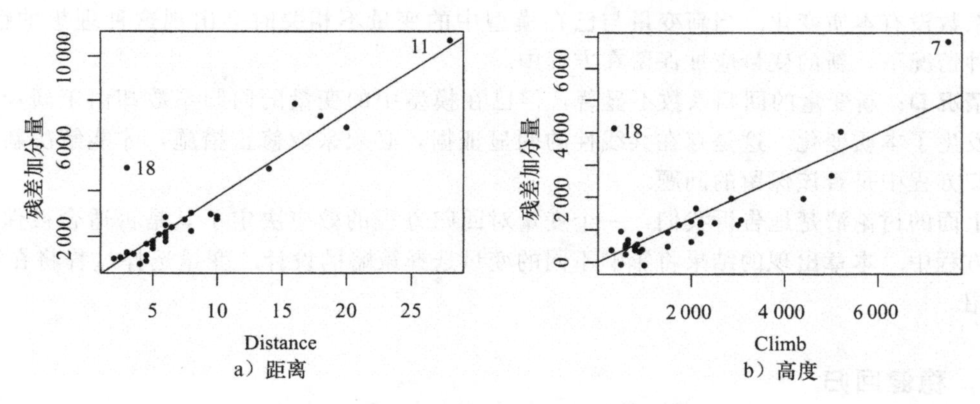

a）距离　　b）高度

图 4-12　苏格兰高山赛跑数据：残差加分量图

可以看出，所有四个图中都有很强的线性趋势，支持了上述 t 检验的结论．然而，这些图也提示存在一些可能会影响我们的结果和结论的点．明显突出的是比赛 7、11 和 18．这些点在图中都用它们的序号标记出来．比赛 31 和 33 也值得怀疑，但程度较轻．用上面的拟合方程我们构建 P-R 图（见图 4-13）．根据 P-R 图，比赛 11 被划为高杠杆点、比赛 18 划为异常点，而比赛 7 两者都是．在作进一步分析之前这些点应被仔细审查．

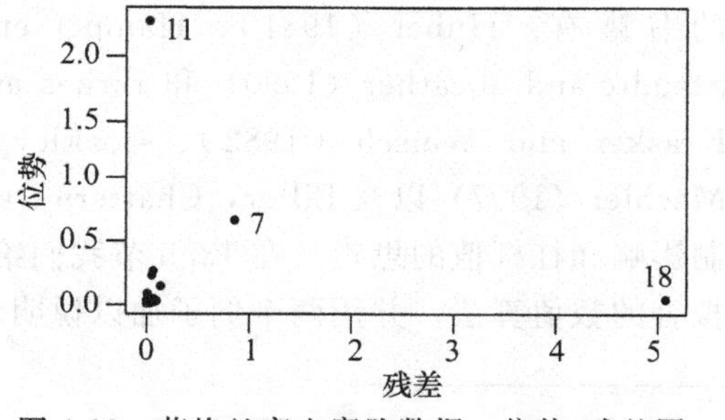

图 4-13　苏格兰高山赛跑数据：位势-残差图

4.13　添加一个预测变量的效应

下面我们对回归方程中引入一个新预测变量产生的效应进行一般的讨论．有两个需要解决的问题：(a) 新变量的回归系数显著吗？(b)新变量的引入会显著改变已在回归方程中
121
的变量的回归系数吗？当一个新的变量引入回归方程，根据对上述每个问题的回答，得到四个可能的结果：

情况 A：新变量的回归系数不显著，并且已在模型中的变量的回归系数与它们以前的值相比没有本质变化．在这种情况下，新变量不应该被引入回归方程，除非一些其他外部条件（如理论上的，或研究主题的需要）指定将其引入．

情况 B：新变量的回归系数显著，并且，该新变量被引入前后，原先已在模型中的变量的回归系数有显著变化．在这种情况下，新变量应该被保留，但应检查是否存在共线性[⊖]．如果没有共线性的证据，这个变量应该被引入方程，再继续考察添加其他变量的可能性．另一方面，如果变量间存在共线性，应采取修正措施，这将在第 10 章介绍．

情况 C：新变量的回归系数显著，并且，该新变量被引入前后，已在模型中的变量的回归系数没有本质变化．当新变量与已在模型中的变量不相关时会出现这种理想的情况．在这种情况下，新的变量应被保留在方程中．

情况 D：新变量的回归系数不显著，但已在模型中的变量的回归系数却由于新变量的
122
引入发生了本质变化．这是存在共线性的明显证据，必须采取修正措施，才能解决新变量在回归方程中是否该保留的问题．

上面的讨论清楚地告诉我们，一个变量对回归方程的效应决定了其是否适合被保留在拟合方程中．本章出现的结果将影响不同的变量选择策略的设计．变量选择过程将在第 11 章介绍．

4.14　稳健回归

另一种识别异常点和强影响观测的方法（这里不讨论）是稳健回归．这是一种拟合方法，对高杠杆点赋以较小的权重．有大量稳健回归的文献．比如，感兴趣的读者可以参阅的书籍有：Huber（1981）、Hampel et al.（1986）、Rousseeuw and Leroy（1987）、Staudte and Sheather（1990）和 Birkes and Dodge（1993）．我们还必须提到的论文有：Krasker and Welsch（1982）、Coakley and Hettmansperger（1993）、Chatterjee and Mächler（1997）以及 Billor，Chatterjee and Hadi（2006）．这些论文都采用了在拟合中限制影响和杠杆值的思想．在 13.5 节我们给出了一个关于稳健回归的简短讨论，提供了稳健拟合的数值算法，并用两个例子加以说明．

⊖　当预测变量高度相关时会产生共线性．这个问题将在第 9 章和第 10 章讨论．

习题

4.1 对下面的每个数据集，检查标准的回归假定是否合理：

(a) 1.3.1 节介绍的牛奶产量数据.

(b) 1.3.2 节介绍的工作权利法数据，见表 1-3.

(c) 1.3.4 节介绍的埃及头盖骨数据.

(d) 1.3.3 节介绍的美国国内移民数据.

(e) 1.3.5 节介绍的纽约州河流数据，见表 1-9.

4.2 找一个数据集，可用回归分析回答其中你感兴趣的问题. 然后：

(a) 检查通常的多元回归假定是否合理.

(b) 用迄今为止所讲的回归方法分析这个数据集，并回答感兴趣的问题.

4.3 考虑 2.3 节所讲的计算机维修问题. 在第二个抽样时段内，获得了维修时间和需维修的元件个数这两个变量的 10 个新观测. 因为两次抽样中所有的观测都是用相同的方法从一个固定的环境中收集的，所有 24 个观测被合并成一个数据集，列于表 4-6 中.

123

(a) 拟合一个维修时间关于元件个数的线性回归模型.

(b) 检查每个标准回归假定，并指出可能违背了哪个（些）假定.

表 4-6　扩充的计算机维修时间数据：维修时间（单位：分钟）和需维修元件个数

行号	元件个数	时间	行号	元件个数	时间
1	1	23	13	10	154
2	2	29	14	10	166
3	3	49	15	11	162
4	4	64	16	11	174
5	4	74	17	12	180
6	5	87	18	12	176
7	6	96	19	14	179
8	6	97	20	16	193
9	7	109	21	17	193
10	8	119	22	18	195
11	9	149	23	18	198
12	9	145	24	20	205

4.4 为了寻找一个回归数据集中的非正常点，数据分析者检查了相应的 P-R 图（如图 4-14）. 请对图中的非正常点分类.

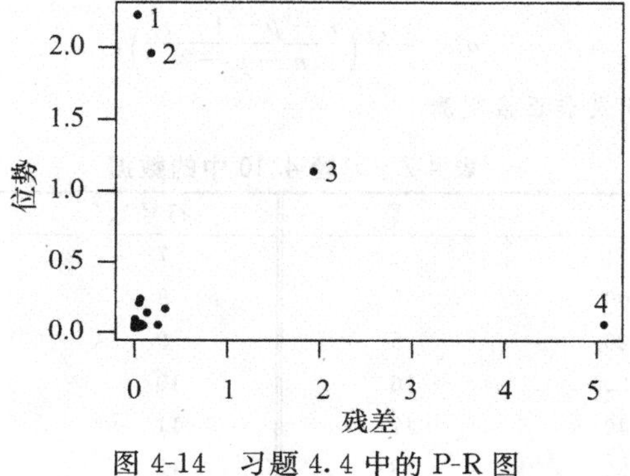

图 4-14　习题 4.4 中的 P-R 图

124

4.5 对于下面每一个假定，找出一个或多个图形工具检测假定的合理性. 对于每种图，举一个假定合理时图的例子，再举一个假定明显不合理时图的例子.

(a) 响应变量和预测变量有线性关系.
(b) 观测是相互独立的.
(c) 误差项的方差是常数.
(d) 误差项是不相关的.
(e) 误差项服从正态分布.
(f) 所有观测对最小二乘结果有相同影响.

4.6 下面的图用来检测 Y 对 X_1，X_2，…，X_p 的普通最小二乘回归的一些假设的合理性.

1. Y 关于每个预测变量 X_j 的散点图.
2. 变量 X_1，X_2，…，X_p 的散点图矩阵.
3. 内标准化残差的正态概率图.
4. 残差关于拟合值的散点图.
5. 位势-残差图.
6. Cook 距离的顺序图.
7. Hadi 影响度量顺序图.

对于每一种图：

(a) 它可以验证什么假定?
(b) 画一个图的例子，看上去并没有违背某个假定.
(c) 画一个图的例子，它表明违背了某个假定.

4.7 再次考虑习题 3.15 中的香烟消费数据，见表 3-17.

(a) 你预计销量和每个解释变量之间的线性关系是怎样的（是正的还是负的)? 请解释.
(b) 计算两两相关系数矩阵，构建相应的散点图矩阵.
(c) 两两相关系数矩阵和对应的散点图矩阵有什么不一致吗?
(d) 你在 (a) 中预计的和在两两相关系数矩阵及相应的散点图矩阵中看到的有什么不同?
(e) 作销量关于六个预测变量的回归. 你在 (a) 中预计的和你所看到的预测变量的回归系数有什么不同? 若有不同，请解释一下.

125

(f) 上面已经得到每一个预测变量的回归系数、销量与该预测变量的相关系数，你如何解释二者之间的差异?
(g) 习题 3.15 中你所做的检验和得到的结论有什么错误吗?

4.8 再次考虑习题 3.3 中的考试数据，见表 3-10.

(a) 对于三个模型中的每一个，画出 P-R 图. 识别所有非正常观测（用序号表示)，并划分为异常点、高杠杆点和/或强影响观测.
(b) 你将用什么模型预测期末成绩 F?

4.9 对下面的每一个陈述，进行数学证明，或者用习题 3.15 中的香烟消费数据进行数值验证，数据见表 3-17：

(a) 普通最小二乘残差之和为 0.
(b) $\hat{\sigma}^2$ 和 $\hat{\sigma}^2_{(i)}$ 的关系是：

$$\hat{\sigma}^2_{(i)} = \hat{\sigma}^2\left(\frac{n-p-1-r_i^2}{n-p-2}\right). \tag{4.26}$$

4.10 对表 4-7 中的数据识别非正常观测.

表 4-7 习题 4.10 中的数据

行号	Y	X	行号	Y	X
1	8.11	0	7	9.60	19
2	11.00	5	8	10.30	20
3	8.20	15	9	11.30	21
4	8.30	16	10	11.40	22
5	9.40	17	11	12.20	23
6	9.30	18	12	12.90	24

4.11 考虑表 4-15 中的苏格兰高山赛跑数据．选择某个观测序号 i（例如，$i=33$ 对应序号 33 的异常观测），并定义一个示性变量（哑变量）U_i，把它看做一个预测变量，它的观测值只有第 i 个是 1，其他都为 0．现在考虑下面两个模型：

$$\mathrm{H}_0: \mathrm{Time} = \beta_0 + \beta_1 \mathrm{Distance} + \beta_2 \mathrm{Climb} + \varepsilon, \tag{4.27}$$

$$\mathrm{H}_1: \mathrm{Time} = \beta_0 + \beta_1 \mathrm{Distance} + \beta_2 \mathrm{Climb} + \beta_3 U_i + \varepsilon. \tag{4.28}$$

设 r_i^* 是拟合模型（4.27）得到的第 i 个外标准化残差．证明（或用一个例子验证）：

126

(a) 检验模型（4.28）中 $\beta_3=0$ 的 t 检验值与 r_i^* 相等，即 $t_3=r_i^*$．

(b) 检验模型（4.28）中 $\beta_3=0$ 的 F 检验值与第 i 个外标准化残差的平方相等，即 $F=r_i^{*2}$．

(c) 去掉第 i 个观测后，对苏格兰高山赛跑数据拟合模型（4.27）．

(d) 证明模型（4.28）中 β_0，β_1，β_2 的估计与（c）中的估计是一样的．因此，添加第 i 个观测的示性变量等价于删掉该观测．

4.12 考虑表 4-8 中的数据，其中有一个响应变量 Y 和六个预测变量．该数据也可在本书网站上查到[㊀]．考虑拟合 Y 关于所有六个预测变量的线性模型．

(a) 哪些最小二乘假定是不合理的（如果有的话）?

(b) 计算 r_i，C_i，DFITS_i 和 H_i．

(c) 绘制 r_i，C_i，DFITS_i 和 H_i 的顺序图和位势-残差图．

(d) 识别数据中所有的非正常观测，并进行分类（即分为异常点、高杠杆点等）．

4.13 再次考虑表 4-8 中的数据集．假设现在我们拟合 Y 关于前三个预测变量的线性模型．回答以下问题，并用适当的添加变量图佐证你的回答．

(a) 我们应该添加 X_4 到上述模型中吗？如果是，则将 X_4 留在模型中．

(b) 我们应该添加 X_5 到上述模型中吗？如果是，则将 X_5 留在模型中．

(c) 我们应该添加 X_6 到上述模型中吗？如果是，则将 X_6 留在模型中．

(d) 你会推荐哪个或哪些模型作为对 Y 最好的刻画？并根据上述结果和/或可能需要的额外分析进行解释．

4.14 [㊁]考虑用模型 $Y=\beta_0+\beta_1X_1+\beta_2X_2+\beta_3X_3+\varepsilon$ 拟合表 4-8 中的数据．设 u 是 Y 关于 X_1 和 X_2 作回归的残差．同时，设 v 是 X_3 关于 X_1 作回归的残差．证明（或用表 4-8 中的数据集作为例子进行验证）：

(a) $\hat{\beta}_3 = \sum_{i=1}^{n} u_i v_i / \sum_{i=1}^{n} v_i^2$；　　(b) $\hat{\beta}_3$ 的标准误是 $\hat{\sigma} / \sqrt{\sum_{i=1}^{n} v_i^2}$．

127

表 4-8　习题 4.12～4.14 中的数据

行号	Y	X_1	X_2	X_3	X_4	X_5	X_6
1	443	49	79	76	8	15	205
2	290	27	70	31	6	6	129
3	676	115	92	130	0	9	339
4	536	92	62	92	5	8	247
5	481	67	42	94	16	3	202
6	296	31	54	34	14	11	119

㊀ http://www.aucegypt.edu/faculty/hadi/RABE5

㊁ 原题有误，经与作者沟通进行了修改．——译者注

（续）

行号	Y	X_1	X_2	X_3	X_4	X_5	X_6
7	453	105	60	47	5	10	212
8	617	114	85	84	17	20	285
9	514	98	72	71	12	−1	242
10	400	15	59	99	15	11	174
11	473	62	62	81	9	1	207
12	157	25	11	7	9	9	45
13	440	45	65	84	19	13	195
14	480	92	75	63	9	20	232
15	316	27	26	82	4	17	134
16	530	111	52	93	11	13	256
17	610	78	102	84	5	7	266
18	617	106	87	82	18	7	276
19	600	97	98	71	12	8	266
20	480	67	65	62	13	12	196
21	279	38	26	44	10	8	110
22	446	56	32	99	16	8	188
23	450	54	100	50	11	15	205
24	335	53	55	60	8	0	170
25	459	61	53	79	6	5	193
26	630	60	108	104	17	8	273
27	483	83	78	71	11	8	233
28	617	74	125	66	16	4	265
29	605	89	121	71	8	8	283
30	388	64	30	81	10	10	176
31	351	34	44	65	7	9	143
32	366	71	34	56	8	9	162
33	493	88	30	87	13	0	207
34	648	112	105	123	5	12	340
35	449	57	69	72	5	4	200
36	340	61	35	55	13	0	152
37	292	29	45	47	13	13	123
38	688	82	105	81	20	9	268
39	408	80	55	61	11	1	197
40	461	82	88	54	14	7	225

数据来源：Chatterjee and Hadi（1988）.

第5章 定性预测变量

5.1 引言

在回归分析中，定性变量或分类变量作为预测变量非常常见，也非常有用，如性别、婚姻状况或政治派别等．定性变量本身的取值不容易进行数学处理，但可以用示性变量或虚拟变量来表示．这种变量只取两个值，通常是0和1．这两个值代表观测属于两个可能的分类之一．注意示性变量的数值大小并不反映类别有定量的顺序，只是为了区分类别或类成员．例如，在分析计算机程序员的薪水时，我们将教育、工作经验和性别作为预测变量.可对性别变量进行量化，如用1表示女性，0表示男性．示性变量在回归模型中还可以区分三个或三个以上的类别组合．例如，上面的关于程序员的薪水的回归问题中，还可用一个示性变量区分程序员是系统程序员还是应用程序员．这样，可用两个示性变量的组合表示由性别和程序员类型决定的四种情况，本章会详细介绍这一点.

在回归分析中，示性变量具有广泛的应用领域．在回归分析时，只要发现某个定性变量的取值会影响响应变量和其他的预测变量之间的关系，就可以考虑应用示性变量去刻画这个定性变量．我们将结合例子说明一些应用．希望读者能从例子中领会示性变量应用技术的灵活性．在第一个例子中，我们考察上面提到的薪水调查数据，并用示性变量刻画影响回归关系的各种分类变量．在第二个例子中，我们用示性变量分析和检验总体的不同子集中是否有相同的回归关系.

本章中，我们假设响应变量是一个定量的连续变量，但预测变量可以是定量变量或分类变量．响应变量是示性变量的情况将在第12章介绍.

5.2 薪水调查数据

薪水调查数据集是来自对一家大公司的计算机专业人员的调查．调查的目的是识别和量化决定薪水差异的那些变量．此外，数据还可以用来判定公司是否遵守了相关的薪酬管理规定．数据列于表5-1中，也可从本书的网站上获得[⊖]．响应变量是年薪（S），以美元计，预测变量有：（1）工作经验（X），以年计；（2）教育（E），1代表获得高中文凭（H.S.），2表示获得学士学位（B.S.），3表示获得更高的学位；（3）管理（M），1表示管理人员，0表示非管理人员．我们将试着用回归分析方法度量这3个变量对薪水的影响.

表5-1 薪水调查数据

行号	S	X	E	M	行号	S	X	E	M
1	13 876	1	1	1	4	11 283	1	2	0
2	11 608	1	3	0	5	11 767	1	3	0
3	18 701	1	3	1	6	20 872	2	2	1

⊖ http://www.aucegypt.edu/faculty/hadi/RABE5

（续）

行号	S	X	E	M	行号	S	X	E	M
7	11 772	2	2	0	27	17 404	8	1	1
8	10 535	2	1	0	28	22 184	8	3	1
9	12 195	2	3	0	29	13 548	8	1	0
10	12 313	3	2	0	30	14 467	10	1	0
11	14 975	3	1	1	31	15 942	10	2	0
12	21 371	3	2	1	32	23 174	10	3	1
13	19 800	3	3	1	33	23 780	10	2	1
14	11 417	4	1	0	34	25 410	11	2	1
15	20 263	4	3	1	35	14 861	11	1	0
16	13 231	4	3	0	36	16 882	12	2	0
17	12 884	4	2	0	37	24 170	12	3	1
18	13 245	5	2	0	38	15 990	13	1	0
19	13 677	5	3	0	39	26 330	13	2	1
20	15 965	5	1	1	40	17 949	14	2	0
21	12 336	6	1	0	41	25 685	15	3	1
22	21 352	6	3	1	42	27 837	16	2	1
23	13 839	6	2	0	43	18 838	16	2	0
24	22 884	6	2	1	44	17 483	16	1	0
25	16 978	7	1	1	45	19 207	17	2	0
26	14 803	8	2	0	46	19 346	20	1	0

我们用线性关系来刻画薪水和工作经验，并假定每增加一年工作时间，薪水增加一个定值．教育也可以用线性方式处理．如果在回归方程中用教育变量的原始观测，我们假定教育每提高一级，薪水增加一个定值．也就是说，其他变量保持不变时，薪水和教育之间的关系是线性的．这种解释是可能的，但也可能过于严格．相反，我们将教育当做分类变量并定义两个示性变量来表示 3 个类别．这两个变量有助于我们判断教育对薪水的效应是否是线性的．管理变量也是一个示性变量，1 表管理岗位和 0 表示普通岗位．

注意，当用示性变量表示一组类别时，所需的示性变量个数刚好比类别数量少 1．例如，对上面教育变量的 3 个类别，我们只需用两个示性变量 E_1 和 E_2 表示，

$$E_{i1}=\begin{cases}1, & \text{如果第 } i \text{ 个人属于 H. S. 类},\\ 0, & \text{否则},\end{cases}$$

$$E_{i2}=\begin{cases}1, & \text{如果第 } i \text{ 个人属于 B. S. 类},\\ 0, & \text{否则}.\end{cases}$$

其中，E_1 是高中学历的示性变量，E_2 是学士学历的示性变量．正如前面所说的，这两个变量结合起来可唯一地表示 3 个类别．对于 H.S.，$E_1=1$，$E_2=0$；对于 B.S.，$E_1=0$，$E_2=1$；对于更高的学历，$E_1=0$，$E_2=0$．当然，还可以为更高的学历设定一个示性变量 E_3，用 1 和 0 表示某人是否具有更高的学历，则对每个人就有 $E_1+E_2+E_3=1$．所以有 $E_3=1-E_1-E_2$，其中一个变量显然是多余的[⊖]，这就是为什么有 3 个类别的定性变量只需两

⊖ 如果用了 E_1，E_2，E_3 这 3 个变量，则预测变量间有完全的线性关系，这是共线性的一种极端情况，这个问题将在第 9 章和第 10 章讨论．

个示性变量就可以刻画的原因. 同样，只需要一个示性变量区分两个管理类别. 在刻画定性变量的时候，有一个类别没有设置对应的示性变量，这个类别称为基本类或对照组. 对示性变量的回归系数的解释都是相对于这个没有设置示性变量的类别进行解释的. 因此我们将这个特殊的类别称为对照组或基本类别. 本例中更高的学历类别就是一个对照组.

130 ~ 131

采用上面定义的示性变量建立如下的回归模型

$$S = \beta_0 + \beta_1 X + \gamma_1 E_1 + \gamma_2 E_2 + \delta_1 M + \varepsilon. \tag{5.1}$$

根据示性变量的不同取值，6 种类别（由 3 种教育类别和 2 种管理类别组合而成）有不同的回归模型，列于表 5-2 中. 根据给出的模型，我们看到经过工作经验的调整后，示性变量有助于将基础薪水水平表示为教育和管理的函数.

表 5-2 教育和管理 6 种组合类别的回归模型

类别	E	M	回归模型		类别	E	M	回归模型	
1	1	0	$S=(\beta_0+\gamma_1)$	$+\beta_1X+\varepsilon$	4	2	1	$S=(\beta_0+\gamma_2+\delta_1)$	$+\beta_1X+\varepsilon$
2	1	1	$S=(\beta_0+\gamma_1+\delta_1)$	$+\beta_1X+\varepsilon$	5	3	0	$S=\beta_0$	$+\beta_1X+\varepsilon$
3	2	0	$S=(\beta_0+\gamma_2)$	$+\beta_1X+\varepsilon$	6	3	1	$S=(\beta_0+\delta_1)$	$+\beta_1X+\varepsilon$

模型（5.1）的回归计算结果列于表 5-3 中. 薪水的变差能够由模型解释的比例很高（$R^2=0.957$）. 分析到这，我们应该研究残差模式以检查模型假定的合理性. 但我们现在把这部分研究推后并假定模型是合理的，从而可以讨论回归结果中对回归系数的解释. 后面我们将返回来分析残差，并会发现这个模型必须要调整.

表 5-3 薪水调查数据的回归分析结果

变量	系数	标准误	t 检验	p 值
常数项	11 031.800	383.2	28.80	<0.000 1
X	546.184	30.5	17.90	<0.000 1
E_1	−2 996.210	411.8	−7.28	<0.000 1
E_2	147.825	387.7	0.38	0.704 9
M	6 883.530	313.9	21.90	<0.000 1
$n=46$	$R^2=0.957$	$R_a^2=0.953$	$\hat{\sigma}=1027$	自由度=41

我们看到 X 的回归系数是 546.184，表明工作时间每增加一年，年薪估计增加 546 美元. 其他的系数可以结合表 5-2 进行解释. 管理示性变量的系数 δ_1 的估计是 6 883.530，结合表 5-2可以将其解释为管理职员比普通职员平均增加的年薪. 对于教育变量，γ_1 度量的是 H.S. 类相对于更高学历类的薪水差异，γ_2 度量的是 B.S. 类相对于更高学历类的薪水差异. 而差值 $\gamma_2-\gamma_1$ 度量的是 H.S. 类相对于 B.S. 类的薪水差异. 从回归结果看，对于计算机专业人员，具有更高学历的职员比高中学历的职员年薪多 2 996 美元，有学士学位的职员比具有更高学历的职员年薪多 148 美元（这个差异统计不显著，$t=0.38$），而有学士学位的职员比高中学历的职员年薪多 3 144 美元. 这些薪水差异对于有相同工作经验的情况都成立.

132

5.3 交互变量

现在继续讨论上面的薪水调查数据问题，我们已经给出了一个回归模型. 现在返回来讨论回归模型的设定问题，即讨论我们给出的模型是否合理的问题. 考察关于工作经验 X 的残差图 5-1. 该图表明可能存在三个或更多特定的残差水平. 前面定义的示性变量可能不足以解释教育和管理两个变量对薪水的影响. 实际上，每个残差都可以被识别出来与六个教育-管理组合中的一个有关. 为了看清楚这一点，我们绘制关于类别（Category，一个新的类别变量，用不同的值表示六个组合中的每一个）的残差图. 该图实际上是残差关于一个尚未在方程中使用的潜在预测变量的散点图，如图 5-2 所示. 从图中看出，残差的大小根据它们的教育-管理类别发生聚类. 可见教育和管理的组合在模型中没有得到令人满意的处理. 六组中每一组的残差几乎全正或全负. 这种情况意味着模型（5.1）并不能充分解释薪水与工作经验、教育和管理这些变量间的关系. 图形显示出了数据中一些没有被挖掘出来的隐藏的结构.

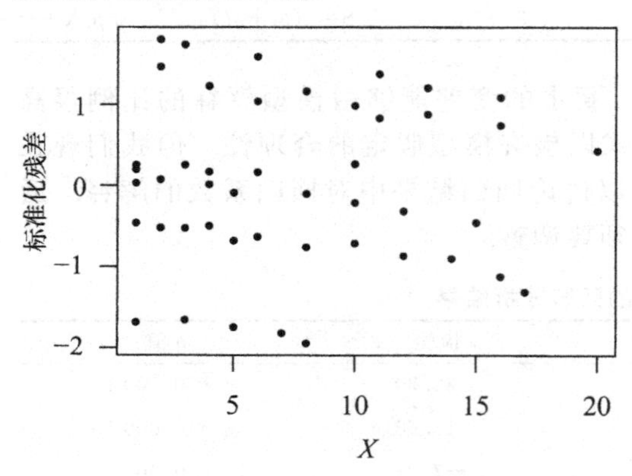

图 5-1 关于工作经验 X 的标准化残差图

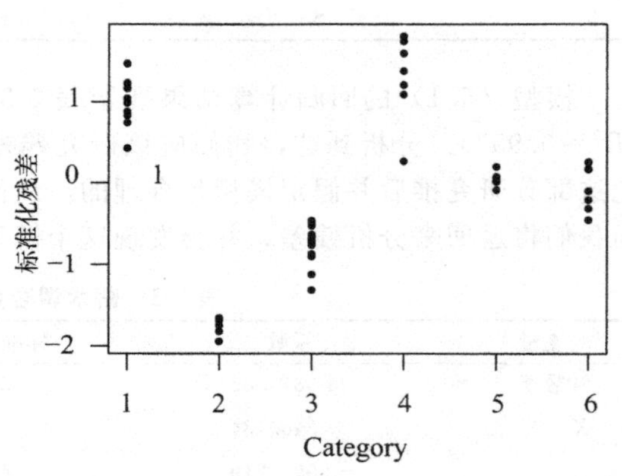

图 5-2 关于教育-管理分类变量的标准化残差图

这些图明显表明，教育和管理对薪水的影响不具有可加性. 但注意到，在模型（5.1）和表 5-2 的进一步解释中，这两个变量的增量影响是可加的. 例如，是否为管理人员对薪水的影响是 δ_1，独立于受教育程度. 但是这个模型没有反映不可加的效应. 我们可以通过构造另外的变量来刻画这些不可加的效应，这些不可加的效应称为*乘法效应*或*交互效应*. 相应变量称为交互变量，交互变量定义为已有示性变量的乘积（$E_1 \cdot M$）和（$E_2 \cdot M$）. 将这两个交互变量添加到（5.1）的右侧得到一个新模型，新模型中教育和管理的效应不再是可加的，而是一种乘法效应.

133 ~ 134

扩展后的模型为

$$S = \beta_0 + \beta_1 X + \gamma_1 E_1 + \gamma_2 E_2 + \delta_1 M + \alpha_1 (E_1 \cdot M) + \alpha_2 (E_2 \cdot M) + \varepsilon. \tag{5.2}$$

扩展模型的回归分析结果见表 5-4. 扩展模型关于 X 的残差图见图 5-3. 注意到观测 33 是个异常点，模型过高地预测了这一点的薪水. 检查原始数据中的这个观测，看出这个人似乎比其他有类似特征的职员少几百美元的年薪. 为了保证这一观测不过度影响回归估计，将其剔除并重新作回归. 表 5-5 给出了新的回归结果.

表 5-4　薪水数据的回归分析：扩展模型

变量	系数	标准误	t 检验	p 值
常数项	11 203.40	79.07	141.7	<0.000 1
X	496.99	5.57	89.3	<0.000 1
E_1	−1 730.75	105.30	−16.4	<0.000 1
E_2	−349.08	97.57	−3.6	0.000 9
M	7 047.41	102.60	68.7	<0.000 1
$E_1 \cdot M$	−3 066.04	149.30	−20.5	<0.000 1
$E_1 \cdot M$	1 836.49	131.20	14.0	<0.000 1
$n=46$	$R^2=0.999$	$R_a^2=0.999$	$\hat{\sigma}=173.8$	自由度=39

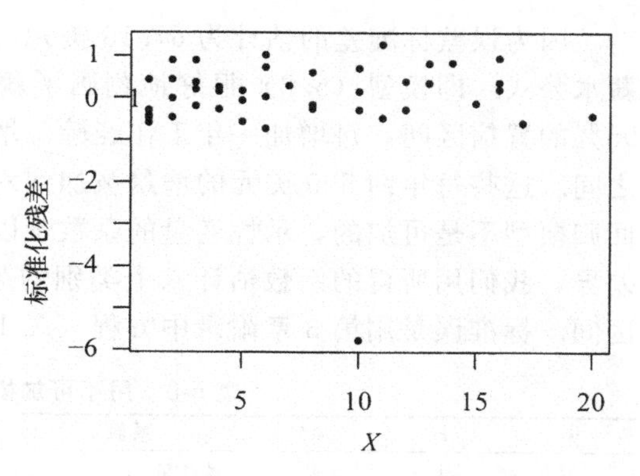

图 5-3　关于工作经验的标准化残差图：扩展模型

表 5-5　薪水数据的回归分析：扩展模型，剔除观测 33

变量	系数	标准误	t 检验	p 值
常数项	11 199.70	30.54	367.0	<0.000 1
X	498.41	2.15	232.0	<0.000 1
E_1	−1741.28	40.69	−42.8	<0.000 1
E_2	−357.00	37.69	−9.5	<0.000 1
M	7 040.49	39.63	178.0	<0.000 1
$E_1 \cdot M$	−3 051.72	57.68	−52.9	<0.000 1
$E_2 \cdot M$	1 997.62	51.79	38.6	<0.000 1
$n=45$	$R^2=1.0$	$R_a^2=1.0$	$\hat{\sigma}=67.13$	自由度=38

注意，回归系数基本不变．然而，误差的标准差已经降到了 67.13 美元，对响应变量变差的解释比例达到了 0.999 8（R^2 的值）．关于 X 的残差图（图 5-4）与可加模型对应的残差图（图 5-1）相比是令人满意的．此外，每个教育-管理类别的残差图（图 5-5）表明，每组的残差近似关于零对称分布．因此，交互效应项的引入比较准确地揭示了薪水差异．从而，模型（5.2）充分刻画了薪水和工作经验、教育、管理之间的关系．

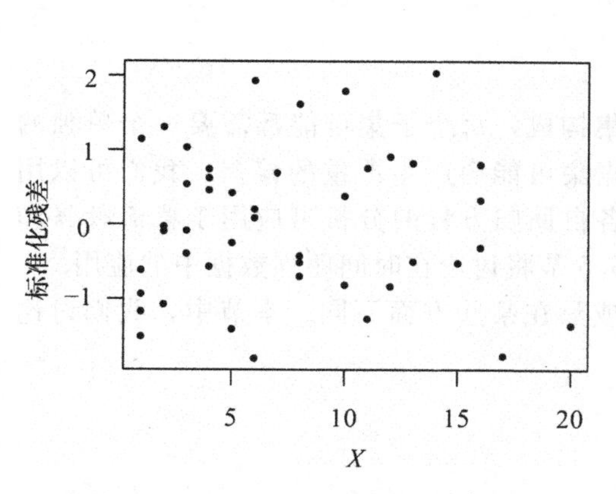

图 5-4　关于工作年数的标准化残差图：扩展模型，剔除观测 33

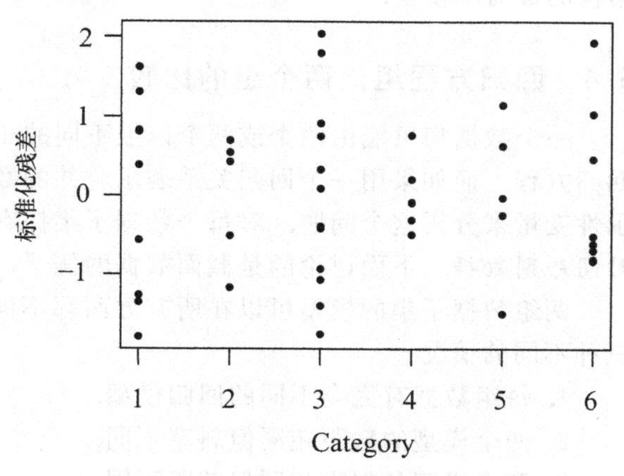

图 5-5　关于教育-管理分类变量的标准化残差图：扩展模型，剔除观测 33

因为误差标准差的估计为 67.13 美元，比较小了，我们相信已经发现了实际中执行的薪水公式．即模型（5.2）很好地刻画了薪水与工作年限，学历和职务之间的关系．根据 95％的置信区间，每增加一年工作经验，增加的薪水估计约在 494.08 美元至 502.72 美元之间．这些每年约 500 美元的增量被加到六个教育-管理组合的相应的起薪上．由于最后的回归模型不是可加的，示性变量的系数难以直观地解释．为了了解定性变量如何影响薪水差异，我们用所得的系数估计六个类别的起薪．表 5-6 给出了这些结果以及标准误和置信区间．标准误是用第 3 章附录中方程（A.12）计算．

表 5-6 用不可加模型（5.2）对起薪的估计

类	E	M	系数	起薪的估计[a]	标准误[a]	95％置信区间
1	1	0	$\beta_0+\gamma_1$	9 459	31	(9 398，9 520)
2	1	1	$\beta_0+\gamma_1+\delta+\alpha_1$	13 448	32	(13 385，13 511)
3	2	0	$\beta_0+\gamma_2$	10 843	26	(10 792，10 894)
4	2	1	$\beta_0+\gamma_2+\delta+\alpha_2$	19 880	33	(19 815，19 945)
5	3	0	β_0	11 200	31	(11 139，11 261)
6	3	1	$\beta_0+\delta$	18 240	29	(18 183，18 297)

注：a 单位为美元，数据系四舍五入所得．

我们使用含有示性变量和交互效应项的回归模型，几乎解释了本调查中的所有计算机专业人员的薪水的变差．这个模型对数据解释的准确程度是非常罕见的！我们只能推测，这家公司的薪酬管理办法是精确定义的并得到了严格执行．

回顾前面，我们发现用一组不同的示性变量和回归参数可以得到一个等价模型．比如我们可以定义五个变量，每个取值 1 或 0，对应六个教育-管理组合类别中的五个．起薪和标准误的数值估计与表 5-6 中的结果是相同的．但前面所用方法的优点是能够分离如下三组预测变量的影响（1）教育，（2）管理，（3）教育-管理交互效应．回想一下，引入交互项是因为我们发现一个可加模型不能令人满意地解释薪水的变差．一般来说，我们从简单模型开始，并在必要的时候逐渐采用较复杂的模型．我们始终希望获得具有可接受的残差结构的最简单模型．

5.4 回归方程组：两个组的比较

135 ~ 137

一个数据集可能由两个或两个以上不同的子集构成，每个子集可能都需要一个单独的回归方程．而如果用一个回归关系表示合并的数据集可能会产生严重的偏差．我们可以用示性变量来分析这个问题．对每个数据子集拥有各自回归方程的分析可应用于*截面数据*和*时间序列数据*．下面讨论的是截面数据的例子，5.5 节将讨论在时间序列数据中的应用．

两组数据子集的模型可以在所有方面都不同或只在某些方面不同．本节中，我们讨论三种不同的情况．

1. 每组数据有完全不同的回归模型．
2. 两个模型的截距相同但斜率不同．
3. 两个模型的斜率相同但截距不同．

下面我们用仅含一个定量预测变量的问题举例说明这些情况．这些思想可以直接推广到含多个定量预测变量的情形.

5.4.1 斜率和截距都不同的模型

我们用一个关于平等就业机会的问题说明这种情况. 许多大型企业和政府机构采用一些雇佣前的测试方法筛选求职者. 这些测试旨在衡量申请人的工作绩效, 并且测试结果是影响录用决定的一部分信息. 联邦政府已经规定[⊖], 这些测试 (1) 必须衡量与所申请的工作直接相关的能力, 以及 (2) 不得有种族或国籍歧视. (1) 和 (2) 两条要求的可操作性定义是相当难以把握的, 故我们不试图解决这些可操作性问题. 我们采用的方法是把种族分为白色人种和少数人种两组. 检验下面的假设: 两组中测试分数与工作绩效有各自的回归关系, 并讨论了这一有关招聘歧视的假设的含义.

138

设 Y 表示工作绩效, X 表示雇佣前测试得分. 我们将要比较以下两个模型,

$$\text{模型 1(合并,Pooled)}: y_{ij} = \beta_0 + \beta_1 x_{ij} + \varepsilon_{ij}, j = 1,2; \quad i = 1,2,\cdots,n_j,$$

$$\text{模型 2(少数人种,Minority)}: y_{i1} = \beta_{01} + \beta_{11} x_{i1} + \varepsilon_{i1}, \tag{5.3}$$

$$\text{(白种人,White)}: y_{i2} = \beta_{02} + \beta_{12} x_{i2} + \varepsilon_{i2}.$$

图 5-6 描绘了这两个模型. 在模型 1 中, 忽略了种族差异, 数据被合并了, 故只有一条回归直线. 在模型 2 中, 两个子集有各自的回归关系, 每个回归关系有不同的回归系数. 我们假定两个子集的误差项的方差是相同的.

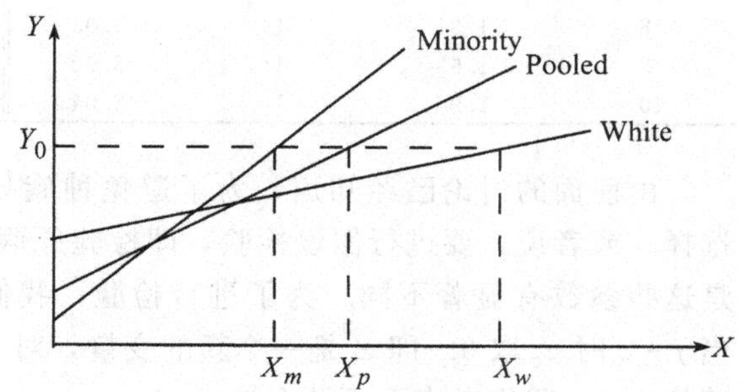

图 5-6 关于雇佣前测试的要求

在分析数据之前, 我们简要考虑一下那些在解释和应用结果时会出现的偏差类型. 如图所示, 设 Y_0 是对工作绩效的最低要求, 于是利用模型 1, 一个可接受的测验得分应大于 X_p. 而如果模型 2 实际上是正确的, 则白种人相应的测试得分标准为 X_w, 少数人种为 X_m. 若用 X_p 代替 X_w 和 X_m, 表示对白种人放松了测试要求而对少数人种加严了. 由此看出, 用错误的模型设置分数线会导致招聘工作中的不公平, 所以需要仔细检查数据. 我们必须明确是否有两个不同的关系, 还是两个组有相同的关系, 且用合并数据估计一个方程就足够了. 要注意的是, 无论是选择模型 1 还是模型 2, X_m, X_w 和 X_p 的估计值都有抽样误差, 应该结合适当的置信区间一起使用. (置信区间的构造将在后面讨论.)

我们注意到, 在上述的招聘过程中, 工作绩效 Y 是招聘者最看重的指标, 但是这是一个虚拟的指标. 对于广大的应聘者, 我们只能得到他们在应聘前的测试得分 X. 为了招聘, 也为了确定模型 (或确定 Y 与 X 之间的关系) 我们设计了一个特殊的雇佣流程以收集数据. 我们从广大的应聘者中随机地选择 20 人, 所谓随机地选择是指选择的标准与他们应聘前的测试得分 (X) 无关. 当这 20 人的名单确定以后, 就雇佣他们试用 6 周. 雇佣期的前

⊖ 1964 年民权法案, Tower 第七修正案.

一周接受工作培训，后5周为正式工作．在一周培训结束时进行一次测试，在六周结束后进行对应聘者在5周工作期间的工作表现进行评估．将一周培训结束时的测试成绩与5周工作期间的表现综合起来形成一个工作绩效指数（JPERF）．所得数据见表5-7，也可从本书网站上获得．我们称这个数据集为雇佣前测试数据．注意，表5-7中的变量TEST就是应聘前测试数据X，与一周培训结束时的测试成绩无关，RACE表示种族，少数人种申请者为1，白种人申请者为0，而表中JPERF就是6周结束时对应聘者的综合评价（工作绩效指数）．就这20个人来说，我们就可以根据他们的JPERF的值确定他们的录取与否．但是，这20人以外的广大应聘者，由于他们没有JPERF的值，必须依靠他们的应聘前的测试得分（X）来决定他们的命运．这就需要通过建立模型来解决录取问题．

139

表5-7 雇佣前测试数据

行号	TEST	RACE	JPERF	行号	TEST	RACE	JPERF
1	0.28	1	1.83	11	2.36	0	3.25
2	0.97	1	4.59	12	2.11	0	5.30
3	1.25	1	2.97	13	0.45	0	1.39
4	2.46	1	8.14	14	1.76	0	4.69
5	2.51	1	8.00	15	2.09	0	6.56
6	1.17	1	3.30	16	1.50	0	3.00
7	1.78	1	7.53	17	1.25	0	5.85
8	1.21	1	2.03	18	0.72	0	1.90
9	1.63	1	5.00	19	0.42	0	3.85
10	1.98	1	8.04	20	1.53	0	2.95

由前面的讨论已经知道，为了避免种族歧视，我们需要在（5.3）的两个模型中进行选择．或者说，要进行假设检验，即检验原假设H_0：$\beta_{11}=\beta_{12}$，$\beta_{01}=\beta_{02}$，对应的备择假设是这些参数有显著不同．为了进行检验，我们设立一个示性变量z_{ij}．当$j=1$时z_{ij}取1，当$j=2$时z_{ij}取0．即Z是一个新的变量，对于少数人种申请者其值为1，对白种人申请者其值为0．我们考虑下面两个模型，

$$\begin{aligned}&\text{模型 }1: y_{ij}=\beta_0+\beta_1 x_{ij}+\varepsilon_{ij}\\&\text{模型 }3: y_{ij}=\beta_0+\beta_1 x_{ij}+\gamma z_{ij}+\delta(z_{ij}\cdot x_{ij})+\varepsilon_{ij}.\end{aligned}\tag{5.4}$$

变量（$z_{ij}\cdot x_{ij}$）表示组（即种族）变量Z和雇佣前测试得分X之间的交互效应．注意到，模型3与模型2是等价的，分析如下．对于少数人种，有$x_{ij}=x_{i1}$和$z_{ij}=1$，从而模型3化为

$$\begin{aligned}y_{i1}&=\beta_0+\beta_1 x_{i1}+\gamma+\delta x_{i1}+\varepsilon_{i1}\\&=(\beta_0+\gamma)+(\beta_1+\delta)x_{i1}+\varepsilon_{i1}\\&=\beta_{01}+\beta_{11}x_{i1}+\varepsilon_{i1},\end{aligned}$$

这与模型2中少数人种的情况是一样的，只需令$\beta_{01}=\beta_0+\gamma$和$\beta_{11}=\beta_1+\delta$．类似的，对于白种人，有$x_{ij}=x_{i2}$和$z_{ij}=0$，模型3化为

$$y_{i2}=\beta_0+\beta_1 x_{i2}+\varepsilon_{i2},$$

与模型2中白种人的情况是一样的，只需令$\beta_{02}=\beta_0$和$\beta_{12}=\beta_1$．因此，比较模型1和模型2等价于比较模型1和模型3．模型3可以看做一个全模型（FM），而模型1是一个简化模

140

型（RM 见 P71），因为在模型 3 中令 $\gamma=\delta=0$ 可得到模型 1. 所以，前面的原假设 H_0 变为 H_0：$\gamma=\delta=0$. 按第 3 章中介绍的比较两个模型的方法，这个假设可通过构造一个 F 统计量进行检验. 本例中的检验统计量为

$$F=\frac{[\mathrm{SSE}(RM)-\mathrm{SSE}(FM)/2]}{\mathrm{SSE}(FM)/16},$$

其自由度为 2 和 16（为什么?）. 继续分析数据，模型 1 和模型 3 的回归结果分别列于表 5-8 和表 5-9. 两个模型的关于预测变量的残差图（图 5-7 和图 5-8）看起来都是可以接受的. 不过模型 1 残差图的右下方的一个残差需要进一步分析.

表 5-8 回归结果，雇佣前测试数据：模型 1

变量	系数	标准误	t 检验	p 值
常数项	1.03	0.87	1.19	0.248 6
TEST（X）	2.36	0.54	4.39	0.000 4
$n=20$	$R^2=0.52$	$R_a^2=0.49$	$\hat{\sigma}=1.59$	自由度=18

表 5-9 回归结果，雇佣前测试数据：模型 3

变量	系数	标准误	t 检验	p 值
常数项	2.01	1.05	1.91	0.073 6
TEST（X）	1.31	0.67	1.96	0.067 7
RACE（Z）	−1.91	1.54	−1.24	0.232 1
RACE · TEST（$X\cdot Z$）	2.00	0.95	2.09	0.052 7
$n=20$	$R^2=0.664$	$R_a^2=0.601$	$\hat{\sigma}=1.41$	自由度=16

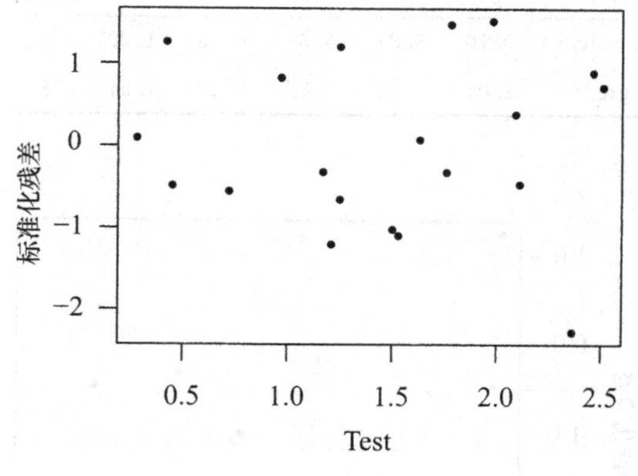

图 5-7 关于测试得分的标准化残差：模型 1

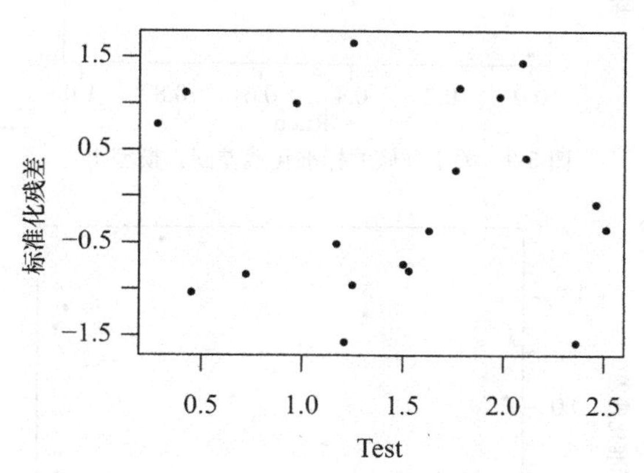

图 5-8 关于测试得分的标准化残差：模型 3

为了检验假设，我们计算前面提到的 F 比为

$$F=\frac{(45.51-31.81)/2}{31.81/16}=3.4,$$

它在 5%的水平下是显著的. 因此，根据检验结果我们得出结论：两个组中的关系很可能是不同的. 特别地，对于少数人种有

$$Y_1=0.10+3.31X_1,$$

对于白种人有

141

$$Y_2 = 2.01 + 1.32X_2.$$

将这两条回归直线的图像画在同一个直角坐标系中，非常类似于图 5-6. 代表少数人种组关系的直线比白种人组的直线有较大的斜率和较小的截距. 如果误将两组数据合并，变成模型 1，就会出现图 5-6 所讨论的就业歧视问题.

尽管用示性变量的正规方法得到了可信的结论，即两个组存在不同的关系，但我们并没有对各组数据进行仔细分析. 回想前面我们曾假定两个组误差的方差相等. 这种假定是必需的，以便两个样本之间唯一的区别就是它们各自的截距和回归系数. 现在看来，检验一下这两组数据的误差还是必要的. 图 5-9 给出了模型 1 关于示性变量的残差图. 这两个残差集合似乎没有什么差异. 我们现在更仔细地关注一下每个组. 每个样本组的回归系数由模型 3 获得，列于表 5-10，残差图分别见图 5-10 和图 5-11. 少数人种和白种人样本组的误差的标准误分别为 1.29 和 1.51. 两种情况下关于测试得分的残差图都是可以接受的. 在前面的分析中没有考虑到的一个有趣现象是，雇佣前测试得分解释了少数人种样本组的主要变差，但对白种人样本组情况就不一样了.

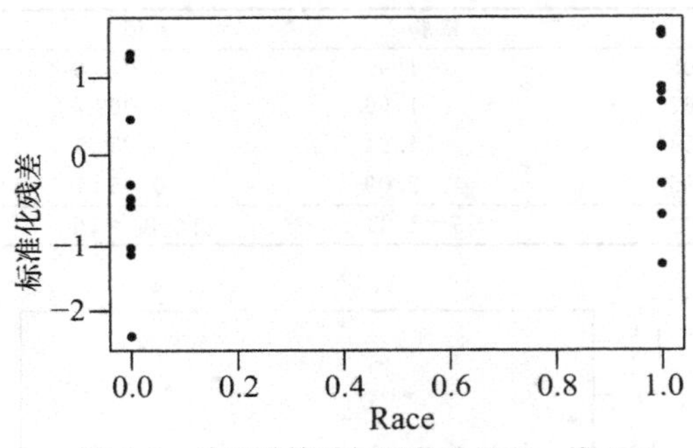

图 5-9　关于种族的标准化残差图：模型 1

表 5-10　不同组的回归结果

样本	$\hat{\beta}_0$	$\hat{\beta}_1$	t_1	R^2	$\hat{\sigma}$	自由度
Minority	0.10	3.31	5.31	0.78	1.29	8
White	2.01	1.31	1.82	0.29	1.51	8

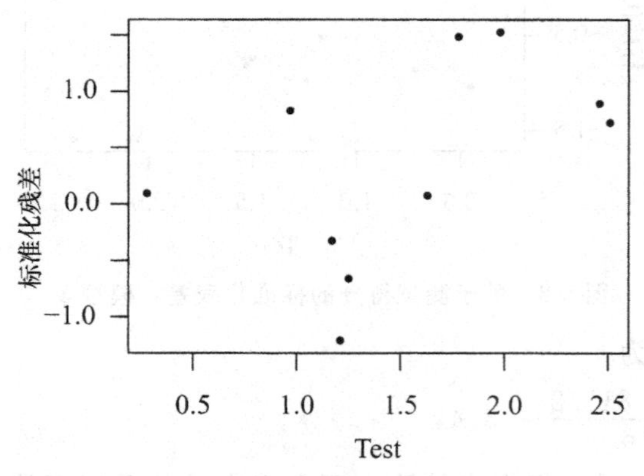

142～144

图 5-10　关于测试得分的标准化残差图：模型 1，少数人种

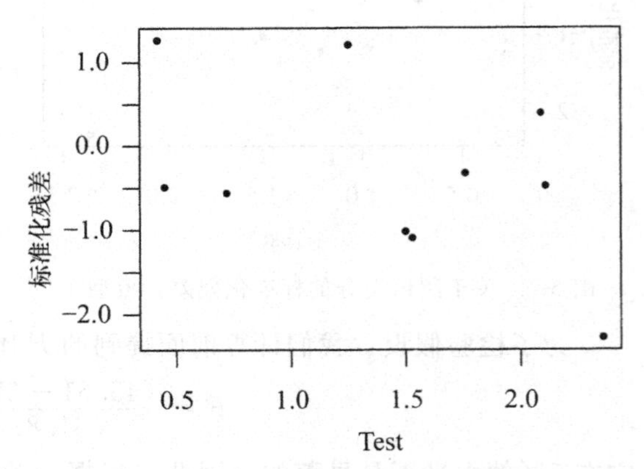

图 5-11　关于测试得分的标准化残差图：模型 1，白种人

我们前面的结论仍然是合理的，即两个回归方程是不同的．不仅回归系数不同，残差均方也有微小的差别．更重要的，R^2 的值差异很大．对于白种人样本组，$R^2=0.29$ 太小了（$t=1.82$；而至少 $t=2.306$ 才会显著），因此雇佣前测试得分不能作为工作业绩的一个充分的预测变量．这一发现与我们最初的目的不合，因为比较两组样本回归关系的前提条件是单独考虑每个样本时这些回归关系也应是合理的，即两个族群之间的差异最多是各自回归直线之间的差异．现在的情况是，对于白种族群，预测变量和响应变量之间有没有回归关系都成问题．若按法律规定，两个族群的测试结果应无差异，现在出现了偏差．现在，基于目前得到的数据，我们可以认定这个测试对筛选白人申请者是没有价值的，对于少数族群可以通过测试得分确定录取线．

最后，我们讨论如果采用这种测验，如何确定合适的测试分数线．考虑少数人种样本的结果．如果 Y_m 是对工作绩效的最低要求（就是图 5-6 中的 Y_0，此处改了一下记号），那么由回归方程（同时见图 5-6）可得

$$X_m=\frac{Y_m-\hat{\beta}_0}{\hat{\beta}_1},$$

其中$\hat{\beta}_0$ 和$\hat{\beta}_1$ 是回归参数的估计．X_m 是为达到 Y_m 可以接受的最低测试得分的估计．由于 X_m 是用有抽样偏差的量定义的，所以 X_m 本身也有抽样偏差．最容易刻画这种偏差的方法就是构造 X_m 的置信区间，其近似 95％的置信区间的形式为（Scheffé，1959，p. 52）

$$X_m\pm\frac{t_{(n-2,\alpha/2)}(\hat{\sigma}/n)}{\hat{\beta}_1},$$

其中 $t_{(n-2,\alpha/2)}$ 是相应的 t 分布的临界值点，$\hat{\sigma}^2$ 是 σ^2 的最小二乘估计．如果 Y_m 取值 4，则 $X_m=(4-0.10)/331=118$，以及测试分数线 95％的置信区间为（1.09，1.27）[⊖]．这个问题的结论并不完美（对于白人申请者不能通过应聘测试分数决定录取与否），但是正确的结论必须经受数据分析的考验．

5.4.2 斜率相同但截距不同的模型

在前一小节中，我们处理了两个组的模型具有完全不同的系数的情形，即（5.3）中的模型 1 和模型 2，见图 5-6 所示．假定现在有理由相信这两组有相同的斜率 β_1，我们希望检验假设：这两组也有相同的截距，即 H_0：$\beta_{01}=\beta_{02}$．这种情形下，我们比较

$$\begin{aligned}&\text{模型 1(合并)}: y_{ij}=\beta_0+\beta_1 x_{ij}+\varepsilon_{ij}, j=1,2;\quad i=1,2,\cdots,n_j,\\&\text{模型 2(少数人种)}: y_{i1}=\beta_{01}+\beta_1 x_{i1}+\varepsilon_{i1},\\&\qquad\text{(白种人)}: y_{i2}=\beta_{02}+\beta_1 x_{i2}+\varepsilon_{i2}.\end{aligned}\tag{5.5}$$

注意这两个种族的模型有相同的斜率 β_1，但截距 β_{01} 和 β_{02} 不同．用前面定义的示性变量 Z，我们可把模型 2 改写为

$$\text{模型 3}: y_{ij}=\beta_0+\beta_1 x_{ij}+\gamma z_{ij}+\varepsilon_{ij}.\tag{5.6}$$

⊖ 此处我们按原文翻译．事实上，录取标准的确定是回归分析中的一个控制问题．由于涉及内容太广，我们不在此做详细评论．——译者注

我们看到（5.6）的模型 3 中不含交互变量（$z_{ij}\cdot x_{ij}$）．如果如（5.4）那样含有交互变量，两个组对应的模型的斜率和截距将都不相同．

模型 3 与模型 2 是等价的，分析如下．对于少数人种，有 $x_{ij}=x_{i1}$ 和 $z_{ij}=1$，从而模型 3 化为

$$\begin{aligned} y_{i1} &= \beta_0+\beta_1 x_{i1}+\gamma+\varepsilon_{i1} \\ &= (\beta_0+\gamma)+\beta_1 x_{i1}+\varepsilon_{i1} \\ &= \beta_{01}+\beta_1 x_{i1}+\varepsilon_{i1}, \end{aligned}$$

这与模型 2 中少数人种的情况是一样的，只需令 $\beta_{01}=\beta_0+\gamma$．类似的，对于白种人，模型 3 化为

$$y_{i2}=\beta_0+\beta_1 x_{i2}+\varepsilon_{i2}.$$

此时，模型 2（或等价地，模型 3）表示两条平行线[⊖]（斜率相同），截距分别为 $\beta_0+\gamma$ 和 β_0．因此，我们的原假设意味着对模型 3 中的 γ 有一个约束，即 H_0：$\gamma=0$．为检验这个假设，我们用如下的 F 检验统计量

$$F=\frac{[\mathrm{SSE}(RM)-\mathrm{SSE}(FM)]/1}{\mathrm{SSE}(FM/)17},$$

其自由度为 1 和 17．等价地，检验模型 3 中的 $\gamma=0$，也可用如下的 t 检验

$$t=\frac{\hat{\gamma}}{\mathrm{s.e.}(\hat{\gamma})},$$

其自由度为 17．重申一下，在根据这些检验得出任何结论之前，需检查模型 3 假定的合理性．对于当前的例子，我们把上面检验的计算和基于此得出的结论留给读者作为练习．

5.4.3 截距相同但斜率不同的模型

现在我们处理第三种情况，即两个组有相同的截距 β_0．我们希望检验假设：这两组也有相同的斜率，即 H_0：$\beta_{11}=\beta_{12}$．这种情形下，我们比较

146

$$\begin{aligned} &\text{模型 1(合并)}: y_{ij}=\beta_0+\beta_1 x_{ij}+\varepsilon_{ij}, j=1,2;\quad i=1,2,\cdots,n_j, \\ &\text{模型 2(少数人种)}: y_{i1}=\beta_0+\beta_{11} x_{i1}+\varepsilon_{i1}, \\ &\qquad\quad\text{(白种人)}: y_{i2}=\beta_0+\beta_{12} x_{i2}+\varepsilon_{i2}. \end{aligned} \tag{5.7}$$

注意这两个种族的模型有相同的截距 β_0，但斜率 β_{11} 和 β_{12} 不同．用前面定义的示性变量 Z，我们可把模型 2 改写为

$$\text{模型 3}: y_{ij}=\beta_0+\beta_1 x_{ij}+\delta(z_{ij}\cdot x_{ij})+\varepsilon_{ii}. \tag{5.8}$$

我们看到（5.8）的模型 3 中含有交互变量（$z_{ij}\cdot x_{ij}$），但不含变量 Z 的单独项．模型 3 与模型 2 是等价的，分析如下．对于少数人种，有 $x_{ij}=x_{i1}$ 和 $z_{ij}=1$，从而模型 3 化为

$$\begin{aligned} y_{i1} &= \beta_0+\beta_1 x_{i1}+\delta x_{i1}+\varepsilon_{i1} \\ &= \beta_0+(\beta_1+\delta)x_{i1}+\varepsilon_{i1} \\ &= \beta_0+\beta_{11} x_{i1}+\varepsilon_{i1}, \end{aligned}$$

这与模型 2 中少数人种的情况是一样的，只需令 $\beta_{11}=\beta_1+\delta$．类似的，对于白种人，模型 3

⊖ 一般情况下，若模型含有变量 X_1，X_2，…，X_p 和一个示性变量 Z，模型 3 表示截距不同的两个平行的（超）平面．

化为

$$y_{i2} = \beta_0 + \beta_{12} x_{i2} + \varepsilon_{i2}.$$

因此，我们的原假设意味着对模型 3 中的 δ 有一个约束，即 H_0：$\delta=0$. 为检验这个假设，我们用如下的 F 检验统计量

$$F = \frac{[\mathrm{SSE}(RM) - \mathrm{SSE}(FM)/1]}{\mathrm{SSE}(FM)/17},$$

其自由度为 1 和 17. 等价地，检验模型 3 中的 $\delta=0$，也可用如下的 t 检验

$$t = \frac{\hat{\delta}}{\mathrm{s.\,e.}\,(\hat{\delta})},$$

其自由度为 17. 检查模型 3 假定的合理性，以及上面检验的计算和由此得出的结论留给读者作为练习.

5.5 示性变量的其他应用

5.4 节中所描述的那些示性变量的应用可以推广到其他各种问题中（参见 Fox（1984）以及 Kmenta（1986）中的各种应用）. 例如，我们想比较 $k \geqslant 2$ 个总体或组的均值. 这里常用的是被称为*方差分析*（ANOVA）的技术. 我们从第 j 个总体抽取容量为 n_j 的随机样本，$j=1, 2, \cdots, k$. 总共获得响应变量的 $n=n_1+\cdots+n_k$ 个观测. 设 y_{ij} 表示第 j 个样本中的第 i 个响应，对 y_{ij} 建模为 [147]

$$y_{ij} = \mu_0 + \mu_1 x_{i1} + \cdots + \mu_p x_{ip} + \varepsilon_{ij}. \tag{5.9}$$

在这个模型中有 $p=k-1$ 个示性变量 $x_{i1}, x_{i2}, \cdots, x_{ip}$ 作为预测变量. 对每个 x_{ij}，如果响应观测来自第 j 个样本，则 x_{ij} 取 1，否则取 0. 剩下一个没有设置示性变量表示的总体通常称为对照组，对于这个总体，所有 p 个示性变量的取值都是 0. 因此，对于对照组，(5.9) 变为

$$y_{ij} = \mu_0 + \varepsilon_{ij}. \tag{5.10}$$

在（5.9）和（5.10）中，假定随机误差 ε_{ij} 是相互独立同服从均值为 0，方差为常数 σ^2 的正态分布. 常数 μ_0 表示对照组的均值，回归系数 μ_j 可解释为对照组和第 j 组的均值间的差异. 如果 $\mu_j=0$，则对照组和第 j 组的均值相等. 所有组的均值相等的原假设 H_0：$\mu_1=\cdots=\mu_p=0$ 可用（5.10）中的模型表示. 备择假设是至少有一个 μ_j 是非 0 的，可用（5.9）中的模型表示. 将（5.9）和（5.10）中的模型分别看做全模型和简化模型. 因此，可用（3.45）给出的 F 检验对 H_0 进行检验. 这样，利用示性变量可将 ANOVA 技术表示为回归分析的一种特殊情况.

注意，上面讨论的例子是基于截面数据的. 示性变量也可应用于时间序列数据. 此外，还有一些生长过程模型，示性变量将作为因变量. 这些模型称为逻辑斯谛回归模型，将在第 12 章讨论.

在 5.6 节和 5.7 节，我们将讨论示性变量在时间序列数据中的应用. 特别是讨论季节性和参数随时间的稳定性. 我们阐述了这些问题并提供了数据，具体分析留给读者.

5.6 季节性

这里作为例子的数据集称为滑雪器具销售数据，见表 5-11，也可在本书的网站上获得. 数

[148] 据由两个变量组成：销售量 S，以百万计，来自某生产滑雪器具和相关设备的公司1964—1973年的数据，和当地个人可支配收入PDI㊀．这些变量都是按季度统计的．我们将在第8章使用这些数据说明相关误差的问题．

表 5-11 1964－1973 年个人可支配收入和滑雪器具销售量

行号	日期	销售量	PDI	行号	日期	销售量	PDI
1	Q1/64	37.0	109	21	Q1/69	44.9	153
2	Q2/64	33.5	115	22	Q2/69	41.6	156
3	Q3/64	30.8	113	23	Q3/69	44.0	160
4	Q4/64	37.9	116	24	Q4/69	48.1	163
5	Q1/65	37.4	118	25	Q1/70	49.7	166
6	Q2/65	31.6	120	26	Q2/70	43.9	171
7	Q3/65	34.0	122	27	Q3/70	41.6	174
8	Q4/65	38.1	124	28	Q4/70	51.0	175
9	Q1/66	40.0	126	29	Q1/71	52.0	180
10	Q2/66	35.0	128	30	Q2/71	46.2	184
11	Q3/66	34.9	130	31	Q3/71	47.1	187
12	Q4/66	40.2	132	32	Q4/71	52.7	189
13	Q1/67	41.9	133	33	Q1/72	52.2	191
14	Q2/67	34.7	135	34	Q2/72	47.0	193
15	Q3/67	38.8	138	35	Q3/72	47.8	194
16	Q4/67	43.7	140	36	Q4/72	52.8	196
17	Q1/68	44.2	143	37	Q1/73	54.1	199
18	Q2/68	40.4	147	38	Q2/73	49.5	201
19	Q3/68	38.4	148	39	Q3/73	49.5	202
20	Q4/68	45.4	151	40	Q4/73	54.3	204

该模型是 S 关于PDI的一个方程，即 $S_t=\beta_0+\beta_1 \mathrm{PDI}_t+\varepsilon_t$，其中 S_t 是第 t 个时段的销售量，以百万计，PDI_t 是相应的个人可支配收入．这里我们假定销售量受到由季度决定的季节性的影响．为了度量这一影响，我们定义示性变量来刻画季节性．因为有四个季度，我们定义三个示性变量 Z_1，Z_2 和 Z_3，其中

$$z_{t1}=\begin{cases}1, & \text{如果第 } t \text{ 个时段是第一季度,}\\ 0, & \text{否则,}\end{cases}$$

$$z_{t2}=\begin{cases}1, & \text{如果第 } t \text{ 个时段是第二季度,}\\ 0, & \text{否则,}\end{cases}$$

$$z_{t3}=\begin{cases}1, & \text{如果第 } t \text{ 个时段是第三季度,}\\ 0, & \text{否则.}\end{cases}$$

[149] 这个数据集的分析和解释留给读者完成．笔者分析了这些数据，发现实际上只需分冷暖两个季节．（见第8章对这些销售数据的讨论，只用了一个示性变量表示两个季节进行分析）．用示性变量分析季节性的进一步讨论见Kmenta（1986）．

㊀ 购买潜力的综合衡量．

5.7 回归参数随时间的稳定性

示性变量也可用来分析回归系数随时间的稳定性或检验结构的变化. 当数据是不同时间点的截面观测时，我们考虑回归问题系统的一种推广，目标是分析回归关系随时间的稳定性. 这里讲述的方法也适合跨时期的和跨空间的比较. 我们用教育费用数据介绍该方法，见表 5-12～表 5-14. 对 50 个州测量的变量为：

Y 人均公共教育费用

X_1 人均收入

X_2 每千人中 18 岁以下的居民数量

X_3 每千人中的城市人口数量

变量地区是一个代表地理区域的分类变量：

1＝东北部，2＝中北部，3＝南部，4＝西部

我们将在第 7 章用这些数据集介绍多元回归中处理异方差性的方法，以及分析区域特征对回归关系的影响. 这里我们重点讨论教育费用的回归关系随时间变化的稳定性.

我们收集到每个州在 1960 年、1970 年和 1975 年中上述四个变量的数据. 假定这三年的每个年度中各变量之间的回归关系具有相同的规范形式[⊖]，我们可以通过评估回归系数的估计关于时间的变化情况对稳定性进行分析. 对于合并数据集的 150 组观测（50 个州每年一个，共 3 年），我们定义两个示性变量 T_1 和 T_2，其中

$$T_{i1} = \begin{cases} 1, & \text{如果第 } i \text{ 个观测来自 1960 年,} \\ 0, & \text{否则,} \end{cases}$$

$$T_{i2} = \begin{cases} 1, & \text{如果第 } i \text{ 个观测来自 1970 年,} \\ 0, & \text{否则,} \end{cases}$$

150

Y 表示人均教育费用，则模型具有如下形式

$$\begin{aligned} Y = &\beta_0 + \beta_1 X_1 + \beta_2 X_2 + \beta_3 X_3 + \gamma_1 T_1 + \gamma_2 T_2 + \delta_1 T_1 \cdot X_1 \\ &+ \delta_2 T_1 \cdot X_2 + \delta_3 T_1 \cdot X_3 + \alpha_1 T_2 \cdot X_1 + \alpha_2 T_2 \cdot X_2 \\ &+ \alpha_3 T_2 \cdot X_3 + \varepsilon. \end{aligned}$$

根据 T_1 和 T_2 的定义，上面的模型等价于

$$\text{1960 年}: Y = (\beta_0 + \gamma_1) + (\beta_1 + \delta_1) X_1 + (\beta_2 + \delta_2) X_2 + (\beta_3 + \delta_3) X_3 + \varepsilon,$$

$$\text{1970 年}: Y = (\beta_0 + \gamma_2) + (\beta_1 + \alpha_1) X_1 + (\beta_2 + \alpha_2) X_2 + (\beta_3 + \alpha_3) X_3 + \varepsilon,$$

$$\text{1975 年}: Y = \beta_0 + \beta_1 X_1 + \beta_2 X_2 + \beta_3 X_3 + \varepsilon.$$

正如前面所说的，这种分析方法需假定三年的回归函数有相同的规范形式. 我们感兴趣的一个假设是

$$H_0: \gamma_1 = \gamma_2 = \delta_1 = \delta_2 = \delta_3 = \alpha_1 = \alpha_2 = \alpha_3 = 0,$$

⊖ 这里的规范形式意味着每一个方程有相同的变量，即使方程中的变量经过的变换也是相同的，各年度之间的差异只是参数的不同. 该相同规范形式的假定应该得到实证验证.

该假设意味着在研究的时间段内（1960—1975 年）回归系统没有变化.

本例中的数据称为教育费用数据，见表 5-12～表 5-14，也可在本书网站上获得. 请读者完成上面的分析作为练习.

表 5-12 教育费用数据（1960 年）

行号	州	Y	X_1	X_2	X_3	地区
1	ME	61	1 704	388	399	1
2	NH	68	1 885	372	598	1
3	VT	72	1 745	397	370	1
4	MA	72	2 394	358	868	1
5	RI	62	1 966	357	899	1
6	CT	91	2 817	362	690	1
7	NY	104	2 685	341	728	1
8	NJ	99	2 521	353	826	1
9	PA	70	2 127	352	656	1
10	OH	82	2 184	387	674	2
11	IN	84	1 990	392	568	2
12	IL	84	2 435	366	759	2
13	MI	104	2 099	403	650	2
14	WI	84	1 936	393	621	2
15	MN	103	1 916	402	610	2
16	IA	86	1 863	385	522	2
17	MO	69	2 037	364	613	2
18	ND	94	1 697	429	351	2
19	SD	79	1 644	411	390	2
20	NB	80	1 894	379	520	2
21	KS	98	2 001	380	564	2
22	DE	124	2 760	388	326	3
23	MD	92	2 221	393	562	3
24	VA	67	1 674	402	487	3
25	WV	66	1 509	405	358	3
26	NC	65	1 384	423	362	3
27	SC	57	1 218	453	343	3
28	GA	60	1 487	420	498	3
29	FL	74	1 876	334	628	3
30	KY	49	1 397	594	377	3
31	TN	60	1 439	346	457	3
32	AL	59	1 359	637	517	3
33	MS	68	1 053	448	362	3
34	AR	56	1 225	403	416	3
35	LA	72	1 576	433	562	3
36	OK	80	1 740	378	610	3
37	TX	79	1 814	409	727	3
38	MT	95	1 920	412	463	4
39	ID	79	1 701	418	414	4
40	WY	142	2 088	415	568	4
41	CO	108	2 047	399	621	4
42	NM	94	1 838	458	618	4

（续）

行号	州	Y	X_1	X_2	X_3	地区
43	AZ	107	1 932	425	699	4
44	UT	109	1 753	494	665	4
45	NV	114	2 569	372	663	4
46	WA	112	2 160	386	584	4
47	OR	105	2 006	382	534	4
48	CA	129	2 557	373	717	4
49	AK	107	1 900	434	379	4
50	HI	77	1 852	431	693	4

表 5-13　教育费用数据（1970 年）

行号	州	Y	X_1	X_2	X_3	地区
1	ME	189	2 828	351	508	1
2	NH	169	3 259	346	564	1
3	VT	230	3 072	348	322	1
4	MA	168	3 835	335	846	1
5	RI	180	3 549	327	871	1
6	CT	193	4 256	341	774	1
7	NY	261	4 151	326	856	1
8	NJ	214	3 954	333	889	1
9	PA	201	3 419	326	715	1
10	OH	172	3 509	354	753	2
11	IN	194	3 412	359	649	2
12	IL	189	3 981	349	830	2
13	MI	233	3 675	369	738	2
14	WI	209	3 363	361	659	2
15	MN	262	3 341	365	664	2
16	IA	234	3 265	344	572	2
17	MO	177	3 257	336	701	2
18	ND	177	2 730	369	443	2
19	SD	187	2 876	369	446	2
20	NB	148	3 239	350	615	2
21	KS	196	3 303	340	661	2
22	DE	248	3 795	376	722	3
23	MD	247	3 742	364	766	3
24	VA	180	3 068	353	631	3
25	WV	149	2 470	329	390	3
26	NC	155	2 664	354	450	3
27	SC	149	2 380	377	476	3
28	GA	156	2 781	371	603	3
29	FL	191	3 191	336	805	3
30	KY	140	2 645	349	523	3
31	TN	137	2 579	343	588	3
32	AL	112	2 337	362	584	3
33	MS	130	2 081	385	445	3
34	AR	134	2 322	352	500	3
35	LA	162	2 634	390	661	3

（续）

行号	州	Y	X_1	X_2	X_3	地区
36	OK	135	2 880	330	680	3
37	TX	155	3 029	369	797	3
38	MT	238	2 942	369	534	4
39	ID	170	2 668	368	541	4
40	WY	238	3 190	366	605	4
41	CO	192	3 340	358	785	4
42	NM	227	2 651	421	698	4
43	AZ	207	3 027	387	796	4
44	UT	201	2 790	412	804	4
45	NV	225	3 957	385	809	4
46	WA	215	3 688	342	726	4
47	OR	233	3 317	333	671	4
48	CA	273	3 968	348	909	4
49	AK	372	4 146	440	484	4
50	HI	212	3 513	383	831	4

表 5-14 教育费用数据（1975 年）

行号	州	Y	X_1	X_2	X_3	地区
1	ME	235	3 944	325	508	1
2	NH	231	4 578	323	564	1
3	VT	270	4 011	328	322	1
4	MA	261	5 233	305	846	1
5	RI	300	4 780	303	871	1
6	CT	317	5 889	307	774	1
7	NY	387	5 663	301	856	1
8	NJ	285	5 759	310	889	1
9	PA	300	4 894	300	715	1
10	OH	221	5 012	324	753	2
11	IN	264	4 908	329	649	2
12	IL	308	5 753	320	830	2
13	MI	379	5 439	337	738	2
14	WI	342	4 634	328	659	2
15	MN	378	4 921	330	664	2
16	IA	232	4 869	318	572	2
17	MO	231	4 672	309	701	2
18	ND	246	4 782	333	443	2
19	SD	230	4 296	330	446	2
20	NB	268	4 827	318	615	2
21	KS	337	5 057	304	661	2
22	DE	344	5 540	328	722	3
23	MD	330	5 331	323	766	3
24	VA	261	4 715	317	631	3
25	WV	214	3 828	310	390	3

（续）

行号	州	Y	X_1	X_2	X_3	地区
26	NC	245	4 120	321	450	3
27	SC	233	3 817	342	476	3
28	GA	250	4 243	339	603	3
29	FL	243	4 647	287	805	3
30	KY	216	3 967	325	523	3
31	TN	212	3 946	315	588	3
32	AL	208	3 724	332	584	3
33	MS	215	3 448	358	445	3
34	AR	221	3 680	320	500	3
35	LA	244	3 825	355	661	3
36	OK	234	4 189	306	680	3
37	TX	269	4 336	335	797	3
38	MT	302	4 418	335	534	4
39	ID	268	4 323	344	541	4
40	WY	323	4 813	331	605	4
41	CO	304	5 046	324	785	4
42	NM	317	3 764	366	698	4
43	AZ	332	4 504	340	796	4
44	UT	315	4 005	378	804	4
45	NV	291	5 560	330	809	4
46	WA	312	4 989	313	726	4
47	OR	316	4 697	305	671	4
48	CA	332	5 438	307	909	4
49	AK	546	5 613	386	484	4
50	HI	311	5 309	333	831	4

习题

5.1 用（5.6）定义的模型：

(a) 检查通常的最小二乘假定是否成立；

(b) 用 F 检验对 H_0：$\gamma=0$ 进行检验；

(c) 用 t 检验对 H_0：$\gamma=0$ 进行检验；

(d) 证明上面两种检验是等价的.

5.2 用（5.8）定义的模型：

(a) 检查通常的最小二乘假定是否成立；

(b) 用 F 检验对 H_0：$\delta=0$ 进行检验；

(c) 用 t 检验对 H_0：$\delta=0$ 进行检验；

(d) 证明上面两种检验是等价的.

5.3 用 5.6 节的方法对表 5-11 中的滑雪器具销售数据进行全面的分析.

5.4 用 5.7 节的方法对表 5-12～表 5-14 中的教育费用数据进行全面的分析.

5.5 表 5-15 给出了针对某公司 n 名职员构成的数据集拟合模型 $Y=\beta_0+\beta_1 X+\varepsilon$ 的回归输出结果，其中 Y 是周薪，以百美元计，X 是性别. 性别变量对男性取值 1，对女性取值 0.

(a) 该数据集中有多少职员？

(b) 计算 Y 的方差.

(c) 如果 $\overline{X}=0.52$，则 $\overline{Y}$ 等于多少？

(d) 如果 $\overline{X}=0.52$，则数据集中有多少女性？

151～154

(e) Y 的变差能被 X 解释的比例是多少？ (f) 计算 Y 和 X 的相关系数.

(g) 如何解释回归系数的估计 $\hat{\beta}_1$？

(h) 从公司职员中随机选一名男性，他的周薪估计是多少？

(i) 从公司职员中随机选一名女性，她的周薪估计是多少？

(j) 构造参数 β_1 的 95%的置信区间.

(k) 检验假设：男性和女性的平均周薪是相等的.（需指明 (1) 原假设和备择假设；(2) 检验统计量；(3) 临界值；(4) 你的结论.）

表 5-15 周薪 Y 关于 X（性别，1＝男性，0＝女性）的回归输出结果

方差分析表				
方差来源	平方和	自由度	均方	F 检验
回归	98.8313	1	98.8313	14
残差	338.449	48	7.05101	
系数表				
变量	系数	标准误	t 检验	p 值
常数项	15.58	0.54	28.8	<0.0001
X	−2.81	0.75	−3.74	0.0005

5.6 汽车的价格取决于发动机的马力和制造汽车的国家. 变量国家有四个类别：美国、日本、德国和其他. 我们通过三个示性变量将变量国家引入回归方程中，一个表示美国（USA），另一个表示日本（Japan），第三个表示德国（Germany）. 另外，还有三个交互变量反映马力（HP）和这三个国家类别的交互效应（HP * USA，HP * Japan，HP * Germany）. 表 5-16 给出了我们对数据拟合的三个模型以及回归输出结果. 设通常的回归假定是成立的.

155

(a) 计算价格和马力的相关系数.

(b) 一辆配有 100 马力发动机的美国汽车的价格的最小二乘估计是多少？

(c) 相同的马力下，哪个国家的汽车比较便宜？为什么？

(d) 检验国家和马力之间是否有交互效应. 指明原假设和备择假设，检验统计量和结论.

(e) 给定汽车的马力，检验国家是否为汽车价格的重要预测变量. 指明原假设和备择假设，检验统计量和结论.

(f) 你建议减少对国家变量的分类个数吗？如果是，哪些类别可以合并为一类？

(g) 固定马力的情况下，写出检验美国车和日本车价格是否相等所需的检验统计量.

表 5-16 对汽车数据拟合的 3 个模型以及回归输出结果

模型 1				
方差来源	平方和	自由度	均方	F 检验
回归	4604.7	1	4604.7	253
残差	1604.44	88	18.2323	
变量	系数	标准误	t 检验	p 值
常数项	−6.107	1.487	−4.11	0.0001
HP	0.169	0.011	15.9	0.0001

（续）

模型 2				
方差来源	平方和	自由度	均方	F 检验
回归	4 818.84	4	1 204.71	73.7
残差	1 390.31	85	16.356 6	

变量	系数	标准误	t 检验	p 值
常数项	−4.117	1.528	−2.6	0.010 9
HP	0.174	0.011	16.6	0.000 1
USA	−3.162	1.351	−2.34	0.021 6
Japan	−3.818	1.357	−2.81	0.006 1
Germany	0.311	1.871	0.166	0.868 2

模型 3				
方差来源	平方和	自由度	均方	F 检验
回归	4 889.3	7	689.471	43.4
残差	1 319.85	82	16.095 7	

变量	系数	标准误	t 检验	p 值
常数项	−10 882	4.216	−2.58	0.011 6
HP	0.237	0.038	6.21	0.000 1
USA	2.076	4.916	0.42	0.674 0
Japan	4.755	4.685	1.01	0.313 1
Germany	11.774	9.235	1.28	0.205 9
HP * USA	−0.052	0.042	−1.23	0.220 4
HP * Japan	−0.077	0.041	−1.88	0.063 1
HP * Germany	−0.095	0.066	−1.43	0.156 0

5.7 测试三种肥料以考察哪一种利于提高玉米作物的产量．选取 40 块相似的土地进行肥料测试．40 块土地随机分成四组，每组 10 块．肥料 1 用于第 1 组的 10 块玉米地里．同样，肥料 2 和肥料 3 分别用于第 2 组和第 3 组地里．第 4 组的玉米没有施用任何肥料，它将被作为对照组．表 5-17 给出了 40 块地的玉米产量 y_{ij}．

(a) 设置三个示性变量 F_1，F_2 和 F_3，每个对应一种肥料．

(b) 拟合模型 $y_{ij}=\mu_0+\mu_1 F_{i1}+\mu_2 F_{i2}+\mu_3 F_{i3}+\varepsilon_{ij}$．

(c) 检验假设：平均而言，三种肥料对玉米作物都没有影响．指明所检验的假设和所用的检验统计量，并给出在 5% 显著性水平下的结论．

(d) 检验假设：平均而言，三种肥料对玉米作物有同等影响，但与对照组有显著不同．指明所检验的假设和所用的检验统计量，并给出在 5% 显著性水平下的结论．

(e) 哪种肥料对玉米产量的影响最大？

表 5-17 不同肥料组的玉米产量

肥料 1	肥料 2	肥料 3	对照组	肥料 1	肥料 2	肥料 3	对照组
31	27	36	33	35	36	28	20
34	27	37	27	38	34	33	25
34	25	37	35	36	30	29	40
34	34	34	25	36	32	36	35
43	21	37	29	45	33	42	29

156~157

5.8 现收集了某统计学课上所有学生的个人信息进行班级分析. 数据包括所有学生的年龄（岁）、身高（英寸）和体重（磅），见表 5-18，也可以从本书的网站上获得. 还给出了每个学生的性别，1 为女生，0 为男生. 我们想研究学生的身高和体重之间的关系. 体重作为响应变量，身高作为预测变量.

(a) 你认为两个变量的位置应该交换吗？

(b) 检查拟合合并数据的模型的标准化残差图，区分男生和女生两组的残差. 试回答：用一个方程能充分刻画男女两组学生身高和体重之间的关系吗？

(c) 寻找一个刻画学生体重和高度间关系的最好的模型. 请使用交互变量和本章所述的方法.

(d) 你认为应该将年龄也作为一个预测体重的变量吗？对你的回答进行直观解释.

表 5-18 班级数据：年龄（岁）、身高（英寸）、体重（磅）和性别（1＝女生，0＝男生）

年龄	身高	体重	性别	年龄	身高	体重	性别
19	61	180	0	19	65	135	1
19	70	160	0	19	70	120	0
19	70	135	0	21	69	142	0
19	71	195	0	20	63	108	1
19	64	130	1	19	63	118	1
19	64	120	1	20	72	135	0
21	69	135	1	19	73	169	0
19	67	125	0	19	69	145	0
19	62	120	1	27	69	130	1
20	66	145	0	18	64	135	0
19	65	155	0	20	61	115	1
19	69	135	1	19	68	140	0
19	66	140	0	21	70	152	0
19	63	120	1	19	64	118	1
19	69	140	0	19	62	112	1
18	66	113	1	19	64	100	1
18	68	180	0	20	67	135	1
19	72	175	0	20	63	110	1
19	70	169	0	20	68	135	0
19	74	210	0	18	63	115	1
20	66	104	1	19	68	145	0
20	64	105	1	19	65	115	1
20	65	125	1	19	63	128	1
20	71	120	1	20	68	140	1
19	69	119	1	19	69	130	0
20	64	140	1	19	69	165	0
20	67	185	1	19	69	130	0
19	60	110	1	20	70	180	0
20	66	120	1	28	65	110	1
19	71	175	0	19	55	155	0

5.9 总统选举数据（1916—1996年）：表5-19中数据由耶鲁大学Ray Fair教授热情提供．他发现美国总统大选中总统候选人所获选票比例可以由3个宏观经济变量、执政党变量和一个示性变量准确预测，其中示性变量表示选举是否在战争中或战后不久举行．表5-20给出了这些变量的确切定义．所有的增长率都是年增长百分比．考虑对数据拟合下面的初始模型

$$V=\beta_0+\beta_1 I+\beta_2 D+\beta_3 W+\beta_4(G\cdot I)+\beta_5 P+\beta_6 N+\varepsilon. \tag{5.11}$$

(a) 写出（5.11）中D的3个可能取值相应的回归模型，并解释D的回归系数β_2.

(b) 在上面的模型中需要保留变量I吗？

(c) 在上面的模型中需要保留交互变量（$G\cdot I$）吗？

(d) 考虑不同的模型以得到更好地预测未来总统选举的模型．如果需要，可以包含交互项．

158

表5-19 总统选举数据（1916—1996年）

Year	V	I	D	W	G	P	N
1916	0.516 8	1	1	0	2.229	4.252	3
1920	0.361 2	1	0	1	−11.463	16.535	5
1924	0.417 6	−1	−1	0	−3.872	5.161	10
1928	0.411 8	−1	0	0	4.623	0.183	7
1932	0.591 6	−1	−1	0	−14.901	7.069	4
1936	0.624 6	1	1	0	11.921	2.362	9
1940	0.550 0	1	1	0	3.708	0.028	8
1944	0.537 7	1	1	1	4.119	5.678	14
1948	0.523 7	1	1	1	1.849	8.722	5
1952	0.446 0	1	0	0	0.627	2.288	6
1956	0.422 4	−1	−1	0	−1.527	1.936	5
1960	0.500 9	−1	0	0	0.114	1.932	5
1964	0.613 4	1	1	0	5.054	1.247	10
1968	0.496 0	1	0	0	4.836	3.215	7
1972	0.382 1	−1	−1	0	6.278	4.766	4
1976	0.510 5	−1	0	0	3.663	7.657	4
1980	0.447 0	1	1	0	−3.789	8.093	5
1984	0.408 3	−1	−1	0	5.387	5.403	7
1988	0.461 0	−1	0	0	2.068	3.272	6
1992	0.534 5	−1	−1	0	2.293	3.692	1
1996	0.547 4	1	1	0	2.918	2.268	3

表5-20 表5-19中总统选举数据（1916—1996年）的变量

变量	定义
Year	选举年份
V	民主党在两党总统投票中获得的份额
I	示性变量（1表示选举时民主党执政，−1表示共和党执政）
D	分类变量（1表示民主党现任总统参加竞选，−1表示共和党现任总统参加竞选，否则为0）
W	示性变量（1表示选举年份是1920、1944和1948，否则为0）
G	选举年前三个季度实际人均国内生产总值（GDP）的增长率
P	现任政府的前15个季度GDP平减指数增长率的绝对值
N	现任政府的前15个季度中实际人均GDP增长率超过3.2%的季度数

5.10 在习题5.9的总统选举数据中，变量D是一个有3个类别的分类变量．现在，如果用如下的两个示性变量代替D，

$$D_1 = \begin{cases} 1, & D = 1（\text{民主党现任总统参加竞选}） \\ 0, & \text{否则} \end{cases}$$

$$D_2 = \begin{cases} 1, & D = -1（\text{共和党现任总统参加竞选}） \\ 0, & \text{否则} \end{cases}$$

则得到模型（5.11）的另一种形式

$$V = \beta_0 + \beta_1 I + \alpha_1 D_1 + \alpha_2 D_2 + \beta_3 W + \beta_4 (G \cdot I) + \beta_5 P + \beta_6 N + \varepsilon. \tag{5.12}$$

(a) 写出（5.12）中D的三个可能取值相应的回归模型，并解释D_1和D_2的回归系数．

(b) 试说明模型（5.11）是模型（5.12）的一个特例，只需令$\alpha_1 = -\alpha_2$．

(c) 表5-19中的数据是否支持假定$\alpha_1 = -\alpha_2$？

5.11 用表1-10中的数据（相关描述见1.3.6节），完成以下问题．

159～161

(a) 考察磨光时间、产品直径和产品品种之间的关系．这个关系会随产品品种不同而发生变化吗？

(b) 磨光时间对应的费用是生产成本的重要组成部分．建立产品价格关于产品品种、磨光时间和产品直径的回归模型．

第6章 变量变换

6.1 引言

我们发现数据并不总是能直接用来作分析，而是经常需要在分析前对变量进行变换．变换的目的是获得线性关系、正态性或稳定方差．通常，在实践中更适合对变换后的而不是原始的变量拟合线性回归模型．本章中我们将讨论何种情况下需要变换数据，可做哪些变换，以及变换后的数据分析．

我们主要以简单线性回归为例说明变量变换．对于有多个预测变量的多元回归，有些变量需要作变换，其他变量可能不需要．尽管相同的分析方法也可应用于多元回归，但多元回归中的变量变换还需要更细致的分析．

之所以进行数据变换是因为原始变量，或用原始变量构建的模型违背了一个或多个标准回归假定．最常见的两种情况是违背模型的线性假定和误差方差为常数的假定．如在第2章和第3章中所述，只要模型关于参数是线性的，即使关于预测变量是非线性的，这个回归模型仍是线性的．例如，下面4个都是线性模型：

$$Y=\beta_0+\beta_1 X+\varepsilon,$$
$$Y=\beta_0+\beta_1 X+\beta_2 X^2+\varepsilon,$$
$$Y=\beta_0+\beta_1 \log X+\varepsilon,$$
$$Y=\beta_0+\beta_1 \sqrt{X}+\varepsilon,$$

因为模型关于参数 β_0，β_1，β_2 都是线性的．而

$$Y=\beta_0+\mathrm{e}^{\beta_1 X}+\varepsilon$$

是一个非线性模型，因为它关于参数 β_1 不是线性的．为了满足标准回归模型假定，我们有时使用变换后的变量而不是原始变量进行分析．需要作变换的理由有多个．

1. 理论上已明确两个变量间的关系是非线性的．通过适当的变量变换可以将变量间的非线性关系化为线性关系．考虑一个学习理论（实验心理学）的例子．在完成某项任务时，第一次由于业务不熟悉，花的时间比较长，由于有了第一次的经验，第二次完成任务的时间就会缩短，依次类推．历次完成任务时间的一个广泛使用的学习模型将第 i 次完成某项任务的时间（T_i）表示为

$$T_i=\alpha\beta^i,\quad \alpha>0,\quad 0<\beta<1. \tag{6.1}$$

(6.1) 中 T_i 和 i 的关系是非线性的，所以我们不能直接应用线性回归方法．不过，我们对等式两端取对数，可得

$$\log T_i=\log\alpha+i\log\beta, \tag{6.2}$$

这表明 $\log(T_i)$ 和 i 是线性相关的．该变换使我们能够使用标准的回归方法．尽管原始变量之间的关系是非线性的，但变换后变量间的关系是线性的．所以通过变换可使模型变成线性模型．

2. 所分析的响应变量 Y 可能具有一个其方差与均值有关的概率分布．如果 Y 的均值与

预测变量 X 的值有关，则 Y 的方差会随 X 变化，它将不是常数．在这种情况下，Y 的分布通常是非正态的．非正态性使得标准的显著性检验失效（尽管在大样本情况不会有太大影响），因为凡是涉及假设检验问题都是基于正态性假定的．至于回归参数的估计问题，虽然误差项的方差不等时仍会得到无偏估计，但不再是最小方差意义下的最优估计了．在这些情况下，我们需要对数据作变换以保证分布的正态性和误差的等方差性．在实际中，通常的处理方法是，选择确保等方差的变换（*方差稳定性变换*）．巧合的是，方差稳定性变换往往也是很好的正态性变换．

164

3. 如果既没有先验的理论也没有概率分布方面的理由要求作变换，那么变换的依据来自对拟合原始变量构建的线性回归模型所得残差的分析．

接下来的各小节将举例说明上述每一种需作变换的情形．

6.2 线性化变换

回归分析的一个标准假定是描述数据的模型是线性的．然而从理论上考虑，或通过考察 Y 与每个预测变量 X_j 的散点图看出，Y 与 X_j 的关系可能是非线性的．对一些简单的非线性回归模型（Y 与 X_j 之间不具有线性关系的模型）可通过适当的变换化为线性的．表 6-1 列举了一些可线性化的曲线．相应的图形见图 6-1～图 6-4.

表 6-1 可线性化的简单回归函数及相应的变换

函数	变换	线性形式	图形
$Y=\alpha X^{\beta}$	$Y'=\log Y$，$X'=\log X$	$Y'=\log\alpha+\beta X'$	图 6-1
$Y=\alpha e^{\beta X}$	$Y'=\ln Y$	$Y'=\ln\alpha+\beta X'$	图 6-2
$Y=\alpha+\beta\log X$	$X'=\log X$	$Y=\alpha+\beta X'$	图 6-3
$Y=\dfrac{X}{\alpha X-\beta}$	$Y'=\dfrac{1}{Y}$，$X'=\dfrac{1}{X}$	$Y'=\alpha-\beta X'$	图 6-4a
$Y=\dfrac{e^{\alpha+\beta X}}{1+e^{\alpha+\beta X}}$	$Y'=\ln\dfrac{X}{1-Y}$	$Y'=\alpha+\beta X'$	图 6-4b

注：第 12 章给出了表中最后一行变换的一个应用．

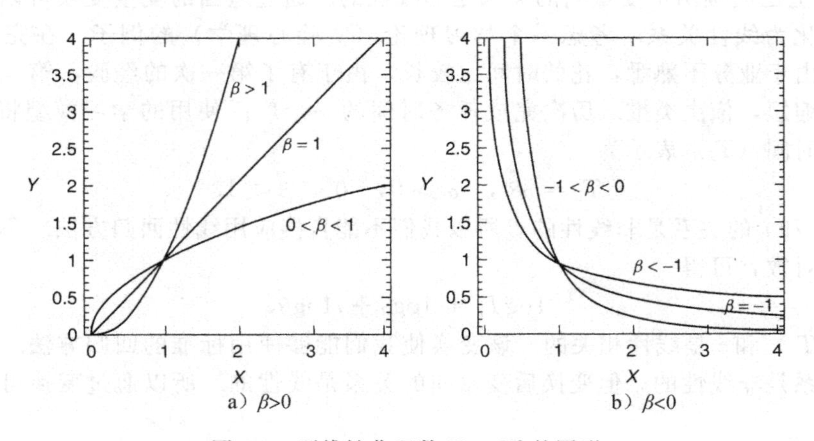

图 6-1 可线性化函数 $Y=\alpha X^{\beta}$ 的图形

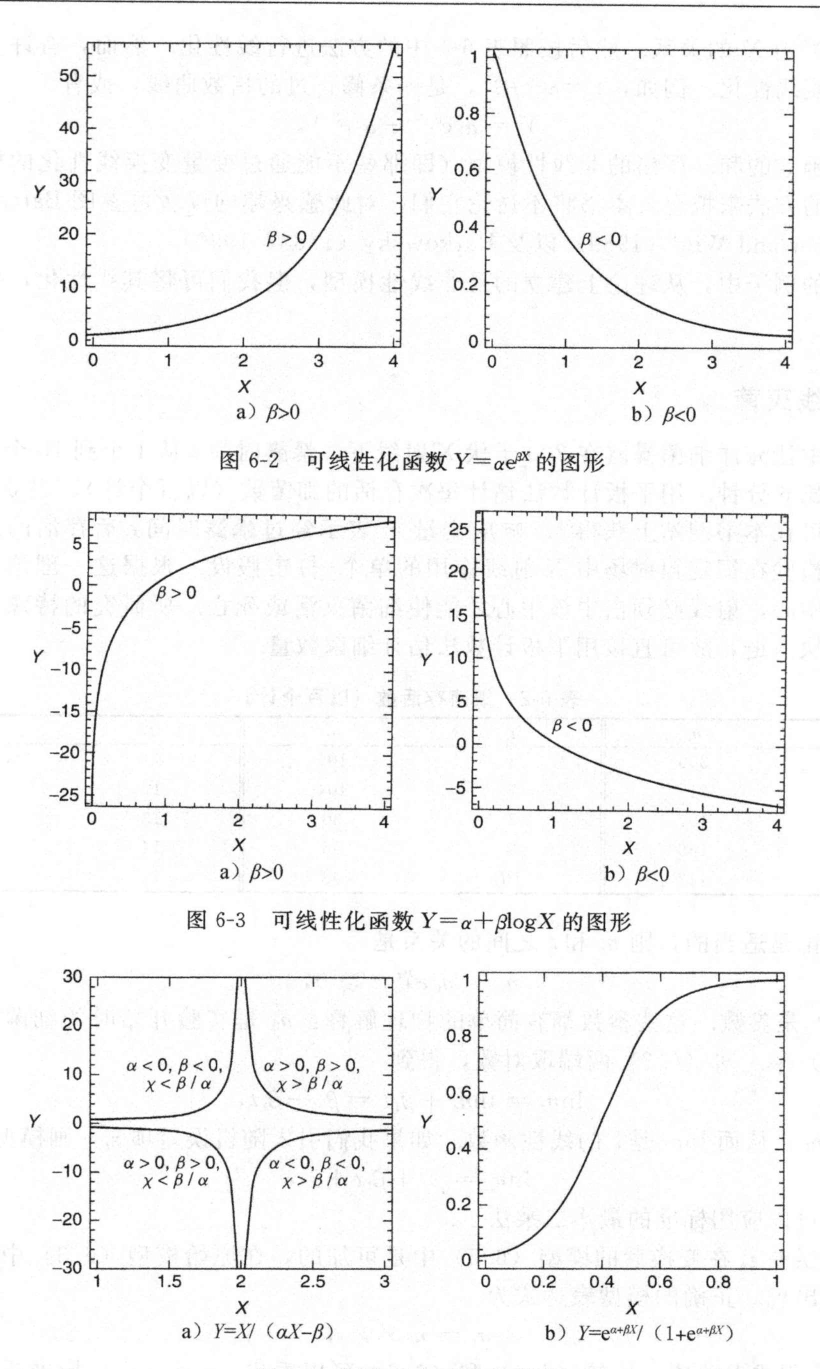

a）$\beta>0$　　b）$\beta<0$

图 6-2　可线性化函数 $Y=\alpha e^{\beta X}$ 的图形

a）$\beta>0$　　b）$\beta<0$

图 6-3　可线性化函数 $Y=\alpha+\beta\log X$ 的图形

a）$Y=X/（\alpha X-\beta）$　　b）$Y=e^{\alpha+\beta X}/（1+e^{\alpha+\beta X}）$

图 6-4　可线性化函数的图形

可根据在 Y 对 X 的散点图中观察到的弯曲情况，从图 6-1～图 6-4 中选出一条可线性

化曲线表示 Y 对 X 的关系．然后按照表 6-1 中的方法进行线性化．然而，有许多简单的非线性模型不能线性化．例如，$Y=\alpha+\beta\delta^X$，是一条修正过的指数曲线，或者

165 ~ 166

$$Y = \alpha_1 e^{\theta_1 X} + \alpha_2 e^{\theta_2 X},$$

是两个指数函数的和．严格的非线性模型（即那些不能通过变量变换线性化的模型）需要用完全不同的方法来拟合．本书将不讨论它们，对此感兴趣的读者可参阅 Bates and Watts (1988)、Seber and Wild (1989) 以及 Ratkowsky (1983，1990)．

在下面的例子中，从理论上建立的是非线性模型，但我们可将其线性化，并进行相关的分析．

6.3 X 射线灭菌

在实验中让海洋细菌暴露在 200 千伏 X 射线下，暴露时间 t 从 1 个到 15 个时长依次增加，每个时长 6 分钟．用平板计数法估计每次存活的细菌数（以百个计），表 6-2 给出了这些数据，也可在本书网站上获得[⊖]．响应变量 n_t 表示经过暴露时间 t 后存活的细菌数．实验的目的是检验在恒定辐射场中 X 射线作用的单个-打击假设．根据这一理论，每个细菌有一个要害中心，射线必须击中该中心才能使细菌灭活或死亡．所研究的特殊细菌在射线下不会形成块或链，故可直接用平板计数法估计细菌数量．

表 6-2 细菌存活数（以百个计）

t	n_t	t	n_t	t	n_t
1	355	6	106	11	36
2	211	7	104	12	32
3	197	8	60	13	21
4	166	9	56	14	19
5	142	10	38	15	15

若该理论是适当的，则 n_t 和 t 之间的关系是

$$n_t = n_0 e^{\beta_1 t}, t \geq 0, \tag{6.3}$$

其中 n_0 和 β_1 是参数．这些参数都有简单的物理解释：n_0 是实验开始时的细菌数，β_1 是死亡（或衰变）率．对 (6.3) 两端取对数，得到

167

$$\ln n_t = \ln n_o + \beta_1 t = \beta_0 + \beta_1 t, \tag{6.4}$$

其中 $\beta_0=\ln n_0$，从而 $\ln n_t$ 是 t 的线性函数．如果我们引入随机误差项 ε_t，则模型变为

$$\ln n_t = \beta_0 + \beta_1 t + \varepsilon_t, \tag{6.5}$$

现在我们就可以应用标准的最小二乘法了．

为了使误差 ε_t 在变换后的模型 (6.5) 中是可加的，在原始模型 (6.3) 中误差项应以乘积的形式出现．正确的模型表达式为

$$n_t = n_0 e^{\beta_1 t} \varepsilon'_t, \tag{6.6}$$

其中 ε'_t 是乘积式误差项．比较 (6.5) 和 (6.6) 可以看出，$\varepsilon_t=\ln\varepsilon'_t$．标准最小二乘分析

⊖ http://www.aucegypt.edu/faculty/hadi/RABE5

中要求 ε_t 服从正态分布，返回去则意味着 ε'_t 服从对数正态分布[⊖]．在实际中，拟合了变换后的模型后，我们通过考察该拟合残差以判断模型假定是否成立，而一般不会研究原始模型的随机项 ε'_t．

6.3.1 线性模型的不适用性

我们分析的第一步是画出原始数据 n_t 关于 t 的散点图，见图 6-5．该图表明 n_t 和 t 是一种非线性关系．但我们不妨先对数据拟合简单线性模型，并研究误设模型造成的后果．该模型为

$$n_t = \beta_0 + \beta_1 t + \varepsilon_t, \tag{6.7}$$

其中 β_0 和 β_1 是常数，所有随机误差 ε_t 是均值为 0、方差相等并且互不相关的．表 6-3 给出了 β_0 和 β_1 的估计、它们的标准误以及相关系数的平方．尽管结果显示时间变量 t 的回归系数是显著的，并且 R^2 的值很高，但线性模型并不适合这组数据．n_t 关于 t 的散点图表明，t 取值较大的散点偏离了线性趋势（图 6-5）．这一点从关于时间的标准化残差图（图 6-6）上看得更清楚．残差的分布有截然不同的模式．$t=2$ 到 11 的残差都是负的，$t=12$ 到 15 的残差都是正的，而 $t=1$ 的残差似乎是一个异常值．这种系统性的偏差模式印证了线性模型（6.7）不适合拟合这组数据．

168

表 6-3 模型（6.7）的回归系数估计

变量	系数	标准误	t 检验	p 值
常数项	259.58	22.73	11.42	<0.000 1
TIME (t)	−19.46	2.50	−7.79	<0.000 1
$n=15$	$R^2=0.823$	$\hat{\sigma}=41.83$		自由度=13

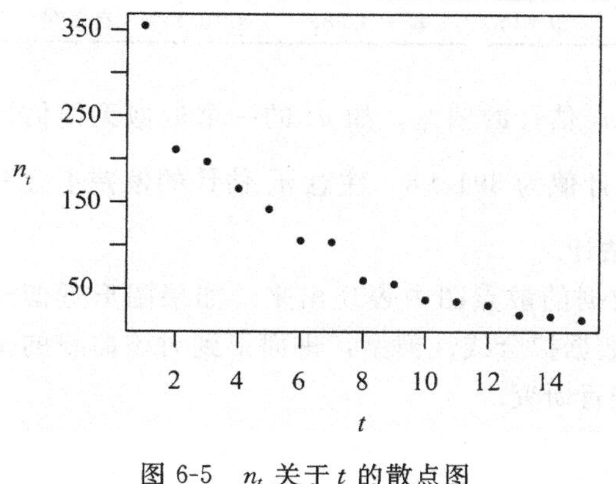

图 6-5 n_t 关于 t 的散点图

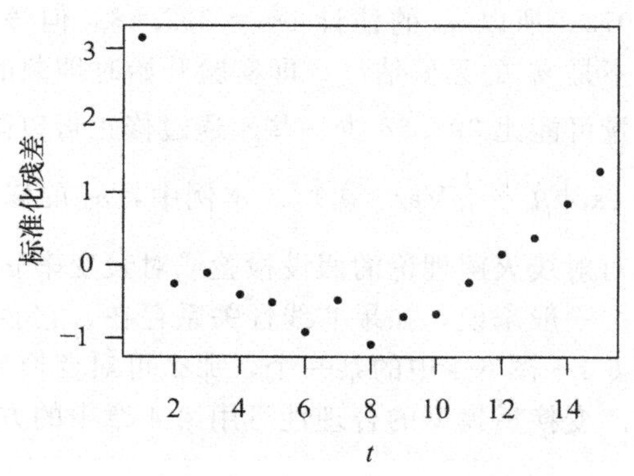

图 6-6 模型（6.7）关于时间 t 的标准化残差图

169

6.3.2 对数变换实现线性化

n_t 和 t 间的关系很明显是非线性的，理论分析和图 6-7 都提示我们应该对变换后的变

[⊖] 如果 $\ln Y$ 服从正态分布，则随机变量 Y 的分布称为对数正态分布．

量 $\ln n_t$ 进行讨论．$\ln n_t$ 关于 t 的散点图呈线性关系，表明对数变换是合适的．对模型 (6.5) 的拟合结果见表 6-4．可以看出系数是高度显著的，标准误是合理的，并且模型可以解释数据几乎 99% 的波动．关于 t 的标准化残差图 6-8 表明，残差的分布没有系统性模式，该图是令人满意的．从而，数据证实了 X 射线作用的单个-打击假设，即 $\ln n_t$ 与 t 是线性相关的．

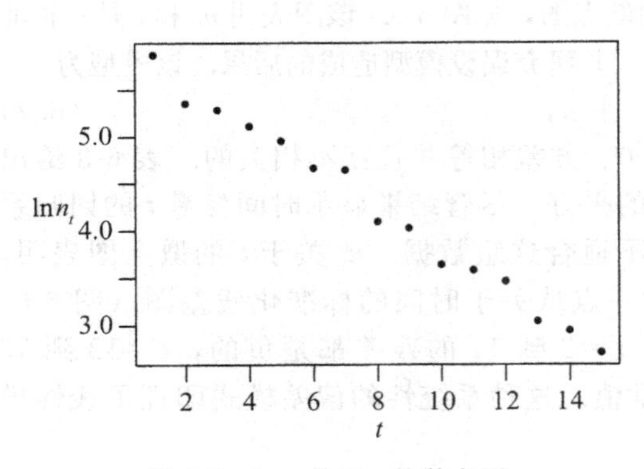

图 6-7　$\ln n_t$ 关于 t 的散点图

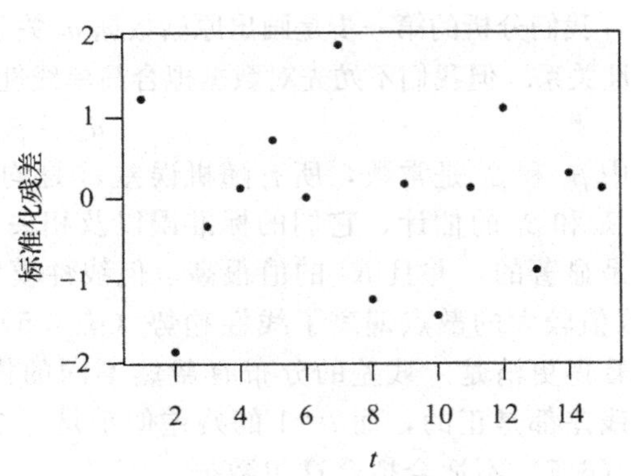

图 6-8　变换后关于时间 t 的标准化残差图

在处理变换后的变量时，必须小心注意模型参数的估计．在我们的例子中，β_1 的点估计值是 −0.218，其 95% 的置信区间为 (−0.232, −0.204)．方程中常数项的估计是 $\ln n_0$ 的最佳线性无偏估计．如果 $\hat{\beta}_0$ 是 β_0 的估计，则 $e^{\hat{\beta}_0}$ 可以作为 n_0 的估计．此处 $\hat{\beta}_0 = 5.973$，所以 n_0 的估计 $e^{\hat{\beta}_0} = 392.68$．但该估计不是 n_0 的无偏估计，即实验开始时细菌的数量可能比 392.68 少一些．通过修正可以降低 n_0 估计的偏差，如 n_0 的一个近似无偏估计是 $\exp\left[\hat{\beta}_0 - \frac{1}{2}\mathrm{Var}(\hat{\beta}_0)\right]$．本例中，$n_0$ 的修正估计值为 391.98．注意 n_0 估计的偏差不会影响对射线灭菌理论的假设检验或对衰变率 β_1 的估计．

表 6-4　$\ln n_t$ 关于时间 t 的回归系数估计

变量	系数	标准误	t 检验	p 值
常数项	5.973	0.0598	99.9	<0.0001
TIME (t)	−0.218	0.0066	−33.2	<0.0001
$n=15$	$R^2=0.988$		$\hat{\sigma}=0.11$	自由度=13

170

一般来说，如果非线性关系存在，它会在数据的散点图中表现出来．如果图形近似于图 6-1～图 6-4 中的某一个，那么可对变换后的数据拟合线性模型，进而得到对该曲线的拟合．变换后模型的合理性可用第 4 章中的方法进行研究．

6.4　稳定方差的变换

我们在前一节中已经讨论了使回归函数线性化的变换．同样也可以通过变换获得稳定的误差方差，即所有观测的误差方差是常数．误差方差为常数是最小二乘理论的标准假定之一，通常称为*方差齐性*假定．当所有观测的误差方差不是同一个常数时，称这样的误差是*异方差的*．异方差性通常根据适当的残差图来检测，例如关于拟合值的或关于每个预测变量的标准化残差图等. 图 6-9 就是一个具有异方差特点的例子. 图中残差呈漏斗形分布, 随 X 值的变化或者散开或者收拢.

如果存在异方差性并且没有采取修正措施, 对原始数据应用普通最小二乘法会导致系数估计在理论意义上缺少准确度. 回归系数的标准误通常会被低估, 给人一种虚假的精度感觉.

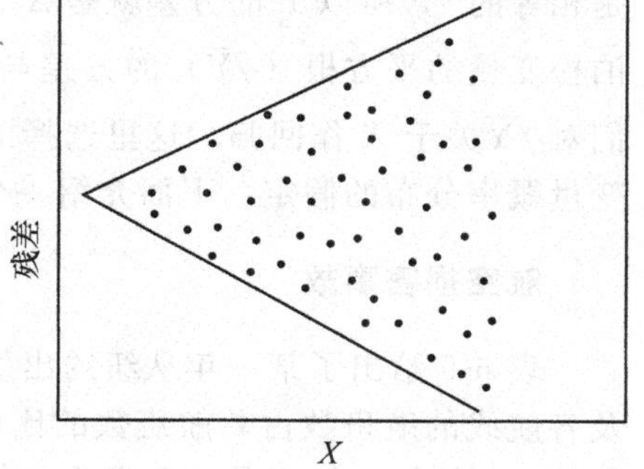

图 6-9 异方差残差的一个例子

通过适当的变换可以消除异方差性. 我们介绍一种方法用来 (a) 检测异方差性及其对分析的影响, (b) 通过变换消除数据的异方差性.

171

在回归问题中, 响应变量 Y 可能服从这样一个概率分布: 其方差是均值的函数. 正态分布具有一条其他许多概率分布没有的性质: 它的均值和方差是独立的, 这里的独立是指一个不是另一个的函数. 而二项分布和泊松分布是两个不具有该性质的常见概率分布的例子. 我们知道, 参数为 n 和 π 的二项分布的均值为 $n\pi$, 方差为 $n\pi(1-\pi)$, 以及泊松分布的均值和方差是相等的. 若随机变量均值和方差间的关系是已知的, 可以通过一个简单的变量变换使得方差近似为常数 (稳定方差). 为了便于查阅, 针对一些常见的方差是其均值函数的概率分布, 我们在表 6-5 中列出了可获得稳定方差的变换. 表 6-5 中的变换不仅能稳定方差, 而且使变换后变量的分布接近正态分布. 因此, 这些变换有双重作用, 将变量正态化以及使方差在函数关系上独立于均值.

表 6-5 稳定方差的变换

Y 的概率分布	用均值 μ 表示的方差 Var (Y)	变换	变换后的方差
泊松分布[a]	μ	$\sqrt{Y}$ 或 $(\sqrt{Y}+\sqrt{Y+1})$	0.25
二项分布[b]	$\mu(1-\mu)/n$	$\sin^{-1}\sqrt{Y}$ (度) $\sin^{-1}\sqrt{Y}$ (弧度)	$821/n$ $0.25/n$
负二项分布[c]	$\mu+\lambda^2\mu^2$	$\lambda^{-1}\sinh^{-1}(\lambda\sqrt{Y})$ 或 $\lambda^{-1}\sinh^{-1}(\lambda\sqrt{Y}+0.5)$	0.25

注: a. 对于较小的 Y 值, 通常推荐采用 $\sqrt{Y+0.5}$.

b. 设样本容量为 n, 对于 $Y=r/n$, 一个较好的变换是 $\sin^{-1}\sqrt{(r+3/8)/(n+3/4)}$.
($r=nY$ 是 n 次试验中成功次数, 表中说 Y 的分布为二项分布, 实际上指 r 的分布为二项分布. ——译者注)

c. 参数 $\lambda=1/\sqrt{r}$.
(由于负二项分布有不同的版本, 此处的 Y 是在独立伯努利试验序列中为达到 r 次成功所需要的失败次数. ——译者注)

举一个例子, 考虑以下情况: 设 Y 表示某机械车间车床发生的事故次数, X 表示车床的运行速度. 我们想要研究事故次数 Y 和车床速度 X 之间的关系. 假设 Y 和 X 之间是如下的线性关系,

$$Y=\beta_0+\beta_1X+\varepsilon,$$

其中 ε 是随机误差. Y 的均值随 X 的增加而增加. 从实证观察角度可知, 稀有事件 (发生

172 概率很小的事件）通常服从泊松分布，故我们假定 Y 服从泊松分布. 因为 Y 的均值和方差是相等的[⊖]，所以 Y 的方差就是 X 的函数，因此方差齐性假定不成立. 从表 6-5 我们看到，泊松变量的平方根（$\sqrt{Y}$）的方差与均值独立，约等于 0.25. 因此，为保证方差齐性，我们对 $\sqrt{Y}$ 关于 X 作回归. 这里选择的变换是为了稳定方差，具体的变换形式取决于对响应变量概率分布的假定. 下面介绍一个根据概率分布确定变换的数据分析的例子.

航空损害事故

表 6-6 给出了某一年从纽约出发的 9 条（$n=9$）主要美国航线上发生的损害事故数 Y 及各航线的航班数占总航班数的比例 N，图 6-10 是相应的散点图. 用 f_i 和 y_i 分别表示该年第 i 条航线的航班总数和发生的损害事故数. 于是，第 i 条航线的航班数占总航班数的比例 n_i 为

$$n_i = \frac{f_i}{\sum f_i}.$$

如果各条航线是同样安全的，则损害事故数可用如下模型解释

$$y_i = \beta_0 + \beta_1 n_i + \varepsilon_i,$$

173 其中 β_0 和 β_1 是常数，ε_i 是随机误差.

表 6-6 各航线的损害事故数 Y 及相应的航班比例 N

行号	Y	N	行号	Y	N	行号	Y	N
1	11	0.095 0	4	19	0.207 8	7	3	0.129 2
2	7	0.192 0	5	9	0.138 2	8	1	0.050 3
3	7	0.075 0	6	4	0.054 0	9	3	0.062 9

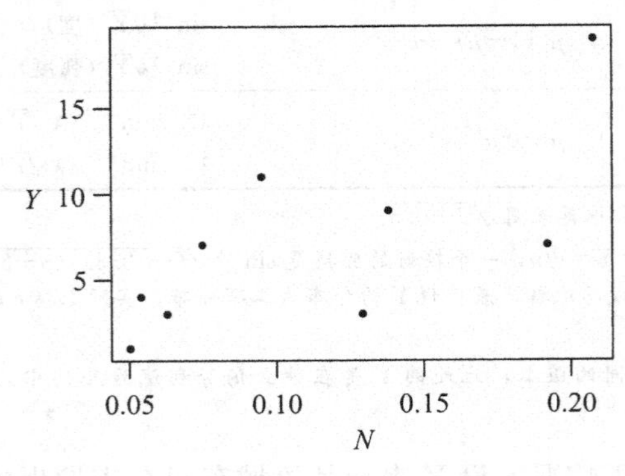

图 6-10 Y 关于 N 的散点图

表 6-7 给出了拟合模型的结果，图 6-11 是关于 N 的残差图. 从图 6-11 中看出残差随

⊖ 泊松随机变量 Y 的概率分布函数为 $\Pr(Y=y)=e^{-\lambda}\lambda^y/y!$；$y=0, 1, \cdots$，其中 λ 是参数. 泊松随机变量的均值和方差都等于 λ.

N 的增大而增大，因此，似乎违背了方差齐性的假定. 但这并不奇怪，因为损害事故数可能是一个泊松变量，其方差与均值成比例. 为保证方差齐性假定，我们作平方根变换. 我们用$\sqrt{Y}$而不是 Y 进行下面的分析，$\sqrt{Y}$的方差近似为 0.25，并且比原始变量更近似服从正态分布.

表 6-7 回归系数估计（Y 关于 N 作回归）

变量	系数	标准误	t 检验	p 值
常数项	−0.14	3.14	−0.045	0.9657
N	64.98	25.20	2.580	0.0365
$n=9$	$R^2=0.487$	$\hat{\sigma}=4.201$		自由度=7

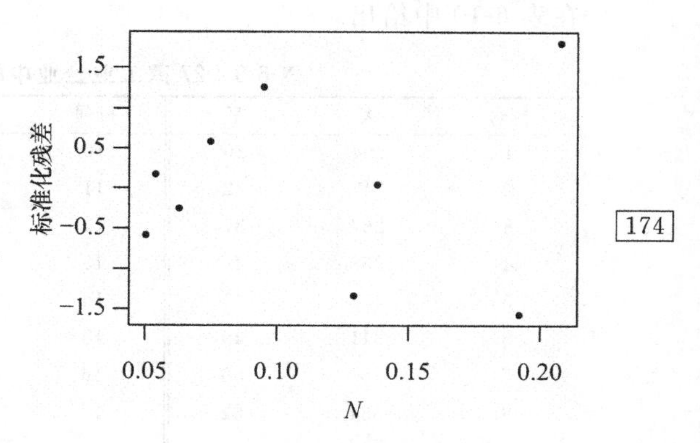

图 6-11 关于 N 的标准化残差图

因此，我们拟合的模型为

$$\sqrt{y_i}=\beta_0'+\beta_1'n_i+\varepsilon_i. \qquad (6.8)$$

表 6-8 给出了拟合模型（6.8）的结果. 图 6-12 是模型（6.8）关于 N 的残差图. 变换后模型的残差不再随 n_i 增大. 这表明变换后的模型不再违背方差齐性假定. 现在可继续用标准方法对$\sqrt{y_i}$关于 n_i 的模型进行分析. 这里的回归是显著的（用 t 检验判断），但不是很强. 航线损害事故数的总变差只有 48%可由航班数量的变化来解释. 看来，为了更好地解释损害事故数必须考虑其他因素.

174

表 6-8 回归系数估计（$\sqrt{Y}$关于 N 作回归）

变量	系数	标准误	t 检验	p 值
常数项	1.169	0.578	2.02	0.082 9
N	11.856	4.638	2.56	0.037 8
$n=9$	$R^2=0.483$	$\hat{\sigma}=0.773$		自由度=7

175

在前面的例子中，响应变量（损害事故数）的性质表明误差方差关于拟合直线不是常数. 我们采用的平方根变换是基于成熟的经验事实：事故发生的次数往往服从泊松分布. 对于泊松变量，取平方根是比较合适的变换（见表 6-5）. 有些情况下，误差方差不是常数，并且没有任何先验理由怀疑这一点. 我们可以通过实证分析揭示异方差的存在性，并且选择适当的变换消除异方差带来的影响. 如果误差的异方差性没有被检测到并消除掉，回归估计结果会有较大的标准误，但仍

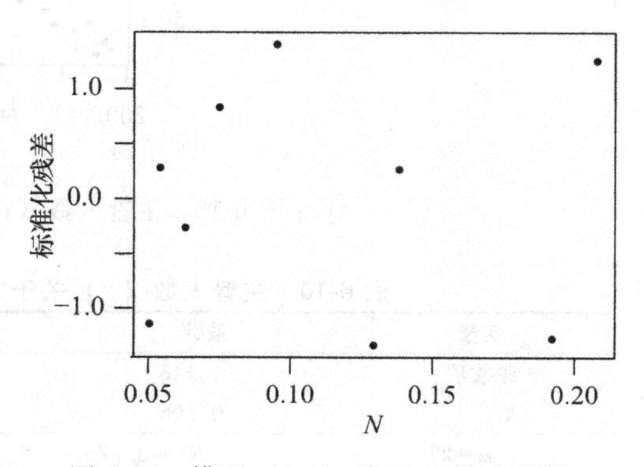

图 6-12 模型（6.8）关于 N 的残差图

是无偏的. 这将导致参数的置信区间变宽，以及检验的灵敏度降低. 我们通过下一个例子说明这种类型的异方差模型的分析方法.

6.5　异方差误差的检测

在一项针对不同规模的 27 家工业企业的研究中，统计了工人人数（X）和主管人数（Y）（见表 6-9）. 这些数据也可在本书网站上获得. 我们希望研究两个变量之间的关系，先从如下的线性模型假定开始

$$y_i = \beta_0 + \beta_1 x_i + \varepsilon_i. \tag{6.9}$$

Y 关于 X 的散点图提示可将简单线性回归模型作为起点（图 6-13）. 线性模型的拟合结果在表 6-10 中给出.

176

表 6-9　27 家工业企业中的工人人数（X）和主管人数（Y）

行号	X	Y	行号	X	Y	行号	X	Y
1	294	30	10	697	78	19	700	106
2	247	32	11	688	80	20	850	128
3	267	37	12	630	84	21	980	130
4	358	44	13	709	88	22	1 025	160
5	423	47	14	627	97	23	1 021	97
6	311	49	15	615	100	24	1 200	180
7	450	56	16	999	109	25	1 250	112
8	534	62	17	1 022	114	26	1 500	210
9	438	68	18	1 015	117	27	1 650	135

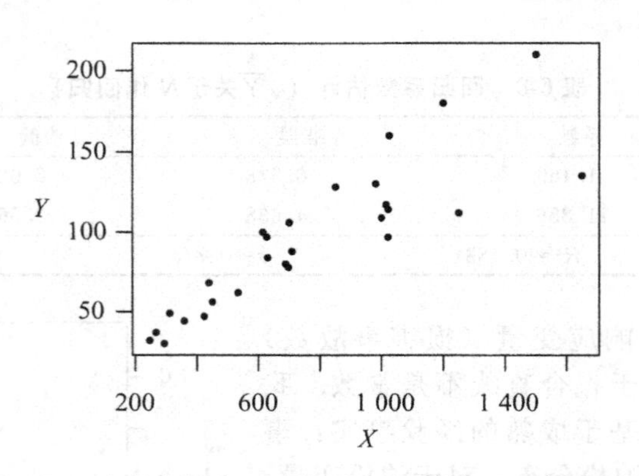

图 6-13　主管人数（Y）关于工人人数（X）的散点图

表 6-10　主管人数（Y）关于工人人数（X）作回归时的回归系数估计

变量	系数	标准误	t 检验	p 值
常数项	14.448	9.562	1.51	0.143 3
X	0.105	0.011	9.30	$<0.000\,1$
$n=27$	$R^2=0.776$	$\hat{\sigma}=21.73$		自由度$=25$

关于 X 的标准化残差图（图 6-14）表明，误差方差随 X 的增大而增大. 残差散布在一个带状区域内，该区域沿 X 轴的方向逐渐发散. 一般来说，如果残差所在的区域随 X 的增大是发散的（即变宽），则误差方差也随 X 的增大而增大. 另一方面，如果区域是收拢的（即变窄），则误差方差随 X 的增大而减小. 如果包含残差的区域由两条平行于 X 轴的直线围成，则没有明显的异方差性. 所以，关于预测变量的标准化残差图可以提示异方差误差的存在. 从图 6-14 可以看出，本例中的残差趋向于随 X 的增大而增大.

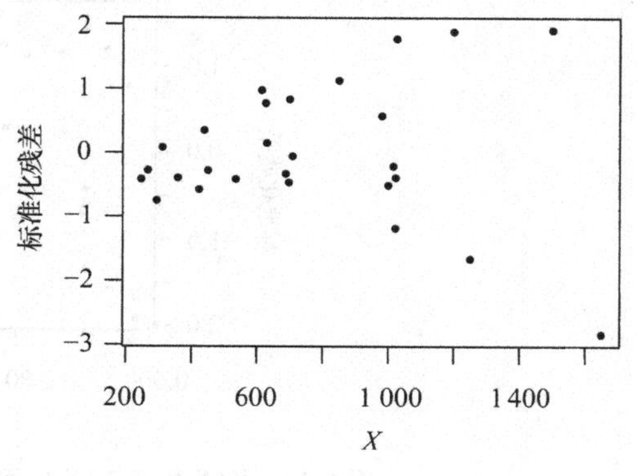

图 6-14　主管人数（Y）关于工人人数（X）作回归时，关于 X 的标准化残差图

177

6.6 消除异方差性

在工业、经济和生物的许多应用中，当遇到不相等的误差方差时，常常发现误差的标准差会随预测变量的增加而增加. 在此实证观察的基础上，我们假设在目前的例子中，误差的标准差正比于 X（可以从残差图 6-14 获得一些启示）：

$$\mathrm{Var}(\varepsilon_i) = k^2 x_i^2, \quad k > 0. \tag{6.10}$$

将式（6.9）的两端同除以 x_i，得

$$\frac{y_i}{x_i} = \frac{\beta_0}{x_i} + \beta_1 + \frac{\varepsilon_i}{x_i}. \tag{6.11}$$

现在，定义一组新的变量和系数，

$$Y' = \frac{Y}{X}, \quad X' = \frac{1}{X}, \quad \beta_0' = \beta_1, \quad \beta_1' = \beta_0, \quad \varepsilon' = \frac{\varepsilon}{X}.$$

用新变量将（6.11）简化为

$$y_i' = \beta_0' + \beta_1' x_i' + \varepsilon_i'. \tag{6.12}$$

注意，对于变换后的模型，$\mathrm{Var}(\varepsilon_i')$ 是一个常数并且等于 k^2. 如果我们关于误差项的假定（6.10）成立，为了更合理地拟合该模型，我们必须用变换后的变量 Y/X 和 $1/X$ 分别作为响应变量和预测变量. 如果对变换后数据拟合的模型为$\hat{\beta}_0' + \hat{\beta}_1' X$，则关于原始变量的拟合模型为

$$\hat{Y} = \hat{\beta}'_1 + \hat{\beta}'_0 X. \tag{6.13}$$

变换后模型中的常数项是原始模型中 X 的回归系数，反之亦然. 比较（6.11）和（6.12）可以清楚地看出这一点.

拟合变换后模型得到的残差关于预测变量的散点图见图 6-15. 可以看出残差随机散布在一个大致平行于横轴的带状区域内，没有显示出明显的模式. 变换后的模型没有明显的异方差性，所以我们得出结论：变换后的模型是合适的. 我们关于误差项的假定是正确的. 变换后模型的误差具有方差齐性，并且最小二乘理论的标准假定都是成立的. 由 Y/X

关于 $1/X$ 的拟合结果可得到 β_0' 和 β_1' 的估计，该估计可用于求原始模型参数的估计.

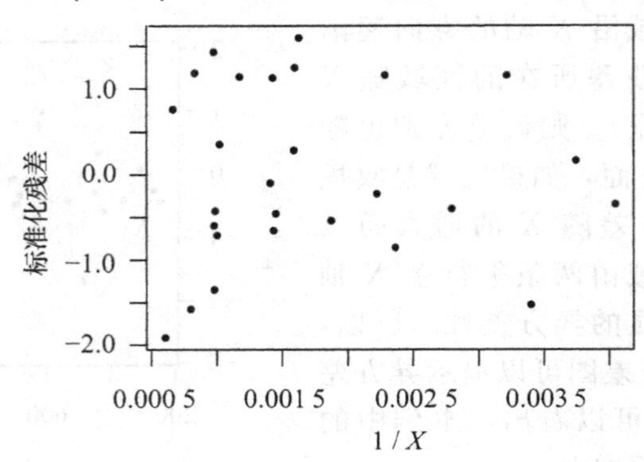

图 6-15 Y/X 关于 $1/X$ 作回归时，关于 $1/X$ 的标准化残差图

变换后变量的回归方程为 $Y/X=0.121+3.803/X$，则关于原始变量的回归方程为 $\hat{Y}=3.803+0.121X$，具体结果见表 6-11. 比较表 6-10 和表 6-11，我们看到通过变量变换可以减小标准误，如斜率估计的方差减小了 33%.

178

表 6-11 利用变换后变量 Y/X 关于 $1/X$ 作回归时，原始方程回归系数的估计

变量	系数	标准误	t 检验	p 值
常数项	3.803	4.570	0.832	0.413 1
X	0.121	0.009	13.44	<0.000 1
	$n=27$	$R^2=0.758$	$\hat{\sigma}=21.577$	自由度=25

6.7 加权最小二乘

对误差具有异方差性的线性回归模型，也可以用一种称为*加权最小二乘*（WLS）的方法进行拟合，其参数估计可通过最小化加权误差平方和得到，其中权重与误差方差成反比. 普通最小二乘法（OLS）与之相比，参数估计是通过最小化权重相同的误差平方和得到的. 在前面的例子中，通过最小化下式可得到 WLS 估计

$$\sum \frac{1}{x_i^2}(y_i-\beta_0-\beta_1 x_i)^2 \tag{6.14}$$

而不是最小化

$$\sum (y_i-\beta_0-\beta_1 x_i)^2. \tag{6.15}$$

可以证明 WLS 等价于对变换后变量 Y/X 和 $1/X$ 执行 OLS. 我们将此作为练习留给读者.

179

加权最小二乘法作为一种估计方法将在第 7 章进行详细讨论.

6.8 数据的对数变换

对数变换是回归分析中使用最广泛的变换之一，即不是直接用原数据而是用数据的对

数进行统计分析．当所分析变量的标准差相对于均值而言比较大时，这种变换特别有用．对数据作对数变换常常起到降低数据的波动性和减少不对称性的作用．这一变换也能有效消除异方差性．我们用表 6-9 给出的工业数据说明这一点，其中的异方差性已经被检测到．除了说明对数变换可消除异方差性外，我们还将用这个例子说明对于一个给定的数据集可能存在多个合适的描述（模型）．

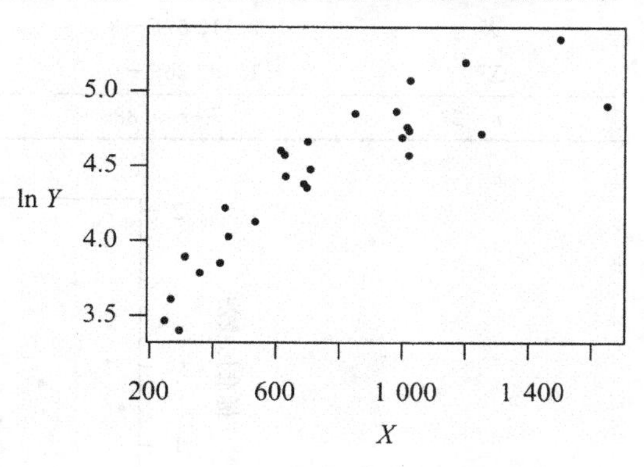

图 6-16　lnY 关于 X 的散点图

我们现在拟合下面的模型，而不是拟合模型（6.9），

$$\ln y_i = \beta_0 + \beta_1 x_i + \varepsilon_i, \qquad (6.16)$$

（即作 $\ln Y$ 关于 X 的回归，而不是 Y 关于 X 的回归）．相应的散点图如图 6-16 所示．拟合（6.16）的结果见表 6-12．系数是显著的，并且 R^2 的值（0.77）可与拟合模型（6.9）的结果相媲美．

表 6-12　lnY 关于 X 作回归时的回归系数估计

变量	系数	标准误	t 检验	p 值
常数项	3.515 0	0.111 0	31.65	$<0.000\,1$
X	0.001 2	0.000 1	9.15	$<0.000\,1$
$n=27$	$R^2=0.77$	$\hat{\sigma}=0.252$	自由度＝25	

180

图 6-17 是关于 X 的残差图，该图很有启发性．异方差性已经消除了，但图中出现了明显的非线性特征．残差显示出一种二次函数特征，这表明一个更适合数据的模型可能是

$$\ln y_i = \beta_0 + \beta_1 x_i + \beta_2 x_i^2 + \varepsilon_i. \qquad (6.17)$$

方程（6.17）是一个多元回归模型，因为它有两个预测变量 X 和 X^2．正如第 4 章中讨论的，残差图也可以用于在多元回归中检测模型缺陷．为了说明残差图检测模型缺陷的有效性和提示可能的修正措施的能力，我们在表 6-13 中给出拟合模型（6.17）的结果．关于拟合值及两个预测变量 X 和 X^2 的标准化残差图分别见图 6-18～图 6-20[⊖]．

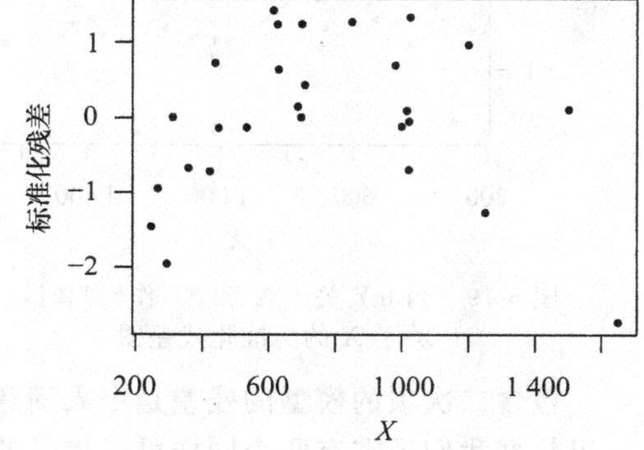

图 6-17　当 lnY 关于 X 作回归时，关于 X 的标准化残差图

⊖ 回顾我们在第 4 章中的讨论，在简单回归中关于拟合值和预测变量 X_1 的残差图是相同的，因此我们只需考察两个图中的一个即可．但在多元回归中，关于拟合值的残差图与关于每个预测变量的残差图都是不同的．

表 6-13 $\ln Y$ 关于 X 和 X^2 作回归时的回归系数估计

变量	系数	标准误	t 检验	p 值
常数项	2.851 6	0.156 6	18.2	<0.000 1
X	3.112 67E−3	0.000 4	7.80	<0.000 1
X^2	−1.102 26E−6	0.220E−6	−4.93	<0.000 1
$n=27$	$R^2=0.886$	$\hat{\sigma}=0.181\ 7$	自由度=24	

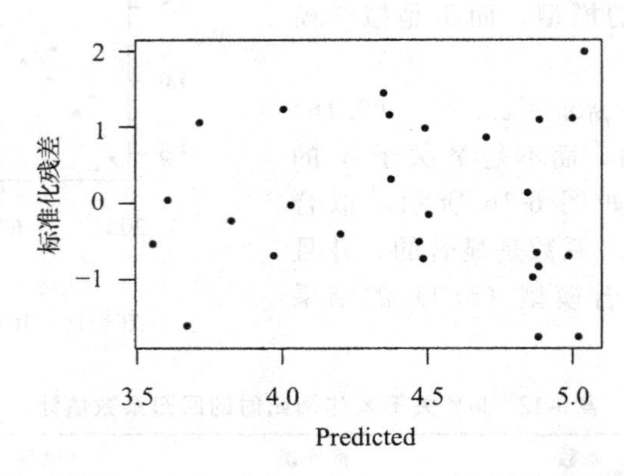

图 6-18 当 $\ln Y$ 关于 X 和 X^2 作回归时，关于拟合值的标准化残差图

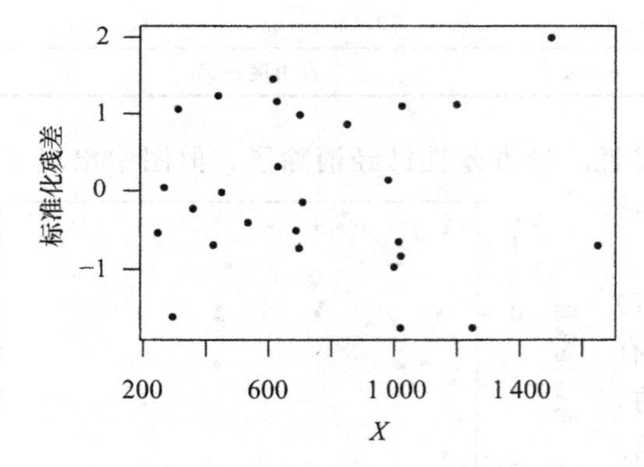

图 6-19 当 $\ln Y$ 关于 X 和 X^2 作回归时，关于 X 的标准化残差图

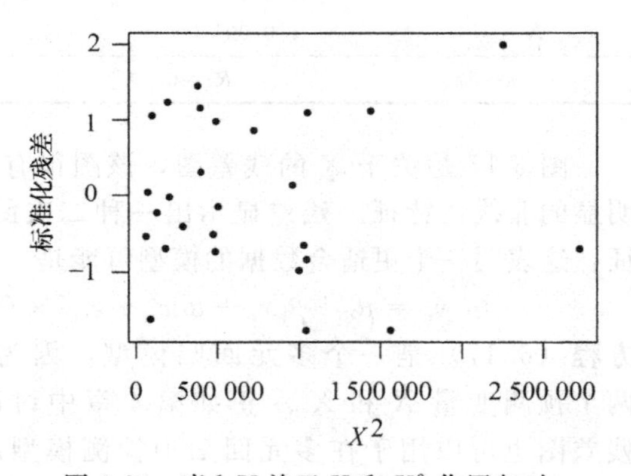

图 6-20 当 $\ln Y$ 关于 X 和 X^2 作回归时，关于 X^2 的标准化残差图

包含二次项的模型的残差是令人满意的．残差没有表现出异方差性和非线性性．对同一组数据我们现在有两个同样可以接受的模型．表 6-13 中给出的模型可能会略好一些，因为它有较高的 R^2 值．而表 6-11 给出的模型是基于原始变量建立的，会更容易解释一些．

6.9 幂变换

181～182

在前面的部分中，我们应用了几种类型的变换（如倒数变换 $1/Y$、平方根变换$\sqrt{Y}$和对数变换 $\ln Y$）．这些变换是基于理论或经验选择的，目的是获得模型的线性性、正态性和稳定的误差方差．这些变换可以看做幂变换的一般情况．在幂变换中，我们改变响应变量 Y 和一些预测变量的幂次．例如，对 Y 做幂变换得 Y^{λ}，其中 λ 是数据分析人员基于理论或经验选择的一个指数．当 $\lambda=-1$ 时，我们得到的是倒数变换；$\lambda=0.5$ 时是平方根变换；$\lambda=0$ 时是对数变换[⊖]．$\lambda=1$ 表示不需要作变换．

如果不能从理论上确定 λ 的值，可以用数据确定适当的 λ 值，这是一种数值方法．在实践中，可以尝试让 λ 取多个值，然后选择最佳的一个．一般可以尝试让 λ 取：2，1.5，1.0，0.5，0，−0.5，−1，−1.5，−2．选择 λ 的这些值是因为它们容易解释．我们称之为变换阶梯．下面举例说明．

例：大脑数据

表 6-14 中的数据集取自一个更大数据集的样本．这些数据也可在本书的网站上获得．数据的原始出处是 *Jerison*（1973）．*Rousseeuw and Leroy*（1987）也曾经分析过它们．数据是测量了 28 个动物大脑的平均重量 Y（克）和平均体重 X（公斤）．数据分析的一个目的是确定越重的身体是否需要越大的大脑支配．另一个目的是看脑重量和体重之比是否可以作为衡量智力的标准．数据的散点图（图 6-21）没有显示出明显的变量间的关系．这主要是由于存在体型非常大的动物（如两头大象和三个恐龙）．我们对 Y 和 X 都进行幂变换．当 λ 取阶梯变换中的某些值时，我们绘制 Y^{λ} 和 X^{λ} 的散点图，见图 6-22．可以看出，$\lambda=0$（对应于对数变换）是最合适的．当 $\lambda=0$ 时，散点图大致呈线性，但三个恐龙数据不符合由其他点表现出来的线性模式．图 6-22 表明，或者恐龙的大脑重量被低估了，或者它们的体重被高估了．

183

表 6-14　大脑数据：脑重量（克）和体重（公斤）

动物名	脑重量	体重	动物名	脑重量	体重
Mountain beaver	8.1	1.35	African elephant	5 712.0	6 654.00
Cow	423.0	465.00	Triceratops	70.0	9 400.00
Gray wolf	119.5	36.33	Rhesus monkey	179.0	6.80
Goat	115.0	27.66	Kangaroo	56.0	35.00
Guinea pig	5.5	1.04	Hamster	1.0	0.12
Diplodocus	50.0	11 700.00	Mouse	0.4	0.02
Asian elephant	4 603.0	2 547.00	Rabbit	12.1	2.50
Donkey	419.0	187.10	Sheep	175.0	55.50
Horse	655.0	521.00	Jaguar	157.0	100.00
Potar monkey	115.0	10.00	Chimpanzee	440.0	52.16
Cat	25.6	3.30	Brachiosaurus	154.5	87 000.00
Giraffe	680.0	529.00	Rat	1.9	0.28
Gorilla	406.0	207.00	Mole	3.0	0.12
Human	1 320.0	62.00	Pig	180.0	192.00

⊖ 当 $\lambda=0$ 时，对 Y 的任何值都有 $Y^{\lambda}=1$．为了避免这个问题，采用变换 $(Y^{\lambda}-1)/\lambda$．可以证明当 λ 趋于 0 时，$(Y^{\lambda}-1)/\lambda$ 趋于 $\ln Y$．这个变换称为 Box-Cox 幂变换，更详细的讨论参阅 Carroll and Ruppert（1988）．

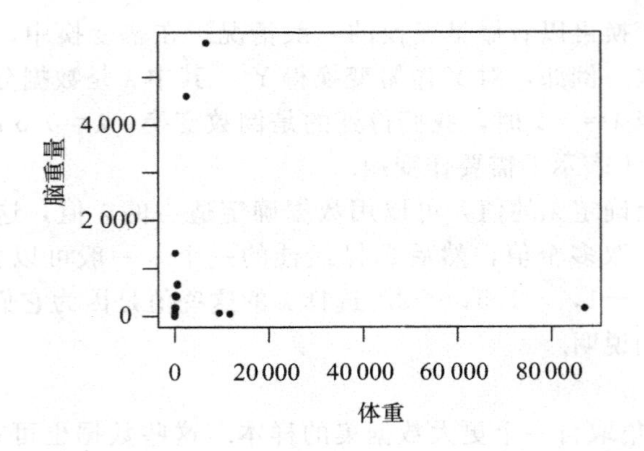

图 6-21 大脑数据：脑重量关于体重的散点图

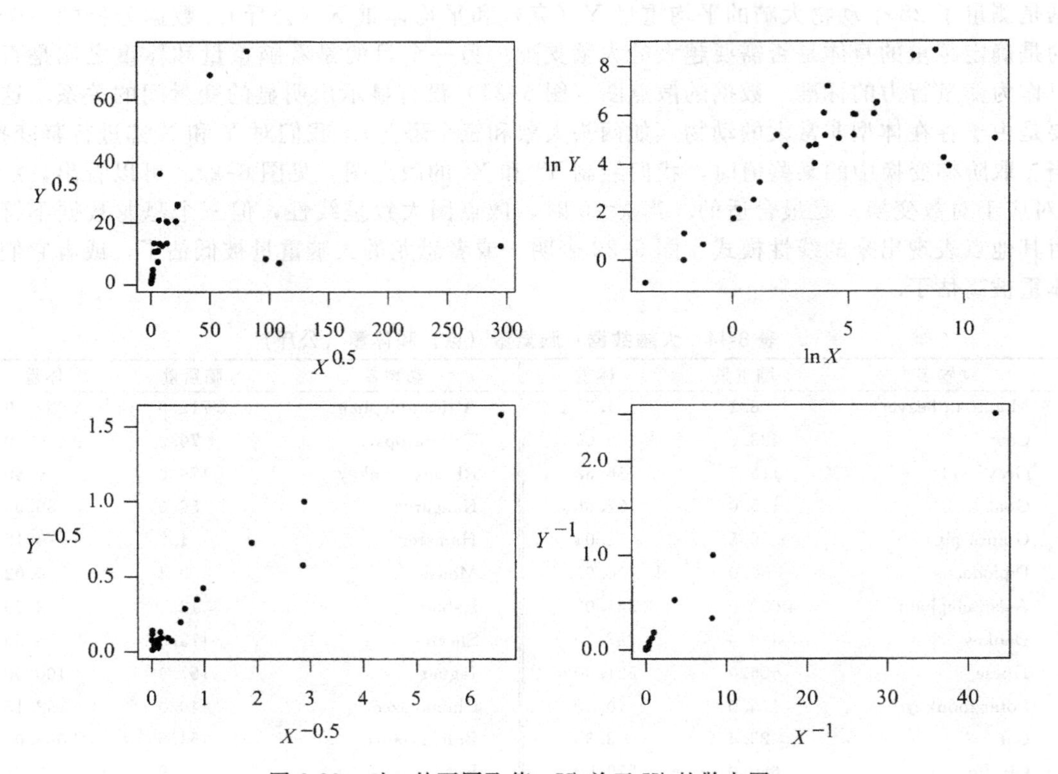

图 6-22 对 λ 的不同取值，Y^{λ} 关于 X^{λ} 的散点图

注意在这个例子中，我们对响应变量和预测变量都作了幂变换，并且取了相同的幂次. 在其他的应用中，可能更适合对不同的变量取不同的幂次或只对一个变量作变换. 对数据变换更详细的讨论，读者可以参阅 Carroll and Ruppert (1988) 以及 Atkinson (1985).

6.10 总结

拟合线性模型之后，我们应检查残差以寻找异方差性的任何迹象. 如果残差随预测变量值的增加而增加（或减小），则意味着存在异方差性，这一点可很方便地从残差图中看出来. 如果存在异方差性，在拟合模型时就应该注意这个问题. 如果不考虑误差方差的不等性，得到的最小二乘估计将不会有最大精度（最小方差）. 异方差性可以通过变量变换消除掉. 变换后模型参数的估计可用来导出原始模型相应的参数估计. 经过适当变换后的模型的残差应不再具有异方差性的特征.

184~185

习题

6.1 已知两个变量 Y 和 X 有很强的非线性关系. 希望找到 λ 的某个值，对应的幂变换 Y^λ 使得 Y^λ 和 X 之间的关系是线性的. 表 6-15 给出了当 λ 取某些值时 Y^λ 和 X 的相关系数.

表 6-15 当 λ 取某些值时 Y^λ 和 X 的相关系数

λ	1	0.5	0.001	−0.001	−0.5	−1	−2
相关系数	−0.777	−0.852	−0.930	0.930	0.985	0.999	0.943

(a) Y 和 X 的相关系数是多少？请解释.

(b) 观察表 6-15 中的趋势，λ 最佳的（并且最容易解释的）取值是什么？请解释.

(c) 用 (b) 中选择的 λ 值，写出 Y 关于 X 的方程.

6.2 已知两个变量 Y 和 X 有很强的非线性关系. 希望找到 λ 的某个值，对应的幂变换 Y^λ 和 X^λ 使得 Y^λ 和 X^λ 之间的关系是线性的. 表 6-16 给出了当 λ 取某些值时 Y^λ 和 X^λ 的相关系数.

表 6-16 当 λ 取某些值时 Y^λ 和 X^λ 的相关系数

λ	−1	−0.5	−0.001	0.001	0.5	1
相关系数	−0.524	−0.680	−0.992	0.992	0.698	0.543

(a) Y 和 X 的相关系数是多少？请解释.

(b) 观察表 6-16 中的趋势，λ 最佳的（并且最容易解释的）取值是什么？请解释.

(c) 用 (b) 中选择的 λ 值，写出 Y 关于 X 的方程.

6.3 杂志广告：在一项关于广告收入的研究中，收集了 1986 年 41 份杂志的数据（见表 6-17）. 观测变量是广告页数和广告收入，还列出了杂志名称.

(a) 拟合广告页数关于广告收入的线性回归方程. 请说明拟合效果比较差.

(b) 对数据作适当的变换，并对变换后的数据拟合模型. 评价拟合效果.

(c) 你不应该惊讶存在大量的异常值，因为杂志的类型差异很大，所以期望用单一关系将它们联系起来是不现实的. 请删除异常值并拟合一个可以接受的广告页数关于广告收入的回归方程.

186

表 6-17　1986 年 41 份杂志的广告页数（P，以百计）和广告收入（R，以百万美元计）

杂志	P	R	杂志	P	R
Cosmopolitan	25	50.0	Town and Country	1	7.0
Redbook	15	49.7	True Story	77	6.6
Glamour	20	34.0	Brides	13	6.2
Southern Living	17	30.7	Book Digest Magazine	5	5.8
Vogue	23	27.0	W	7	5.1
Sunset	17	26.3	Yankee	13	4.1
House and Garden	14	24.6	Playgirl	4	3.9
New York Magazine	22	16.9	Saturday Review	6	3.9
House Beautiful	12	16.7	New Woman	3	3.5
Mademoiselle	15	14.6	Ms.	6	3.3
Psychology Today	8	13.8	Cuisine	4	3.0
Life Magazine	7	13.2	Mother Earth News	3	2.5
Smithsonian	9	13.1	1001 Decorating Ideas	3	2.3
Rolling Stone	12	10.6	Self	5	2.3
Modem Bride	1	8.8	Decorating & Craft Ideas	4	1.8
Parents	6	8.7	Saturday Evening Post	4	1.5
Architectural Digest	12	8.5	McCall's Needlework and Craft	3	1.3
Harper's Bazaar	9	8.3	Weight Watchers	3	1.3
Apartment Life	7	8.2	High Times	4	1.0
Bon Appetit	9	8.2	Soap Opera Digest	2	0.3
Gourmet	7	7.3			

6.4 风寒因子：表 6-18 给出了在各种静止空气中实际温度（T）和风速（V）情况下，由风寒效应导致的有效温度，称为风寒因子（W）．当人们穿过静止空气（而能明显感觉到的是每小时 4 英里的风（单位：英里每小时，mph））时，该无风条件下的有效温度可作为评价寒冷的程度．最早由国家气象局公布了这些数据，而我们从波士顿科学博物馆的出版物中收集到它．温度单位是华氏度（°F），风速单位是 mph.

(a) 表 6-18 中给出的数据格式不适合直接作回归分析．请你构建另一个包含三列的表，分别对应三个变量 W、T 和 V．此表可在本书网站上获得．

187

(b) 拟合 W 关于 T 和 V 的一个线性关系．残差模式应该表明线性模型是不合适的．

(c) 用 T 的效应调整 W（例如固定 T）之后，考察 W 和 V 之间的关系是线性的吗？

(d) 用 V 的效应调整 W 之后，考察 W 和 V 之间的关系是线性的吗？

(e) 拟合模型

$$W=\beta_0+\beta_1 T+\beta_2 V+\beta_3\sqrt{V}+\varepsilon. \qquad (6.18)$$

该模型的拟合效果是否足够好？W 的值是国家气象局根据如下公式计算的（不考虑舍入误差）

$$W=0.0817(3.71\sqrt{V}+5.81-0.25V)(T-91.4)+91.4. \qquad (6.19)$$

上面的公式是否给出 W 的一个准确的数值描述？

(f) 你能否给出一个比（6.18）和（6.19）更好的模型？

表 6-18 在各种风速 V (mph) 和温度 T (°F) 情况下的风寒因子 (W)

	实际空气温度 (T)											
V	50	40	30	20	10	0	−10	−20	−30	−40	−50	−60
5	48	36	27	17	5	−5	−15	−25	−35	−46	−56	−66
10	40	29	18	5	−8	−20	−30	−43	−55	−68	−80	−93
15	35	23	10	−5	−18	−29	−42	−55	−70	−83	−97	−112
20	32	18	4	−10	−23	−34	−50	−64	−79	−94	−108	−121
25	30	15	−1	−15	−28	−38	−55	−72	−88	−105	−118	−130
30	28	13	−5	−18	−33	−44	−60	−76	−92	−109	−124	−134
35	27	11	−6	−20	−35	−48	−65	−80	−96	−113	−130	−137
40	26	10	−7	−21	−37	−52	−68	−83	−100	−117	−135	−140
45	25	9	−8	−22	−39	−54	−70	−86	−103	−120	−139	−143
50	25	8	−9	−23	−40	−55	−72	−88	−105	−123	−142	−145

6.5 参见表 5-19 给出的总统选举数据，其中响应变量 V 是美国总统选举中民主党候选人的得票率. 由于响应变量是一个比例，所以它的值介于 0 和 1 之间. 变换 $Y=\log[V/(1-V)]$ 将取值介于 0 和 1 之间的变量 V 转化为取值介于 $-\infty$ 和 $+\infty$ 之间的变量 Y. 因此 Y 比 V 更有可能满足正态性假定. 考虑拟合模型 (5.11)，但用 Y 替代其中的 V.

(a) 对这两个模型，检查第 4 章讨论过的适当的残差图，以确定哪个模型比另一个更满足标准假定，是用原始变量 V 的模型还是用变换后的变量 Y 的模型.

188

(b) 将经过变换后的模型（即以 Y 为响应变量所建立的模型）转换成原始变量 V 以后，其相应的模型有怎样的形式？也就是寻找下面的函数形式

$$V=f(\beta_0+\beta_1 I+\beta_2 D+\beta_3 W+\beta_4(G\cdot I)+\beta_5 P+\beta_6 N+\varepsilon). \tag{6.20}$$

（提示：这是一个非线性函数，称为**逻辑斯谛函数**，将在第 12 章中讨论.）

6.6 重复习题 6.5，但拟合的是模型 (5.12)，并用 Y 替代其中的 V. 比较这两个习题的结果.

6.7 石油产量数据：表 6-19 给出了 1880—1988 年每年的世界原油产量数据，以百万桶计. 数据取自 Moore and McCabe (1993，第 147 页).

(a) 绘制石油产量 (OIL) 关于年份 (Year) 的散点图，并观察到图中点的散布不是呈线性. 为了对这些数据拟合线性模型，必须对 OIL 作变换.

(b) 绘制 log(OIL) 关于年份的散点图. 1880—1973 年的点的散布呈一条直线状. 中东石油产区的政治动荡影响了 1973 年后石油的生产模式.

(c) 拟合 log(OIL) 关于年份的线性回归模型. 评估模型的拟合效果.

(d) 绘制标准化残差的顺序图. 该图清楚地表明有一个标准假定不成立. 是哪一个？

表 6-19 每年的世界原油产量，以百万桶计 (1880—1988 年)

年份	OIL	年份	OIL	年份	OIL
1880	30	1915	432	1940	2 150
1890	77	1920	689	1945	2 595
1900	149	1925	1 069	1950	3 803
1905	215	1930	1 412	1955	5 626
1910	328	1935	1 655	1960	7 674

（续）

年份	OIL	年份	OIL	年份	OIL
1962	8 882	1972	18 584	1982	19 411
1964	10 310	1974	20 389	1984	19 837
1966	12 016	1976	20 188	1986	20 246
1968	14 104	1978	21 922	1988	21 338
1970	16 690	1980	21 722		

6.8 计算机行业一项令人瞩目的科技发展是在硬盘上密集存储信息的能力．这项技术使存储成本持续下降．表 6-20 给出了从 1988 到 1998 年每兆信息的平均存储价格，以美元计．

189

(a) 数据关于时间是否有一种线性趋势？定义一个新的变量 t，对 1988 年取值 1，1989 年取值 2，以次类推．

(b) 拟合模型 $P_t=P_0e^{\beta t}$，其中 P_t 是在时间 t 时的价格．这个模型是否适合描述数据？

(c) 引入一个示性变量，对 1988—1991 年其取值为 0，剩下的年份其取值为 1．拟合 $\log(P_t)$ 关于时间 t、示性变量，以及时间和示性变量乘积变量的模型．并解释拟合模型的系数．

表 6-20　1988—1998 年每兆信息的平均存储价格，以美元计

年份	价格	年份	价格	年份	价格
1988	11.54	1992	3.00	1996	0.179
1989	9.30	1993	1.46	1997	0.101
1990	6.86	1994	0.705	1998	0.068
1991	5.23	1995	0.333		

190

数据来源：由 Jim Porter 提供，Disk/Trends in Wired April 1998.

第7章 加权最小二乘法

7.1 引言

目前，我们讨论的回归模型具有下面的形式：

$$y_i = \beta_0 + \beta_1 x_{i1} + \cdots + \beta_p x_{ip} + \varepsilon_i, \tag{7.1}$$

其中 ε_i 为独立同分布（iid）随机误差，期望值为 0，方差为 σ^2，这是一个典型的线性回归模型．在第 4 章中，我们曾利用各种残差图来检验回归模型的各种假定，如果残差图与回归模型的假定不相匹配，就说明我们所建立的模型不合适．究其原因，可能另外还有一些变量还没有引入到回归模型中来，或者在观测数据中有异常值．

在前面章节中所讨论的数据集中有一个"主管人员的数据"（见 6.5 节），这个数据集有一些特别．在处理这个数据集的过程中，发现与之相应的回归模型的误差变量不满足 iid 的假定要求，更具体地说，其误差变量不是等方差的．对于这个数据集，通过数据变换，可以纠正这种模型的缺陷，得到模型参数的更加精确的估计（比通常的最小二乘（OLS）方法更加精确）．

在本章以及下一章，我们将讨论误差不是 iid 的情况．本章中我们讨论*异方差*问题，即在回归模型中各误差项具有不同的方差．在第 8 章中，我们将讨论*自相关*问题，即各误差变量不相互独立的情况．

在第 6 章中，我们将回归问题中的变量进行变换，以解决模型的异方差问题，经过变量变换以后的模型，相应的方差得以稳定．所谓*加权最小二乘*（WLS）方法就是对于经过变换以后的变量施以通常的最小二乘方法．WLS 方法既可以处理异方差问题，也可以作为一种参数估计的方法，用于估计模型的参数．例如，在拟合医学统计中*剂量-反应曲线*（7.5 节），在*逻辑斯谛模型*（7.5 节和第 12 章）的参数估计中，WLS 方法比 OLS 方法具有较好的效果．

在这一章中，我们放宽了模型（7.1）中的等方差的条件，代之以对误差项的假定：ε_i 是相互独立的随机变量，期望均为 0，方差 $\mathrm{Var}(\varepsilon_i)=\sigma_i^2$．我们利用 WLS 方法估计（7.1）中的回归系数．回归系数 β_0，β_1，…，β_p 的 WLS 估计通过最小化下式得到，

$$\sum_{i=1}^{n} w_i(y_i - \beta_0 - \beta_1 x_{i1} - \cdots - \beta_p x_{ip})^2,$$

其中 w_i 就是权值，它刚好与 σ_i^2 的值成反比，即 $w_i = 1/\sigma_i^2$．在估计回归系数 β_j 的过程中，w_i 的值愈小，误差项 $(y_i - \beta_0 - \beta_1 x_{i1} \cdots - \beta_p x_{ip})^2$ 对整个和号的作用就愈小．作为特殊情况，若 $w_i = 0$，这等价于第 i 个观测值在估计过程中被剔除．

在数据处理的过程中，WLS 方法是对数据中所含的两种信息的综合，一种信息是数据产生机制的先验信息，另一种信息是利用 OLS 方法得到的残差所提供的异方差线索．在实际应用 WLS 方法时，由于 w_i 未知，通常采用两阶段方法．第一阶段利用 OLS 方法得到权值的估计；第二阶段，利用 WLS 方法求得回归系数 β_j 的估计，而 WLS 方法中的权值，

刚好是由第一阶段中得到的权值的估计值. 本章中的例子说明了 WLS 方法的要点.

7.2 异方差模型

有三种不同类型的异方差模型，其中前两种类型，一旦产生异方差性的根源被找到，模型的参数就可以只通过一个阶段找到估计. 第三种类型比较复杂，必须通过前面已经讨论的二阶段方法对相应的参数进行估计. 在第 6 章中有一个例子，这个例子属于第一种类型的异方差模型，在本章中我们将对这个例子进行分析. 对于第二种类型的异方差性，我们只提供一种描述和分析，不提供实例分析的数据. 对于第三种类型的异方差模型，我们给出两个例子进行分析.

7.2.1 主管人员数据

在 6.5 节中给出了一个主管人员数据集. 这个数据集包含了 27 家工业企业的数据，每家企业有两个数，Y 代表企业的主管人员的人数，X 代表工人的人数. 当然 X 也代表企业的规模，研究的目标是了解主管人员人数与企业规模之间的数量关系. 为这组数据建立的模型为

192

$$y_i = \beta_0 + \beta_1 x_i + \varepsilon_i. \tag{7.2}$$

通过对问题的背景进行论证后发现，模型的误差 ε_i 的方差依赖于企业的规模或工人数 x_i，即 $\sigma_i^2 = k^2 x_i^2$，其中 k 是一个正常数（见 6.5 节）. 这种异方差性可以从残差图看出，此处的残差图是一个散点图，散点图的每个点的纵坐标为数据的标准化残差值，横坐标为自变量 x_i 的值. 本节例子的散点图如图 7-1 所示，它具有喇叭口的形状. 这种喇叭口形状的散点图是这一类型的异方差性的一个标志. 对于具有异方差性的模型，若不采取修正的措施，而使用通常的 OLS 方法，理论上，回归系数的估计的精度会很差. 此外，标准差的估计也会出现低估现象，导致对估计精度的错误认识. 为解决这类问题，可用第 6 章提到的加权最小二乘方法.

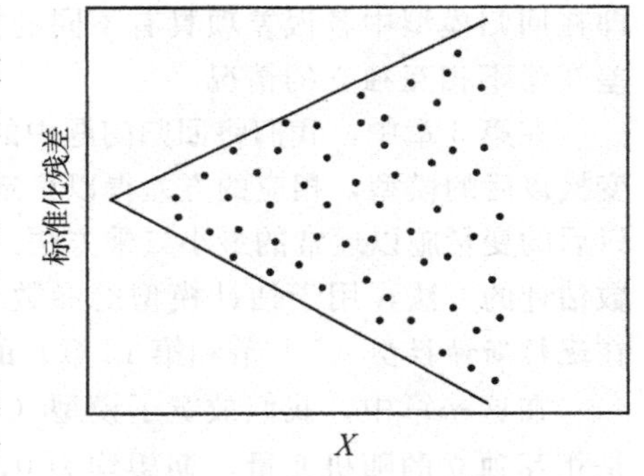

图 7-1 异方差残差图的例子

这种识别异方差性的方法也可应用到多元回归中去. 在 (7.1) 中我们假定误差 ε_i 的方差受到某一个自变量的影响（以后将会讨论误差项的方差是多个自变量的函数的情况）. 其经验证据可从标准化残差值相对于某自变量的残差图得到. 现在假定，在模型 (7.1) 中我们发现标准化残差相对于 X_2 的残差图具有图 7-1 的模式，此时我们可假定 $\mathrm{Var}(\varepsilon_i)$ 与 x_{i2}^2 成正比，即 $\mathrm{Var}(\varepsilon_i) = k^2 x_{i2}^2$，其中 $k > 0$. 此时回归系数的估计可从最小化下式得到

$$\sum_{i=1}^{n} \frac{1}{x_{i2}^2}(y_i - \beta_0 - \beta_1 x_{i1} - \cdots - \beta_p x_{ip})^2.$$

如果你使用的计算软件中有加权最小二乘法这一程序，那么只需将权值设成 $w_i = 1/x_{i2}^2$ 即

可．另一方面，若计算软件只提供通常的最小二乘法，我们只需将数据作一变换（见第 6 章）．将（7.1）作变换，得到

$$\frac{y_i}{x_{i2}}=\beta_0\frac{1}{x_{i2}}+\beta_1\frac{x_{i1}}{x_{i2}}+\cdots+\beta_p\frac{x_{ip}}{x_{i2}}+\frac{\varepsilon_i}{x_{i2}}.$$

193

经过数据变换以后，Y 变成 Y/X_2，原来的变量 X_2 变成了常数项，原来的常数项变成 $1/X_2$．其他各变量变成 $X_i/X_2(i\neq2)$．将 OLS 方法应用于经过变换的变量，得到 β_i（$i=0$，…，p）的 OLS 估计（注意在应用 OLS 方法时，各参数角色的转换，β_0 是新变量 $1/X_2$ 的系数，而 β_2 是截距项!）．所得到的 β_i（$i=0$，…，p）的估计就是原数据的 WLS 估计．在第 6 章中处理一元回归的异方差模型时，已经较详细地介绍了此处引入的方法．

7.2.2 大学教育花费数据

第二种异方差性出现于大规模调查数据的分析．设我们调查的对象是若干个定义好的组或类（例如若干所大学），对于每一组，又随机地选取若干个单元（如某所学校中的学生）调查某些数据．当然，最后的结果是这些被调查数据的平均值，以及被调查单元的个数．某些情况下，还可以得到这些数据的标准差和极差等信息．

例如，我们考察的目的是了解学生除学费以外的年度教育花费与学校的某些特征的关系．所有有关的变量名称由表 7-1给出．根据这些变量，我们建立下面的回归模型：

$$Y=\beta_0+\beta_1X_1+\beta_2X_2+\cdots+\beta_6X_6+\varepsilon,\tag{7.3}$$

此处的响应变量 y_i 的值是第 i 个学校中被调查学生所提供数据的平均值．而预测变量刻画了该所学校的某些特征，是从官方统计数据得到的量．

表 7-1 大学教育花费数据的变量

变量	描述	变量	描述
Y	年度花费（学费除外）	X_4	学生规模
X_1	学校所在的城镇规模	X_5	新生入学后能完成学业而毕业的比例
X_2	离市中心的距离	X_6	离家距离
X_3	学校类型（公立或私立）		

显然，平均花费的精度与样本量的平方根成比例，即 y_i 的标准差为 $\sigma/\sqrt{n_i}$，其中 n_i 是第 i 个学校中被调查的学生人数，σ 是学生年度花费值的标准差．这样，在模型（7.3）中 ε_i 的标准差为 $\sigma_i=\sigma/\sqrt{n_i}$，这是一个异方差回归模型．我们可以利用 WLS 方法求得回归系数的估计（权重取 $w_i=1/\sigma_i^2$），即最小化下面的加权残差平方和

194

$$S=\sum_{i=1}^{n}n_i\Big(y_i-\beta_0-\sum_{j=1}^{6}\beta_jx_{ij}\Big)^2\tag{7.4}$$

得到回归系数 β_i（$i=0$，…，6）的估计．这个算法蕴涵着这样一个原则：在确定 y_i 的值时，找的学生越多，这个数据越可靠，在确定回归系数时，这个学校 i 的权值就越大，相反，一个学校调查的学生越少，这个学校在确定回归系数中的权值就越小．显然，这个原则是合理的．

在计算回归系数时，将方程（7.3）作一个变换，得到

$$y_i\sqrt{n_i}=\beta_0\sqrt{n_i}+\beta_1x_{i1}\sqrt{n_i}+\cdots+\beta_6x_{i6}\sqrt{n_i}+\varepsilon_i\sqrt{n_i}.\tag{7.5}$$

此处，误差项 $\varepsilon_i\sqrt{n_i}$满足等方差的要求．将 $y_i\sqrt{n_i}$对 7 个新变量施行 OLS 方法，就可以得到回归系数和标准差的估计．不过在这个模型中不再有常数项．原来模型中的截距 β_0，现在是$\sqrt{n_i}$的系数．因此在利用 OLS 方法进行回归分析时，我们必须限制回归方程的截距为 0．在 7.4 节中我们将给出一个限制截距为 0 的回归分析的数字例子．

7.3 两阶段估计

前面讨论的两个问题中，异方差性是十分明显的．第一个问题中，实际背景说明，随着预测变量的增大，误差的方差会随之增大．在第二个问题中，从收集数据的过程，就可以直接说明异方差性的存在．上述两种情况，可以利用数据变换，将误差的方差稳定于一个常数值，而所需的变换是根据原始数据的实际背景直接构造得到的．现在考虑这样的情况：我们所讨论的问题也可以从某些先验的信息推断出异方差性的存在．但是不能直接得到异方差性的具体形式，其异方差性的结构必须从原始数据得到．这样，要得到合理的回归模型参数的估计，必须通过两阶段实现．

特别要指出的是：在多元回归问题中，要检测到异方差性不是一件简单的事．这通常[195]需要统计工作者对实际背景的了解以及他们的数据处理经验和直观判断．作为第一步，通常需要画出各种各样的残差图，即画出标准化残差相对于响应变量的拟合值的残差图和标准化残差相对于每个预测变量的残差图．如果标准化的残差值随着$\hat{y}_i$ 或 x_{ij} 的变化而产生系统的变动，这说明异方差性是存在的．但是散点图的异常并不能直接解释方差变动的原因(见下面的例子)．

如果我们有可能对目标变量进行重复测量，我们就可以直接观察到误差方差的变动．例如，在只有一个自变量的情况下，在自变量的值 x_1 处得到目标变量的重复观测值 y_{11}，y_{21}，…，$y_{n_1 1}$，在 x_2 处得到 y_{12}，y_{22}，…，$y_{n_2 2}$，一直到在 x_k 处得到 y_{1k}，y_{2k}，…，$y_{n_k k}$．不妨设 $k=5$，这组数据的散点图见图 7-2．由于丰富的数据，没有必要对模型的异方差性的模式作假设．从数据的散点图直接可以看出，异方差性并没有像 $\mathrm{Var}(\varepsilon_i)=k^2x_i^2$ 那样的模式．数据的方差开始是有一个下降的趋势，直到 x_4，方差在 x_5 处有一个跳跃．现在回归模型可以写成下列形式：

$$y_{ij}=\beta_0+\beta_1x_j+\varepsilon_{ij},\quad i=1,2,\cdots,n_j;\quad j=1,2,3,4,\tag{7.6}$$

其中 $\mathrm{Var}(\varepsilon_{ij})=\sigma_j^2$．

上面的结论是经过数据分组，通过直观观测得到的．第 j 组中第 i 个观测值的残差值为 $e_{ij}=y_{ij}-\hat{y}_{ij}$．采用一减一加的办法，可将 e_{ij} 写成下面的形式

$$e_{ij}=(y_{ij}-\overline{y}_j)+(\overline{y}_j-\hat{y}_{ij}),\tag{7.7}$$

[196]上式说明残差可以分解成两部分，$(y_{ij}-\overline{y}_j)$ 是纯误差，$(\overline{y}_j-\hat{y}_{ij})$ 是模型失拟的度量．而异方差性的度量只依赖于纯误差量[⊖]．在应用 WLS 方法时，相应的权值 $w_{ij}=1/s_j^2$，其中

$$s_j^2=\sum_{i=1}^{n_j}(y_{ij}-\overline{y}_j)^2/(n_j-1),$$

⊖ 纯误差也可以用于检验失拟度，见 Draper and Smith (1980)．

为目标变量在 x_j 处的方差的估计量.

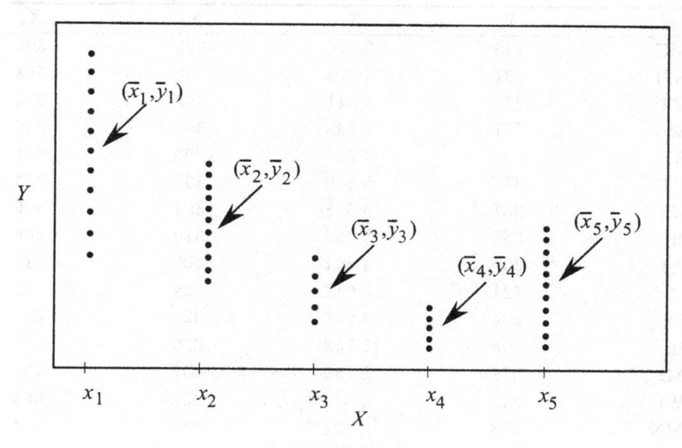

图 7-2 具有重复测量值的散点图

当数据是从可控的实验室获得的，并且实验室对任意的 $X=x$ 处可重复取值的情况下，这样的处理方式是实际可行的. 但是在通常的非实验室的情况下，要想在固定的自变量 $X=x$ 处重复地取得响应变量的观测值是很困难的. 在只有一个自变量的情况下，还有可能得到重复观测值. 在多个自变量的情况下，要想在一组自变量的值固定的条件下，取得响应变量的重复观测值几乎是不可能的. 但是，我们可以采用合并归类的方法，得到伪重复数据，即将自变量取值相近的取值归为一类，认为它们就是对应于同一自变量取值的重复观测值. 读者可参考 Daniel and Wood (1980) 的著作，该书对此类方法有较详细的叙述. 在多元回归中，一个更巧妙的方法是根据先验的、自然的、有意义的联系将观测数据进行分类. 我们将州教育费用数据集作为例子进行分析，这个数据在第 5 章分析过.

7.4 教育费用数据

在 5.7 节中，我们曾经讨论过教育费用数据，在那里我们将数据看成随着时间变动的（有 1965 年、1970 年和 1975 年的数据），我们的目的是检测模型的稳定性. 此处将用这批数据来检测多元回归的异方差性并分析回归关系的地区特征的效应. 现在我们只对 1975 年的数据进行分析，目的是为了得到教育费用与各州的其他变量之间关系的最佳表示. 现将数据以最自然的方式分类，按 50 个州的地理位置分类. 我们的假定是这样的，虽然这些变量间的关系，对于各个州来说，结构上是一样的，但是回归系数和误差的方差是各不相同的. 由于不同的误差方差，造成了模型的异方差性. 现在我们就处理这个问题.

表 7-2 给出了数据，也可从本书网站上查到[⊖]. 变量的名称和定义由表 7-3 给出. 考虑的模型为

$$Y=\beta_0+\beta_1 X_1+\beta_2 X_2+\beta_3 X_3+\varepsilon. \tag{7.8}$$

197

⊖ http://www.aucegypt.edu/faculty/hadi/RABE5

表 7-2 教育费用数据

行号	州	Y	X_1	X_2	X_3	区域
1	ME	235	3 944	325	508	1
2	NH	231	4 578	323	564	1
3	VT	270	4 011	328	322	1
4	MA	261	5 233	305	846	1
5	RI	300	4 780	303	871	1
6	CT	317	5 889	307	774	1
7	NY	387	5 663	301	856	1
8	NJ	285	5 759	310	889	1
9	PA	300	4 894	300	715	1
10	OH	221	5 012	324	753	2
11	IN	264	4 908	329	649	2
12	IL	308	5 753	320	830	2
13	MI	379	5 439	337	738	2
14	WI	342	4 634	328	659	2
15	MN	378	4 921	330	664	2
16	IA	232	4 869	318	572	2
17	MO	231	4 672	309	701	2
18	ND	246	4 782	333	443	2
19	SD	230	4 296	330	446	2
20	NB	268	4 827	318	615	2
21	KS	337	5 057	304	661	2
22	DE	344	5 540	328	722	3
23	MD	330	5 331	323	766	3
24	VA	261	4 715	317	631	3
25	WV	214	3 828	310	390	3
26	NC	245	4 120	321	450	3
27	SC	233	3 817	342	476	3
28	GA	250	4 243	339	603	3
29	FL	243	4 647	287	805	3
30	KY	216	3 967	325	523	3
31	TN	212	3 946	315	588	3
32	AL	208	3 724	332	584	3
33	MS	215	3 448	358	445	3
34	AR	221	3 680	320	500	3
35	LA	244	3 825	355	661	3
36	OK	234	4 189	306	680	3
37	TX	269	4 336	335	797	3
38	MT	302	4 418	335	534	4
39	ID	268	4 323	344	541	4
40	WY	323	4 813	331	605	4
41	CO	304	5 046	324	785	4
42	NM	317	3 764	366	698	4
43	AZ	332	4 504	340	796	4
44	UT	315	4 005	378	804	4
45	NV	291	5 560	330	809	4
46	WA	312	4 989	313	726	4
47	OR	316	4 697	305	671	4
48	CA	332	5 438	307	909	4
49	AK	546	5 613	386	484	4
50	HI	311	5 309	333	831	4

表 7-3 各州教育费用数据的变量表

变量	描述	变量	描述
Y	1975 年人均教育费用	X_2	1974 年每千人中 18 岁以下的人数
X_1	1973 年人均收入	X_3	1970 年每千人中城镇人口数

根据临近地区数据具有规律一致性的事实，50 个州可以按地域划分为 4 个组：(1) 东北地区；(2) 北部中央区；(3) 南部地区；(4) 西部地区. 必须指出，我们可以利用示性变量分析地域效应，或者检验回归模型对地区的一致性. 然而，我们的目的是找到对于所有州的回归模型的最好表示式. 我们要尽可能地利用各种不同的方法进行数据处理，因此，也试图利用加权最小二乘的方法处理地区差异.

假定每个地区有一个误差方差，这些方差用 $(c_1\sigma)^2$，$(c_2\sigma)^2$，$(c_3\sigma)^2$ 和 $(c_4\sigma)^2$ 表示，其中 σ 是公共部分，c_i 是各地区的系数. 按照 WLS 方法，模型的回归系数应该由最小化下式得到：

$$S_w = S_1 + S_2 + S_3 + S_4,$$

其中

$$S_j = \sum_{i=1}^{n_j} \frac{1}{c_j^2}(y_i - \beta_0 - \beta_1 x_{i1} - \beta_2 x_{i2} - \beta_3 x_{i3})^2; \quad j = 1,2,3,4. \tag{7.9}$$

上式中 S_1 到 S_4 分别代表各个地区对和号 S_w 的贡献. 显然，在计算 S_j 时，只是将第 j 个区域中的各州的数据进行处理. 第 j 个区域有 n_j 个州，求和号中的 y_i，x_{i1}，x_{i2}，x_{i3} 只能是第 j 个区域中的各州的数据. 在 (7.9) 中的系数 $1/c_j$ 确定了各个观测数据在确定回归系数中的权数. c_j 的值愈大，说明该区域（或该州）的数据误差愈大，它在确定回归系数中的作用就愈小. WLS 方法的这种制约方式显然是非常合理的.

我们也可以用另一种方式来解释 WLS 方法的合理性. 我们将数据作一个变换，使得变换后数据的模型参数不变，但是误差方差变成常数. 这个变换就是每个数据除以适当的常数 c_j（第 j 个区域的州的数据除以 c_j）. 这样，利用数据 Y/c_j 对 $1/c_j$，X_1/c_j，X_2/c_j 和 X_3/c_j 作回归[⊖]，其误差项的方差变成公共的 σ^2，从而可对变换后的数据求其普通的最小二乘估计. 而施行这个算法的结果就是对原始数据的 WLS 计算结果. [199]

注意，在上面的推导过程中，假定 c_j 是已知的常数，而实际上，它们是未知的. 它们也是必须从数据中估计得到的. 为此，我们设计了一个两阶段估计. 首先，c_j^2 就是区域 j 内各州数据的误差方差（只差一个公共的常数因子）. 第一阶段的目的就是估计这些数 c_j^2. 用原始数据按模型 (7.8) 进行 OLS 分析. 就东北各州而言，公共误差的方差的估计为 $\hat{\sigma}_1^2 = \sum e_i^2/(9-1)$，其中求和号是对东北 9 个州的残差平方值而求的. $\hat{\sigma}_2^2$，$\hat{\sigma}_3^2$ 和 $\hat{\sigma}_4^2$ 的求法是类似的. 由于 $\sigma_j = c_j\sigma$，在第二阶段我们可以用 $\hat{c}_j^2$ 代替 (7.9) 中的 c_j^2，其中

$$\hat{c}_j^2 = \frac{\hat{\sigma}_j^2}{n^{-1}\sum_{i=1}^{n} \mathrm{e}_i^2}.$$

⊖ 如果我们用双重下标 i 和 j，j 表示区域，i 表示这个区域内的州，这样每个在区域 j 内的变量被 c_j 除. 注意到现在的 β_0 就是变换后的变量 $1/c_j$ 的系数. 变换了的模型为

$$\frac{y_{ij}}{c_j} = \beta_0 \frac{1}{c_j} + \beta_1 \frac{x_{1ij}}{c_j} + \beta_2 \frac{x_{2ij}}{c_j} + \beta_3 \frac{x_{3ij}}{c_j} + \varepsilon_{ij}',$$

其中 ε_{ij}' 的方差为 σ^2. 注意，变换前后的回归系数是一样的. 变换后的模型是一个没有截距的回归模型.

作为第一阶段分析的开始，我们先对 50 个州（不分区域）进行回归分析，其 OLS 分析结果列于表 7-4. 我们列出若干残差图以检查模型的合理性. 图 7-3 是标准化残差相对于响应变量回归拟合值的残差图，图 7-4 是标准化残差相对于区域的示性值的残差图. 由图 7-3 的散点图的形状看来，它呈喇叭形或漏斗形，这显示模型具有异方差的特性. 由图 7-4 的形状看出，各区域的残差有明显不同，即各区域的误差方差是不同的. 我们也给出了标准化残差相对于各预测变量的残差图（图 7-5～图 7-7). 图 7-5 说明误差的方差随着 X_1 的增大而增大.

表 7-4 各州教育费用数据的 OLS 计算结果（$n=50$）

变量	系数	标准误	t 检验	p 值
常数项	−556.568	123.200	−4.52	<0.000 1
X_1	0.072	0.012	6.24	<0.000 1
X_2	1.552	0.315	4.93	<0.000 1
X_3	−0.004	0.051	−0.08	0.934 2
$n=50$	$R^2=0.591$	$R_a^2=0.565$	$\hat{\sigma}=40.47$	自由度=46

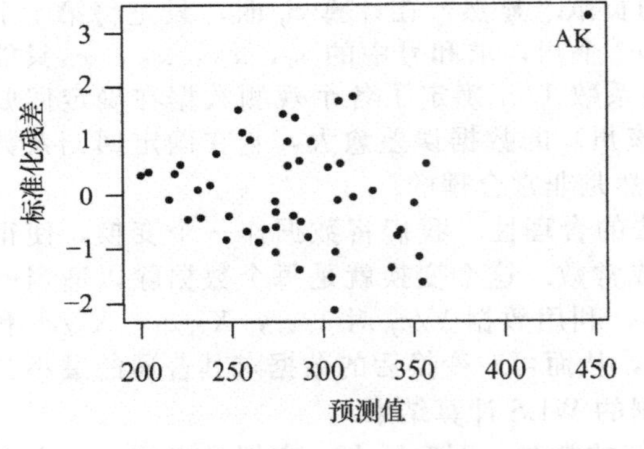

图 7-3 标准化残差值相对于预测值的残差图

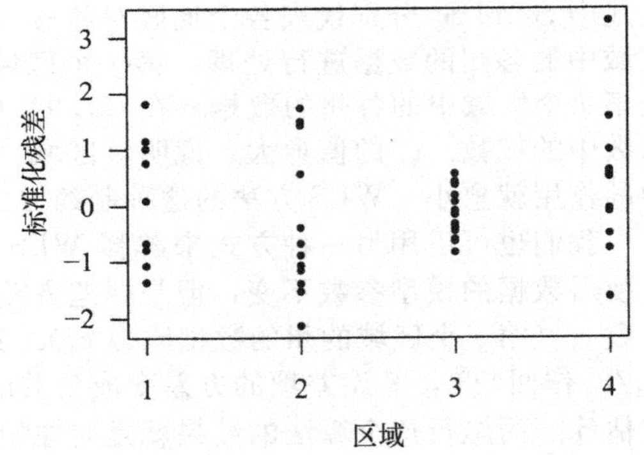

图 7-4 标准化残差值相对于区域的残差图

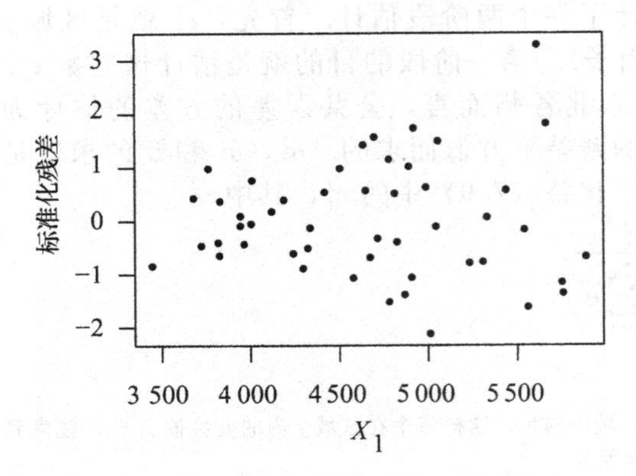

图 7-5 标准化残差值相对于 X_1 的残差图

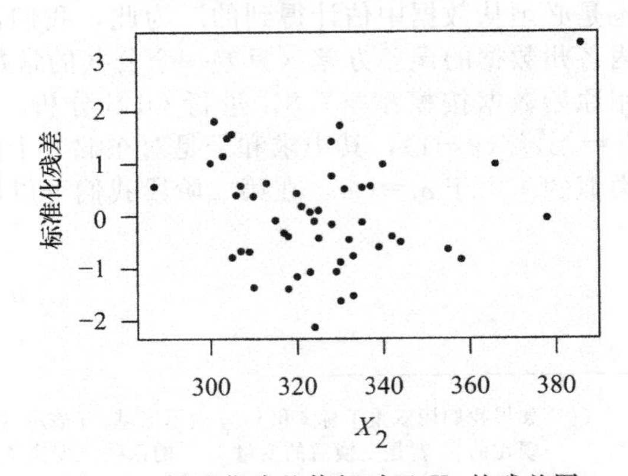

图 7-6 标准化残差值相对于 X_2 的残差图

在这个例子里边，考察一下标准化的残差和影响测度是有启发意义的. 读者会发现第

49 个观测值（阿拉斯加州）是一个异常值，其标准化的残差值为 3.28. 在图 7-3 中可以看出，这个残差值与其他州的残差值是相互分离的. 第 44 个数据（犹他州）和第 49 个数据（阿拉斯加州）是高杠杆点，其杠杆值分别为 0.29 和 0.44. 在考察影响测度时，我们发现只有一个强影响点（阿拉斯加州），其 Cook 距离值为 2.13，DFITS 值为 3.30. 犹他州是一个高杠杆点，但不是强影响点. 阿拉斯加州是高杠杆点，同时又是强影响点. 事实上，阿拉斯加州代表了一种特别的情况，一个人口稀少但石油收入十分丰厚的州. 这个年份又是 1975 年，其教育投资不能与其他州相比较. 在研究教育费用的回归问题时，这个数据对回归分析的结果有很大的影响，会扭曲原有的回归关系. 显然在分析教育费用问题时应该把这个特殊的州排除在外.

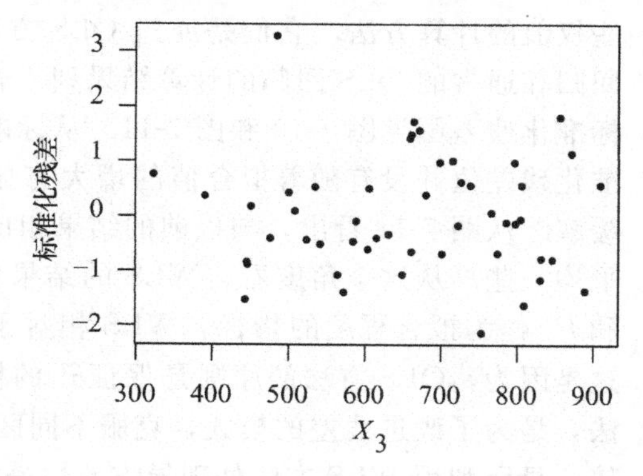

图 7-7 标准化残差值相对于 X_3 的残差图

阿拉斯加州的这个数据会对回归系数的确定有扭曲性的影响. 为证明这一点，我们将这个数据剔除，重新进行回归分析的计算. 剔除数据以后的计算结果显示，回归系数起了显著的变化（见表 7-5）. 由于这个数据对整个回归分析的影响太大，在以后的分析中，我们将这个数据剔除. 图 7-8 和图 7-9 是与图 7-3 和图 7-4 相似的，只是将阿拉斯加州的数据剔除了. 但剔除后的结果显示，模型仍然具有异方差性.

200 ~ 202

表 7-5 各州教育费用数据的 OLS 计算结果（$n=49$，阿拉斯加州被排除）

变量	系数	标准误	t 检验	p 值
常数项	−277.577	132.400	−2.10	0.041 7
X_1	0.048	0.012	3.98	0.000 3
X_2	0.887	0.331	2.68	0.010 3
X_3	0.067	0.049	1.35	0.182 6
$n=49$	$R^2=0.497$	$R_a^2=0.463$	$\hat{\sigma}=35.81$	自由度=45

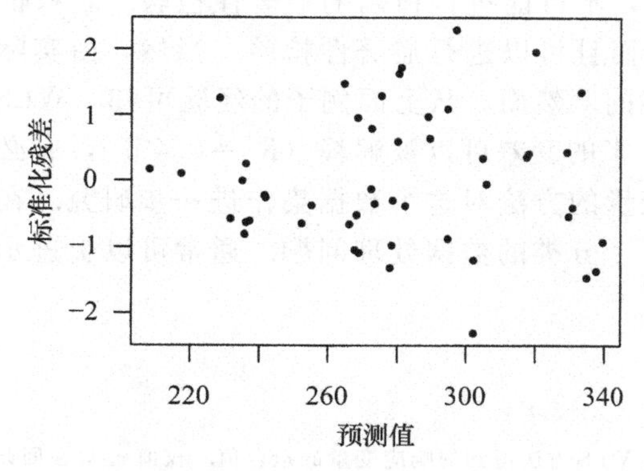

图 7-8 标准化残差值相对于预测值的残差图（阿拉斯加数据已剔除）

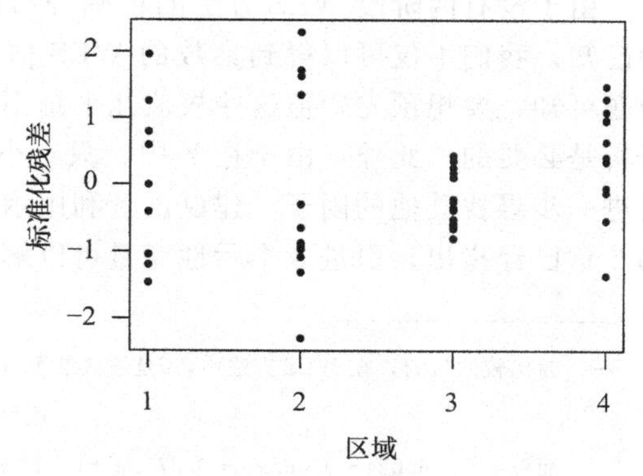

图 7-9 标准化残差值相对于区域的残差图（阿拉斯加数据已剔除）

为了进一步分析，我们必须得到进行 WLS 方法所需要的权值. 前面已经提到了，这些权值的计算方法. 它们是通过 OLS 方法计算得到的，其数据列于表 7-6. 我们将 WLS 回归和通常的 OLS 回归的计算结果列于表 7-7，以供比较. 模型经过变换以后计算得到的标准化残差图见图 7-10 和图 7-11. 从标准化残差相对于响应变量拟合值的残差图看出，标准化残差值并没有随着拟合值的增大有显著的变化（图 7-10），但是模型的异方差性得到缓解. 从图 7-11 看出，与以前的结果相比（图 7-4 和图 7-9），各地区残差的散布程度显得平均一些. 从这个角度看，WLS 的结果优于 OLS 的结果. 从表 7-7 的结果看来，若把$\hat{\sigma}^2$和 R^2 作为拟合程度的指标，WLS 相对于 OLS 并没有优势[㊀]. 这个结果也是在意料之中，这是因为，OLS 方法的原则是保证$\hat{\sigma}^2$ 的极小化和 R^2 的极大化. 我们之所以采用 WLS 方法，是为了改进残差的模式，克服不同区域之间的异方差性. 对区域的标准化残差图的比较，显示利用 WLS 方法处理异方差性是合适的.

[203]

表 7-6　WLS 方法所需要的权重[㊁]

区域 j	n_j	$\hat{\sigma}_j^2$	c_j
东北	9	1 632.50	1.177
北部中央区	12	2 658.52	1.503
南部	16	266.06	0.475
西部	12	1 036.83	0.938

表 7-7　教育费用数据（$n=49$）的 OLS 与 WLS 回归系数的比较（阿拉斯加数据已剔除）

变量	OLS			WLS		
	系数	标准误	t 检验	系数	标准误	t 检验
常数项	−277.577	132.40	−2.10	−316.024	77.42	−4.08
X_1	0.048	0.01	3.98	0.062	0.01	8.00
X_2	0.887	0.33	2.68	0.874	0.20	4.41
X_3	0.067	0.05	1.35	0.029	0.03	0.85
	$R^2=0.497$		$\hat{\sigma}=35.81$	$R^2=0.477$		$\hat{\sigma}=36.52$

由于没有两阶段 WLS 方法的精确分布理论，不可能进行精确的显著性检验. 若权值为已知，我们不仅可以得到参数的 WLS 估计，而且可以进行显著性检验. 当然，由实际问题可知，要想预先知道这些权值几乎是不可能的. 然而，从上面例子的经验可知，WLS 分析是必要的. 此外，由于在 Y 中，只有小于一半的变差可以被解释（$R^2=0.477$），有必要进一步寻找其他的因子. 建议读者利用示性变量的方法对这个数据集作进一步研究. 在第 5 章已经指出，引进 3 个示性变量可以解决 4 个分类的数据处理问题. 通常可以引进示

㊀ 为比较的目的，在 WLS 方法中，$\hat{\sigma}$是下式的平方根

$$\hat{\sigma}^2=\frac{1}{45}\sum_{i=1}^{n}(y_i-\hat{y}_i)^2,$$

而$\hat{y}_i=-316.024+0.062x_{i1}+0.874x_{i2}+0.029x_{i3}$是由 WLS 方法得到的响应变量的拟合值. 权值 c_i 只在回归系数的计算中用到，在$\hat{\sigma}$的计算公式中不再涉及.

㊁ 表中的 c_j^2 与$\hat{\sigma}_j^2$ 相差一个公共因子，不影响计算结果. ——译者注

性变量来消除模型中的异方差性.

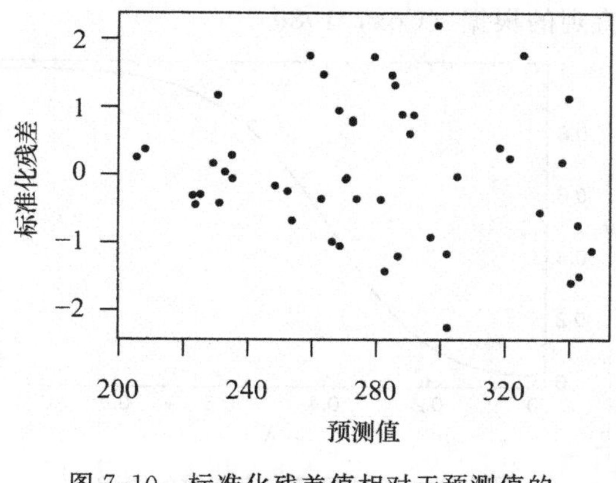

图 7-10 标准化残差值相对于预测值的残差图（WLS 方法）

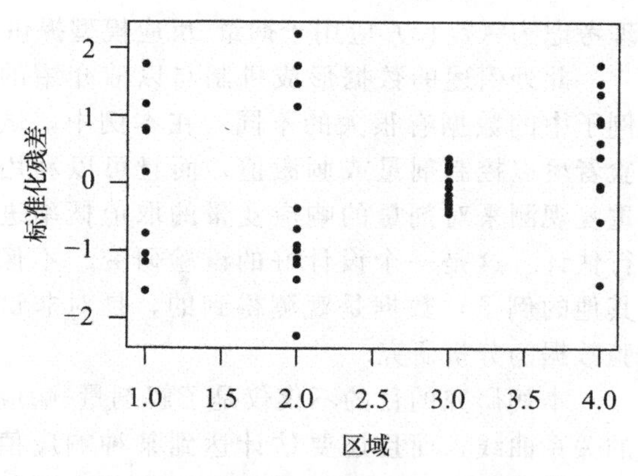

图 7-11 标准化残差值相对于区域的残差图（WLS 方法）

7.5 拟合剂量-反应关系曲线

加权最小二乘方法的一个重要的应用领域是拟合一个响应变量为比例值（取值在 0 到 1 之间）的回归直线. 我们考虑这样的情景：一个试验者可对被试对象实施不同水平的刺激. 一群被试者随机地接受某水平的刺激以后，得到一个二值的响应值（有反应和没有反应，用 1 或 0 表示）. 从这一组观测值，可以得到刺激和反应比例的关系的模型. 一个实际例子是在药理学领域内的药物或毒物剂量试验，刺激的水平是药物或毒物的剂量，二值响应为生存或死亡. 另一个例子是在商业领域内的人们消费行为的研究，刺激是某一商品的不同折扣率，响应值为购买与否.

在某种杀虫剂的试验中一共有 k 个剂量水平. 设有 n_j 个昆虫接受第 j 个水平的剂量 x_j，结果有 r_j 个昆虫死亡（$j=1, \cdots, k$）. 现在希望估计剂量和死亡比例之间的关系. 样本比例 $p_j=r_j/n_j$ 的分布可从二项分布理论得到，为取值于 [0, 1] 内的一个离散分布，期望值为 π_j，方差为 $\pi_j(1-\pi_j)/n_j$，其中 π_j 为昆虫接受剂量为 x_j 时的死亡概率. 显然死亡概率 π 与昆虫接受剂量之间的关系可用下列函数表示

$$\pi = f(X), \tag{7.10}$$

其中 $f(\cdot)$ 是一个取值于 [0, 1] 的非减函数. 我们之所以假定函数具有上述性质，是由于下列实际背景所制约：(1) π 是一个概率值，必须在 [0, 1] 之内，(2) 剂量的增加必定会增加昆虫的死亡率. 出于这样的考虑，就把下面的线性模型排除了：

$$\pi_j = \alpha + \beta x_j + \varepsilon_j, \tag{7.11}$$

其原因是，当 x_j 变化时，π_j 的值会超出 [0, 1] 的范围.

204～206

剂量-反应的关系通常是非线性的. 人们研究发现，下面的函数能够精确地刻画剂量和昆虫死亡概率的关系

$$\pi_j = \frac{e^{\beta_0+\beta_1 x_j}}{1+e^{\beta_0+\beta_1 x_j}}. \tag{7.12}$$

由（7.12）所确定的函数称为*逻辑斯谛响应函数*，其图像如图 7-12 所示．基于门限值的物理考虑为（7.12）应用于剂量-反应模型提供了直观的根据（Cox，1989）．

此处引述的数据形成机制与以前介绍的例子中的数据有很大的不同．在本例中，试验者可以控制剂量或刺激值，而且可以利用重复观测来对剂量的响应变量的取值概率进行估计．这是一个设计好的试验研究．不像其他的例子，数据是观测得到的，是对非试验数据的分析研究．

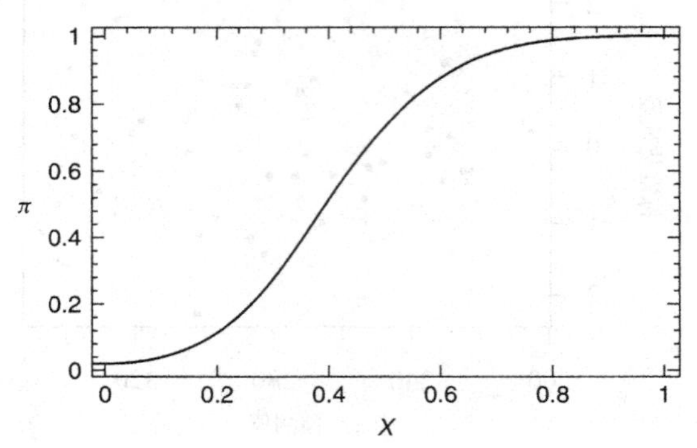

图 7-12　逻辑斯谛响应函数的图像

本例研究的目的不仅仅是了解剂量-响应的关系曲线，而且还要估计达到某种响应值的剂量．例如，我们特别希望了解杀虫剂的 50%死亡率的剂量（中位剂量）．

逻辑斯谛模型又称为 logit 模型，它被广泛地应用于生物学和流行病学研究中．在分析二值响应变量时，它是一个很有吸引力的模型，并且应用起来十分方便．

在研究二值响应变量时，除了逻辑斯谛响应函数，也有利用正态分布的分布函数作为响应函数的．正态分布函数的形状与逻辑斯谛函数是相似的．以正态分布函数作为响应函数的模型称为 probit 模型．读者可以参考 Finney（1964），以了解详情．

逻辑斯谛模型已经在医学和药理学研究中获得广泛应用，此外，在其他应用研究领域，如风险分析，学习理论，消费模式（选择模型）以及市场促销等领域也有广泛的应用．

207　（7.2）中的响应函数是非线性函数，我们可以对变量进行变换，使得变换后的响应函数线性化．然而，变换后的变量的方差不再是常数方差．这样我们必须用加权最小二乘法拟合变换后的数据．

第 12 章整章讨论逻辑斯谛回归模型．这是因为逻辑斯谛模型是十分重要的模型并且具有广泛的应用领域．在那里，研究的中心议题是，模型的适用范围和拟合方法．

习题

7.1　利用表 5-12 中的教育费用数据重复 7.4 节的分析．

7.2　利用表 5-13 中的教育费用数据重复 7.4 节的分析．

7.3　利用表 7-2 的教育费用数据，计算 Y 对 X_1，X_2，X_3 回归模型的杠杆值，标准化残差值，Cook 距离和 DFITS．对每一个度量，画出一个适当的图．根据这些图，指出 Alaska 和 Utah 两个州的数据代表高杠杆点，而只有 Alaska 是强影响点．

7.4　利用表 7-2 的教育费用数据，对响应变量 Y，相对于 3 个预测变量 X_1，X_2，X_3，外加地区的示性变量，拟合一个线性回归模型．将拟合的模型与 7.4 节中得到的 WLS 结果进行比较．

208　**7.5**　利用表 5-12 的数据，重复习题 7.3 和习题 7.4．

第8章 相关误差问题

8.1 引言：自相关

通常，标准的关于回归模型误差的假设是这样的：第 i 个误差 ε_i 和第 j 个误差 ε_j 是不相关的. 误差项的相关性暗示这样的可能性：现在所建立的模型还没有将数据中所包含的全部信息表达出来. 当观察数据具有自然的顺序时（例如按时间顺序出现），这种误差间的相关性就称为自相关.

产生自相关的原因可能是多方面的. 在时间上或空间上，相邻数据的残差趋向于相似. 经济数据中相邻数据的残差具有正相关性. 大的正误差紧跟着的也是正误差，大的负误差也会紧跟着负误差. 从相邻地块获得的农业数据会趋向于具有相关的残差，这是因为它们会受共同的外部环境的影响.

有时候，当回归方程的右边有一个变量被忽略时，也会出现自相关现象. 如果被忽略的变量的相继值之间是相关的，那么相应的观测值的误差之间也会出现相关性. 当被忽略的变量加入到回归方程以后，先前出现的自相关现象就会自然消除. 自相关现象对数据分析会有若干方面的影响，现总结如下.

1. 回归系数的最小二乘估计是无偏的，但是不再具有最小方差.

2. σ^2 和回归系数的标准差会被严重地低估；也就是说，由数据估得的标准差会比它的实际值大大地缩小，从而给出一个假想的精确估计.

3. 置信区间和通常采用的各种显著性检验的结论，严格地说来不再是可信的.

由上述现象看来，由自相关所带来的问题可谓严重，必须引起重视.

我们将区分两类不同的自相关现象，并给出它们的处理方法. 第一类自相关现象只是一种表象，它是由于忽略了某个自变量而出现的现象，一旦这个变量加入方程中，这种自相关现象就自然消失了. 第二类自相关可以称为纯自相关. 纯自相关的校正方法涉及数据的变换. 在 Johnston（1984）和 Kmenta（1986）中可以找到这些方法的推导.

8.2 消费支出和货币存量

表 8-1 给出的是美国自 1952—1956 年季度消费支出（Y）和货币存量（X）数据，以 10 亿美元作为单位. 这些数据可以在本书网站上查到[⊖].

表 8-1 消费者支出和货币存量

年份	季度	消费支出	货币存量	年份	季度	消费支出	货币存量
1952	1	214.6	159.3	1952	3	219.6	162.8
	2	217.7	161.2		4	227.2	164.6

⊖ http://www.aucegypt.edu/faculty/hadi/RABE5

（续）

年份	季度	消费支出	货币存量	年份	季度	消费支出	货币存量
1953	1	230.9	165.9	1955	1	249.4	178.0
	2	233.3	167.9		2	254.3	179.1
	3	234.1	168.3		3	260.9	180.2
	4	232.3	169.7		4	263.3	181.2
1954	1	233.7	170.5	1956	1	265.6	181.6
	2	236.5	171.6		2	268.2	182.5
	3	238.7	173.9		3	270.4	183.3
	4	243.2	176.1		4	275.6	184.3

数据来源：Friedman and Meiselman（1963，p. 266）.

货币定量理论的一个简单的模型为

$$y_t = \beta_0 + \beta_1 x_t + \varepsilon_t, \tag{8.1}$$

其中 β_0 和 β_1 是常系数，ε_t 是误差项，y_t 和 x_t 分别为相应的季度消费支出和货币存量. 经济学家对于系数 β_1 和它的标准误感兴趣. β_1 称为乘数，是在财政金融政策中很重要的工具. 由于数据是按时间顺序出现的，有理由相信，数据中会出现自相关现象. 这组数据的回归计算结果列于表 8-2.

表 8-2 消费支出相对于货币存量的回归计算结果

变量	系数	标准误	t 检验	p 值
常数项	−154.72	19.850	−7.79	<0.000 1
X	2.30	0.115	20.10	<0.000 1
$n=20$	$R^2=0.957$	$R_a^2=0.955$	$\hat{\sigma}=3.983$	自由度=18

从回归分析计算结果看来，回归系数是显著的. 回归直线的斜率系数是 β_1，其标准误为 0.115，β_1 的 95%置信区间为 2.30±2.10×0.115=（2.06，2.54）. 可从经济学上解释这个公式的意义：一个单位的货币存量的变化，可导致消费支出的变化范围为（2.06，2.54），置信度为 95%. 而 R^2 的值说明 96%的消费支出的变异可以被货币存量的变异所解释. 如果关于回归模型的假定是正确的，我们的分析也就完成了. 但是我们还必须对模型的假定进行检验. 为了检验对模型的假定，我们要检查回归模型的残差. 如果发现模型有自相关现象，就必须消除自相关的影响，并且重新估计模型的参数.

210

对于时间序列而言，顺序图是数据分析的一个重要工具. 顺序图实际上就是回归分析中标准化残差相对于时间的残差图，或者是数据的标准化残差值相对于时间的散点图（见图 8-1）. 这个图

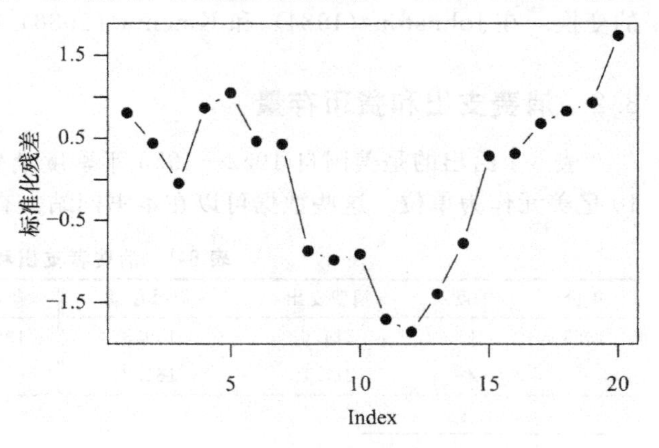

图 8-1 标准化残差的顺序图

揭示了模型中误差之间相关的特征，同时确定了残差的模式．顺序图的一个重要的特征是它的正负号出现的规律，往往是连续出现几个正残差，跟着出现几个负残差．就图 8-1 来看，前面 7 个是正残差，接着 7 个是负残差，最后 6 个又是正残差．这种模式说明模型的误差项是相关的，但是需要对结论做进一步说明和分析．

我们将残差的正负号按时间顺序排列起来，形成一个符号的序列，这样的符号序列称为残差符号的序列图．在我们的例子中，残差的符号形成的序列图如下：

＋＋＋＋＋＋＋－－－－－－－＋＋＋＋＋＋

残差的符号序列图按连续的符号可以分解成若干个游程，第一个游程由 7 个正号组成，第二个游程由 7 个负号组成，第三个游程由 6 个正号组成，这个序列图里共有 3 个游程．现在设一个序列图共有 n_1 个正号，n_2 个负号，若这些正负号是完全随机排列的，则序列图中游程的个数是一个随机变量，这个随机变量的期望 μ 和方差 σ^2 由下式给出：

211

$$\mu = \frac{2n_1 n_2}{n_1 + n_2} + 1,$$

$$\sigma^2 = \frac{2n_1 n_2(2n_1 n_2 - n_1 - n_2)}{(n_1 + n_2)^2(n_1 + n_2 - 1)}.$$

在我们的序列图中，$n_1 = 13$，$n_2 = 7$，游程数的期望值为 10.1，标准差为 1.97．观察到的游程数为 3，它与期望值的差为 7.1，这个差值远远大于 2 倍的标准差．这个检验结果说明符号序列不是以随机方式顺序出现的．通过这个游程检验，从视觉上说明残差序列中存在某种结构模式．

许多计算机统计软件包都提供游程检验的程序．因此，很容易利用这个近似的游程检验来检测残差序列的独立性．但是，我们提供的方法，不可用于小样本的情况（n_1，n_2 小于 10）．对于小样本情况，我们必须计算游程数的精确分布以判断残差符号的随机性．关于游程检验，读者应该参考有关非参数统计的书籍，如 Lehmann（1975），Conover（1980），Gibbons（1993）和 Hollander and Wollfe（1999）．以上介绍的是图形分析方法，它主要利用游程检验这个工具．此外，还可以利用 Durbin-Watson 统计量检测自相关误差（Durbin and Watson（1951））．

8.3 Durbin-Watson 统计量

Durbin-Watson 统计量是回归分析中著名的自相关检验的关键统计量．这个检验的基本假定是这样的：相邻的误差项是相关的，它们满足下面的关系

212

$$\varepsilon_t = \rho\varepsilon_{t-1} + \omega_t, \qquad |\rho| < 1, \tag{8.2}$$

其中 ρ 是 ε_t 与 ε_{t-1} 之间的相关系数，ω_t 是独立正态随机变量序列，期望均为 0，方差为常数．在这种模型假定之下，误差称为具有*一阶自回归结构*，或*一阶自相关*．在许多情况之下，误差 ε_t 可能具有更加复杂的相关性结构．由（8.2）给出的一阶相依性结构，通常是作为实际误差结构的一个简单近似．

下面的公式就是 Durbin-Watson 统计量

$$d=\frac{\sum_{t=2}^{n}(e_t-e_{t-1})^2}{\sum_{t=1}^{n}e_t^2},$$

其中 e_i 是第 i 个普通最小二乘（OLS）残差．统计量 d 用于下述假设检验问题

$$\text{原假设 } H_0:\rho=0,\quad \text{备择假设 } H_1:\rho>0.$$

注意，在（8.2）中，当 $\rho=0$ 时，误差 ε_t 是互不相关的．

由于式（8.2）中的参数 ρ 是未知的，我们用下面的 $\hat{\rho}$ 估计 ρ，

$$\hat{\rho}=\frac{\sum_{t=2}^{n}e_te_{t-1}}{\sum_{t=1}^{n}e_t^2}.\tag{8.3}$$

估计量 $\hat{\rho}$ 与 d 之间有下列近似关系

$$d\doteq 2(1-\hat{\rho}),$$

（记号 $\doteq$ 表示近似相等）．这个等式表示 d 的变化范围为（0，4）．由于 $\hat{\rho}$ 是 ρ 的估计，当 $\rho=0$ 时，d 接近于 2，当 $\rho=1$ 时，d 接近于 0．由此看出，d 的值愈靠近 2，误差结构中，相互独立性的证据就愈充分．这样，d 偏离 2 的程度成为模型具有自相关性的证据．我们可以用下面的方法来检验模型误差的正的自相关性．首先计算 Durbin-Watson 统计量 d，若

1. $d<d_L$，则拒绝 H_0．
2. $d>d_U$，则不拒绝 H_0．
3. $d_L<d<d_U$，则无法做出结论．

对应于不同的分位点，Durbin and Watson（1951）已经给出了（d_L，d_U）的值．这些临界值依赖于样本量 n，预测变量个数 p 和显著性水平．本书的附录中给出了这些数值（表 A-6 和表 A-7）．

实际中很少遇到误差结构出现负自相关的情况．对于负相关的检验，我们采用统计量 $4-d$，相应的检验过程与正自相关的检验过程完全一样．

在我们讨论的消费支出和货币存量数据中，$d=0.328$．在表 A-6 中，取 $n=20$，$p=1$（预测变量的数目），显著性水平 0.05，我们得到 $d_L=1.20$，$d_U=1.41$．由于 $d<d_L$，在 5% 的显著性水平下拒绝 H_0，即 d 的值是显著的，并且认为模型的误差存在自相关性．这个检验的结论再一次证实了前面我们考察顺序图时所得到的结论．在前面的讨论中，我们以序列图中残差正负号序列的游程数为基础，进行非参数检验，得到相同的结论．

213

当 $d>d_U$ 时，误差序列不存在自相关的问题，没有必要进一步分析．当 $d_L<d<d_U$ 时，对模型的进一步分析可做可不做．我们建议，当 Durbin-Watson 统计量 d 落入存疑区域时，利用下面的方法重新估计方程的参数，看会不会发生重要的变化．

正如前面指出，出现误差相关性会使得标准化误差的估计、置信区间的设置和统计检验的结论发生扭曲，失真．因此我们必须重新估计模型．当出现自相关性，或对自相关性出现存疑时，可采取下面两个措施．（1）对变量做变换，然后进行分析；（2）引进具有时

序效应的新的变量．我们对货币存量的数据实施第一种方法．至于第二种方法，留待在8.6节中讨论．

8.4 利用变换消除自相关性

当对残差图进行分析和利用Durbin-Watson统计量进行检验，发现误差具有相关性的时候，我们应该在误差之间具有相关性的假定之下，对模型的系数重新进行估计．一种办法是对变量作一个含有未知的自相关参数 ρ 的变换．引入 ρ 以后，模型就不再是线性的了，直接利用最小二乘法已经不可能了．然而，有一些方法可以绕开非线性（Johnson，1984）．此处引用的方法是由Cochrane and Orcutt（1949）提出的．

由模型（8.1），ε_t 和 ε_{t-1} 有下面的表达式

$$\varepsilon_t = y_t - \beta_0 - \beta_1 x_t,$$
$$\varepsilon_{t-1} = y_{t-1} - \beta_0 - \beta_1 x_{t-1}.$$

将这些公式代入式（8.2），得到

$$y_t - \beta_0 - \beta_1 x_t = \rho(y_{t-1} - \beta_0 - \beta_1 x_{t-1}) + \omega_t.$$

将上式变形，得到

$$\begin{aligned} y_t - \rho y_{t-1} &= \beta_0(1-\rho) + \beta_1(x_t - \rho x_{t-1}) + \omega_t, \\ y_t^* &= \beta_0^* + \beta_1^* x_t^* + \omega_t, \end{aligned} \tag{8.4}$$

其中

$$y_t^* = y_t - \rho y_{t-1},$$
$$x_t^* = x_t - \rho x_{t-1},$$
$$\beta_0^* = \beta_0(1-\rho),$$
$$\beta_1^* = \beta_1.$$

由于 ω_t 是不相关的序列，模型（8.4）是一个误差项不相关的线性模型．这样，我们将 y_t^* 作为响应变量，x_t^* 为预测变量，利用OLS法求出这个变换后模型参数的最小二乘估计．原来模型中的参数估计可用下式表示 [214]

$$\hat{\beta}_0 = \frac{\hat{\beta}_0^*}{1-\hat{\rho}}, \quad \hat{\beta}_1 = \hat{\beta}_1^*, \tag{8.5}$$

此处 $\hat{\beta}_0^*$ 和 $\hat{\beta}_1^*$ 是变换了的没有自相关性的线性模型的参数的最小二乘估计．这样我们给出了一个处理回归模型中自相关性的方法．若模型（8.1）中的误差项具有（8.2）那样的自相关结构，可对等式（8.2）的两端进行变换，构造一个误差项没有自相关性的线性模型（见模型（8.4）），然后利用OLS方法对这个模型进行处理．

注意到整个计算过程中，参数 ρ 也是有待估计的参数，Cochrane and Orcutt（1949）提出了一个迭代的计算方法．方法分下面几个步骤：

1. 对数据拟合模型（8.1），利用OLS法求出 β_0 和 β_1 的最小二乘估计．将这个估计作为 β_0 和 β_1 的初始估计．

2. 计算模型（8.1）的残差，利用残差值，通过（8.3）得到参数 ρ 的估计 $\hat{\rho}$，$\hat{\rho}$ 是参数 ρ 的初始估计．

3. 在变换了的模型（8.4）中，令 $y_t^* = y_t - \hat{\rho} y_{t-1}$，$x_t^* = x_t - \hat{\rho} x_{t-1}$，求出这个变换了的回归模型的系数的 OLS 估计$\hat{\beta}_0^*$ 和$\hat{\beta}_1^*$. 最后利用（8.5）得到原回归模型中参数的估计$\hat{\beta}_0$和$\hat{\beta}_1$，这是 β_0 和 β_1 的迭代估计.

4. 在得到$\hat{\beta}_0$ 和$\hat{\beta}_1$ 的基础上，计算模型（8.1）的新的残差值（当然，也通过（8.3）得到 ρ 的迭代估计$\hat{\rho}$）. 如果经过检查，发现新的残差仍然有自相关性，转到第 3 步，重复这个过程，直到当新的残差值没有自相关性时，迭代过程终止. 原始数据的拟合方程变成

$$\hat{y}_t = \hat{\beta}_0 + \hat{\beta}_1 x_t,$$

此处$\hat{\beta}_0$ 和$\hat{\beta}_1$ 当然是迭代过程中得到的估计.

在实际使用 Cochrane-Orcutt 方法时，我们提出这样的建议：在第一个循环中得到$\hat{\beta}_0$和$\hat{\beta}_1$ 以后，若发现误差之间仍然有自相关性，建议寻找另外的方法消除自相关性. 现在将 Cochrane-Orcutt 方法应用于表 8-1 给出的数据.

上一节中已经计算得到，原始数据的 d 值为 0.328，这是高度显著的，说明原始数据的误差结构中具有自相关性. 误差之间的相关系数 ρ 的估计值$\hat{\rho}=0.751$. 在拟合（$y_t - 0.751y_{t-1}$）相对于（$x_t - 0.751x_{t-1}$）的回归方程时，Durbin-Watson 统计量 d 的值为 1.43. 查显著性水平 0.05 的 Durbin-Watson 统计量 d 的分布表 A-6，$n=19$，$p=1$，其相应的 $d_U=1.40$. 其结论是无法拒绝原假设 H_0：$\rho=0$.[㊀] 用变换后的数据拟合的方程为

$$\hat{y}_t^* = -53.70 + 2.64x_t^*.$$

利用式（8.5）求得$\hat{\beta}_0$ 和$\hat{\beta}_1$ 的估计值，由此得到原始变量的拟合方程

215

$$\hat{y}_t = -215.31 + 2.64x_t.$$

这个拟合方程的斜率的标准误为 0.307，而对原始方程的 OLS 估计（相应的方程为$\hat{y}_t = -154.7 + 2.3x_t$），其斜率的标准误为 0.115. 新估计的标准误比原来的扩大了近 3 倍. 利用经过变换后的数据得到的拟合方程的残差图见图 8-2. 该图显示残差正负号序列中游程的个数明显增加，显示 Cochrane-Orcutt 方法已经凑效.

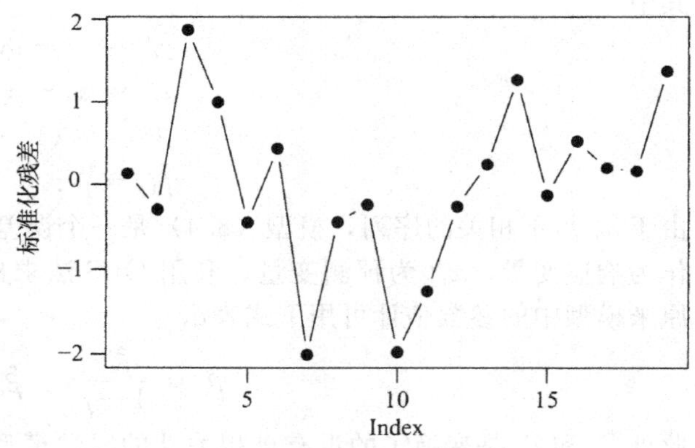

图 8-2　经过 Cochrane-Orcutt 方法第一次迭代后的标准化残差的顺序图

8.5 当回归模型具有自相关误差时的迭代估计法

Cochrane-Orcutt 方法的一个优点是利用标准的最小二乘方法估计模型的参数. 尽管在实施 Cochrane-Orcutt 方法时，需要两次利用最小二乘估计方法，其操作过程却是十分简

㊀ 此处的显著性水平不是严格的 0.05，其原因是我们在检验的过程中用到了估计量$\hat{\rho}$. 不过 d 值 1.43 表示新的回归方程的自相关性有所缩小，而原来回归方程的 d 值为 0.328.

单. 现在介绍一个直接计算的方法，它可以将三个参数 ρ, β_0 和 β_1 同时进行估计. 我们所建立的模型如以前所建立的那样，见 (8.4). 不过我们利用最小化下式

$$S(\beta_0,\beta_1,\rho)=\sum_{t=2}^{n}[y_t-\rho y_{t-1}-\beta_0(1-\rho)-\beta_1(x_t-\rho x_{t-1})]^2$$

的方法，求出 β_0, β_1 和 ρ 的估计. 若 ρ 已知，很容易利用 $y_t-\rho y_{t-1}$ 相对于 $x_t-\rho x_{t-1}$ 求出通常的回归系数 β_0, β_1 的估计. 现在的问题变成寻找 ρ 的值，使得 $S(\beta_0, \beta_1, \rho)$ 达到最小值. 这只能对 ρ 逐个进行计算，最后找到使 $S(\beta_0, \beta_1, \rho)$ 达到最小值的 β_0, β_1 和 ρ. 这种最优参数的搜索算法可以利用若干标准的最小二乘方法完成，但是也有更有效的自动搜索程序可以利用. 这种方法由 Hildreth and Lu (1960) 给出. 关于这种自动搜索方法的性质的讨论，可以参考 Kmenta (1986).

216

当达到最小值的参数 $\tilde{\rho}$, $\tilde{\beta}_0$, $\tilde{\beta}_1$ 得到以后，β_1 的估计的标准误可以用第 2 章的 (2.25) 来计算. 在该公式中，把 $\rho=\tilde{\rho}$ 看成已知值，然后在求 $y_t-\rho y_{t-1}$ 相对于 $x_t-\rho x_{t-1}$ 的回归的过程中，得到标准误. 具体地说，$\tilde{\beta}_1$ 的标准误由下式给出：

$$\text{s. e.}(\tilde{\beta}_1)=\frac{\hat{\sigma}}{\sqrt{\sum[x_t-\tilde{\rho}\,x_{t-1}-\bar{x}(1-\tilde{\rho})]^2}},$$

其中 $\hat{\sigma}$ 是 $S(\tilde{\beta}_0, \tilde{\beta}_1, \tilde{\rho})/(n-2)$ 的平方根. 若这种迭代搜索程序可行时，我们还是建议使用这种迭代的计算方法. 然而，将这种计算方法与前面介绍的 Cochrane-Orcutt 方法相比较，无论从估计值或标准误来看，差别不会很大. 对于表 8-1 给出的数据，三种方法的计算结果列于表 8-3. 在该表中，OLS 方法是指在不存在自相关性的假定之下的最小二乘方法，迭代方法是指本节中给出的方法.

表 8-3 回归的 3 种计算方法的比较

方法	$\hat{\rho}$	$\hat{\beta}_0$	$\hat{\beta}_1$	s. e. $(\hat{\beta}_1)$
OLS	—	−154.700	2.300	0.115
Cochrane-Orcutt	0.874	−324.400	2.758	0.444
迭代	0.824	−235.509	2.753	0.436

8.6 变量的缺失和模型的自相关性

残差图的特征可以揭示模型误差的自相关性，也可以显示模型的其他缺陷. 在上面的例子中，标准化残差的顺序图和基于 Durbin-Watson 统计量的检验可以确定模型误差间的自相关性. 但是，图上的低频率的残差正负号变化，以及 DurbinX-Watson 统计量的异常小的值，并不一定是模型自相关性所造成的病态现象. 模型的其他病态也可出现这种现象.

一般来说，残差值相对于某一个自变量的残差图可以揭示这个变量的其他变动的信息. 回到前面讨论过的消费支出和货币存量的例子，当顺序图出现了那种可疑模式时，也可以解释为某个随着时间变动的自变量被遗漏了. 当然，当残差的自相关系数很大，Durbin-Watson 统计量异常显著，标准化残差的顺序图又出现那种大块的正号和大块负号的交替模式时，压倒性的结论是出现误差的自相关性. 我们知道，这个结论也许是不正确

的. 更合理的解释可能是我们对模型的误设.

总之，在数据分析中应该考虑到所有的可能性. 事实上，在数据分析中，当出现误差的自相关现象以后，应该立刻考虑是否由于忽略了某个变量而造成了自相关性. 如果增加一个变量能够消除误差间的自相关性，那是十分令人满意的事情，而且可以考察这个遗漏变量在回归中的作用. 通过变量的变换消除自相关性被认为是数据处理中的最后一招.

217

8.7 住房开工规模的分析

今天我们讨论一个由于遗漏了预测变量而造成人工的自相关现象的例子. 这个例子是美国中西部建筑工程协会所提供. 协会希望了解住房工程开工规模与人口增长的关系，其目的是为了预测建筑业的发展规模. 他们清楚由于情况的复杂，不可能知道潜在的购屋者的准确数据，只能把当地 22～44 岁的居民数量作为反映潜在购屋者规模的变量. 他们辛勤地收集了该地区的 25 年资料（见表 8-4，表中 H 是住房开工数，单位：百万，P 是人口规模，单位：百万），这些资料可从本书的网站上获得. 他们的目的是为开工数与人口规模建立一个简单的回归关系，

$$H_t = \beta_0 + \beta_1 P_t + \varepsilon_t. \tag{8.6}$$

通过这个关系式可以知道人口规模的变化与住房需求变化的关系. 该协会知道，人口规模与开工数之间的关系非常复杂，往往是住房开工数会影响人口规模（通过人口迁移），而不是反过来. 尽管这个模型是很粗糙的，但是作为他们研究的开端是很自然的.

表 8-4 开工数（H）、人口规模（P）和按揭可用性指标（D）的数据

行号	H	P	D	行号	H	P	D
1	0.090 90	2.200	0.036 35	14	0.116 04	2.433	0.052 82
2	0.089 42	2.222	0.033 45	15	0.116 88	2.482	0.054 73
3	0.097 55	2.244	0.038 70	16	0.120 44	2.532	0.055 31
4	0.095 50	2.267	0.037 45	17	0.121 25	2.580	0.058 98
5	0.096 78	2.280	0.040 63	18	0.120 80	2.605	0.062 67
6	0.103 27	2.289	0.042 37	19	0.123 68	2.631	0.054 62
7	0.105 13	2.289	0.047 15	20	0.126 79	2.658	0.056 72
8	0.108 40	2.290	0.048 83	21	0.129 96	2.684	0.066 74
9	0.108 22	2.299	0.048 36	22	0.134 45	2.711	0.064 51
10	0.107 41	2.300	0.051 60	23	0.133 25	2.738	0.063 13
11	0.107 51	2.300	0.048 79	24	0.138 63	2.766	0.065 73
12	0.114 29	2.340	0.055 23	25	0.139 64	2.793	0.072 29
13	0.110 48	2.386	0.047 70				

分析

表 8-5 给出了对模型（8.6）的拟合计算结果. 变量 P 对 H 的变异的贡献率为 $R^2=$

0.925．这说明，每增加1百万人口，住房开工数增加71 000个．Durbin-Watson统计量和残差的顺序图（图8-3）显示误差具有很强的自相关性．然而作为数据分析者，很容易想到，或许有其他变量能更好地解释开工的规模，由于这个变量被忽略而造成了误差间的强自相关性．这些可能的潜在变量是失业率，婚姻和家庭的社会趋向，政府的住房政策，建筑和抵押资金的供给．首先考虑的是度量当地抵押资金可得性的指标，将这个指标作为预测变量加入到模型中去，变成

218

$$H_t = \beta_0 + \beta_1 P_t + \beta_2 D_t + \varepsilon_t.$$

表 8-5　住房开工规模（H）对于人口规模（P）的回归计算结果

变量	系数	标准误	t 检验	p 值
常数项	−0.060 9	0.010 4	−5.85	<0.000 1
P	0.071 4	0.004 2	16.90	<0.000 1
$n=25$	$R^2=0.925$	$d=0.621$	$\hat{\sigma}=0.004\,1$	自由度=23

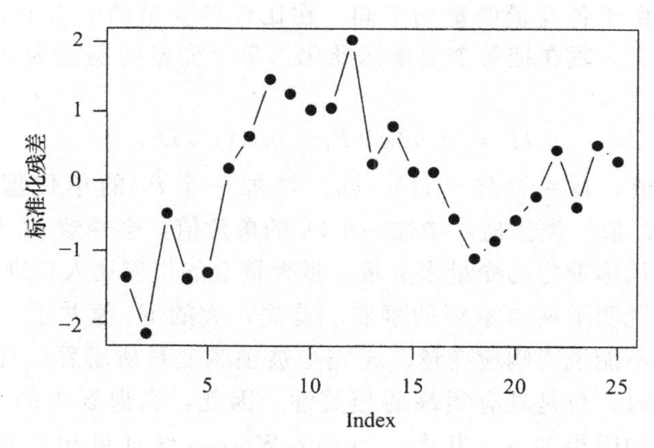

图 8-3　住房开工数据：H_t 对 P_t 的回归的标准化残差的顺序图

引入了抵押资金指标这个变量以后，误差的自相关性消失了．从表8-6的计算结果看出，Durbin-Watson统计量具有新的值 $d=1.852$，进入原假设的接受域．残差的顺序图（图8-4）也得到改进．回归系数和它们的 t 值显示人口规模效应是显著的，但是在第一个回归模型（即模型（8.6））中，它的效应比第二个回归模型（在（8.6）中加进了预测变量 D_t 之后的模型）扩大了2倍．在第一个模型中，人口规模的效应是被扭曲地夸大了．某种意义下，在人口规模固定的条件下，抵押资金供应变化的效应比人口规模变化的效应更大．

表 8-6　开工规模（H）对于人口规模（P）和抵押资金（D）的回归计算结果

变量	系数	标准误	t 检验	p 值
常数项	−0.010 4	0.010 3	−1.01	0.322 0
P	0.034 7	0.006 4	5.39	<0.000 1
D	0.760 5	0.121 6	6.25	<0.000 1
$n=25$	$R^2=0.973$	$d=1.85$	$\hat{\sigma}=0.002\,5$	自由度=22

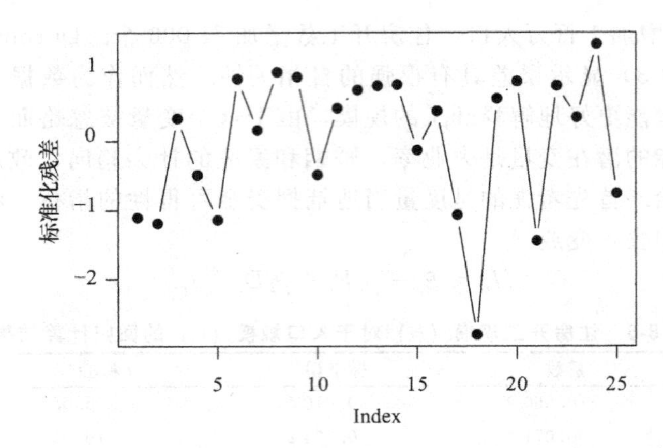

图 8-4 住房开工数据：H_t 对 P_t 和 D_t 的回归的标准化残差的顺序图

上面的分析中，由于各变量的量纲不同，在比较各变量的效应时，没有统一的标准，所得到的结论会有歧义. 现在把每个变量标准化（每个变量的期望为 0，方差为 1），其相应的回归方程为

$$\widetilde{H}_t = 0.4668\,\widetilde{P}_t + 0.5413\,\widetilde{D}_t,$$

其中$\widetilde{H}$是 H 的标准值，$\widetilde{H} = (H - \overline{H})/s_H$. 增加一个$\widetilde{P}_t$ 的单位值，会导致 H_t 增加 0.4668个标准差的 H_t 值. 类似地，增加一个$\widetilde{D}_t$ 的单位值，会导致 H_t 增加 0.5413 个标准差的值. 由此可知，从标准化的变量来度量，抵押资金的供应比人口规模更重要.

开工规模的例子说明了两点重要的事实. 首先，大的 R^2 值并不一定说明模型和数据拟合得很好，同时也不能说明响应变量已经完全被预测变量所解释. 任何一对变量，当它们同时随着时间变化时，总是具有很高的相关性. 因此，当遇到大的 R^2 值时，并不说明两个变量之间有明确的因果关系. 其次，Durbin-Watson 统计量和残差图的表现可以揭示误差间的自相关性，但是，这可能是表象，事实上，误差之间是相互独立的，只是由于忽略了某一变量而造成了自相关性的假象. 虽然 Durbin-Watson 统计量是用于检测模型误差的一阶自相关性，但是错误地设定模型（例如，遗漏某些变量）也会导致 Durbin-Watson 统计检验的结果显示高度显著性. 因此，当 Durbin-Watson 统计检验结果显著时，表示所设的模型出现了问题，要么遗漏了某些潜在的变量，或者出现了误差的自相关性.

219~221

8.8 Durbin-Watson 统计量的局限性

前面我们讨论了两个例子，消费支出和货币存量的例子以及住房开工规模与人口规模的例子，从最初模型的残差图的分析可以发现模型的某些问题，包括模型的误设和误差的自相关性. 在这两个例子中，由 Durbin-Watson 统计量过小可以得出结论，误差项存在正自相关性. 但是，在这两个问题中，对于自相关性的处理方式却是不一样的. 在住房开工规模的例子中，找到了一个遗漏的变量，这个遗漏造成了模型的自相关性. 在另一个消费支出和货币存量的关系的例子中，利用 Durbin-Watson 统计检验和处理所谓纯自相关问题.

注意，在这两个例子中出现的误差之间的相依性都是一阶相依性．无论是 Durbin-Watson 统计检验或者是残差图的模式，他们揭示的相依性都是相邻数据之间的依赖性．如果时间相依性是高于一阶的相依性，在残差图上仍然有所显示．然而，Durbin-Watson 统计检验不是为检测高阶时间相依性而设计的，对于鉴别相依性的阶数，不能提供有价值的信息．

作为例子，我们考虑美国的一个生产和销售滑雪器具的公司，这个公司的工作人员希望找到公司的季度销售量与美国主要经济指标的关系．他们选择的指标为居民的可支配收入（PDI，以 10 亿美元为单位）．初始的模型为

$$S_t = \beta_0 + \beta_1 \mathrm{PDI}_t + \varepsilon_t,$$

其中 S_t 为销售季度为 t 时的滑雪器具的销售量（单位为百万美元），PDI_t 为当季的居民可支配收入．表 5-11 是 10 年（40 个季度）的数据，这些数据可从本书的网站得到．回归的结果列于表 8-7，残差的顺序图见图 8-5.

表 8-7　滑雪器具销售量对 PDI 的回归结果

变量	系数	标准误	t 检验	p 值
常数项	12.392 1	2.539	4.88	$<0.000\,1$
PDI	0.197 9	0.016	12.40	$<0.000\,1$
$n=40$	$R^2=0.801$	$d=1.968$	$\hat{\sigma}=3.019$	自由度=38

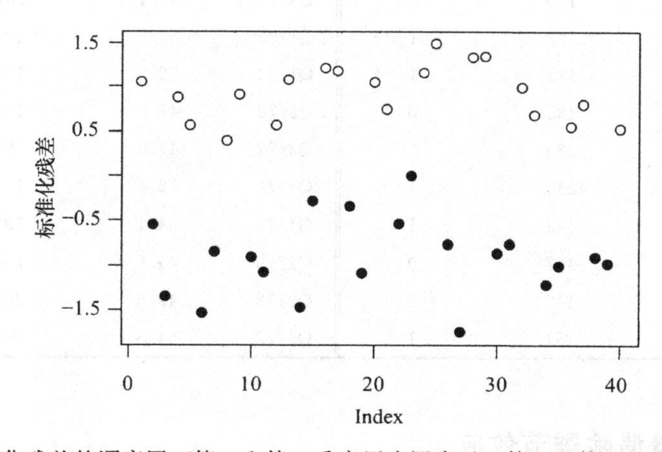

图 8-5　标准化残差的顺序图（第 1 和第 4 季度用小圈表示，第 2 和第 3 季度用黑点表示）

乍一看，表 8-7 的结果是令人鼓舞的．PDI 对滑雪器具销售量的变异的贡献为 0.8（即 R^2 的值），PDI 增加一个单位对滑雪器具销售量的边际贡献为 165 420 美元到 230 380 美元之间（$\hat{\beta}_1=0.197\,9$），置信系数为 0.95．另外，Durbin-Watson 统计量的值为 1.968，显示没有一阶自相关．

由于 PDI 和销售量都是随时间增长的，PDI 贡献了大部分的销售量的变异，这个结论也在情理之中．然而，尽管 $R^2=0.8$，这个值相当高，这不能作为对模型的最后评价．虽然，Durbin-Watson 统计量的值在接受域，但是从图 8-5 看出残差具有某种类型的时间相依性．我们发现，在各个年份里，第 1 和第 4 季度是正残差，而第 2 和第 3 季度是负残差．

222

由于滑雪运动具有季节性，我们怀疑季节效应被忽略了. 由残差的模式看出，有两个季节滑雪运动受到影响，那就是第 2 和第 3 季度，那是温暖季节，而第 1 和第 4 季度正好是滑雪的旺季. 这种季节性现象可以用一个示性变量刻画，即在第 1 和第 4 季度取值为 1，而在第 2 和第 3 季度取值为 0（见第 5 章）. 表 8-8 是扩张了的数据集，可从本书的网站上获得.

表 8-8 1964—1973 年的滑雪器具销售量、PDI 和季节指标

季度	销售量	PDI	季节	季度	销售量	PDI	季节
Q1/64	37.0	109	1	Q1/69	44.9	153	1
Q2/64	33.5	115	0	Q2/69	41.6	156	0
Q3/64	30.8	113	0	Q3/69	44.0	160	0
Q4/64	37.9	116	1	Q4/69	48.1	163	1
Q1/65	37.4	118	1	Q1/70	49.7	166	1
Q2/65	31.6	120	0	Q2/70	43.9	171	0
Q3/65	34.0	122	0	Q3/70	41.6	174	0
Q4/65	38.1	124	1	Q4/70	51.0	175	1
Q1/66	40.0	126	1	Q1/71	52.0	180	1
Q2/66	35.0	128	0	Q2/71	46.2	184	0
Q3/66	34.9	130	0	Q3/71	47.1	187	0
Q4/66	40.2	132	1	Q4/71	52.7	189	1
Q1/67	41.9	133	1	Q1/72	52.2	191	1
Q2/67	34.7	135	0	Q2/72	47.0	193	0
Q3/67	38.8	138	0	Q3/72	47.8	194	0
Q4/67	43.7	140	1	Q4/72	52.8	196	1
Q1/68	44.2	143	1	Q1/73	54.1	199	1
Q2/68	40.4	147	0	Q2/73	49.5	201	0
Q3/68	38.4	148	0	Q3/73	49.5	202	0
Q4/68	45.4	151	1	Q4/73	54.3	204	1

8.9 用示性变量消除季节效应

利用附加的季节示性变量，这个滑雪器具销售模型变成

$$S_t = \beta_0 + \beta_1 \mathrm{PDI}_t + \beta_2 Z_t + \varepsilon_t, \tag{8.7}$$

其中 Z_t 就是前面提到的季节性示性变量，β_2 是季节效应的度量. 注意模型（8.7）可以表示成两个模型（一个代表寒冷季节，$Z_t=1$，另一个表示温暖季节，$Z_t=0$）：

223~224

$$\text{寒冷季节(Winter)}：S_t = (\beta_0 + \beta_2) + \beta_1 \mathrm{PDI}_t + \varepsilon_t,$$

$$\text{温暖季节(Summer)}：S_t = \beta_0 + \beta_1 \mathrm{PDI}_t + \varepsilon_t.$$

这两个模型的回归直线的斜率（Slope）相等，所以是相互平行的，即两个季节的 PDI 边际效应是相同的. 而两条回归直线的截距的差异，说明销售水平的季节性差异（见

图 8-6).

回归的计算结果见表 8-9，标准化残差的顺序图见图 8-7. 从标准化残差的顺序图看出，残差中所有的季节效应已经被消除了，即残差中已经没有关于季节影响的任何信息了. 实际上，季节效应已经由季节的示性变量表达了. 进一步看出，PDI 的边际效应的估计精度也增加了，现在的置信区间变成（$186 520，$210 880). 同样，季节效应也量化了. 对于固定的 PDI 水平，寒冷季节比温暖季节增加的销售量在 $4 734 109 到 $6 194 491 之间（置信度 95%).

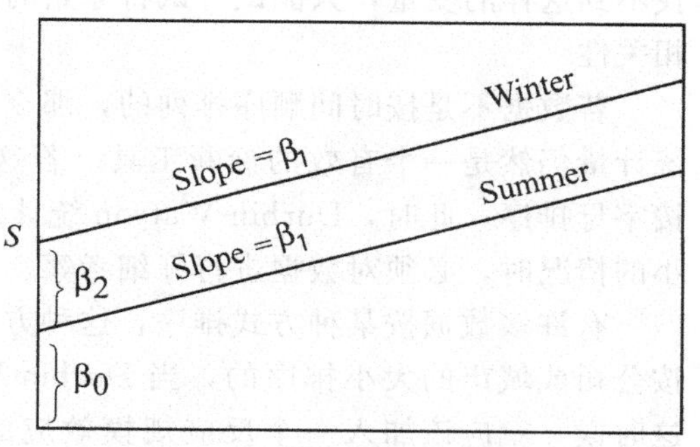

图 8-6 用季节修整后的滑雪器具销售量相对于 PDI 的回归

表 8-9 滑雪器具销售量相对于 PDI 和季节变量的回归计算结果

变量	系数	标准误	t 检验	p 值
常数项	9.540 2	0.974 8	9.79	0.322 0
PDI	0.198 7	0.006 0	32.90	<0.000 1
Z	5.464 3	0.359 7	15.20	<0.000 1
$n=40$	$R^2=0.972$	$d=1.772$	$\hat{\sigma}=1.137$	自由度=37

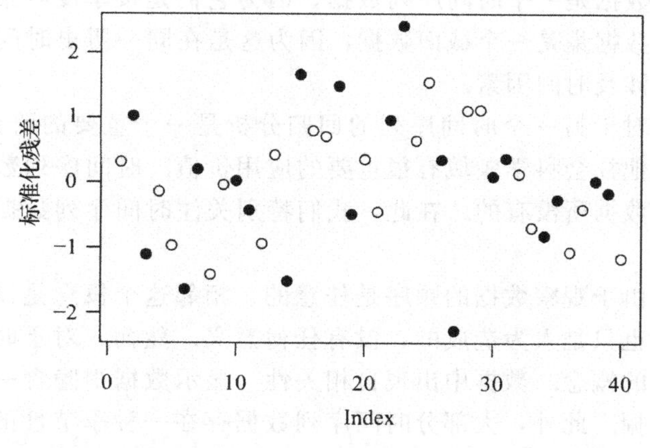

图 8-7 标准化残差相对于季节的顺序图（第 1 和第 4 季度用小圈，第 2 和第 3 季度用黑点）

滑雪器具销售数据说明了自相关性的两个重要事实. Durbin-Watson 统计量只对于相邻数据之间的相关性，即一阶相关性敏感. 就滑雪器具销售数据来说，一阶相关系数为 −0.001，而 2 阶、4 阶、6 阶和 8 阶相关系数分别为 −0.81，0.76，−0.71 和 0.73，但 Durbin-Watson 统计检验并不显著. 当然，对于高阶自相关的检验，自有其他方法（见 Box and Pierce (1970)). 但是，只要误差之间有相关性，残差图就会有所显示.

225

其次，一旦发现了模型的自相关性，就应该重新建模. 通常，自相关性是由遗漏了与时间相关的变量所引起的. 将遗漏的变量引入以后，就会消除出现的自相关性. 有时候，找不到这样的变量，只能试一试将原始的变量做差分运算，看经过运算以后能不能消除自相关性.

若数据不是按时间顺序排列的，那么 Durbin-Watson 统计量一般不会奏效. 但是这个统计量仍然是一个有效的诊断工具. 若这些数据是按照与变量无关的方式排序的，例如，按字母排序，此时，Durbin-Watson 统计量应该接近 2.0. 当遇到 Durbin-Watson 统计量很小的情况时，必须对数据进行仔细考察.

有许多数据按某种方式排序，这种方式可能与研究的变量是有关的. 例如，有些量是按公司或城市的大小排序的，当 Durbin-Watson 统计量取小值时，就可能出现规模效应. 这时候，就应该加入一个反应规模效应的预测变量进行分析. 在这种情况之下，差分或 Cochrane-Orcutt 类型的差分法是不合适的.

8.10 两个时间序列之间的回归

本章所研究的数据都是时间序列数据，即观测值是按时间顺序出现的. 这些数据与前面章节所提供的数据（有一个例外，那就是第 6 章的灭菌数据）有很大的不同. 前面章节中的数据都是同时产生的，这么说可能有一些绝对. 但是可以认为处于同一个历史时期的一个截面的数据，这些数据发生的时间先后对于我们关心的问题和数据的结构是无关紧要的，这类数据称为*截面数据*. 我们可以用两个数据集来说明两种类型数据之间的区别. 本章中的滑雪器具销售数据是一个时间序列数据，因为它们是按季度收集的数据. 在 3.3 节中讨论的主管人员的数据集是一个截面数据，因为这是在同一历史时间段中通过调查得到的数据，数据中没有涉及时间因素.

226

一个时间序列相对于另一个时间序列的回归分析是一个重要的研究课题，它在经济、贸易、公共卫生和其他社会科学领域有很重要的应用价值. 时间序列数据有很多独特的性质，这些性质是截面数据所没有的. 在此，我们特别关注时间序列数据的这些特性以及相应的处理手段.

对于截面数据，由于观察数据的顺序是任意的，相邻这个概念是没有定义的，所谓相邻数据的自相关性，也只是人为造成的，没有任何意义. 然而，对于时间序列来说，自相关性是一个十分重要的概念. 数据中出现自相关性，显示数据中隐含一种与时间相联系的结构，有待进一步挖掘. 此外，大部分时间序列数据存在一种季节性的周期影响，数据分析者必须为这种数据建立季节性模式. 数据的残差出现规则的时间周期现象（例如在滑雪器具销售数据的模型残差中出现的现象）就说明数据本身出现周期性现象. 我们已经指出过，对于按季度或按月收集的数据，根据实际情况引入示性变量，不失是一个好办法. 对于季度数据，可以用 4 个示性变量刻画季节，但是分析数据时，只需 3 个示性变量就足够了（见第 4 章的讨论）. 对于月度数据，需要 12 个示性变量，但是为了避免共线性，我们只需 11 个示性变量（见第 5 章的讨论）. 注意，并不是每个引入的示性变量都是显著的（所谓显著的，是指引入的示性变量对于刻画数据的结构起重要作用），在分析的最后期间，这些引入的不显著的变量将被剔除.

现在假定我们的时间序列数据为 y_t 和 x_{1t}，x_{2t}，…，x_{pt}，对于这样的时间序列数据，其预测变量中还可以包含一些滞后的数据，所谓滞后数据，通俗地讲，就是所讨论的时刻以前的数据. 例如，下列模型

$$y_t = \beta_0 + \beta_1 x_{1t} + \beta_2 x_{1(t-1)} + \beta_3 x_{2t} + \varepsilon_t$$

在时间序列数据的分析中是有意义的，但是对于截面数据是毫无意义的. 在上面的模型中，隐含着 Y 值不仅受同期数据 X_1 和 X_2 的影响，而且受 X_1 的上一期数据的影响. 时间序列分析中，甚至可能将预测变量中滞后若干期的变量放进模型中.

时间序列模型中也可以包含趋势项，数据中具有时间趋势也是常见的现象. 这样，模型中也可加入时间 t 的函数作为预测变量. 实践中，通常在时间序列模型中加入 t 和 t^2，即时间的线性项和二次项作为预测变量. 在数据处理中，使用目标变量的一阶差分（$y_t - y_{t-1}$），或者像 Cochrane-Orcutt 方法中使用的滞后型变量（$y_t - a y_{t-1}$）都是可以使用的方法. 这涉及时间序列分析的较深内容. 有兴趣的读者可以参考专著，如 Shumway (1988) 和 Hamilton (1994).

总的说来，在进行时间序列的数据分析的时候，应该特别关注误差的自相关性和季节效应，这是因为在时间序列的数据中出现这两种现象是常事. 同时也应探索利用滞后的预测变量的可能性.

227

习题

8.1 用表 8-4 的数据拟合模型 (8.6).

(a) 计算 Durbin-Watson 统计量 d. 从 d 的值，你能得到关于模型出现自相关性的什么结论？

(b) 在数据拟合模型的过程中，计算残差符号的序列图的游程数以及游程数的期望和标准差. 利用这些数据讨论模型出现误差自相关的可能性. 你能得到什么样的结论？

8.2 石油产量数据：表 6-19 给出石油产量的年度数据. 将 log(OIL) 关于年代拟合一条回归直线，其残差顺序图呈现明显的周期模式.

(a) 计算 Durbin-watson 统计量 d. 从 d 的值，你能得到关于模型出现自相关性的什么结论？

(b) 在数据拟合模型的过程中，计算残差符号序列图的游程数以及游程数的期望和标准差. 利用这些数据讨论模型出现误差自相关的可能性. 你能得到什么样的结论？

8.3 考虑表 5-19 的美国总统选举数据. 由于选举年度是 4 年一遇的选举年，在数据拟合模型 (5.11) 的过程中，人们怀疑存在自相关现象.

(a) 你同意吗？为什么？

(b) 在模型中加上时间趋势变量（以年为度量单位）作为预测变量，会不会增加或减少自相关性？作说明或解释.

8.4 道琼斯工业平均指数 (DJIA)：表 8-10 和表 8-11 给出了 1996 年所有交易日的 DJIA 指数，这个数据可从本书的网站上查到. DJIA 是一个十分重要的财金指数，它反映了纽约证卷交易所的股票价格水平，这个指标是由 30 只股票综合而成. 变量 Day 是这一年的交易日. 由于一年有 262 个交易日，变量 Day 由 1 变到 262.

(a) 建立 DJIA 对 Day 的线性回归. 这个线性趋势是否合适？考察其残差对时间的依赖性.

(b) 建立 $\text{DJIA}_{(t)}$ 相对于 $\text{DJIA}_{(t-1)}$ 的回归，即 DJIA 相对于上一个交易日的 DJIA 的值作回归. 这个模型是否合适？在残差中是否有自相关的迹象？

(c) 由于数据变动比较大，我们将数据作对数变换，即用 log(DJIA) 代替 DJIA 重复上述的练习。结果是否与原来的相似？有什么差异？

228

表 8-10　1996 年前半年的 DJIA 的值

Day	日期	DJIA	Day	日期	DJIA	Day	日期	DJIA
1	1/1/96	5 117.12	45	3/1/96	5 536.56	89	5/2/96	5 498.27
2	1/2/96	5 177.45	46	3/4/96	5 600.15	90	5/3/96	5 478.03
3	1/3/96	5 194.07	47	3/5/96	5 642.42	91	5/6/96	5 464.31
4	1/4/96	5 173.84	48	3/6/96	5 629.77	92	5/7/96	5 420.95
5	1/5/96	5 181.43	49	3/7/96	5 641.69	93	5/8/96	5 474.06
6	1/8/96	5 197.68	50	3/8/96	5 470.45	94	5/9/96	5 475.14
7	1/9/96	5 130.13	51	3/11/96	5 581.00	95	5/10/96	5 518.14
8	1/10/96	5 032.94	52	3/12/96	5 583.89	96	5/13/96	5 582.60
9	1/11/96	5 065.1	53	3/13/96	5 568.72	97	5/14/96	5 624.71
10	1/12/96	5 061.12	54	3/14/96	5 586.06	98	5/15/96	5 625.44
11	1/15/96	5 043.78	55	3/15/96	5 584.97	99	5/16/96	5 635.05
12	1/16/96	5 088.22	56	3/18/96	5 683.60	100	5/17/96	5 687.50
13	1/17/96	5 066.90	57	3/19/96	5 669.51	101	5/20/96	5 748.82
14	1/18/96	5 124.35	58	3/20/96	5 655.42	102	5/21/96	5 736.26
15	1/19/96	5 184.68	59	3/21/96	5 626.88	103	5/22/96	5 778.00
16	1/22/96	5 219.36	60	3/22/96	5 636.64	104	5/23/96	5 762.12
17	1/23/96	5 192.27	61	3/25/96	5 643.86	105	5/24/96	5 762.86
18	1/24/96	5 242.84	62	3/26/96	5 670.60	106	5/27/96	5 762.86
19	1/25/96	5 216.83	63	3/27/96	5 626.88	107	5/28/96	5 709.67
20	1/26/96	5 271.75	64	3/28/96	5 630.85	108	5/29/96	5 673.83
21	1/29/96	5 304.98	65	3/29/96	5 587.14	109	5/30/96	5 693.41
22	1/30/96	5 381.21	66	4/1/96	5 637.72	110	5/31/96	5 643.18
23	1/31/96	5 395.30	67	4/2/96	5 671.68	111	6/3/96	5 624.71
24	2/1/96	5 405.06	68	4/3/96	5 689.74	112	6/4/96	5 665.71
25	2/2/96	5 373.99	69	4/4/96	5 682.88	113	6/5/96	5 697.48
26	2/5/96	5 407.59	70	4/5/96	5 682.88	114	6/6/96	5 667.19
27	2/6/96	5 459.61	71	4/8/96	5 594.37	115	6/7/96	5 697.11
28	2/7/96	5 492.12	72	4/9/96	5 560.41	116	6/10/96	5 687.87
29	2/8/96	5 539.45	73	4/10/96	5 485.98	117	6/11/96	5 668.66
30	2/9/96	5 541.62	74	4/11/96	5 487.07	118	6/12/96	5 668.29
31	2/12/96	5 600.15	75	4/12/96	5 532.59	119	6/13/96	5 657.95
32	2/13/96	5 601.23	76	4/15/96	5 592.92	120	6/14/96	5 649.45
33	2/14/96	5 579.55	77	4/16/96	5 620.02	121	6/17/96	5 652.78
34	2/15/96	5 551.37	78	4/17/96	5 549.93	122	6/18/96	5 628.03
35	2/16/96	5 503.32	79	4/18/96	5 551.74	123	6/19/96	5 648.35
36	2/19/96	5 503.32	80	4/19/96	5 535.48	124	6/20/96	5 659.43
37	2/20/96	5 458.53	81	4/22/96	5 564.74	125	6/21/96	5 705.23
38	2/21/96	5 515.97	82	4/23/96	5 588.59	126	6/24/96	5 717.79
39	2/22/96	5 608.46	83	4/24/96	5 553.90	127	6/25/96	5 719.27
40	2/23/96	5 630.49	84	4/25/96	5 566.91	128	6/26/96	5 682.70
41	2/26/96	5 565.10	85	4/26/96	5 567.99	129	6/27/96	5 677.53
42	2/27/96	5 549.21	86	4/29/96	5 573.41	130	6/28/96	5 654.63
43	2/28/96	5 506.21	87	4/30/96	5 569.08			
44	2/29/96	5 485.62	88	5/1/96	5 575.22			

229

表 8-11 1996 年后半年的 DJIA 的值

Day	日期	DJIA	Day	日期	DJIA	Day	日期	DJIA
131	7/1/96	5 729.98	175	8/30/96	5616.21	219	10/31/96	6 029.38
132	7/2/96	5 720.38	176	9/2/96	5 616.21	220	11/1/96	6 021.93
133	7/3/96	5 703.02	177	9/3/96	5 648.39	221	11/4/96	6 041.68
134	7/4/96	5 703.02	178	9/4/96	5 656.90	222	11/5/96	6 081.18
135	7/5/96	5 588.14	179	9/5/96	5 606.96	223	11/6/96	6 177.71
136	7/8/96	5 550.83	180	9/6/96	5 659.86	224	11/7/96	6 206.04
137	7/9/96	5 581.86	181	9/9/96	5 733.84	225	11/8/96	6 219.82
138	7/10/96	5 603.65	182	9/10/96	5 727.18	226	11/11/96	6 255.60
139	7/11/96	5 520.50	183	9/11/96	5 754.92	227	11/12/96	6 266.04
140	7/12/96	5 510.56	184	9/12/96	5 771.94	228	11/13/96	6 274.24
141	7/15/96	5 349.51	185	9/13/96	5 838.52	229	11/14/96	6 313.00
142	7/16/96	5 358.76	186	9/16/96	5 889.20	230	11/15/96	6 348.03
143	7/17/96	5 376.88	187	9/17/96	5 888.83	231	11/18/96	6 346.91
144	7/18/96	5 464.18	188	9/18/96	5 877.36	232	11/19/96	6 397.60
145	7/19/96	5 426.82	189	9/19/96	5 867.74	233	11/20/96	6 430.02
146	7/22/96	5 390.94	190	9/20/96	5 888.46	234	11/21/96	6 418.47
147	7/23/96	5 346.55	191	9/23/96	5 894.74	235	11/22/96	6 471.76
148	7/24/96	5 354.69	192	9/24/96	5 874.03	236	11/25/96	6 547.79
149	7/25/96	5 422.01	193	9/25/96	5 877.36	237	11/26/96	6 528.41
150	7/26/96	5 473.06	194	9/26/96	5 868.85	238	11/27/96	6 499.34
151	7/29/96	5 434.59	195	9/27/96	5 872.92	239	11/28/96	6 499.34
152	7/30/96	5 481.93	196	9/30/96	5 882.17	240	11/29/96	6 521.70
153	7/31/96	5 528.91	197	10/1/96	5 904.90	241	12/2/96	6 521.70
154	8/1/96	5 594.75	198	10/2/96	5 933.97	242	12/3/96	6 442.69
155	8/2/96	5 679.83	199	10/3/96	5 932.85	243	12/4/96	6 422.94
156	8/5/96	5 674.28	200	10/4/96	5 992.86	244	12/5/96	6 437.10
157	8/6/96	5 696.11	201	10/7/96	5 979.81	245	12/6/96	6 381.94
158	8/7/96	5 718.67	202	10/8/96	5 966.77	246	12/9/96	6 463.94
159	8/8/96	5 713.49	203	10/9/96	5 930.62	247	12/10/96	6 473.25
160	8/9/96	5 681.31	204	10/10/96	5 921.67	248	12/11/96	6 402.52
161	8/12/96	5 704.98	205	10/11/96	5 969.38	249	12/12/96	6 303.71
162	8/13/96	5 647.28	206	10/14/96	6 010.00	250	12/13/96	6 304.87
163	8/14/96	5 666.88	207	10/15/96	6 004.78	251	12/16/96	6 268.35
164	8/15/96	5 665.78	208	10/16/96	6 020.81	252	12/17/96	6 308.33
165	8/16/96	5 689.45	209	10/17/96	6 059.20	253	12/18/96	6 346.77
166	8/19/96	5 699.44	210	10/18/96	6 094.23	254	12/19/96	6 473.64
167	8/20/96	5 721.26	211	10/21/96	6 090.87	255	12/20/96	6 484.40
168	8/21/96	5 689.82	212	10/22/96	6 061.80	256	12/23/96	6 489.02
169	8/22/96	5 733.47	213	10/23/96	6 036.46	257	12/24/96	6 522.85
170	8/23/96	5 722.74	214	10/24/96	5 992.48	258	12/25/96	6 522.85
171	8/26/96	5 693.89	215	10/25/96	6 007.02	259	12/26/96	6 546.68
172	8/27/96	5 711.27	216	10/28/96	5 972.73	260	12/27/96	6 560.91
173	8/28/96	5 712.38	217	10/29/96	6 007.02	261	12/30/96	6 549.37
174	8/29/96	5 647.65	218	10/30/96	5 993.23	262	12/31/96	6 448.27

8.5 再一次考察习题 8.4 中的 DJIA 数据.

(a) 利用习题 8.4 中你分析得到的模型，重新拟合模型，但是只使用 1996 年前半年的数据（表 8-10 中的 130 天的数据）. 计算残差的均方.

(b) 利用得到的模型预测 1996 年 7 月的前 15 个交易日的 DJIA 指标. 比较预测值和实际指标值. 计算预测误差，即 7 月的前 15 天的实际值与预测值的差.

(c) 计算预测误差的均方值并与 (a) 中得到的残差均方进行比较.

(d) 重复前面的习题，但是用于预测后半年（132 天）每天的 DJIA 值.

(e) 根据 DJIA 关于 Day 的散点图，解释你所得到的结果.

8.6 继续讨论习题 8.4 和习题 8.5 中有关 DJIA 数据的模型. 有一个简化的股票价格的随机游动模型. 根据这个模型，股票价格第 t 天的 DJIA 值的最优预测值是第 $t-1$ 天的 DJIA 值. 用回归分析的术语来说，这等价于在习题 8.4 和习题 8.5 中常数项为 0，回归系数为 1.

(a) 对模型做显著性检验（对每一个系数检验，然后对整个回归方程做检验）. 哪一个检验比较合适（个别系数或整个回归方程?）

(b) 根据随机游动理论，DJIA 指数的一阶差分应当是独立同分布的正态随机变量，且期望为 0，方差为常数. 分析 DJIA 的一阶差分与 log(DJIA). 看随机游动的假设对这两组数据成立否?

231

(c) DJIA 数据很易得到. 看一看最近的数据是否符合 1996 年的数据规律.

第9章 共线性数据分析

9.1 引言

在解释多元回归的时候，我们总是隐含着这样的一个假设：各个预测变量之间是没有很强的依赖关系的．在解释回归系数的实际意义时总是这么说：当其他预测变量的值保持不变，某预测变量的值变动一个单位时，相应的响应变量或目标变量变动的值就是这个预测变量的回归系数的值．这个解释并不具有很强的说服力，特别是当预测变量之间具有很强的线性相关时．理论上总可以这么说：在回归方程中其他变量的值保持不变，让一个变量的值变动一个单位，看一看将会出现什么样的情况．然而，在数据中，可能得不到这种操作的任何信息．更何况，在研究过程中，让一个变量变动，其他变量保持不变，往往是不现实的．在这些情况下，对回归系数的这种边际解释就失去意义．

线性回归讨论响应变量和预测变量之间的线性关系．而预测变量之间也有线性关系的问题．当预测变量之间完全没有线性关系时，就称为*正交的*，或*不相关的*．在很多实际应用中，预测变量之间并不正交．通常，变量之间不正交并不影响分析结果．自变量之间的相关性有强弱之分．两个变量之间的相关性可用它们之间的相关系数刻画．当相关系数的绝对值为1时，两变量之间达到极度线性相关，当相关系数为0时，两变量之间没有相关关系，也称正交．这个概念很容易推广到多个变量之间的线性相关关系．多个变量之间的线性相关关系也有强弱的度量．然而，有些情况下，自变量之间具有很强的线性相关性时，就会使得回归分析的结果变得歧义百出．这种预测变量之间的强相关性，造成了的回归分析中出现病态现象，典型的症状是：在回归分析中不可能估计某一变量的效应；在回归系数的估计中，数据的微小的变动，会导致某回归系数的很大变动；回归系数的估计对预测变量的增删十分敏感；回归系数估计的误差很大，它大大地影响了预测的精度和所建立的回归模型的可靠性．

这种预测变量之间存在的很强的线性关系也称为数据的*共线性问题*，或*多重共线性问题*．模型中若有共线性现象，如果不是十分严重的话，也是一个难于探测到的现象．共线性问题不是一种模型设定错误，不能通过考察残差的办法去探测共线性问题．这是一种数据的缺陷．弄清楚数据的共线性这种缺陷以及这种缺陷对数据分析造成的严重后果是十分重要的．当数据出现共线性问题时，我们必须十分谨慎地对待回归分析中得到的所有结论．

本章着重讨论3个问题：

1. 数据的共线性如何影响统计推断和预测？
2. 怎样检测数据的共线性问题？
3. 怎样解决数据的共线性给数据分析带来的困难？

在分析数据时，这些问题是不能分离的．当数据出现共线性问题时，必须同时解决这三个问题．

下面，我们从两个例子出发开始讨论共线性问题．选出的两个例子，分别说明数据的共线性现象对统计推断和预测的影响．紧接着，我们介绍检测数据的共线性的几种方法．作为本章的结尾，给出几种处理共线性数据的方法．当然，最明智的办法是事先收集没有这种缺陷的数据．但是，对于如何正确地解释现存的数据，我们也提供了指导性的意见．在第 10 章中，对于具有共线性的数据，提供了一个比最小二乘估计更有效的方法．

9.2 共线性对推断的影响

第一个例子阐明了从一堆线性相关的预测变量中找出一个重要的预测变量的模糊性．这个例子是从 Coleman et al.(1966) 和 Mosteller and Moynihan (1972) 等文献中引来的，这些文献的研究主题是公共教育中的机会均等问题．

根据 1964 年的民权法，美国国会下令进行一项“关于在公共教育领域中，个人由于种族、肤色、宗教信仰和出身国别等原因造成的受教育机会不平等”的调查．这些数据是从全国各学区收集的．我们讨论的是其中的具体的问题：调查学校教育中影响学生学业成就的主要因素．为此，除了提供一些学生学业成就和学校资源设施等综合统计量外，还需要利用回归分析这个工具找出影响学生学业成就的最重要的因素．本例的数据是 1965 年从随机选取的 70 个学校调查得到的．数据的变量是：学生的学业成就 (ACHV)，教师的教学水平 (FAM)，同学之间的影响 (PEER) 和学校资源设施 (SCHOOL)．

234

假定现在已经形成了一个刻画学校资源设施的指标，这个指标可以影响学生的学业成就．这个指标包括对学校设施、教学资料、特殊的教学计划、教师的培训和激励机制等方面的综合评价．学生的学业成就可以利用对学生的各项标准化测试成绩进行综合评估得到．此外，还有一些变量，这些变量可能影响学生的学业成就和学校资源设施之间的关系．例如学生的学业成就也会受到家庭环境和学生的同班同伴的影响．在分析中，必须重视这些相关联的变量，才能得到学校资源设施对学生学业成就影响的正确评价．现在假定我们所使用的数据满足了上述要求，即为了分析学校的资源设施对学生学业成就的影响，收集的数据包含了足够的信息．这些数据列于表 9-1 和表 9-2，也可从本书的网站上获得[⊖]．

表 9-1 均等教育机会 (EEO) 数据 (前 50 个数据，数据已标准化)

行号	ACHV	FAM	PEER	SCHOOL	行号	ACHV	FAM	PEER	SCHOOL
1	−0.431 48	0.608 14	0.035 09	0.166 07	9	−0.913 05	−0.615 61	−0.489 71	−0.632 19
2	0.799 69	0.793 69	0.479 24	0.533 56	10	0.594 45	0.993 91	0.622 28	0.933 68
3	−0.924 67	−0.826 30	−0.619 51	−0.786 35	11	1.210 73	1.217 21	1.006 27	1.173 81
4	−2.190 81	−1.253 10	−1.216 75	−1.040 76	12	1.871 64	0.414 36	0.711 03	0.589 78
5	−2.848 18	0.173 99	−0.185 17	0.142 29	13	−0.101 78	0.837 82	0.742 81	0.721 54
6	−0.662 33	0.202 46	0.127 64	0.273 11	14	−2.879 49	−0.755 12	−0.644 11	−0.569 86
7	2.636 74	0.241 84	−0.090 22	0.049 67	15	3.925 90	−0.374 07	−0.137 87	−0.217 70
8	2.358 47	0.594 21	0.217 50	0.518 76	16	4.350 84	1.403 53	1.140 85	1.371 47

⊖ http: //www.aucegypt.edu/faculty/hadi/RABE5

（续）

行号	ACHV	FAM	PEER	SCHOOL	行号	ACHV	FAM	PEER	SCHOOL
17	1.579 22	1.641 94	1.292 29	1.402 69	34	1.886 39	0.664 75	0.796 70	0.698 65
18	3.956 89	−0.313 04	−0.079 80	−0.214 55	35	5.064 59	−0.279 77	0.108 17	−0.264 50
19	1.092 75	1.285 25	1.224 41	1.204 28	36	1.963 35	−0.439 90	−0.660 22	−0.584 90
20	−0.623 89	−1.519 38	−1.275 65	−1.365 98	37	0.262 74	−0.053 34	−0.023 96	−0.167 95
21	−0.636 54	−0.382 24	−0.053 53	−0.355 60	38	−2.945 93	−2.066 99	−1.318 32	−1.720 82
22	−2.026 59	−0.191 86	−0.426 05	−0.537 18	39	−1.386 28	−1.025 60	−1.158 58	−1.194 20
23	−1.466 92	1.276 49	0.814 27	0.919 67	40	−0.207 97	0.458 47	0.215 55	0.313 47
24	3.150 78	0.523 10	0.307 20	0.472 31	41	−1.078 20	0.939 79	0.634 54	0.699 07
25	−2.189 38	−1.598 10	−1.015 72	−1.483 15	42	−1.663 86	−0.932 38	−0.952 16	−1.027 25
26	1.917 15	0.779 14	0.877 71	0.764 96	43	0.581 17	−0.359 88	−0.306 93	−0.462 32
27	−2.714 28	−1.047 45	−0.775 36	−0.913 97	44	1.374 47	−0.005 18	0.359 85	0.024 85
28	−6.598 52	−1.632 17	−1.477 09	−1.713 47	45	−2.826 87	−0.188 92	−0.079 59	0.017 04
29	0.651 01	0.443 28	0.609 56	0.328 33	46	3.863 63	0.872 71	0.476 44	0.570 36
30	−0.137 72	−0.249 72	0.078 76	−0.172 16	47	−2.641 41	−2.069 93	−1.829 15	−2.167 38
31	−2.439 59	−0.334 80	−0.393 14	−0.371 98	48	0.053 87	0.321 43	−0.259 61	0.216 32
32	−3.278 02	−0.206 80	−0.139 36	0.056 26	49	0.507 63	−1.423 82	−0.776 20	−1.074 73
33	−2.480 58	−1.993 75	−1.695 87	−1.878 38	50	0.643 47	−0.078 52	−0.213 47	−0.117 50

表 9-2　均等教育机会（EEO）数据（后 20 个数据，数据已标准化）

行号	ACHV	FAM	PEER	SCHOOL	行号	ACHV	FAM	PEER	SCHOOL
51	2.494 14	−0.149 25	−0.031 92	−0.365 98	61	1.256 68	−1.951 42	−1.941 99	−1.896 45
52	0.619 55	0.526 66	0.791 49	0.713 69	62	−0.168 48	2.833 84	2.473 98	2.792 22
53	0.617 45	−1.491 02	−1.020 73	−1.381 03	63	−0.341 58	1.867 53	1.552 29	1.800 57
54	−1.007 43	−0.947 57	−1.289 91	−1.247 99	64	−2.239 73	−1.111 72	−0.697 32	−0.801 97
55	−0.374 69	0.245 50	0.837 94	0.595 96	65	3.626 54	1.419 58	1.114 81	1.245 58
56	−2.528 24	−0.416 30	−0.603 12	−0.349 51	66	0.970 34	0.539 40	0.161 82	0.334 77
57	0.023 72	1.381 43	1.545 42	1.594 29	67	3.160 93	0.224 91	0.748 00	0.661 82
58	2.510 77	1.038 06	0.916 37	0.976 02	68	−1.908 01	1.482 44	1.470 79	1.542 83
59	−4.227 16	−0.886 39	−0.476 52	−0.776 93	69	0.645 98	2.054 25	1.803 69	1.900 66
60	1.968 47	1.086 55	0.657 00	0.894 01	70	−1.759 15	1.240 58	0.644 84	0.873 72

学生的学业成就（ACHV）和学校资源设施（SCHOOL）是两个基本的变量，我们的主要目标是讨论 SCHOOL 对 ACHV 的影响．为了全面分析各种变量相互的影响关系，我们建立下面的回归模型：

$$\text{ACHV}=\beta_0+\beta_1\text{FAM}+\beta_2\text{PEER}+\beta_3\text{SCHOOL}+\varepsilon. \tag{9.1}$$

为了考察 SCHOOL 这个变量的作用，我们对参数 β_3 计算 t 值，用于检验 SCHOOL 这个变量是不是必要的．换句话说，假设在上述方程（9.1）中，变量 FAM 和 PEER 已经进入回归方程，我们用 t 值检验 SCHOOL 这个变量还有没有必要进入回归方程．t 值的绝对值如果超过临界值，就认为 SCHOOL 这个变量有必要加入到回归方程中．否则，就认为 SCHOOL 可以从回归方程中消去，只需变量 FAM 和 PEER 就可以作为学生学业成就 ACHV 的预测变量．对于 SCHOOL 对回归方程的贡献的检验，也可以这样解释：考虑回归方程

$$\text{ACHV} - \beta_1 \text{FAM} - \beta_2 \text{PEER} = \beta_0 + \beta_3 \text{SCHOOL} + \varepsilon. \tag{9.2}$$

方程（9.2）左边就是经过修正了的学生学业成就，所谓修正的学业成就就是 ACHV 减去 FAM 和 PEER 的一个线性组合．因此，修正的学业成就是扣去了 FAM 和 PEER 对 ACHV 的贡献以后的学业成就，这部分是由 SCHOOL 贡献的学业成就．方程（9.2）就是修正的学业成就关于 SCHOOL 的回归．这种表示只是对变量 SCHOOL 的回归系数 t 检验的一种解释．对于 β_i 的估计都是从原来的模型（9.1）计算得到的．其计算结果列于表 9-3. 相对于 ACHV 的预测值的残差图见图 9-1.

表 9-3 EEO 数据的回归分析结果

方差分析表				
方差来源	平方和	自由度	均方	F 检验
回归	73.506	3	24.502	5.72
残差	282.873	66	4.286	
系数表				
变量	系数	标准误	t 检验	p 值
常数项	−0.070	0.251	−0.28	0.781 0
FAM	1.101	1.411	0.78	0.437 8
PEER	2.322	1.481	1.57	0.121 8
SCHOOL	−2.281	2.220	−1.03	0.308 0
$n=70$	$R^2=0.206$	$R_a^2=0.170$	$\hat{\sigma}=2.07$	自由度=66

235 ~ 237

我们先看残差图 9-1，从图上看不出有模型误设的迹象．在残差图左下方离原点 2.5 倍标准差的地方有一个观测点，这一点应该引起重视．然而，将这个点从样本中剔除以后，其相应的回归结果并没有变化．因此，在后面的分析中，我们并没有将这个异常值剔除．

从表 9-3 的计算结果看出，3 个预测变量的数据变异总和只占 ACHV 的变异的 20%（$R^2=0.206$）．自由度为（3，66）的 F 值为 5.72，这个值在 0.01 的显著性水平下也是显著的．这个计算结果说明，即使 3 个预测变量的总变异只占响应变量 ACHV 的变异的 20%，但是这 3 个变量合起来还是有效的一组预测变量．然而，这 3 个变量中的每一个变量所对应的 t 值却很小．因此，尽管这 3 个预测变量合起来是很重要的一组变量，但是，它们中的每一个都是无足轻重的，即在模型中保留任意两个变量的条件下，第三个变量就可以从模型中剔除．

这是出现严重多重共线性的典型现象．预测变量之间如此高度相关，以至于在回归方程中，任何一个变量可以替代其余两个变量而不影响其解释能力．从表 9-3 看出，对各预测变量的回归系数检验的小的 t 值说明任何一个预测变量都可以从回归方程中剔除．这样，在回归分析中，我们无法评价学校投入对学生学业成就的贡献．究其原因就是早先指出的共线性或多重共线性现象．3 个预测变量的两两相关系数和相应的散点图均见于图 9-2. 从图看出，任意一对预测变量之间具有很强的线性相关性，相关系数很高．在散点图上，所有的样本点都在对角线附近．

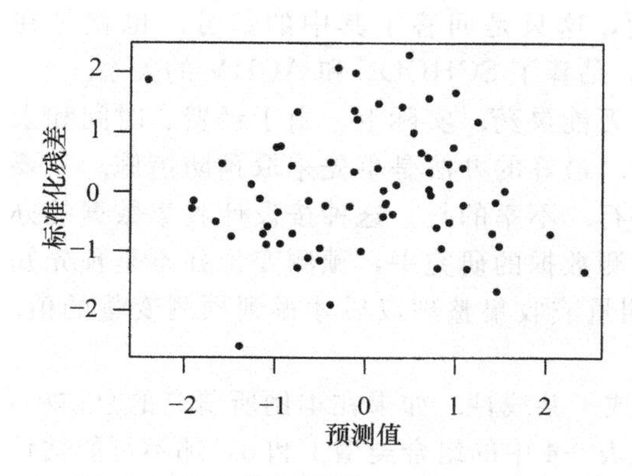

图 9-1 标准化残差值相对于 ACHV 的预测值的残差图

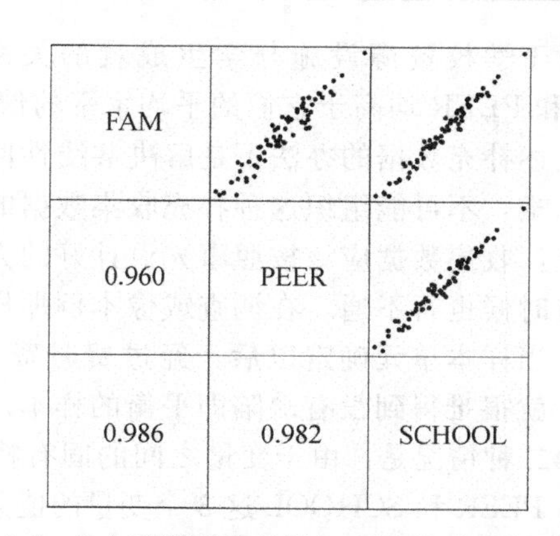

图 9-2 3 个预测变量 FAM、PEER 和 SCHOOL 的成对散点图和两两相关系数

在这个例子中，出现共线性是很自然的. 这是由这 3 个变量的自然本质所决定的，其中每一个变量可由其余变量所确定，同时每一个变量也可确定其余两个变量的值. 如果说在这个问题中只有一个变量也不无道理. 遗憾的是，由回归分析所得到的结论不能回答最初的问题，学校的资源设施对学生学业成就的影响. 这个问题的解决，有赖于下面两种可能性. 第一，共线性可能是由于数据的缺陷造成的，这可以通过补充抽样得以解决. 第二，共线性也可能是由于各变量本身固有的特性造成的. 下面我们将讨论这两种情况. 238

如果是数据缺陷造成了共线性现象，我们本来应该能够选到样本使得预测变量之间的相关性不是太大. 但由于数据缺陷，或偶然性的缘故，使得预测变量之间具有强相关性. 例如，在 FAM 和 SCHOOL 的散点图（图 9-2 的右上角）中，左上角和右下角区域没有样本点. 这样我们就得不到 FAM 高但 SCHOOL 低（或 FAM 低但 SCHOOL 高）的情况下学生学业成就的信息. 但是，只有在这两种情况下收集到数据的时候，才能得到关于单个变量 FAM（或 SCHOOL）对学生学业成就（ACHV）的效应. 例如，如果在左上角内有样本点的话，我们就有可能在 FAM 值固定的情况下，比较 SCHOOL 的两个不同的水平（高和低）下 ACHV 的平均值.

由于我们的模型中有 3 个预测变量，样本中应该包含 8 种组合的数据. 用加号“+”表示高于平均数，减号“−”表示低于平均数. 这 8 种组合类型列于表 9-4 中.

表 9-4 3 个预测变量的 8 种组合类型

组合	变量		
	FAM	PEER	SCHOOL
1	+	+	+
2	+	+	−
3	+	−	+
4	−	+	+
5	+	−	−
6	−	+	−
7	−	−	+
8	−	−	−

在我们的数据中，由于 3 个变量之间具有很强的线性相关性. 在数据中只出现了第 1 和第 8 种组合. 如果这种情况是偶然出现的情况，作为解决共线性的手段是补充收集其他 6 种组合类型的数据. 例如，根据组合类型 1 和 2 的数据，就可以了解 SCHOOL 对目标变量 ACHV 的影响，其中 FAM 和 PEER 的水平保持固定（均高于它们的平均水平）. 如果原始数据连同补充的数据的组合类型只有这 3 种，此时可以建立 SCHOOL 对目标变量 ACHV 的回归模型. 但 239

是，对于学校资源设施与学生成就的关系问题，这只是回答了其中的部分．也就是在FAM 和 PEER 均高于它们的平均水平的情况下，估算了 SCHOOL 和 ACHV 的关系．

上述补充数据的办法不是解决共线性问题的万能灵药．实际上，由于经费、时间和人员的困难，不可能组织这种补充收集数据的活动．最好的办法是事先采取预防措施．只要有可能，收集数据应该按照事先设计好的方法进行．不幸的是，这种按设计收集数据的办法，有时候也行不通．在调查或像本例那样的观测数据的研究中，预测变量并不是预先知道的，当样本单元确定以后，经过费时费力的测量或收集整理以后才得到预测变量的值．这样，就很难得到没有缺陷即平衡的样本．

第二种情况是：由于变量之间的固有特性造成了共线性．如果在本例所研究的总体中，FAM，PEER 和 SCHOOL 这 3 个变量的值只出现表 9-4 中的组合类型 1 和 8，那不可能估计每个变量分别对 ACHV 的效应．唯一的办法是进一步寻找能解释这些预测变量具有内在关系的因素．通过这样的分析过程，有可能找到影响 ACHV 的新的更基本的预测变量．

9.3 共线性对预测的影响

我们将考虑在利用多元回归方程做预测时，共线性对预测结果的影响．考察一组以年代标示的历史数据．首先基于这组数据建立一个回归模型，并估出模型的回归系数．将预测变量的将来值代入回归方程，就得到响应变量的值，这个值就是响应变量将来值的预测值．而预测变量的将来值必须是已知的，或者是利用其他的数据或模型预测得到的．我们将不处理预测变量的将来值的不确定性，即假定预测变量的将来值是已知的．

240

我们选定的例子是法国经济中的进口数据．Malinvaud（1968）已经对这批数据进行研究．我们将在他的研究结果的基础上进一步探讨．所涉及的变量共 4 个，进口量（IMPORT）、国内生产量（DOPROD）、存储量（STOCK）和国内消费量（CONSUM），这些量的单位是 10 亿法国法郎，时间为 1949—1966 年．数据由表 9-5 给出，也可从本书的网站上获得．所考虑的模型为

$$\text{IMPORT}=\beta_0+\beta_1\text{DOPROD}+\beta_2\text{STOCK}+\beta_3\text{CONSUM}+\varepsilon. \tag{9.3}$$

表 9-5 法国经济的数据

年份	IMPORT	DOPROD	STOCK	CONSUM	年份	IMPORT	DOPROD	STOCK	CONSUM
49	15.9	149.3	4.2	108.1	58	27.6	231.9	5.1	164.3
50	16.4	161.2	4.1	114.8	59	26.3	239.0	0.7	167.6
51	19.0	171.5	3.1	123.2	60	31.1	258.0	5.6	176.8
52	19.1	175.5	3.1	126.9	61	33.3	269.8	3.9	186.6
53	18.8	180.8	1.1	132.1	62	37.0	288.4	3.1	199.7
54	20.4	190.7	2.2	137.7	63	43.3	304.5	4.6	213.9
55	22.7	202.1	2.1	146.0	64	49.0	323.4	7.0	223.8
56	26.5	212.4	5.6	154.1	65	50.3	336.8	1.2	232.0
57	28.1	226.1	5.0	162.3	66	56.6	353.9	4.5	242.9

数据来源：Malinvaud（1968）．

回归结果列于表 9-6 中．残差的顺序图（图 9-3）显示一种与通常的残差图不同的独特的模式．这说明上述设定的模型并不合适．尽管数据好像出现共线性的征兆（$R^2=0.973$，同时所有

预测变量的 t 值很小），由于有模型的误设问题，我们不能在模型误设的基础上继续进行分析．只有在模型的设定比较正确时，才可以进一步讨论模型的共线性所带来的问题．问题的症结是法国的经济背景．从 1960 年开始，欧共体开始运作，这改变了法国的进出口规律．注意到我们的目标是研究模型的共线性现象，我们不能因为 1959 年以后，法国改变了进出口规律而将模型复杂化．我们只能假定今天是 1960 年，而研究 1949—1959 这 11 年的数据规律．这些数据的回归分析的结果列于表 9-7．残差图也说明数据和模型比较匹配（见图 9-4）．

241

表 9-6　进口数据（1949—1966）的回归分析结果

方差分析表				
方差来源	平方和	自由度	均方	F 检验
回归	2 576. 92	3	858. 974	168
残差	71. 39	14	5. 099	
系数表				
变量	系数	标准误	t 检验	p 值
常数项	−19. 725	4. 125	−4. 78	0. 000 3
DOPROD	0. 032	0. 187	0. 17	0. 865 6
STOCK	0. 414	0. 322	1. 29	0. 219 5
CONSUM	0. 243	0. 285	0. 85	0. 409 3
$n=18$	$R^2=0.973$	$R_a^2=0.967$	$\hat{\sigma}=2.258$	自由度=14

表 9-7　进口数据（1949—1959）的回归分析结果

方差分析表				
方差来源	平方和	自由度	均方	F 检验
回归	204. 776	3	68. 258 7	286
残差	1. 673	7	0. 239 0	
系数表				
变量	系数	标准误	t 检验	p 值
常数项	−10. 128	1. 212	−8. 36	<0. 000 1
DOPROD	−0. 051	0. 070	−0. 73	0. 488 3
STOCK	0. 587	0. 095	6. 20	0. 000 4
CONSUM	0. 287	0. 102	2. 81	0. 026 3
$n=11$	$R^2=0.992$	$R_a^2=0.988$	$\hat{\sigma}=0.488\,9$	自由度=7

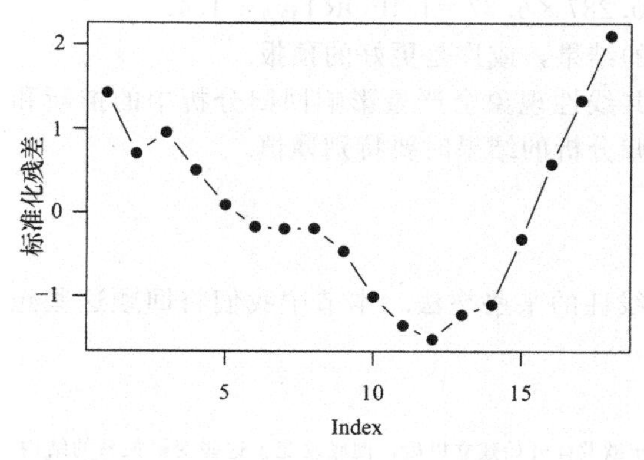

图 9-3　进口数据（1949—1966）的回归模型中标准化残差的顺序图

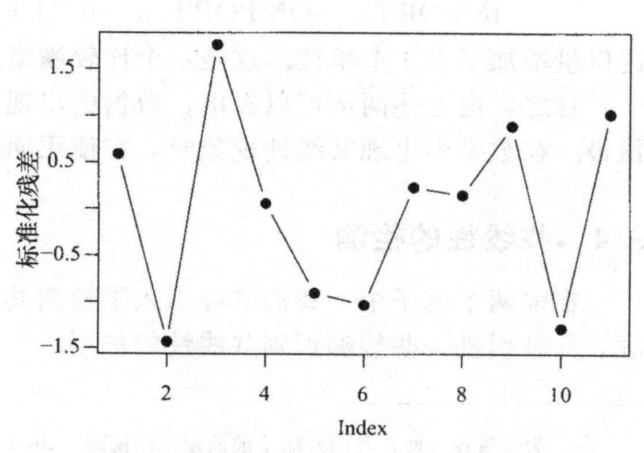

图 9-4　进口数据（1949—1959）的回归模型中标准化残差的顺序图

对 1949—1959 的数据的计算结果进行考察，发现其 $R^2=0.99$，这个值相当高．然而国内生产量（DOPROD）这个变量的回归系数为负值，并且不显著，这与我们的预期相悖．我们的经验表明，只要保持存储量（STOCK）和国内消费量（CONSUM）固定，DOPROD 的增长就会导致进口量（IMPORT）的增长（可能是原材料和加工设备的需求增长）．本例中可能会出现共线性，而事实也是如此．CONSUM 与 DOPROD 之间的简单相关系数为 0.997．进一步研究发现，在这 11 年的资料中，CONSUM 一直是 DOPROD 的三分之二左右．刻画两个变量之间关系的方程的估计为

242~243

$$\text{CONSUM}=6.259+0.686\text{DOPROD}.$$

但是，即使出现了这样严重的共线性现象，回归方程仍然有可能提供好的预报．根据表 9-7，预报方程是

$$\text{INPOT}=-10.13-0.051\text{DOPROD}+0.587\text{STOCK}+0.287\text{CONSUM}.$$

注意到这个方程对历史数据的拟合效果是很好的，而残差变化也像是纯随机的．作为预报，我们必须具有这样的信心：将来的数据也会遵循由现在数据所刻画的模型的特征和强度．这是一个信心问题，任何预测问题都会遇到这样的问题．如果你认为过去的数据与将来是无关的，那你就不可能利用过去的数据进行预测．对于这个例子，我们假定将来的数据的确会遵循数据分析得到的规律[㊀]．这个假定也隐含着 DOPROD 和 CONSUM 之间这种关系会保持到将来．这样我们相信，只要将来 DOPROD，STOCK 和 CONSUM 三个变量的值满足条件：CONSUM 近似地等于 $0.7\times$DOPROD，预测将会是准确的．

现在我们来做预报．我们希望知道下一年进口量的变化，而下一年的 DOPROD 的增加量为 10 个单位，STOCK 和 CONSUM 保持不变．此时的预报结果是

$$\text{IMPORT}_{1960}=\text{IMPORT}_{1959}-0.051\times(10),$$

即进口量要减少 0.51 个单位．在这个预报中，DOPROD 增加了 10 个单位，而 CONSUM 保持不变，改变了 DOPROD 和 CONSUM 的结构关系，这样的预报意义不大．如果 DOPROD 和 CONSUM 之间的关系保持不变，即 CONSUM 跟着增加 $10\times(2/3)=6.67$ 个单位，则预报结果为

$$\text{IMPORT}_{1960}=\text{IMPORT}_{1959}-0.51+0.287\times6.67=\text{IMPORT}_{1959}+1.4.$$

进口量增加了 1.4 个单位．这是一个比较满意的结果，或许是更好的预报．

总之，由上述两例可以看出，数据中出现共线性现象会严重影响回归分析中的推断和预报．在数据中出现共线性现象时，在使用回归分析的结果时要特别谨慎．

244

9.4 共线性的检测

在前两个例子中，我们已经引入了检测共线性的某些想法．本节中我们将回顾这些想法，并且引进一些能够识别共线性的准则．

㊀ 为了叙述方便，我们忽略了前面发现的困难．1960 年欧共体开始建立以后，彻底改变了这些变量关系的结构，这种未来结构的变化，肯定会造成预测的困难．我们要向读者指出，即使历史数据与模型拟合十分理想，结构的变化也会使得预测变成吃力不讨好的事情．

9.4.1 共线性的简单征兆

共线性往往伴随着回归系数估计的不稳定性．估计的不稳定源于预测变量之间的强线性关系，而与模型的误设是不相干的．因此，在讨论多重共线性引起的问题时，我们必须认定我们讨论的模型是已经满意地设定了的．然而，在搜索理想模型的过程中，通常会对变量或样本点进行增、删或作变换，在操作过程中也会出现多重共线性的迹象．作为多重共线性的征兆，估计系数的不稳定性表现为

- 当增加或删除一个变量时，估计的系数有很大的改变．
- 当删除或改变一个样本点时，估计的系数有很大的改变．

一旦残差图趋于正常，说明设定的模型很满意时，下面的现象也可能是共线性的征兆：

- 估计系数的代数符号与经验不符；或
- 重要变量的系数估计的标准误太大（t 值很小）．

前面提到的进口数据中，所建回归模型中变量 DOPROD 的系数为负值并且在检验中也不显著，这些结果与经验不相符．增加或减少一个变量的效果可见表 9-8（在表中一共有 7 种不同的回归模型，例如表中第一个回归模型只有一个预测变量 DOPROD）．从表 9-8 我们看到增加或减少一个变量会对其他变量的系数的估计有很大的影响．在关于均等教育机会（EEO）数据（见表 9-1 和表 9-2）的分析[⊖]中，从残差图看来，模型设定是合理的，但回归系数的几个估计值中，其代数符号并不全部合理，由于模型的标准误太大，这些预测变量都不显著，而实际上，这些变量对于响应变量的影响都很大．

表 9-8 进口数据（1949—1959）：对所有可能模型的回归系数表

回归模型	变量			
	常数项	DOPROD	STOCK	CONSUM
1	−6.558	0.146	—	—
2	19.611	—	0.691	—
3	−8.013	—	—	0.214
4	−8.440	0.145	0.622	—
5	−8.884	−0.109	—	0.372
6	−9.743	—	0.596	0.212
7	−10.128	−0.051	0.587	0.287

共线性的另一个标志是预测变量之间的强相关性．一对预测变量之间的强相关性，说明这对变量具有很强的线性关系，即变量间的共线性现象．对于均等教育机会（EEO）数据（见表 9-1 和表 9-2），每对变量之间的相关系数都很大．对于进口数据，DOPROD 和 CONSUM 之间的相关系数为 0.997，这意味着进口数据具有共线性．

⊖ 此处的描述中，原文可能有笔误，翻译时我们稍加修改．——译者注

245

多重共线性可能比两个变量之间的简单相关关系更复杂．一个线性关系可能涉及多个变量．有时候，用相关系数并不能发现这种线性关系．我们来看一个例子．我们要分析一个公司的广告费用（A_t）、促销费用（P_t）和销售费用（E_t）对年销售量（S_t）的影响．其数据列于表 9-9，也可从本书的网站得到．这个公司经营了 23 年，这 23 年中的经营情况是相当稳定的．

表 9-9　年销售量、广告费用、促销费用和销售费用的年度数据（单位：百万美元）

行号	S_t	A_t	P_t	E_t	A_{t-1}	P_{t-1}
1	20.113 71	1.987 86	1.0	0.30	2.017 22	0.0
2	15.104 39	1.944 18	0.0	0.30	1.987 86	1.0
3	18.683 75	2.199 54	0.8	0.35	1.944 18	0.0
4	16.051 73	2.001 07	0.0	0.35	2.199 54	0.8
5	21.301 01	1.692 92	1.3	0.30	2.001 07	0.0
6	17.850 04	1.743 34	0.3	0.32	1.692 92	1.3
7	18.875 58	2.069 07	1.0	0.31	1.743 34	0.3
8	21.265 99	1.017 09	1.0	0.41	2.069 07	1.0
9	20.484 73	2.019 06	0.9	0.45	1.017 09	1.0
10	20.540 32	1.061 39	1.0	0.45	2.019 06	0.9
11	26.184 41	1.459 99	1.5	0.50	1.061 39	1.0
12	21.716 06	1.875 11	0.0	0.60	1.459 99	1.5
13	28.695 95	2.271 09	0.8	0.65	1.875 11	0.0
14	25.837 20	1.111 91	1.0	0.65	2.271 09	0.8
15	29.319 87	1.774 07	1.2	0.65	1.111 91	1.0
16	24.190 41	0.958 78	1.0	0.65	1.774 07	1.2
17	26.589 66	1.989 30	1.0	0.62	0.958 78	1.0
18	22.244 66	1.971 11	0.0	0.60	1.989 30	1.0
19	24.799 44	2.266 03	0.7	0.60	1.971 11	0.0
20	21.191 05	1.983 46	0.1	0.61	2.266 03	0.7
21	26.034 41	2.100 54	1.0	0.60	1.983 46	0.1
22	27.393 04	1.068 15	1.0	0.58	2.100 54	1.0

关于公司的年销售量与公司的某些支出费用之间的关系，我们提出这样的回归模型：

$$S_t = \beta_0 + \beta_1 A_t + \beta_2 P_t + \beta_3 E_t + \beta_4 A_{t-1} + \beta_5 P_{t-1} + \varepsilon_t, \tag{9.4}$$

其中 A_{t-1} 和 P_{t-1} 是上一年的变量值．回归分析的结果列于表 9-10．标准化残差相对于年销售值拟合值的残差图以及标准化残差的顺序图见图 9-5 和图 9-6．当然也可以得到相对于预测变量的残差图（本书没有提供）．所有这些残差图都没有显示任何模型误设问题．此外，预测变量之间的相关系数也很小（见表 9-11）．然而，我们只要做一个小的试验，在模型中把当年的广告费用（A_t）去掉，情况就大不一样．变量 P_t 的系数由 8.37 降到 3.70，A_{t-1} 和 P_{t-1} 的系数改变了正负号．但是销售费用的系数和 R^2 改变不大．

表 9-10 广告数据的回归分析结果

方差分析表				
方差来源	平方和	自由度	均方	F 检验
回归	307.572	5	61.514	35.3
残差	27.879	16	1.742	
系数表				
变量	系数	标准误	t 检验	p 值
常数项	−14.194	18.715	−0.76	0.459 2
A	5.361	4.028	1.33	0.201 9
P	8.372	3.586	2.33	0.032 9
E	22.521	2.142	10.51	$<$0.000 1
A_{t-1}	3.855	3.578	1.08	0.297 3
P_{t-i}	4.125	3.895	1.06	0.305 3
$n=22$	$R^2=0.917$	$R_a^2=0.891$	$\hat{\sigma}=1.320$	自由度=16

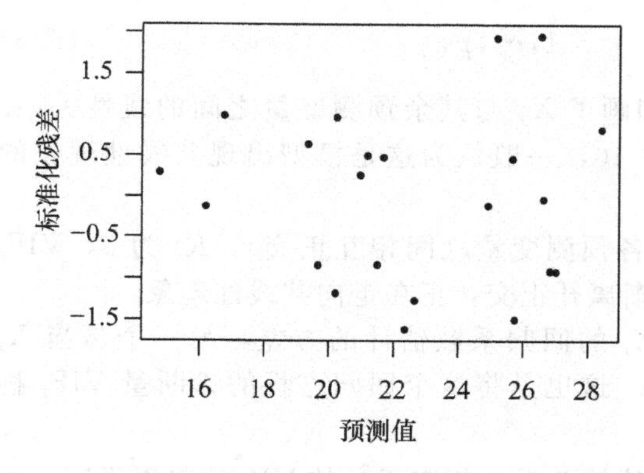

图 9-5 标准化残差值相对于预测年销售量的残差图

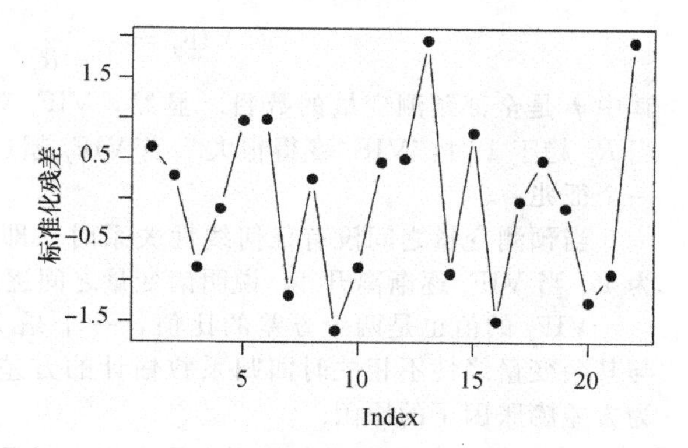

图 9-6 标准化残差值的顺序图

表 9-11 广告数据中各对变量之间的相关系数

	A_t	P_t	E_t	A_{t-1}	P_{t-1}
A_t	1.000				
P_t	−0.357	1.000			
E_t	−0.129	0.063	1.000		
A_{t-1}	−0.140	−0.316	−0.166	1.000	
P_{t-1}	−0.496	−0.296	0.208	−0.358	1.000

有证据显示当年和上一年的广告费用和促销费用之间有一种复杂的关系. 现在求 A_t 相对于 P_t，A_{t-1} 和 P_{t-1} 的回归，得到的 R^2 为 0.973. 相应的方程为

$$\hat{A}_t = 4.63 - 0.87P_t - 0.86A_{t-1} - 0.95P_{t-1}.$$

对公司的运营情况做深入调查后发现，在公司经营状况稳定的 23 年期间，公司对于财务支

出有严格的规定：每两年中广告费和促销费的支出总和约等于 5 个单位. 即下面的约束条件

$$A_t + P_t + A_{t-1} + P_{t-1} \doteq 5$$

造成了模型的共线性.

上面的分析指出，在回归分析中出现一些现象，例如回归系数计算的不稳定性，回归分析的结果与我们的经验相悖，各对变量的相关系数偏大，这些不正常的现象，都是共线性出现的征兆. 但是，这些征兆并不是共线性出现的充分条件. 现在介绍两个度量共线性的方法，*方差膨胀因子和条件指数*.

9.4.2 方差膨胀因子

经过对共线性现象的深入研究，我们发现，它与各个预测变量相对于其余预测变量的回归的多重相关系数的平方有关. 预测变量之间的相关关系可用所谓的*方差膨胀因子*(VIF) 来刻画. 记 R_j^2 表示以 X_j 作为响应变量，其余的预测变量作为自变量的回归模型中的多重相关系数的平方. 则 X_j 的方差膨胀因子定义为

246 ~ 249

$$\mathrm{VIF}_j = \frac{1}{1-R_j^2}, \quad j = 1,\cdots,p, \tag{9.5}$$

其中 p 是全部预测变量的数目. 显然，VIF_j 刻画了 X_j 与其余预测变量之间的线性关系. 当 R_j^2 趋于 1 时，VIF_j 变得很大. 当 VIF_j 超过 10，一般认为这是模型出现共线性现象的一个征兆.

当预测变量之间没有任何线性关系时（即各预测变量之间相互正交），R_j^2 为 0，VIF_j 为 1. 当 VIF_j 逐渐离开 1，说明诸变量之间逐渐离开正交，正在走向共线性现象.

VIF_j 的值也是两个方差的比值，一个是 X_j 的回归系数估计的方差，另一个是当 X_j 与其余变量线性不相关时回归系数估计的方差. 这也是将这个回归方程的诊断量 VIF_j 称为方差膨胀因子的原因.

当 R_j^2 趋于 1，说明在预测变量之间出现了线性关系，相应于 $\hat{\beta}_j$ 的 VIF 值趋于无穷. 一般认为，当 VIF 的值超过 10 的时候，共线性现象会对估计造成不利影响.

通常用估计的方差刻画回归系数的最小二乘估计的精度，假定各预测变量都进行了标准化，此时，系数的最小二乘估计的方差是 σ^2(σ^2 是模型的误差项的方差）的倍数，这个倍数刚好是相应的 VIF 的值. 这样，这些 VIF 值可以用来构造一个回归系数的 OLS 估计与其真值的平方距离的期望值，或者说 VIF 值就是回归系数的均方误差（相差一个常数因子 σ^2). 用

$$D^2 = \sigma^2 \sum_{j=1}^{p} \mathrm{VIF}_j$$

度量回归系数 OLS 估计的精度. 这个值愈小，估计的精度就愈大. 如果预测变量都是相互正交的，那么这些 VIP 的值为 1，从而 $D^2 = p\sigma^2$. 这样比值

$$\frac{\sigma^2 \sum\limits_{i=1}^{p} \mathrm{VIF}_i}{p\sigma^2} = \frac{\sum\limits_{i=1}^{p} \mathrm{VIF}_i}{p} = \overline{\mathrm{VIF}},$$

就是两种情况下回归系数的 OLS 估计与真值的平方距离的期望值之比. 一种情况是现模型下回归系数的 OLS 估计与真值的平方距离之和的期望值，另一种情况是假定各预测变量正交情况下回归系数的 OLS 估计与真值的平方距离之和的期望值. 两者之比值 $\overline{\text{VIF}}$ 可以作为模型共线性的一个指标.

许多统计软件在回归分析这个主题下都提供 VIF_j 的计算程序. 某些软件，在 VIF_j 取高值的时候还会给出警告提示. 在进行回归分析时，应该经常注意 VIF_j 的值，以免在应用最小二乘法对共线性数据进行回归分析时遇到不必要的麻烦.

250

在上面提到的 3 个例子中（均等教育机会数据、进口数据和广告数据)，我们看到存在共线性的证据. 这些例子的 VIF 值以及相应的平均值列于表 9-12. 对于均等教育机会数据，VIF 值从 30.2 到 83.2，模型中 3 个变量之间具有很强的相关性，即使删去一个变量，也不能消除共线性. VIF 的均值为 50.3，说明回归系数的 OLS 估计的平方误差之和的期望值是正交情况下的 50 倍.

表 9-12　3 个数据集的方差膨胀因子

均等教育机会数据		进口数据		广告数据	
变量	VIF	变量	VIF	变量	VIF
FAM	37.6	DOPROD	469.7	A_t	37.4
PEER	30.2	STOCK	1.0	P_t	33.5
SCHOOL	83.2	CONSUM	469.4	E_t	1.1
				A_{t-1}	26.6
				P_{t-1}	44.1
平均	50.3	平均	313.4	平均	28.5

对于进口数据，回归系数的 OLS 估计的平方误差之和的期望值是预测变量相互正交情况下的 OLS 估计的 313 倍. 由各个 VIF 的值可以看出，国内生产量和消费量是密切相关的，但是与存储量不相关. 在 3 个预测变量中，将国内生产量或消费量删除，考虑进口量（IMPORT）对存储量（STOCK）和国内生产量（DOPROD）的回归，共线性就不会出现. 同样，将消费量（CONSUM）代替 DOPROD，进行回归计算，共线性也不会出现. 这个例子也提供了一个处理共线性的方法.

对于广告数据，预测变量 E 的 VIF_E 是 1.1，说明这个变量与其他的预测变量没有线性关系. 其他变量的 VIF 值都很大，从 26.6 到 44.1. 这说明在剩下的 4 个预测变量之间会有很强的线性关系（这个事实我们已经从公司业务的调查中得到认定). 下面，我们可以考虑这样的步骤进一步解决共线性问题：将从变量 E_t 和剩下的 4 个变量（A_t，P_t，A_{t-1}，P_{t-1}）中任意选出的 3 个变量组成一个新的预测变量集合，然后对销售量 S_t 关于选出来的变量集合进行回归，看能不能消除共线性.

我们必须指出，删除变量的办法不是解决共线性问题的好办法，有时候，根本不可能. 例如在 Hamilton 数据中（见 4.5.2 节和 4.5.3 节)，两个预测变量之间有一些共线性，但是响应变量联合地依赖于两个预测变量，而不是单独地依赖于某个预测变量. 当我们删除某一个变量以后，Y 不再依赖于剩下的预测变量. 在第 10 章里我们将介绍更好的处理共线性问题的方法.

9.4.3 条件指数

检测共线性的另一方法是考察预测变量的相关矩阵的条件指数. 设 X_1，…，X_p 为一组变量，各变量之间的相关系数可以列成一个矩阵，称为相关矩阵. 例如，在进口数据中，1949—1959 年数据的预测变量的相关矩阵为

251

$$\begin{array}{l} \\ \text{DOPROD} \\ \text{STOCK} \\ \text{CONSUM} \end{array} \begin{array}{c} \begin{array}{ccc} \text{DOPROD} & \text{STOCK} & \text{CONSUM} \end{array} \\ \begin{pmatrix} 1.000 & 0.026 & 0.997 \\ 0.026 & 1.000 & 0.036 \\ 0.997 & 0.036 & 1.000 \end{pmatrix} \end{array}. \tag{9.6}$$

矩阵中第 1 行（列）代表国内生产量（DOPROD），第 2 行（列）代表存储量（STOCK），第 3 行（列）代表国内消费量（CONSUM）. 例如 Cor(DOPROD，CONSUM) = 0.997，说明这两个变量具有很高的相关性. 从矩阵的左上到右下的对角线上的数称为矩阵的对角线元素. 显然，相关矩阵的对角线元素都是 1.

注意，一组变量称为正交的，是指这组变量之间不存在线性相关关系. 如果一组标准化随机变量是正交的，那么，其相关矩阵的对角线元素为 1，非对角线元素为 0.

p 个预测变量的任何相关矩阵必有 p 个特征值[㊀]. 将这些特征值按降序排列，变成$\lambda_1 \geqslant \lambda_1 \geqslant \cdots \geqslant \lambda_p$. 如果某一个为 0，意味着在原来的变量中存在一个线性关系，这是共线性的特殊情况. 如果有一个很小的值（近于 0），这表示存在共线性现象.

一个经验的准则是：计算各特征值的倒数的和

$$\sum_{j=1}^{p} \frac{1}{\lambda_j}, \tag{9.7}$$

如果这个数值大于预测变量个数 p 的 5 倍，就认为出现了共线性.

另一个刻画共线性的方法就是计算相关矩阵的条件指数. 第 j 个条件指数为

$$\kappa_j = \sqrt{\frac{\lambda_1}{\lambda_j}}, \quad j = 1,2,\cdots,p. \tag{9.8}$$

上式中，$\kappa_1 = 1$，最大的条件指数为

$$\kappa_p = \sqrt{\frac{\text{相关矩阵的最大特征值}}{\text{相关矩阵的最小特征值}}} = \sqrt{\frac{\lambda_1}{\lambda_p}}, \tag{9.9}$$

252

这个数就称为相关矩阵的条件数（条件数就是最大的条件指数）. 如果 κ_p 小（近于1），预测变量不会有共线性. 若这个数大，就表明有共线性. 当 κ_p 超过 15 时（此时 λ_1 是 λ_p 的 225 倍），表示模型有很强的共线性. 当然 15 这个阈值不是基于理论的研究结果，而是出于经验的考虑. 当 κ_p 超过 30 时就必须采取措施消除共线性的影响.

对于均等教育机会数据、进口数据和广告数据这 3 个数据集，其特征值、条件指

㊀ 对特征值不熟悉的读者可参阅 *Matrix Algebra as a tool*，by Hadi (1966).

数（条件数）的计算结果列于表 9-13. 这 3 个数据集的条件数说明这些数据集都具有共线性.

表 9-13 3 个数据集的条件指数

	均等教育机会数据		进口数据		广告数据	
j	λ_j	κ_j	λ_j	κ_j	λ_j	κ_j
1	2.952	1	1.999	1	1.701	1
2	0.040	8.59	0.998	1.42	1.228	1.14
3	0.008	19.26	0.003	27.26	1.145	1.21
4					0.859	1.40
5					0.007	15.29

作为本节的结尾，我们要指出某些数据集会存在两个以上的共线性的变量子集. 而这些变量子集的个数由大的条件指数的个数确定. 在这 3 个数据集中，都只有一个大的条件指数（见表 9-13），这说明每个数据集中只含有一个共线性的变量子集.

如果从条件指数的计算发现这个数据集具有共线性现象（大的条件数就是具有共线性的征兆），下一个问题是：哪些变量涉及共线性问题？这个问题的答案涉及相关矩阵的特征向量. 我们已经看到，每个 p 阶相关矩阵（即 p 个预测变量的相关矩阵）有 p 个特征值 $\lambda_1 \geqslant \lambda_2 \geqslant \cdots \geqslant \lambda_p$. 对于每个特征向量 λ_j，对应一个特征向量 V_j，$j=1$，…，p. 这些特征向量是相互正交的. 它们可以排成一个矩阵：

$$\boldsymbol{V}=(\boldsymbol{V}_1 \quad \boldsymbol{V}_2 \quad \cdots \quad \boldsymbol{V}_p)$$

$$=\begin{pmatrix} v_{11} & v_{12} & \cdots & v_{1p} \\ v_{21} & v_{22} & \cdots & v_{2p} \\ \vdots & \vdots & \ddots & \vdots \\ v_{p1} & v_{p2} & \cdots & v_{pp} \end{pmatrix}. \tag{9.10}$$

[253]

对于进口数据，相应的特征值、条件指数和相关矩阵的特征向量列于表 9-14. 3 个条件指数中只有一个大的条件指数（κ_3），因此只有一个共线性变量集合. 这些涉及共线性的变量集合可以从一个关于这些预测变量的线性方程求得. 方程右边的常数项为最小的特征值 $\lambda_3 = 0.003$. 方程左边的线性组合的系数就是相应的特征向量 $\boldsymbol{V}_3$. 即

$$v_{13}\tilde{X}_1 + v_{23}\tilde{X}_2 + v_{33}\tilde{X}_3 \doteq \lambda_3,$$

$$-0.707\tilde{X}_1 - 0.007\tilde{X}_2 + 0.707\tilde{X}_3 \doteq 0.003, \tag{9.11}$$

其中 $\tilde{X}_j$ 是第 j 个标准化[⊖]的预测变量. 在（9.11）中，将常数项 λ_3（0.003）和 $\tilde{X}_2$ 的系数（0.007）近似为 0，我们得到

⊖ 见 3.6 节.

$$-0.707\,\widetilde{X}_1+0.707\,\widetilde{X}_3 \doteq 0, \tag{9.12}$$

或，等价地

$$\widetilde{X}_1 \doteq \widetilde{X}_3, \tag{9.13}$$

这个等式代表标准化的国内消费量（CONSUM）和国内生产量（DOPROD）之间的关系．前面已经发现 CONSUM 和 DOPROD 之间有很高的相关系数（r=0.997，读者也可以从 CONSUM 和 DOPROD 之间的散点图证实这一点），(9.13) 与这个结论是相匹配的．由于 κ_3 是唯一的取大值的条件指数，这说明预测变量之间的相依结构就是由 (9.13) 的简单关系构成的．

表 9-14　进口数据（1949－1959）中预测变量的相关矩阵的特征值、条件指数和特征向量

λ_j	1.999	0.998	0.003
κ_j	1	1.42	27.26
$\mathbf{V}_j$	$\mathbf{V}_1$	$\mathbf{V}_2$	$\mathbf{V}_3$
DOPROD	0.706	−0.036	−0.707
STOCK	0.044	0.999	−0.007
CONSUM	0.707	−0.026	0.707

254

习题

9.1　一组预测变量的相关矩阵的特征值为：

4.603, 1.175, 0.203, 0.015, 0.003, 0.001

相应的特征向量列于表 9-15.

(a) 在这组数据中有多少个共线性变量集合？解释为什么．

(b) 每个共线性变量集合中含有哪些变量？解释为什么．

表 9-15　预测变量的相关矩阵的 6 个特征向量

	$\mathbf{V}_1$	$\mathbf{V}_2$	$\mathbf{V}_3$	$\mathbf{V}_4$	$\mathbf{V}_5$	$\mathbf{V}_6$
X_1	−0.462	0.058	−0.149	−0.793	0.338	−0.135
X_2	−0.462	0.053	−0.278	0.122	−0.150	0.818
X_3	−0.321	−0.596	0.728	−0.008	0.009	0.107
X_4	−0.202	0.798	0.562	0.077	0.024	0.018
X_5	−0.462	−0.046	−0.196	0.590	0.549	−0.312
X_6	−0.465	0.001	−0.128	0.052	−0.750	−0.450

9.2　在 9.4 节中我们讨论了广告数据的回归分析问题，在那儿我们建议计算公司销售量 S_t 相对于 E_t 再加上（A_t，P_t，A_{t-1}，S_{t-1}）的 4 个分量中的任意 3 个分量进行回归分析，这样做的结果，有可能消除共线性．请按照上述的建议进行回归计算（共有 4 组计算结果）．对于每一组数据，除了常规的结果以外，还需要计算相应的 VIF 值，看一看这 4 种计算方案的消除共线性的情况．

9.3　耗油量数据：为了找到确定汽车耗油量的因素，我们收集了 30 种不同汽车的数据．数据中除了耗

油量（每加仑汽油所跑的英里数 Y），还有 11 个其他测量值，这些测量值代表了汽车的物理和机械特性. 这些变量的定义由表 9-16 给出，表 9-17 提供了相应的数据，它是从 1975 年的杂志 *Motor Trend* 得到的. 我们希望了解这组数据是否具有共线性.

(a) 计算这 11 个预测变量 X_1，X_2，…，X_{11} 的相关矩阵，并且画出各对变量的散点图. 识别各种可能的共线性现象.

(b) 计算相关矩阵的特征值、特征向量和条件数. 你能从这些量看出模型的共线性现象吗？

(c) 考察小的特征值所对应的特征向量，识别参与共线性的预测变量.

(d) 将 Y 对 11 个预测变量求回归，对每一个预测变量求出相应的 VIF 值. 哪个预测变量受到共线性的影响？

255

表 9-16　表 9-17 中耗油量数据中的变量

变量	定义	变量	定义
Y	英里/加仑	X_6	化油器
X_1	排气量（立方英寸）	X_7	变速档数
X_2	马力（英尺/磅）	X_8	长度（英寸）
X_3	扭矩（英尺/磅）	X_9	宽度（英寸）
X_4	压缩比	X_{10}	重量（磅）
X_5	后轴动力比	X_{11}	传动类型（1=自动，0=手动）

表 9-17　耗油量与汽车的有关变量

Y	X_1	X_2	X_3	X_4	X_5	X_6	X_7	X_8	X_9	X_{10}	X_{11}
18.9	350.0	165	260	8.00	2.56	4	3	200.3	69.9	3 910	1
17.0	350.0	170	275	8.50	2.56	4	3	199.6	72.9	3 860	1
20.0	250.0	105	185	8.25	2.73	1	3	196.7	72.2	3 510	1
18.3	351.0	143	255	8.00	3.00	2	3	199.9	74.0	3 890	1
20.1	225.0	95	170	8.40	2.76	1	3	194.1	71.8	3 365	0
11.2	440.0	215	330	8.20	2.88	4	3	184.5	69.0	4 215	1
22.1	231.0	110	175	8.00	2.56	2	3	179.3	65.4	3 020	1
21.5	262.0	110	200	8.50	2.56	2	3	179.3	65.4	3 180	1
34.7	89.7	70	81	8.20	3.90	2	4	155.7	64.0	1 905	0
30.4	96.9	75	83	9.00	4.30	2	5	165.2	65.0	2 320	0
16.5	350.0	155	250	8.50	3.08	4	3	195.4	74.4	3 885	1
36.5	85.3	80	83	8.50	3.89	2	4	160.6	62.2	2 009	0
21.5	171.0	109	146	8.20	3.22	2	4	170.4	66.9	2 655	0
19.7	258.0	110	195	8.00	3.08	1	3	171.5	77.0	3 375	1
20.3	140.0	83	109	8.40	3.40	2	4	168.8	69.4	2 700	0
17.8	302.0	129	220	8.00	3.00	2	3	199.9	74.0	3 890	1
14.4	500.0	190	360	8.50	2.73	4	3	224.1	79.8	5 290	1
14.9	440.0	215	330	8.20	2.71	4	3	231.0	79.7	5 185	1
17.8	350.0	155	250	8.50	3.08	4	3	196.7	72.2	3 910	1

256

（续）

Y	X_1	X_2	X_3	X_4	X_5	X_6	X_7	X_8	X_9	X_{10}	X_{11}
16.4	318.0	145	255	8.50	2.45	2	3	197.6	71.0	3 660	1
23.5	231.0	110	175	8.00	2.56	2	3	179.3	65.4	3 050	1
21.5	360.0	180	290	8.40	2.45	2	3	214.2	76.3	4 250	1
31.9	96.9	75	83	9.00	4.30	2	5	165.2	61.8	2 275	0
13.3	460.0	223	366	8.00	3.00	4	3	228.0	79.8	5 430	1
23.9	133.6	96	120	8.40	3.91	2	5	171.5	63.4	2 535	0
19.7	318.0	140	255	8.50	2.71	2	3	215.3	76.3	4 370	1
13.9	351.0	148	243	8.00	3.25	2	3	215.5	78.5	4 540	1
13.3	351.0	148	243	8.00	3.26	2	3	216.1	78.5	4 715	1
13.8	360.0	195	295	8.25	3.15	4	3	209.3	77.4	4 215	1
16.5	350.0	165	255	8.50	2.73	4	3	185.2	69.0	3 660	1

9.4 对于表 5-19 中的总统选举数据，考虑建立一个模型，考察 V 相对于预测变量的关系．预测变量包括所有变量（选举的年份也算预测变量）并且加上一些变量间 2 阶或 3 阶交互作用．

(a) 在建立线性回归模型时，最多能包含多少项？（提示：考虑数据集中观测的个数）

(b) 考察上述所建立的模型中的预测变量，看是否会出现共线性．（计算相关矩阵、条件数和 VIF.）

(c) 确定涉及共线性的变量子集．利用删除某些预测变量的方法解决变量的共线性问题．

(d) 将 V 与你在 (c) 中找到的某些变量建立回归模型．这个模型应该没有共线性问题．

9.5 对于表 5-19 中的总统选举数据，考虑模型 (5.12)．

(a) 考察这个模型中的预测变量，是否会出现共线性．（计算相关矩阵、条件数和 VIF.）

(b) 确定涉及共线性的变量子集．利用删除某些预测变量的方法解决变量的共线性问题．

(c) 将 V 与你在 (b) 中找到的某些变量建立回归模型．这个模型应该没有共线性问题．

257

(d) 比较本题的结果与习题 9.4 中得到的结果．

第10章 共线性数据的处理

10.1 引言

在第9章中得知，当一个预测变量集合中出现共线性问题时，回归系数的OLS估计会出现不稳定现象，并且会导致错误的解释．本章将介绍几个处理共线性数据的方法．在9.4.2节中，我们已经指出删除某些预测变量是消除或缩小模型共线性的一种方法，但不是最好的办法，有时甚至完全不可行．现在我们介绍两种处理模型共线性的方法：(a) 对模型的回归系数寻找或施以某种约束条件，(b) 用主成分方法和岭回归方法代替传统的最小二乘方法对模型的参数进行估计．为此我们首先介绍主成分这个概念．

10.2 主成分

主成分方法是基于这样的事实：设 X_1，X_2，…，X_p 是 p 个变量的集合，它可以通过一个变换变成 p 个相互正交的变量．这些新的相互正交的变量就称为*主成分*（PC），并用记号 C_1，C_2，…，C_p 表示．每个变量 C_j 是标准化[㊀]的变量 $\tilde{X}_1$，$\tilde{X}_2$，…，$\tilde{X}_p$ 的线性组合，即

$$C_j = v_{1j}\tilde{X}_1 + v_{2j}\tilde{X}_2 + \cdots + v_{pj}\tilde{X}_p, \quad j = 1,2,\cdots,p. \tag{10.1}$$

上式中线性函数的系数选择如下：使得得到的线性函数 C_j 都是相互正交的[㊁]．设 λ_j 是 p 个变量的相关矩阵的第 j 大的特征值[㊂]，而 C_j 的线性表达式中的系数刚好是 λ_j 对应的特征向量．相关矩阵的特征向量可以排成一个矩阵

$$\mathbf{V} = (\mathbf{V}_1 \quad \mathbf{V}_2 \quad \cdots \quad \mathbf{V}_p) = \begin{pmatrix} v_{11} & v_{12} & \cdots & v_{1p} \\ v_{21} & v_{22} & \cdots & v_{2p} \\ \vdots & \vdots & \ddots & \vdots \\ v_{p1} & v_{p2} & \cdots & v_{pp} \end{pmatrix} \tag{10.2}$$

不难验证，主成分 C_j 的方差是

$$\mathrm{Var}(C_j) = \lambda_j, \quad j = 1,2,\cdots,p. \tag{10.3}$$

主成分（PC）的协方差矩阵为

$$\begin{array}{c} \\ C_1 \\ C_2 \\ \vdots \\ C_p \end{array} \begin{array}{c} \begin{array}{cccc} C_1 & C_2 & \cdots & C_p \end{array} \\ \begin{pmatrix} \lambda_1 & 0 & \cdots & 0 \\ 0 & \lambda_2 & \cdots & 0 \\ \vdots & \vdots & \ddots & \vdots \\ 0 & 0 & \cdots & \lambda_p \end{pmatrix} \end{array}.$$

㊀ 见3.6节．

㊁ 本章的附录中提供了矩阵代数中寻找这些系数的方法．

㊂ 对特征值不熟悉的读者可以参阅 *Matrix Algebra as a tool*, by Hadi (1966).

上述矩阵的非对角线元素均为 0，这是因为主成分都是相互正交的变量．第 j 个对角线元素 λ_j 是 C_j 的方差．这些主成分是这样排列的，即 $\lambda_1 \geqslant \lambda_2 \cdots \geqslant \lambda_p$，最前面的主成分的方差最大，最后面的主成分的方差最小．正如在 9.4.2 节中提到的那样，当某个 λ_j 为 0 时，原来的变量之间有一个严格的线性关系，这是共线性的一种特殊情况．如果有一个 λ_j 比其他的特征值小很多（并且近于 0），说明存在共线性．

在 1949—1959 年进口数据中，3 个预测变量的相关矩阵为

$$\begin{array}{l} \\ \text{DOPROD} \\ \text{STOCK} \\ \text{CONSUM} \end{array} \begin{array}{c} \begin{array}{ccc} \text{DOPROD} & \text{STOCK} & \text{CONSUM} \end{array} \\ \begin{pmatrix} 1.000 & 0.026 & 0.997 \\ 0.026 & 1.000 & 0.036 \\ 0.997 & 0.036 & 1.000 \end{pmatrix} \end{array}. \tag{10.4}$$

260

其主成分为 C_1，C_2，C_3，这三个向量列于表 10-1．现在简单介绍一下主成分的计算步骤．（10.4）给出的相关矩阵的特征值为 $\lambda_1 = 1.999$，$\lambda_2 = 0.998$，$\lambda_3 = 0.003$，相应的特征向量为：

$$\boldsymbol{V}_1 = \begin{pmatrix} 0.706 \\ 0.044 \\ 0.707 \end{pmatrix}, \quad \boldsymbol{V}_2 = \begin{pmatrix} -0.036 \\ 0.999 \\ -0.026 \end{pmatrix}, \quad \boldsymbol{V}_3 = \begin{pmatrix} -0.707 \\ -0.007 \\ 0.707 \end{pmatrix}.$$

这样，进口数据（1949—1959）的主成分为

$$\begin{aligned} C_1 &= 0.706\,\widetilde{X}_1 + 0.044\,\widetilde{X}_2 + 0.707\,\widetilde{X}_3, \\ C_2 &= -0.036\,\widetilde{X}_1 + 0.999\,\widetilde{X}_2 - 0.026\,\widetilde{X}_3, \\ C_3 &= -0.707\,\widetilde{X}_1 - 0.007\,\widetilde{X}_2 + 0.707\,\widetilde{X}_3. \end{aligned} \tag{10.5}$$

将 $\widetilde{X}_j$ 的值代入（10.5），就得到表 10-1 的数据．

表 10-1　进口数据（1949—1959）的三个主成分

年份	C_1	C_2	C_3	年份	C_1	C_2	C_3
49	−2.126	0.639	−0.021	55	0.360	−0.744	0.043
50	−1.619	0.556	−0.071	56	0.972	1.354	0.063
51	−1.115	−0.073	−0.022	57	1.559	0.964	0.024
52	−0.894	−0.082	0.011	58	1.767	1.015	−0.045
53	−0.644	−1.307	0.073	59	1.931	−1.663	−0.081
54	−0.190	−0.659	0.027				

新的变量集合的协方差矩阵为

$$\begin{array}{l} \\ C_1 \\ C_2 \\ C_3 \end{array} \begin{array}{c} \begin{array}{ccc} C_1 & C_2 & C_3 \end{array} \\ \begin{pmatrix} 1.999 & 0 & 0 \\ 0 & 0.998 & 0 \\ 0 & 0 & 0.003 \end{pmatrix} \end{array}.$$

由于主成分是原来变量的线性组合，它没有简单的解释．然而，主成分作为新的组合变量提供了探索模型共线性的一个统一方法．同时，在本章后面将介绍参数估计的另一个方

法，这个方法的基础就是主成分.

由于 λ_j 是第 j 个主成分 C_j 的方差，当 λ_j 近似地等于 0 时，相应的主成分 C_j 就近似地等于常数. 这样，从定义主成分的方程可以看出预测变量的一个线性函数也近似地等于一个常数，这就造成了某些共线性. 例如，在进口数据中，$\lambda_3=0.003\doteq 0$，由此可知 C_3 近似地等于一个常数，这个常数也是 C_3 的均值. 由 C_3 与预测变量的关系式(见 (10.5)，每个标准化的预测变量具有 0 均值!) 可知，这个常数为 0. 这样我们得到

261

$$C_3=-0.707\widetilde{X}_1-0.007\widetilde{X}_2+0.707\widetilde{X}_3\doteq 0.$$

由于 $\widetilde{X}_2$ 的系数 -0.007 很小，对应的项可以近似为 0. 这样上式变成

$$\widetilde{X}_1\doteq\widetilde{X}_3, \tag{10.6}$$

方程 (10.6) 表示标准化的预测变量 CONSUM 和 DOPROD 之间的近似关系. 这个关系和以前的发现相匹配，即预测变量 CONSUM 和 DOPROD 之间的高相关系数 ($r=0.997$). 当然，读者也可以用预测变量 CONSUM 和 DOPROD 的散点图加以证实. 由于 λ_3 是唯一一个小的特征值，主成分分析指出预测变量之间的相互依赖的线性结构只有 (10.6) 所表示的简单结构.

对于广告数据，5 个预测变量的相关矩阵的特征值和特征向量的数据列于表 10-2. 其最小的特征值为 $\lambda_5=0.007$，相应的主成分为

$$C_5=0.514\widetilde{X}_1+0.489\widetilde{X}_2-0.010\widetilde{X}_3+0.428\widetilde{X}_4+0.559\widetilde{X}_5. \tag{10.7}$$

上式中，令 $C_5=0$，解出 $\widetilde{X}_1$，得到下面的近似式

$$\widetilde{X}_1\doteq -0.951\widetilde{X}_2-0.833\widetilde{X}_4-1.087\widetilde{X}_5, \tag{10.8}$$

注意到 (10.8) 中比 (10.7) 中少了一项 $\widetilde{X}_3$，这是因为这一项的系数近似于 0，这一项就被忽略了. 这个关系式正好是我们以前发现的 A_t，P_t，A_{t-1}，P_{t-1} 之间的关系. 进一步注意到，$\lambda_4=0.859$，其余 λ 的值都比这个数大，我们就可以有把握地说关系式 (10.8) 是造成共线性的唯一原因.

表 10-2 广告数据：预测变量的相关矩阵的特征值和特征向量

			特征值		
λ_j	1.701	1.288	1.145	0.859	0.007
			特征向量		
V_j	V_1	V_2	V_3	V_4	V_5
$\widetilde{A}_t$	0.532	−0.024	−0.668	0.074	−0.514
$\widetilde{P}_t$	−0.232	0.825	0.158	−0.037	−0.489
$\widetilde{E}_t$	−0.389	−0.022	−0.217	0.895	0.010
$\widetilde{A}_{t-1}$	0.395	−0.260	0.692	0.338	−0.428
$\widetilde{P}_{t-1}$	−0.596	−0.501	−0.057	−0.279	−0.559

本节中，我们讨论了模型的预测变量之间是否出现共线性问题. 我们的办法是判断某些指标量的大小，这些指标量可以是相关系数或是特征值，由这些指标量的大小得出模型是否具有共线性的判断. 虽然我们用值的大或小作为判断的标准，但不可能给出一个阈值作为绝

对的判断标准．这种大和小都是相对的，只是提供一种看法，或者一切正常，看不出毛病，或者某些方面出了问题．唯一的标准就是我们做出的判定会对实际问题有什么样的影响．

我们在此也提醒大家，在分析的数据中也可能含有一些观测，它会对衡量共线性的度量（例如相关系数、特征值和条件数等）产生不适当的影响．这些观测称为具有共线性影响力的观测（collinearity-influential observation），更详细的资料可参看 Hadi（1988）．

262

10.3　利用主成分的计算

为解决共线性问题，除了通常的最小二乘法的计算程序外，还需要其他一些计算．为了计算相关矩阵的特征值、特征向量和主成分等模型所必需的量，还要一个对原始数据求主成分的程序．以广告数据为例，相应的回归模型为

$$S_t = \beta_0 + \beta_1 A_t + \beta_2 P_t + \beta_3 E_t + \beta_4 A_{t-1} + \beta_5 P_{t-1} + \varepsilon_t. \tag{10.9}$$

若用标准化的变量表示，这个模型变成下面的形式：

$$\widetilde{Y} = \theta_1 \widetilde{X}_1 + \theta_2 \widetilde{X}_2 + \theta_3 \widetilde{X}_3 + \theta_4 \widetilde{X}_4 + \theta_5 \widetilde{X}_5 + \varepsilon', \tag{10.10}$$

其中$\widetilde{Y}$是标准化的响应变量，$\widetilde{X}_j$ 是第 j 个预测变量的标准化变量．（10.10）中的回归系数称为贝塔系数．它也代表预测变量的边际效应，不过变化的单位为标准差．例如，θ_1 表示公司当年广告费用改变一个（广告费用的标准差）单位时，公司销售量的改变值（以公司销售量的标准差为单位）．

记$\hat{\beta}_j$ 为模型（10.9）中参数 β_j 的最小二乘估计，$\hat{\theta}_j$ 为模型（10.10）中参数 θ_j 的最小二乘估计．$\hat{\beta}_j$ 和$\hat{\theta}_j$ 之间有下面的关系：

$$\hat{\beta}_j = \frac{s_y}{s_j}\hat{\theta}_j,\quad j = 1,2,3,4,5,$$

$$\hat{\beta}_0 = \bar{y} - \sum_{j=1}^{5} \hat{\beta}_j \bar{x}_j, \tag{10.11}$$

其中 $\bar{y}$ 是 Y 的均值，s_y 是 Y 的标准差[⊖]：$s_y = \sqrt{\sum_{i=1}^{22}(y_i - \bar{y})^2/(22-1)}$，类似地，$s_j$ 是预测变量 X_j 的标准差：$s_j = \sqrt{\sum_{i=1}^{22}(x_{ij} - \bar{x}_j)^2/(22-1)}$．

263

从表 10-2 可以得到如下 5 个主成分：

$$\begin{aligned}
C_1 &= 0.532\,\widetilde{X}_1 - 0.232\,\widetilde{X}_2 - 0.389\,\widetilde{X}_3 + 0.395\,\widetilde{X}_4 - 0.595\,\widetilde{X}_5,\\
C_2 &= -0.024\,\widetilde{X}_1 + 0.825\,\widetilde{X}_2 - 0.022\,\widetilde{X}_3 - 0.260\,\widetilde{X}_4 - 0.501\,\widetilde{X}_5,\\
C_3 &= -0.668\,\widetilde{X}_1 + 0.158\,\widetilde{X}_2 - 0.217\,\widetilde{X}_3 + 0.692\,\widetilde{X}_4 - 0.057\,\widetilde{X}_5,\\
C_4 &= 0.074\,\widetilde{X}_1 - 0.037\,\widetilde{X}_2 + 0.895\,\widetilde{X}_3 + 0.338\,\widetilde{X}_4 - 0.279\,\widetilde{X}_5,\\
C_5 &= -0.514\,\widetilde{X}_1 - 0.489\,\widetilde{X}_2 + 0.010\,\widetilde{X}_3 - 0.428\,\widetilde{X}_4 - 0.559\,\widetilde{X}_5.
\end{aligned} \tag{10.12}$$

定义 C_1 的方程中的系数向量刚好是预测变量的相关矩阵的特征向量，这个向量是最大特征

⊖ 关于 Y 和 X_j 的标准差的定义见式（3.22）．——译者注

值所对应的特征向量（见表 10-2）．类似地，定义 C_2 到 C_5 的系数向量都是特征向量，它们所对应的特征值的顺序是由大到小排列的．特别需要注意的是，这 5 个向量是与标准化的预测变量相联系的主成分向量（见 10.2 节）．

利用主成分，这个模型可以改写成下列形式

$$\widetilde{Y} = \alpha_1 C_1 + \alpha_2 C_2 + \alpha_3 C_3 + \alpha_4 C_4 + \alpha_5 C_5 + \varepsilon', \tag{10.13}$$

（10.10）中参数的估计 $\hat{\theta}_1$，…，$\hat{\theta}_5$ 可以用两种方法计算得到．一种方法是利用（10.10）直接进行回归计算，其计算结果列于表 10-3．另一种方法是利用（10.13），将标准化的响应变量对 5 个主成分进行通常的回归计算，得到系数的最小二乘估计 $\hat{\alpha}_1$，…，$\hat{\alpha}_5$，其结果列于表 10-4．而估计 $\hat{\theta}_1$，…，$\hat{\theta}_5$ 可从下式得到

$$\begin{aligned}
\hat{\theta}_1 &= 0.532\,\hat{\alpha}_1 - 0.024\,\hat{\alpha}_2 - 0.668\,\hat{\alpha}_3 + 0.074\,\hat{\alpha}_4 - 0.514\,\hat{\alpha}_5, \\
\hat{\theta}_2 &= -0.232\,\hat{\alpha}_1 + 0.825\,\hat{\alpha}_2 + 0.158\,\hat{\alpha}_3 - 0.037\,\hat{\alpha}_4 - 0.489\,\hat{\alpha}_5, \\
\hat{\theta}_3 &= -0.389\,\hat{\alpha}_1 - 0.022\,\hat{\alpha}_2 - 0.217\,\hat{\alpha}_3 + 0.895\,\hat{\alpha}_4 + 0.010\,\hat{\alpha}_5, \\
\hat{\theta}_4 &= 0.395\,\hat{\alpha}_1 - 0.260\,\hat{\alpha}_2 + 0.692\,\hat{\alpha}_3 + 0.338\,\hat{\alpha}_4 - 0.428\,\hat{\alpha}_5, \\
\hat{\theta}_5 &= -0.595\,\hat{\alpha}_1 - 0.501\,\hat{\alpha}_2 - 0.057\,\hat{\alpha}_3 - 0.279\,\hat{\alpha}_4 - 0.559\,\hat{\alpha}_5.
\end{aligned} \tag{10.14}$$

现将表 10-4 中的 $\hat{\alpha}_j$ 代入（10.14）中的第 1 式，得到

$$\begin{aligned}
\hat{\theta}_1 &= (0.532)(-0.346\,0) + (-0.024)(0.417\,9) + (-0.668)(-0.151\,3) \\
&\quad + (0.074)(0.659\,9) + (-0.514)(-1.220\,3) = 0.583
\end{aligned}$$

这个数刚好是表 10-3 中 $\widetilde{X}_1$ 的系数．

264

表 10-3　拟合模型（10.10）得到的回归计算结果

变量	系数	标准误	t 检验	p 值
$\widetilde{X}_1$	0.583	0.438	1.33	0.201 9
$\widetilde{X}_2$	0.973	0.417	2.33	0.032 9
$\widetilde{X}_3$	0.786	0.075	10.50	$<0.000\,1$
$\widetilde{X}_4$	0.395	0.367	1.08	0.297 3
$\widetilde{X}_5$	0.503	0.476	1.06	0.305 3
$n=22$	$R^2=0.917$	$R_a^2=0.891$	$\hat{\sigma}=0.330\,3$	自由度=16

表 10-4　拟合模型（10.13）得到的回归计算结果

变量	系数	标准误	t 检验	p 值
C_1	−0.346	0.053	−6.55	$<0.000\,1$
C_2	0.418	0.064	6.58	$<0.000\,1$
C_3	−0.151	0.067	−2.25	0.039 1
C_4	0.660	0.078	8.46	$<0.000\,1$
C_5	−1.220	0.846	−1.44	0.168 3
$n=22$	$R^2=0.917$	$R_a^2=0.891$	$\hat{\sigma}=0.330\,3$	自由度=16

利用表 10-4 的系数可以计算$\hat{\theta}_1$，…，$\hat{\theta}_5$ 的标准误．例如$\hat{\theta}_1$ 的方差的估计[⊖]为

$$\begin{aligned}\mathrm{Var}(\hat{\theta}_1) &= (0.532\times \mathrm{s.e.}(\hat{\alpha}_1))^2+(-0.224\times \mathrm{s.e.}(\hat{\alpha}_2))^2+(-0.668\times \mathrm{s.e.}(\hat{\alpha}_3))^2\\ &\quad +(0.074\times \mathrm{s.e.}(\hat{\alpha}_4))^2+(-0.514\times \mathrm{s.e.}(\hat{\alpha}_5))^2\\ &= (0.532\times 0.529)^2+(-0.224\times 0.0635)^2+(-0.668\times 0.0674)^2\\ &\quad +(0.074\times 0.0780)^2+(-0.514\times 0.8456)^2=0.1918,\end{aligned}$$

这说明$\hat{\theta}_1$ 的标准误为

$$\mathrm{s.e.}(\hat{\theta}_1)=\sqrt{0.1918}=0.438,$$

这个数与表 10-3 中$\tilde{X}_1$ 的系数的标准误是一致的．

这里必须指出一点，检验 $\beta_j=0$ 和 $\theta_j=0$ 时，其 t 值是一样的．这是因为 θ_j 是 β_j 的倍数，在计算 t 值时，$\hat{\theta}_j/(\mathrm{s.e.}(\hat{\theta}_j))$ 或 $\hat{\beta}_j/(\mathrm{s.e.}(\hat{\beta}_j))$ 中不会出现这个倍数，它被消掉了．

10.4 施加约束条件

我们注意到共线性是由于数据缺陷造成的，而与模型误设无关．在讨论模型的共线性问题之前，我们假定模型是正确的，残差分析也说明我们所设的模型是合理的．由于改进或补充现有数据是不现实的，甚至是不可能的，我们只能就现有的数据对所讨论的实际问题找出更合理的解释，而不是简单地按照现成的最小二乘法直接应用计算结果．本节中，我们不去解释个别回归系数的意义，而是着重识别和估计具有重要信息价值的回归系数的线性函数．将个别系数的其他估计方法放到本章的后面几节介绍．

265

在寻找有信息价值的回归系数的线性函数以前，我们指出在模型的设定阶段就要细心考察回归系数之间可能出现的理论关系．例如，对于进口数据，我们原先给出的模型为

$$\mathrm{IMPORT}=\beta_0+\beta_1\mathrm{DOPROD}+\beta_2\mathrm{STOCK}+\beta_3\mathrm{CONSUM}+\varepsilon, \qquad (10.15)$$

有人会提出 DOPROD 和 CONSUM 的边际效应是相同的．即从经济学的原理，不用看数据可知，$\beta_1=\beta_3$，或等价地 $\beta_1-\beta_3=0$．正如 3.10.3 节所述，模型（10.15）变成

$$\begin{aligned}\mathrm{IMPORT} &= \beta_0+\beta_1\mathrm{DOPROD}+\beta_2\mathrm{STOCK}+\beta_1\mathrm{CONSUM}+\varepsilon\\ &= \beta_0+\beta_2\mathrm{STOCK}+\beta_1(\mathrm{DOPROD}+\mathrm{CONSUM})+\varepsilon.\end{aligned}$$

这样，β_1 和 β_3 的公共值可以通过 IMPORT 相对于 STOCK 和另一个新变量 NEWVAR＝DOPROD＋CONSUM 的回归系数的估计得到．新变量只是为了估计 β_1 和 β_3 的公共值采取的一个技术措施．回归计算结果列于表 10-5. STOCK 和 NEWVAR 之间的相关系数为 0.03，两个特征值为 $\lambda_1=1.030$ 和 $\lambda_2=0.970$．从计算结果看来，新设了变量以后，不再有共线性的迹象．从标准化残差相对于时间和拟合值的两个残差图（见图 10-1 和图 10-2）看来，也没有模型误设问题．估计的模型变成

$$\mathrm{IMPORT}=-9.007+0.086\mathrm{DOPROD}+0.612\mathrm{STOCK}+0.086\mathrm{CONSUM}.$$

⊖ 在公式中作者用方差的记号 Var，实际上是估计量．——译者注

注意，根据 3.10.3 节介绍的方法，可以将约束条件 $\beta_1=\beta_3$ 作为一个假设进行检验. 尽管约束条件 $\beta_1=\beta_3$ 具有经济学的理论根据，但是我们仍旧对于这个约束条件的统计检验感兴趣. 全模型 (10.15) 的 $R^2=0.992$，而带约束条件的模型的 $R^2=0.987$. 对于原假设 $H_0:\beta_1=\beta_3$ 的检验，其自由度为 1 和 8 的 F 值为 3.36. 这些统计结果说明约束条件 $\beta_1=\beta_3$ 与数据是匹配的.

约束条件 $\beta_1=\beta_3$ 只是在建模过程中出现的一个例子而已. 在第 3 章中讨论过对预测变量的一组线性约束的问题. 约束条件通常是根据问题的物理背景确定的. 但是，在数据分析中也作为解决共线性问题的工具之一. 从统计学角度来看，约束条件通常作为建模过程中的一个假设，相应的检验问题在第 3 章中已经讨论过.

266

表 10-5 进口数据 (1949—1959) 在约束条件 $\beta_1=\beta_3$ 下的分析结果

方差分析表				
方差来源	平方和	自由度	均方	F 检验
回归	203.856	2	101.928	314
残差	2.593	8	0.324	
系数表				
变量	系数	标准误	t 检验	p 值
常数项	−9.007	1.245	−7.23	<0.000 1
STOCK	0.612	0.109	5.60	0.000 5
NEWVAR	0.086	0.004	24.30	<0.000 1
$n=11$	$R^2=0.987$	$R_a^2=0.984$	$\hat{\sigma}=0.5693$	自由度=8

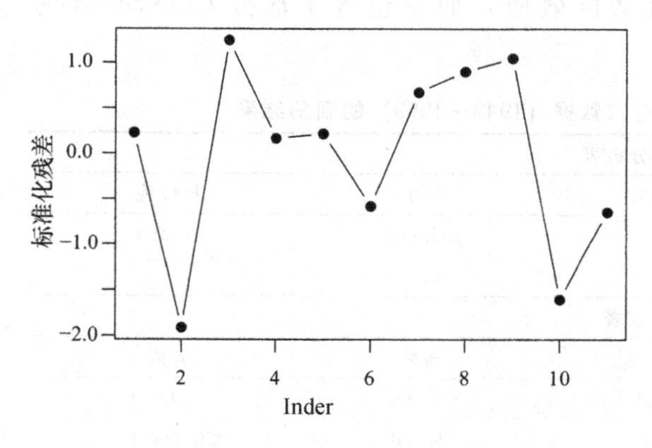

图 10-1 标准化残差的顺序图，进口数据 (1949—1959) (约束条件：$\beta_1=\beta_3$)

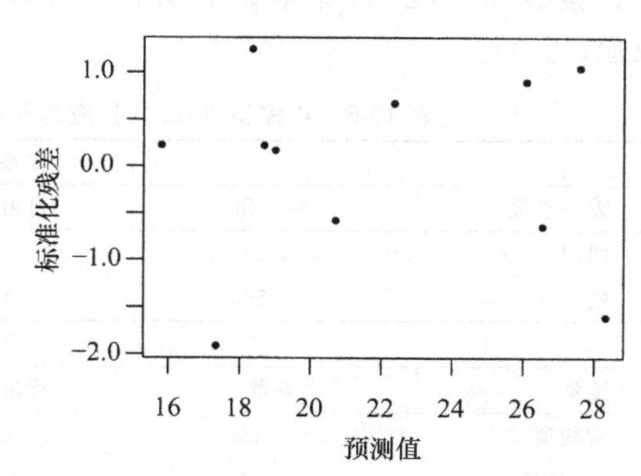

图 10-2 进口数据 (1949−1959) 的标准化残差相对于预测值的残差图，约束条件：$\beta_1=\beta_3$

267

10.5 搜索模型中回归系数的线性函数

我们假定下面的模型是已经经过仔细分析而确定了的：

$$Y=\beta_0+\beta_1X_1+\cdots+\beta_pX_p+\varepsilon,$$

并且，模型中的回归系数都是政策分析和决策者所感兴趣的．我们已经知道，若模型遇到共线性问题，回归系数就不可能准确地被估计．然而，正如下面的例子所示，我们可能准确地估计 β 的某些线性函数（Silvey，1969）．现在的问题是：哪些线性函数是可以准确地估计的？哪些又是我们所感兴趣的？本节中，我们将确定那些可以准确地被估计的线性函数，同时指出它们在数据分析中的应用．

首先我们将指出对于一个回归模型总是存在一些可以准确地估计的参数的线性函数㊀．再次考虑进口数据的处理．我们已经指出在 CONSUM 和 DOPROD 之间存在近似的经验关系 CONSUM＝(2/3)DOPROD．将这个关系式代入原来的模型，得到

$$\text{IMPORT} = \beta_0 + \left(\beta_1 + \frac{2}{3}\beta_3\right)\text{DOPROD} + \beta_2\text{STOCK} + \varepsilon. \tag{10.16}$$

等价地说，将 CONSUM 这个变量从方程去掉以后就可以得到 $\beta_1 + (2/3)\ \beta_3$ 和 β_2 这两个参数的准确估计．经过这样处理以后，共线性不会在新的模型中出现．DOPROD 和 STOCK 之间的相关系数为 0.026．关于回归模型（10.16）的计算结果在表 10-6 列出．利用经验关系以后的 R^2 值与没有利用经验关系的 R^2 值比起来，两者几乎相等，残差图也很令人满意（本书没有给出）．本例中我们利用关于进口数据的经验规律加上对数据的分析，DOPROD 在 IMPORT 相对于 DOPROD 和 STOCK 的回归模型中的系数为 $\beta_1 + (2/3)\beta_3$．现在从整个进口数据来说，尽管存在共线性，而 $\beta_1 + (2/3)\beta_3$ 这个参数的线性函数还是可以比较准确地估计的．但是 $\beta_1 + (2/3)\beta_3$ 这个参数有没有意义，对它的估计有没有用，这是另一个问题．至少，在（10.16）中，系数 $\beta_1 + (2/3)\beta_3$ 不算 DOPROD 的纯边际效应，而是包含了部分 CONSUM 的效应．

268

表 10-6 将模型（10.16）应用于进口数据（1949—1959）的回归结果

方差分析表				
方差来源	平方和	自由度	均方	F 检验
回归	202.894	2	101.447	228
残差	3.555	8	0.444	
系数表				
变量	系数	标准误	t 检验	p 值
常数项	−8.440	1.435	−5.88	0.000 4
STOCK	0.145	0.007	20.70	<0.000 1
NEWVAR	0.622	0.128	4.87	0.001 2
$n=11$	$R^2=0.983$	$R_a^2=0.978$	$\hat{\sigma}=0.667$	自由度＝8

上面的例子用间接的方法表明在一个模型中总是存在 β 的线性函数，它是可以被精确估计的．然而存在一种构造的方法，可以识别这种能精确估计的 β 的线性函数．我们将以

㊀ 参见本章末尾的附录，该附录更深入地讨论这个问题．

9.4 节的广告数据为例展示这个方法．比起其他章节的内容，这里介绍的概念有一些抽象．我们试图尽可能地少涉及这些抽象的概念，把问题说得尽可能简单，把这个问题的形式推导留在本章的附录中．

在 10.2 节和 10.3 节中，我们引进了一个线性变换，这个变换把标准化的预测变量变成一组新的互相正交的变量组．对于广告数据，将 X_1，X_2，…，X_5 变成互相正交的变量组 C_1，C_2，…，C_5 的变换由（10.12）给出．经过变换以后的模型的优越性是这些变换以后的主成分 C_1，C_2，…，C_5 是互相正交的．变换以后的模型的计算是十分方便的．设变换以后的模型的回归系数的估计为$\hat{\alpha}_1$，…，$\hat{\alpha}_5$（参见 10.3 节中的分析）．作为系数估计的精度，$\hat{\alpha}_j$ 的方差的估计为$\hat{\sigma}^2/\lambda_j$．它与第 j 个特征值的大小成反比例．由于 λ_5 很小（注意 $\lambda_1=1.701$，$\lambda_2=1.288$，$\lambda_3=1.145$，$\lambda_4=0.859$，$\lambda_5=0.007$），这几个系数的估计中只有$\hat{\alpha}_5$ 不能精确估计．

我们之所以对$\hat{\alpha}_j$ 的估计感兴趣，其一是它们的精度容易计算，其二是通过它们可以很容易地分析$\hat{\theta}_j$．通过（10.14），$\hat{\theta}_j$ 的计算变得很简单．$\hat{\theta}_j$ 的方差公式为 [269]

$$\mathrm{Var}(\hat{\theta}_j)=\sum_{i=1}^{p}v_{ij}^2\,\mathrm{Var}(\hat{\alpha}_i),\quad j=1,\cdots,p, \tag{10.17}$$

其中 v_{ij} 就是（10.14）中第 j 个方程中$\hat{\alpha}_i$ 的系数．由于$\hat{\alpha}_i$ 的方差的估计为$\hat{\sigma}^2/\lambda_i$，此处$\hat{\sigma}^2$ 为残差均方．将$\hat{\alpha}_i$ 的方差的估计代入（10.17），得到

$$\mathrm{Var}(\hat{\theta}_j)=\hat{\sigma}^2\sum_{i=1}^{p}\frac{v_{ij}^2}{\lambda_i},\quad j=1,\cdots,p. \tag{10.18}$$ ㊀

例如，$\hat{\theta}_1$ 的方差的估计值为

$$\hat{\sigma}^2\left[\frac{(0.532)^2}{\lambda_1}+\frac{(-0.024)^2}{\lambda_2}+\frac{(-0.668)^2}{\lambda_3}+\frac{(0.074)^2}{\lambda_4}+\frac{(-0.514)^2}{\lambda_5}\right]. \tag{10.19}$$

由于 $\lambda_1\geqslant\lambda_2\geqslant\lambda_3\geqslant\lambda_4\geqslant\lambda_5$，并且只有 $\lambda_5=0.007$ 是小的数值，在上式的方括号中只有第 5 项有可能使得这个方差的估值较大，从而破坏估计$\hat{\theta}_1$ 的精度．由于其他$\hat{\theta}_j$ 的方差的估计公式与（10.19）相似，为了使估计的精度高，只需相应公式中 $1/\lambda_5$ 的系数小．从变换公式（10.14）中的系数看出，$\hat{\theta}_3$ 是最精确的估计．$\hat{\theta}_3$ 的方差估计的表达式中 $1/\lambda_5$ 的系数为 $(-0.01)^2=0.0001$．

可以将上述方法应用于系数的一般线性函数的估计．例如，我们对 $\theta_1-\theta_2$ 感兴趣．它代表当年广告费用增加一个单位，同时当年促销费用减少一个单位（这里的单位是指变量的标准差，不同变量的单位值是不一样的），对当年销售量的边际效应．换句话说，$\theta_1-\theta_2$ 是公司当年支出结构某种调整对销售量的效应（或增量）．$\theta_1-\theta_2$ 的估计为$\hat{\theta}_1-\hat{\theta}_2$．它的方差也容易计算，只需利用（10.14），将相应的两式相减，得到

$$\hat{\theta}_1-\hat{\theta}_2=0.764\,\hat{\alpha}_1-0.849\,\hat{\alpha}_2-0.826\,\hat{\alpha}_3+0.111\,\hat{\alpha}_4-0.025\,\hat{\alpha}_5,$$

由此我们得到$\hat{\theta}_1-\hat{\theta}_2$ 的方差的估计值

㊀ 本式应为$\hat{\theta}_j$ 的方差的估计量．——译者注

$$(0.764)^2\mathrm{Var}(\hat{\alpha}_1)+(-0.849)^2\mathrm{Var}(\hat{\alpha}_2)+(-0.826)^2\mathrm{Var}(\hat{\alpha}_3)$$
$$+(0.111)^2\mathrm{Var}(\hat{\alpha}_4)+(-0.025)^2\mathrm{Var}(\hat{\alpha}_5), \tag{10.20}$$

或

270

$$\hat{\sigma}^2\left[\frac{(0.764)^2}{\lambda_1}+\frac{(-0.849)^2}{\lambda_2}+\frac{(-0.826)^2}{\lambda_3}+\frac{(0.111)^2}{\lambda_4}+\frac{(-0.025)^2}{\lambda_5}\right]. \tag{10.21}$$

由于 $1/\lambda_5$ 的系数很小，就有可能较精确地估计 $\theta_1-\theta_2$.

$\theta_1-\theta_2$ 的估计值为 $0.583-0.973=-0.390$. $\hat{\theta}_1-\hat{\theta}_2$ 的方差的估计值可用式（10.20）或式（10.21)进行计算，其值为 0.008. $\theta_1-\theta_2$ 的置信度 95%的置信区间为 $-0.390\pm2.12\sqrt{0.008}$ 或（-0.58，-0.20). 这意味着，当年促销费用减少一个单位且广告费用增加一个单位会使得当年销售量减少，减少量在 0.20 到 0.58 个标准销售单位.

我们可以将上述方法应用于一般的参数的线性组合，只要这个线性组合的估计的方差表达式（10.21）中 $1/\lambda_5$ 的系数小，这个线性组合就可以精确地被估计. 例如，由（10.14）可以看出，所有涉及$\hat{\theta}_1$，$\hat{\theta}_2$，$\hat{\theta}_4$ 和$\hat{\theta}_5$ 的对比都是可以考虑的对象. 根据问题的实际背景，有些对比是有意义的，有些却没有意义. 例如，我们考虑的 $\theta_1-\theta_2$ 是有实际意义的，但是 $\theta_1-\theta_4$ 就没有价值. 把去年的广告费挪到今年来用是不可能的. 尽管 $\theta_1-\theta_4$ 可以精确估计，但是对于研究销售策略的人来说是无意义的.

一般地，若（10.14）中的权数和各个特征值已知，就可以找到较精确估计的回归系数的组合. 当然，我们只对那些有实用价值的线性组合感兴趣.

总之，当模型具有共线性现象，同时补充数据又是不可能的情况下，我们仍然有可能较精确地估计某些参数和某些参数的线性组合. 为找出那些参数和某些线性组合，我们建议采用刚才介绍的方法（将模型正交化). 我们提供的分析方法不会去掉模型的共线性. 仍然会有一些回归系数或回归系数的组合不能被估计或者估计量的方差很大. 但是我们提供的方法能识别某些回归系数或回归系数的线性组合，对于这些参数可以具有较高精度的估计，同时也可以指出预测变量之间的结构依赖性.

10.6 回归系数的有偏估计

对于具有共线性现象的模型我们介绍两个估计方法，这些方法在出现共线性现象时，比通常的 OLS 方法更有效. 此处提供的估计是有偏估计，比 OLS 估计具有更高的精度（以均方误差为度量的标准）［见 Draper and Smith（1998)、McCallum（1970）和 Hoerl and Kennard（1970)］. 这些引入的估计，其拟合程度并不比 OLS 估计好，残差平方和也不是最小的，复相关系数也不大. 但是这两种估计方法在产生更精确的回归系数估计方面有很大的潜力，对新的数据进行预测时具有更小的预测误差.

271

遗憾的是，这些方法是否比传统的方法更好，却依赖于回归系数的真值，但这些真值却是未知的. 因此，没有一个完全客观的准则，可以决定 OLS 方法是否可以被另外两种方法所取代. 然而，当怀疑模型存在共线性时，采用另外两种方法是适宜的. 其相应的系数的估计值可以对数据有一种新的解释，它能对所研究的问题有更好的理解.

我们所提出的两个方法是：(1) 主成分回归；(2) 岭回归. 主成分回归将在10.7节、10.8节和10.10节中讨论. 可以从两个方面来解释主成分回归的功能. 一方面是处理预测变量的非正交性，非正交性导致回归模型的共线性；另一方面是与回归系数之间的约束条件有关（10.9节）. 岭回归也讨论回归系数之间的约束条件. 在10.11节、10.12节和10.13节中将介绍岭回归. 在第11章中将介绍岭回归在变量选择中的应用. 我们用第9章的进口数据为例，介绍这两个方法的原理及其应用.

10.7 主成分回归

考虑如下模型

$$\text{IMPORT} = \beta_0 + \beta_1 \text{DOPROD} + \beta_2 \text{STOCK} + \beta_3 \text{CONSUM} + \varepsilon, \tag{10.22}$$

式中的变量如9.3节所定义. 将上式用标准化的变量（见3.6节）表示，变成

$$\tilde{Y} = \theta_1 \tilde{X}_1 + \theta_2 \tilde{X}_2 + \theta_3 \tilde{X}_3 + \varepsilon', \tag{10.23}$$

上式所用的记号综述如下：$\overline{y}$ 和 $\overline{x}_j$ 分别表示 Y 和 X_j 的均值；s_y 和 s_j 分别表示 Y 和 X_j 的标准差；$\tilde{Y} = (y_i - \overline{y})/s_y$ 是标准化的响应变量，$\tilde{X}_j = (x_{ij} - \overline{x}_j)/s_j$ 是 X_j 的标准化变量. 许多回归分析软件包都提供通常模型（10.22）和标准化模型（10.23）的计算程序. 两个模型的回归系数估计之间有下面的关系：

$$\hat{\beta}_j = \frac{s_y}{s_j}\hat{\theta}_j, \quad j = 1,2,3,$$

$$\hat{\beta}_0 = \overline{y} - \hat{\beta}_1 \overline{x}_1 - \hat{\beta}_2 \overline{x}_2 - \hat{\beta}_3 \overline{x}_3. \tag{10.24}$$

272

主成分与标准化预测变量之间的关系如下（见（10.5））：

$$\begin{aligned} C_1 &= \ \ 0.706\,\tilde{X}_1 + 0.044\,\tilde{X}_2 + 0.707\,\tilde{X}_3, \\ C_2 &= -0.036\,\tilde{X}_1 + 0.999\,\tilde{X}_2 - 0.026\,\tilde{X}_3, \\ C_3 &= -0.707\,\tilde{X}_1 - 0.007\,\tilde{X}_2 + 0.707\,\tilde{X}_3. \end{aligned} \tag{10.25}$$

主成分的数据由表10-1给出. 如果用主成分代替标准化的预测变量，模型（10.23）变成

$$\tilde{Y} = \alpha_1 C_1 + \alpha_2 C_2 + \alpha_3 C_3 + \varepsilon'. \tag{10.26}$$

（10.26）与（10.23）是相互等价的. 把关系（10.25）代入到（10.26），就可以得到（10.23）. 而系数 α_j 和 θ_j 之间具有下面的关系式：

$$\begin{aligned} \alpha_1 &= \ \ 0.706\theta_1 + 0.044\theta_2 + 0.707\theta_3, \\ \alpha_2 &= -0.036\theta_1 + 0.999\theta_2 - 0.026\theta_3, \\ \alpha_3 &= -0.707\theta_1 - 0.007\theta_2 + 0.707\theta_3. \end{aligned} \tag{10.27}$$

相反地，

$$\begin{aligned} \theta_1 &= 0.706\alpha_1 - 0.036\alpha_2 - 0.707\alpha_3, \\ \theta_2 &= 0.044\alpha_1 + 0.999\alpha_2 - 0.007\alpha_3, \\ \theta_3 &= 0.707\alpha_1 - 0.026\alpha_2 + 0.707\alpha_3. \end{aligned} \tag{10.28}$$

上面两式是 α 和 θ 之间的关系，但是，（10.27）和（10.28）对于 $\hat{\alpha}$ 和 $\hat{\theta}$ 也是合适的，即在

(10.27) 和 (10.28) 中用$\hat{\alpha}$和$\hat{\theta}$分别替换 α 和 θ 仍然成立. 关于模型 (10.23) 和 (10.26) 的计算结果分别列于表 10-7 和表 10-8. 从表 10-7 的计算结果得到 θ_1, θ_2 和 θ_3 的估计值分别为−0.339, 0.213 和 1.303. 相似地, 从表 10-8 的计算结果得到 α_1, α_2 和 α_3 的估计值分别为 0.690, 0.191 和 1.160. 当然从一个表得到一组参数的估计值, 可从 (10.27) 或 (10.28) 转换成另一组参数的估计值.

表 10-7 利用进口数据 (1949—1959) 拟合模型 (10.23) 的回归结果

变量	系数	标准误	t 检验	p 值
$\widetilde{X}_1$	−0.339	0.464	−0.73	0.488 3
$\widetilde{X}_2$	0.213	0.034	6.20	0.000 4
$\widetilde{X}_3$	1.303	0.464	2.81	0.026 3
$n=11$	$R^2=0.992$	$R_a^2=0.988$	$\hat{\sigma}=0.034$	自由度=7

表 10-8 利用进口数据 (1949—1959) 拟合模型 (10.26) 的回归结果

变量	系数	标准误	t 检验	p 值
C_1	0.690	0.024	28.70	<0.000 1
C_2	0.191	0.034	5.62	0.000 8
C_3	1.160	0.656	1.77	0.120 4
$n=11$	$R^2=0.992$	$R_a^2=0.988$	$\hat{\sigma}=0.034$	自由度=7

尽管方程 (10.23) 和 (10.26) 是相互等价的, 但方程 (10.26) 中的主成分 C_j 之间是正交的, 这具有计算上的优势. 不过, (10.25) 中显示的 C_j 与原来的预测变量之间的结构关系不容易得到很合理的解释. 参数 θ_j 可以解释为原来预测变量的边际效应, 要解释 α_j 就不那么直观了. 我们利用主成分进行回归分析的目的是分析数据中的共线性问题. 最后的结果总是转换成原来的预测变量之后才得以解释.

273

10.8 消除数据中的共线性

前面已经指出, 主成分回归有两种功能. 其中一种功能是利用主成分回归处理预测变量之间的非正交性, 这种非正交性导致模型的共线性. 利用主成分的方法可以减缓数据中的共线性现象. 其方法就是用部分主成分去解释预测变量的变动. 必须指出, 若主成分回归中使用了全部主成分作为解释变量, 那么主成分回归就等价于通常的最小二乘方法. 在进口数据处理中, 若三个主成分都用上, 通过 (10.28), 可以复原原来回归的最小二乘估计.

在进口数据的例子中, 这些主成分的样本方差分别为 $\lambda_1=1.999$, $\lambda_2=0.998$ 和 $\lambda_3=0.003$. 注意到这些 λ 是三个预测变量 DOPROD、STOCK 和 CONSUM 的相关矩阵的特征值. C_3 的方差估计量等于 0.003, 这个预测变量的线性组合近似等于 0, 它就是数据共线性的根源. 在主成分回归中把这个变量去掉, 归入误差项, 考虑$\widetilde{Y}$相对于 C_1 的回归或考虑$\widetilde{Y}$相对于 C_1 和 C_2 的回归. 即考虑模型

$$\widetilde{Y} = \alpha_1 C_1 + \varepsilon, \tag{10.29}$$

$$\widetilde{Y} = \alpha_1 C_1 + \alpha_2 C_2 + \varepsilon. \tag{10.30}$$

由这两个模型都可以得到原来的参数 θ_1，θ_2 和 θ_3 的估计，这些估计是有偏的，这是由于模型中某些信息（(10.29) 中的 C_2 和 C_3，(10.30) 中的 C_3）已经除去.

我们可以利用 (10.29) 或 (10.30) 分别估计模型中的参数值 α_1 或 α_1，α_2. 但是可利用 C_1，C_2 和 C_3 的正交性得到一个简单的计算方法.[⊖] 例如，由于变量 C_j 之间相互正交，从模型 (10.26)、(10.29) 或 (10.30) 估得的 α_1 的值都是相同的. 如果要估计 α_2，可以利用 (10.26) 或 (10.30) 中的任一模型进行计算. 因此，如果我们已经得到参数 θ 的 OLS 估计，利用 (10.27) 就可以得到 α 的估计. 不管你所讨论的模型是 (10.29) 还是 (10.30)，其最后的计算结果都是一样的. 如果我们从 (10.29) 或 (10.30) 估得 α 的值，如何得到 θ 的估计值? 这可以通过 (10.28) 计算得到. 但在利用 (10.28) 时，某些 α 的值在 (10.29) 或 (10.30) 中没有涉及，因此没有估计值，怎么办? 只需将这些值设成 0 即可. 下面的例子可进一步阐明这个过程.

274

对于只有一个主成分的回归模型，α_1 的估计值为 0.690，在 (10.28) 中设 $\alpha_2 = \alpha_3 = 0$，就可以得到 θ 相应于模型 (10.29) 的估计，即

$$\begin{aligned} \hat{\theta}_1 &= 0.706 \times 0.690 = 0.487, \\ \hat{\theta}_2 &= 0.044 \times 0.690 = 0.030, \\ \hat{\theta}_3 &= 0.707 \times 0.690 = 0.487. \end{aligned} \tag{10.31}$$

这组估计产生

$$\widetilde{Y} = 0.487\,\widetilde{X}_1 + 0.030\,\widetilde{X}_2 + 0.487\,\widetilde{X}_3.$$

对含有前两个主成分的模型 (10.30)，其处理方法是相似的. α_1 的估计值为 0.690，α_2 的估计值为 0.191，在 (10.28) 中设 $\alpha_3 = 0$，就可以得到 θ 相应于模型 (10.30) 的估计值. 原来模型中的参数 β_0，β_1，β_2 和 β_3，只需在 (10.24) 中将 $\hat{\theta}_1$，$\hat{\theta}_2$ 和 $\hat{\theta}_3$ 代入即可得到相应的估计值.

对于每种主成分方法，表 10-9 列出了原始的回归模型 (10.22) 和标准化回归模型 (10.23) 的回归系数的估计值. 从表中数据看出，利用不同个数的主成分进行计算，给出完全不同的结果. 前面的计算已经知道，OLS 估计并不令人满意. $\widetilde{X}_1$ (DOPROD) 的系数取负值，这是没有预期到的，并且也无法解释. 进一步，我们发现，共线性关系集中体现在 C_3 上. 由于 $\lambda_3 = 0.003$，它近似于 0，即 C_3 近似于 0. 其他两个主成分扮演了不同的角色. 第一个主成分体现了 DOPROD 和 CONSUM 的联合效应，它们的回归系数完全由 IMPORT 对第一个主成分的回归确定. 而这些系数当第二个主成分 C_2 进入回归分析以后几乎不变. 而 C_2 的进入使得 STOCK 的系数由 0.083 增加到 0.609. 而随着第二个主成分的进入，R^2 由 0.952 增加到 0.988. 我们选定基

⊖ 对于若干个潜在预测变量的回归模型，只要这些预测变量是相互正交的，回归系数的估计就不受预测变量的增删的影响.

于两个主成分的模型以后，得到的方程为

$$\text{IMPORT} = -9.106 + 0.073\text{DOPROD} + 0.609\text{STOCK} + 0.106\text{CONSUM}. \quad (10.32)$$

这与OLS方法的结果有很大的不同，看起来更趋合理．同时，通过分析，还得到了关于预测变量之间的依赖关系．我们通过分析知 $C_3=0$ 或等价地（通过（10.25））

275

$$-0.707\tilde{X}_1 - 0.007\tilde{X}_2 + 0.707\tilde{X}_3 \doteq 0.$$

上式说明DOPROD和CONSUM的标准化的值几乎相等．这是一个重要的信息．当利用（10.32）作预报或制定政策时，无论从定量或定性的角度，这个近似等式都具有重要参考价值．

表10-9　进口数据（1949—1959）3个主成分回归的回归系数的估计值（包括原始变量和标准化变量的系数的估计）

变量	第一个主成分 方程（10.29）		第一、第二个主成分 方程（10.30）		所有主成分 方程（10.26）	
	标准化	原始	标准化	原始	标准化	原始
常数项	0	−7.735	0	−9.106	0	−10.130
DOPROD	0.487	0.074	0.480	0.073	−0.339	−0.051
STOCK	0.030	0.083	0.221	0.609	0.213	0.587
CONSUM	0.487	0.107	0.483	0.106	1.303	0.287
$\hat{\sigma}$	0.232		0.121		0.108	
R^2	0.952		0.988		0.992	

10.9　回归系数的约束条件

现在介绍主成分回归方程的结果的第二种解释．这种解释与加在 θ 上的约束条件联系起来．我们还是以进口数据为例，考虑主成分回归（10.30）．实际上，（10.30）就是模型（10.26）加上约束条件 $\alpha_3=0$．利用（10.27），这个约束条件就是

$$-0.707\theta_1 - 0.007\theta_2 + 0.707\theta_3 = 0 \quad (10.33)$$

或 $\theta_1 \doteq \theta_3$．将这个近似等式用原始的回归系数表示，变成

$$-6.60\beta_1 + 4.54\beta_3 = 0 \quad (10.34)$$

或 $\beta_1 = 0.69\beta_3$．这样，由主成分 C_1 和 C_2 形成的回归模型等价于通常的回归模型，但是模型中附加了对回归系数的线性约束条件（10.34）．

在10.4节中我们曾经猜测 $\beta_1=\beta_3$ 作为原始的回归系数的一个经验约束关系．这是一个经验的定性的约束条件，并不是根据数据推导所得，是根据对过程的背景研究之后所得到的判断．现在，我们利用对 C_1 和 C_2 的主成分分析得到定量的约束条件（10.34）．这个结果说明，国内生产量对进口量的边际效应约为国内消费量对进口量的边际效应的69%．

276

综合地讲，主成分回归一方面提供了回归系数的另一种估计方法，同时揭示了数据隐含的一些内在规律的重要信息．预测变量之间的线性依赖关系变得一目了然．具有很小方

差的主成分展示了原来变量的线性关系，这就是造成模型共线性的根源．进一步，在模型中，遗弃一些主成分可以消除模型的共线性现象，这等价于对模型的参数施加一些线性约束条件．主成分分析中识别线性约束条件也是从数据中提取信息的过程．

10.10 主成分回归中的注意事项

在第 9 章，我们已经引进了主成分的概念，并用于解决模型的共线性问题．本章进一步讨论利用主成分来解决共线性问题，同时，在出现共线性现象的情况下，利用主成分回归给出了回归系数估计的另一方法．对于进口数据的分析，成功地应用了主成分方法，发现前两个主成分几乎囊括了预测变量的全部变动（见表 10-9）．然而，主成分方法并不是万能的．实际上，对某些数据，主成分回归在解释预测变量变动方面可能会失败．Hadi and Ling（1998）利用 Hald 数据并人为构造 1 个响应变量 U，原始数据（含 4 个预测变量和 1 个响应变量 Y）可从 Draper and Smith（1998，p. 348）找到．这个数据集列于表 10-10，同时可从本书的网站[⊖]找到．这里我们不用原始的响应变量 Y，而是用人为构造的 U，表 10-11 给出了预测变量的 4 个主成分和人造的响应变量 U，其中响应变量 U 已经标准化．这些主成分变量的样本方差为：$\lambda_1=2.2357$，$\lambda_2=1.5761$，$\lambda_3=0.1866$ 和 $\lambda_4=0.0016$．条件数 $\kappa=\sqrt{\lambda_1/\lambda_4}=\sqrt{2.236/0.002}=37$，这是很大的值，说明原来的数据具有共线性．

模型

$$U=\alpha_1C_1+\alpha_2C_2+\alpha_3C_3+\alpha_4C_4+\varepsilon \tag{10.35}$$

的回归计算结果列于表 10-12．从表中看出，C_4 的系数是高度显著的，而其他 3 项的系数则不显著．若我们将回归中具有最小方差的项 C_4 删除，其回归计算结果列于表 10-13．比较表 10-12 和表 10-13 的结果，可以看出，4 个主成分的数据变动占据了响应变量 U 的全部变动．但是前面 3 个主成分的数据变动在 U 的变动中占有的份额为 0．这说明，在抛弃任何主成分前必须小心行事．

277

表 10-10 Hald 数据

Y	X_1	X_2	X_3	X_4	Y	X_1	X_2	X_3	X_4
78.5	7	26	6	60	72.5	1	31	22	44
74.3	1	29	15	52	93.1	2	54	18	22
104.3	11	56	8	20	115.9	21	47	4	26
87.6	11	31	8	47	83.8	1	40	23	34
95.9	7	52	6	33	113.3	11	66	9	12
109.2	11	55	9	22	109.4	10	68	8	12
102.7	3	71	17	6					

数据来源：Draper and Smith（1998，p. 348）．

⊖ http://www.aucegypt/faculty/hadi/RABE5

表 10-11 Hald 数据的 4 个预测变量的主成分和人造的预测变量 U

U	C_1	C_2	C_3	C_4
0.955	1.467	1.903	−0.530	0.039
−0.746	2.136	0.238	−0.290	−0.030
−2.323	−1.130	0.184	−0.010	−0.094
−0.820	0.660	1.577	0.179	−0.033
0.471	−0.359	0.484	−0.740	0.019
−0.299	−0.967	0.170	0.086	−0.012
0.210	−0.931	−2.135	−0.173	0.008
0.558	2.232	−0.692	0.460	0.023
−1.119	0.352	−1.432	−0.032	−0.045
0.496	−1.663	1.828	0.851	0.020
0.781	1.641	−1.295	0.494	0.031
0.918	−1.693	−0.392	−0.020	0.037
0.918	−1.746	−0.438	−0.275	0.037

278

表 10-12 变量 U 相对于 Hald 数据的所有 4 个主成分的回归计算结果

变量	系数	标准误	t 检验	p 值
C_1	−0.002	0.001	−1.45	0.184 2
C_2	−0.002	0.002	−1.77	0.115 4
C_3	0.002	0.005	0.49	0.640 9
C_4	24.761	0.049	502.00	<0.0001
$n=13$	$R^2=1.00$	$R_a^2=1.00$	$\hat{\sigma}=0.0069$	自由度=8

表 10-13 变量 U 相对于 Hald 数据的前 3 个主成分的回归计算结果

变量	系数	标准误	t 检验	p 值
C_1	−0.001	0.223	−0.01	0.995 7
C_2	−0.000	0.266	−0.00	0.999 6
C_3	0.002	0.772	0.00	0.997 5
$n=13$	$R^2=0.00$	$R_a^2=-0.33$	$\hat{\sigma}=1.155$	自由度=9

执行主成分回归时另一个值得警惕的事项是：计算结果会受到高杠杆点和异常值的不适当的影响（见第 4 章关于异常值和影响的详细讨论）．这是由于主成分是通过相关矩阵计算得到的，而相关矩阵会受到异常值的严重干扰．怎样检出异常值？可以通过预测变量与各主成分的散点图以及各对主成分之间的散点图检出异常值．从 U 和各主成分的散点图（图 10-3）看出，本例中没有异常值，只有 U 与 C_4 是线性相关的．各对主成分的散点图（本书没有给出）也显示数据中没有异常值．Hadi and Ling（1998）还提到主成分回归的其他陷阱．

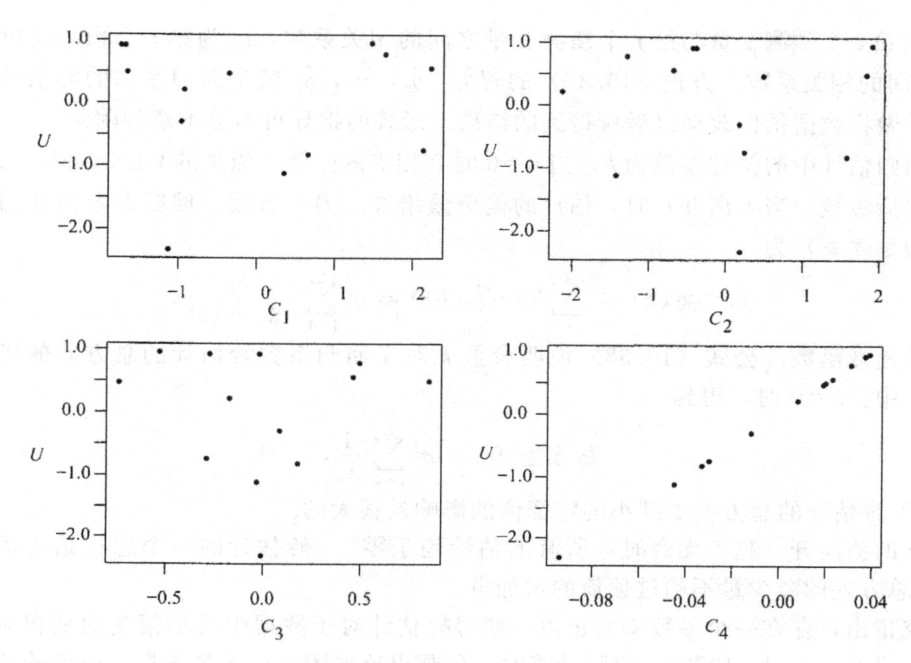

图 10-3　预测变量 U 分别相对于 Hald 数据的 4 个主成分的散点图

10.11　岭回归

在回归模型中预测变量之间具有很高的共线性时，*岭回归*[⊖]提供了另一种有效的估计方法．关于岭回归及其计算方法有许多不同的版本（见本章的附录）．我们这里介绍一种与岭迹相联系的定义．这是一种图形方法，也可以称为一种探索性技术．当模型被怀疑有共线性问题时，可采用岭迹作为统一的准则去处理模型的检测和估计问题．要注意的是，所得到的估计是有偏的，但是比通常的 OLS 估计具有更小的均方误差（Hoerl and Kennard，1970）． 279

回归系数的岭估计与通常的 OLS 估计有一点差异．岭估计只是将正规方程组（见第 3 章的介绍）中的系数矩阵的迹的部位稍作修改，其相应方程的解作为回归系数的估计．现在假定标准化的模型为

$$\tilde{Y} = \theta_1 \tilde{X}_1 + \theta_2 \tilde{X}_2 + \cdots + \theta_p \tilde{X}_p + \varepsilon'. \tag{10.36}$$

回归系数的岭估计的方程为

$$\begin{array}{ccccccccc}
(1+k)\theta_1 & + & r_{12}\theta_2 & + & \cdots & + & r_{1p}\theta_p & = & r_{1y}, \\
r_{21}\theta_1 & + & (1+k)\theta_2 & + & \cdots & + & r_{2p}\theta_p & = & r_{2y}, \\
\vdots & & \vdots & & & & \vdots & & \vdots \\
r_{p1}\theta_1 & + & r_{p2}\theta_2 & + & \cdots & + & (1+k)\theta_p & = & r_{py},
\end{array} \tag{10.37}$$

⊖ Hoerl（1959）将这个方法命名为岭回归，其原因是他在早期处理二次响应曲面时采用岭迹方法，现在的处理方法与那时的处理方法相似，故取名岭回归．

其中 r_{ij} 为第 i 个预测变量与第 j 个预测变量之间的相关系数，r_{iy} 为第 i 个预测变量与响应变量 $\tilde{Y}$ 之间的相关系数．方程（10.37）的解 $\hat{\theta}_1$，$\hat{\theta}_2$，…，$\hat{\theta}_p$ 就是回归系数的岭估计．岭估计可以看做将数据稍作改动以后所得到的结果．形式的推导可参见本章的附录．

岭回归估计中的关键参数为 k，当 $k=0$ 时，相应的 $\hat{\theta}_i$ 就是原来的 OLS 估计．参数 k 可以称为偏倚参数，当 k 离开 0 时，估计的偏倚量增加．另一方面，回归系数估计的方差之和（称为*总方差*）为

280

$$\text{总方差}(k)=\sum_{j=1}^{p}\mathrm{Var}(\hat{\theta}_j(k))=\sigma^2\sum_{j=1}^{p}\frac{\lambda_j}{(\lambda_j+k)^2},\tag{10.38}$$

它是 k 的递减函数．公式（10.38）说明参数 k 对于回归系数岭估计的总方差的影响．在（10.38）中，$k=0$ 时，得到

$$\text{总方差}(0)=\sigma^2\sum_{j=1}^{p}\frac{1}{\lambda_j},\tag{10.39}$$

这说明 OLS 估计的总方差受到小的特征值的影响是很大的．

当 k 的值离开 0 趋于无穷时，所有的估计趋于零[⊖]．岭估计的一个想法是选择适当的 k，使得总方差的减少量不超过偏倚的增加量．

研究指出，存在一个参数 k 的正值，使得岭估计对于数据中的小幅变动是相对稳定的（Hoerl and Kennard，1970）．实际计算时，可画出岭迹图进行参数选择．所谓岭迹图就是将 $\hat{\theta}_1$，$\hat{\theta}_2$，…，$\hat{\theta}_p$ 相对于参数 k 的变化趋势画在一张图上，参数 k 的变化范围为 0～1．至于如何从岭迹图选择适当的参数 k，我们将在下一节中用例子阐述．

10.12 岭估计法

在处理回归模型共线性现象的过程中，出现了岭回归方法．上一节已经提到岭回归参数 k 的选取准则是调和总方差和偏倚两者的关系，过于偏向某一方面都会导致估计误差的扩大．比较现实的方法是寻找参数 k 的值，使得回归系数的估计值趋于稳定，而 k 的值不至于太大．估计值的稳定性可以从岭迹图上观察得到．岭迹图是把所有的回归系数的岭估计 $\hat{\theta}_1$，$\hat{\theta}_2$，…，$\hat{\theta}_p$ 相对于岭回归参数 k 的变化绘在一张图上，其中 k 的变化量取如 0.001，0.002 等等．图 10-4 绘出了进口数据的岭迹图．这个图是根据表 10-14给出的岭估计数值绘制的．k 的值在它的变化范围的低端处取得比较密．若在 k 的一个小的值附近，$\hat{\theta}_j$ 的波动比较大，表示出现了估

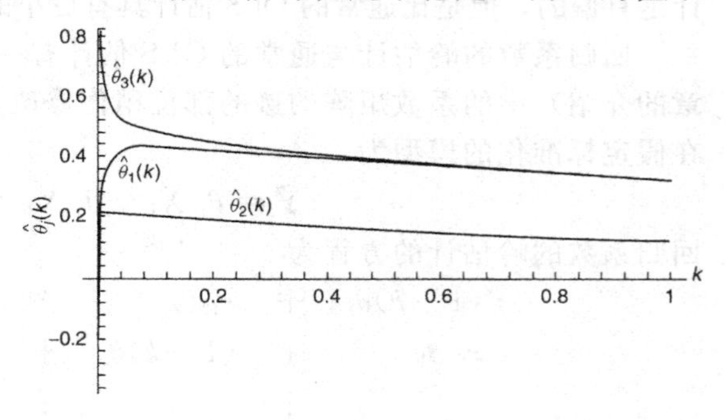

图 10-4 进口数据（1949—1959）的岭迹图

⊖ 岭估计方法使得估计值向 0 这个方向压缩，所以岭估计也称为压缩估计．

计的不稳定性，这是模型的共线性在起作用.

从岭迹图 10-4 或表 10-14 看出，当 k 比较小时，θ_1 和 θ_3 的岭估计相当不稳定. $\hat{\theta}_1$ 从一个不可思议的负值 -0.339 到一个稳定值 0.43. $\hat{\theta}_3$ 从 1.303 到 0.50 才稳定下来. 而 $\widetilde{X}_2$(STOCK)的系数 θ_2 的估计基本不受共线性的影响，保持在 0.21 左右.

281

表 10-14 对进口数据（1949—1959）的岭估计（k 是岭参数）

k	$\hat{\theta}_1(k)$	$\hat{\theta}_2(k)$	$\hat{\theta}_3(k)$	k	$\hat{\theta}_1(k)$	$\hat{\theta}_2(k)$	$\hat{\theta}_3(k)$
0.000	−0.339	0.213	1.303	0.040	0.420	0.213	0.525
0.001	−0.117	0.215	1.080	0.050	0.427	0.211	0.513
0.003	0.092	0.217	0.870	0.060	0.432	0.209	0.504
0.005	0.192	0.217	0.768	0.070	0.434	0.207	0.497
0.007	0.251	0.217	0.709	0.080	0.436	0.206	0.491
0.009	0.290	0.217	0.669	0.090	0.436	0.204	0.486
0.010	0.304	0.217	0.654	0.100	0.436	0.202	0.481
0.012	0.328	0.217	0.630	0.200	0.426	0.186	0.450
0.014	0.345	0.217	0.611	0.300	0.411	0.173	0.427
0.016	0.359	0.217	0.597	0.400	0.396	0.161	0.408
0.018	0.370	0.216	0.585	0.500	0.381	0.151	0.391
0.020	0.379	0.216	0.575	0.600	0.367	0.142	0.376
0.022	0.386	0.216	0.567	0.700	0.354	0.135	0.361
0.024	0.392	0.215	0.560	0.800	0.342	0.128	0.348
0.026	0.398	0.215	0.553	0.900	0.330	0.121	0.336
0.028	0.402	0.215	0.548	1.000	0.319	0.115	0.325
0.030	0.406	0.214	0.543				

282

岭估计的下一个步骤是选择 k 的值，以便得到回归系数的岭估计值. 如果共线性问题比较严重，当 k 从 0 点慢慢增加时，岭估计的值会剧烈地变动. 由于 k 是一个偏倚参数，其大小直接关系到偏倚量，我们当然希望寻找到使岭估计稳定下来的最小的 k 值，有几个选择 k 的方法.

1. *固定点方法*. Hoerl, Kennard and Baldwin (1975) 提出用下式确定 k 的值：

$$k=\frac{p\,\hat{\sigma}^2(0)}{\sum_{j=1}^{p}[\hat{\theta}_j(0)]^2},\tag{10.40}$$

其中 $\hat{\theta}_1(0)$，$\hat{\theta}_2(0)$，…，$\hat{\theta}_p(0)$ 是 θ_1，θ_2，…，θ_p 的 OLS 估计，即方程组（10.37）中取 $k=0$ 时的解. $\hat{\sigma}^2(0)$ 是相应的残差均方（参数 σ^2 的估计量）.

2. *迭代方法*. Hoerl and Kennard (1976) 提出下面的迭代方法：取（10.40）中的 k 值作为初始值 k_0，然后计算

$$k_1=\frac{p\,\hat{\sigma}^2(0)}{\sum_{j=1}^{p}[\hat{\theta}_j(k_0)]^2}.\tag{10.41}$$

再利用 k_1 计算 k_2

$$k_2 = \frac{p\,\hat{\sigma}^2(0)}{\sum_{j=1}^{p}[\hat{\theta}_j(k_1)]^2}. \tag{10.42}$$

283

重复这个过程，直到两次迭代值之间的差异可忽略.

3. *岭迹*. 这是一种图像方法. k 的值是使得在岭迹图上诸 $\hat{\theta}_j(k)$ 稳定下来的最小的 k 值. 此外，在选择 k 的值时，要使得残差平方和接近于它的最小值. 每个方差膨胀因子[⊖] $\text{VIF}_j(k)$ 应该降到 10 以下.（注意，在正交情况下 VIF 的值为 1，小于 10 表示非共线性或稳定状态.）

4. *其他方法*. 在现存文献中有很多估计参数 k 的方法. 例如，Marquardt（1970），Mallows（1973），Goldstein and Smith（1974），McDonald and Galarneau（1975），Lawless and Wang（1976），Dempster et al.（1977），Wahba，Golub and Health（1979），Hoerl and Kennard（1981），Masuo（1988），Khalaf and Shukur（2005）以及 Dorugade and Kashid（2010）. 岭迹的诱人之处是它是一种图形方法. 从图上直接可以看到共线性对系数估计的影响.

对于进口数据（1949—1959），利用（10.40）的固定点公式，得到

$$k = \frac{3\times 0.0101}{(-0.339)^2+(0.213)^2+(1.303)^2} = 0.0164. \tag{10.43}$$

迭代法得到序列 $k_0=0.0164$，$k_1=0.0161$，$k_2=0.0161$. 两步就收敛到 $k=0.0161$. 用岭迹图法，由图 10-4（或表 10-14）看出 k 在 0.04 处稳定下来. 这样我们一共得到 3 个 k 的估计值（0.0164，0.0161 和 0.04）.

从表 10-14 可以看到，这三个 k 值都使得 θ_1 的估计值变成取正值，而且它们的值都稳定下来（$k=0.016$ 时估计值为 0.359，$k=0.04$ 时估计值为 0.42）. 从表 10-15 知，残差平方和 $\text{SSE}(k)$ 从 $k=0$ 时的 0.081 增长到 $k=0.016$ 时的 0.108，进一步 $k=0.04$ 时 $\text{SSE}(k)$ 为 0.117. 而方差膨胀因子 $\text{VIF}_1(k)$ 和 $\text{VIF}_3(k)$ 从 185 降到 1 和 4 之间. 这一切说明 k 的取值范围（0.016，0.04）是合理的，并且是令人满意的.

现在回到进口数据（1949—1959）的回归系数的估计问题. 其原始的回归系数和标准化回归系数的估计列于表 10-16. 原始预测变量的系数估计 $\hat{\beta}_j$ 是通过标准化系数的估计 $\hat{\theta}_j$ 利用公式（10.24）得到的. 例如，$\hat{\beta}_1$ 的计算公式为

$$\hat{\beta}_1 = (s_y/s_1)\,\hat{\theta}_1 = (4.5437/29.9995)(0.4196) = 0.0635.$$

这样，用原始预测变量表示的估计（岭回归参数 $k=0.04$）为

284

$$\text{IMPORT} = -8.5537 + 0.0635\text{DOPROD} + 0.5859\text{STOCK} + 0.1156\text{CONSUM}.$$

这个方程对预测变量和响应变量之间的关系给出了一个很合理的表达式. 注意此处给出的公式与利用前两个主成分变量得到的方程没有本质的差异（见表 10-9），尽管这两个公式的计算方法是完全不同的.

⊖ $\text{VIF}_j(k)$ 的计算公式在本章的附录给出.

表 10-15 进口数据（1949—1959）的岭回归参数 k、残差平方和 SSE(k)、方差膨胀因子 $VIF_j(k)$

k	SSE(k)	$VIF_1(k)$	$VIF_2(k)$	$VIF_3(k)$	k	SSE(k)	$VIF_1(k)$	$VIF_2(k)$	$VIF_3(k)$
0.000	0.081 0	186.11	1.02	186.00	0.040	0.117 0	0.98	0.93	0.98
0.001	0.083 7	99.04	1.01	98.98	0.050	0.120 1	0.72	0.91	0.72
0.003	0.091 1	41.80	1.00	41.78	0.060	0.123 4	0.58	0.89	0.58
0.005	0.096 4	23.00	0.99	22.99	0.070	0.127 1	0.49	0.87	0.49
0.007	0.100 1	14.58	0.99	14.57	0.080	0.131 0	0.43	0.86	0.43
0.009	0.102 7	10.09	0.98	10.09	0.090	0.135 3	0.39	0.84	0.39
0.010	0.103 8	8.60	0.98	8.60	0.100	0.140 0	0.35	0.83	0.35
0.012	0.105 6	6.48	0.98	6.48	0.200	0.205 2	0.24	0.69	0.24
0.014	0.107 0	5.08	0.97	5.08	0.300	0.298 1	0.20	0.59	0.20
0.016	0.108 2	4.10	0.97	4.10	0.400	0.411 2	0.18	0.51	0.18
0.018	0.109 3	3.39	0.97	3.39	0.500	0.538 5	0.17	0.44	0.17
0.020	0.110 2	2.86	0.96	2.86	0.600	0.675 6	0.15	0.39	0.15
0.022	0.111 1	2.45	0.96	2.45	0.700	0.819 1	0.14	0.35	0.14
0.024	0.111 8	2.13	0.95	2.13	0.800	0.966 7	0.13	0.31	0.13
0.026	0.112 6	1.88	0.95	1.88	0.900	1.116 3	0.12	0.28	0.12
0.028	0.113 2	1.67	0.95	1.67	1.000	1.266 6	0.11	0.25	0.11
0.030	0.113 9	1.50	0.94	1.50					

表 10-16 进口数据（1949—1959）的回归系数估计的计算结果表（包括 OLS 估计和岭估计）

变量	OLS (k=0)		岭估计 (k=0.04)	
	标准化系数	原始系数	标准化系数	原始系数
常数项	0	−10.130 0	0	−8.553 7
DOPROD	−0.339 3	−0.051 4	0.419 6	0.063 5
STOCK	0.213 0	0.586 9	0.212 7	0.585 9
CONSUM	1.302 7	0.286 8	0.524 9	0.115 6
	R^2=0.992		R^2=0.988	

10.13 岭回归：几点注解

岭回归方法可对线性回归方程通常的 OLS 估计的稳定性提供一个判断的工具．在高共线性的情况下，我们已经指出，数据的一个微小的变动（扰动）会造成回归系数估计的很大的变动．而岭回归能揭示这种现象．因此在使用通常的 OLS 估计时应该特别小心．相对于 OLS 估计来说，岭回归估计具有抵抗数据扰动的稳健性．岭回归方法也可以用于检测 OLS 估计对微小的数据扰动的敏感性或稳定性．

岭估计的稳健性是这样定义的：它不受数据中微小的变动的影响．相对于 OLS 估计，岭估计具有更小的均方误差，因此回归系数的岭估计更倾向于接近回归系数的真值．同时，对于不在数据集中的预测变量的值，预测其相应的响应变量的值时，用岭回归方法去预测将获得更精确的预报结果．

确定岭估计中的偏倚参数 k，是一个相当主观的方法. 目前存在许多估计参数 k 的方法，但是没有一致的共识，认为哪一个是最优的. 不管采用哪一个去估计岭参数 k，k 的估计都会受到原始数据中异常值的影响. 这样，对于任何一种选择参数 k 的方法，都要努力寻找数据中的异常值，尽量消除它的干扰，以避免岭估计受到原始数据中异常值的不适当的影响.

和主成分方法一样，在比较岭估计和 OLS 估计的精度时，其实是与模型中参数的真值有关. 尽管模型参数的真值我们是不知道的，我们仍然建议，当怀疑模型具有很强的共线性现象时，采用岭回归分析方法. 另外，岭回归系数也隐含着对数据的另一种解释，这种解释有利于更深刻地理解所研究的过程.

286

另一个实际问题是，某些统计软件包并没有包含岭回归这一块. 如果你所用的软件包没有岭回归这一块，也可以利用标准的最小二乘方法进行岭回归计算，只要将原始数据做一个小的变更. 具体地说，回归系数的岭估计可以借助 Y^* 关于 X_1^*，X_2^*，…，X_p^* 作回归的最小二乘估计得到. 其中 Y^* 是原来的标准化响应变量$\widetilde{Y}$的数据加上 p 个虚拟数据构成的新的响应变量的观测值集合，其中 p 个虚拟数据都是 0（这样 Y^* 的观测值的个数为$n+p$）. 类似地 X_j^* 也是由原来的标准化预测变量$\widetilde{X}_j$ 的数据加上 p 个虚拟数据构成的新的预测变量的观测值集合，其中第 j 个位置上的数为$\sqrt{k}$，这个 k 刚好是你选中的岭参数的值，其余 $p-1$个值为 0. 现在可以证明，岭估计$\hat{\theta}_1(k)$，$\hat{\theta}_2(k)$，…，$\hat{\theta}_p(k)$ 可以从 Y^* 相对于 X_1^*，X_2^*，…，X_p^* 的最小二乘回归估计（不含常数项）计算得到.

10.14 小结

本章提出了两种估计方法——岭回归估计方法和主成分估计方法. 它们都对分析的数据提供了附加的信息. 我们看到，预测变量的相关矩阵的特征向量对于探测模型的共线性及其效应起着特别重要的作用. 由这两种方法所构造的估计通常是有偏的，但是从均方误差的角度来评价，它们可能比通常的 OLS 估计更加精确. 对于一个具体问题，我们不可能具体计算精度上的得益，这是因为与 OLS 方法精度的比较的结果与系数的真值有关，而真值是不知道的. 当数据分析遇到诸如共线性这样的问题时，我们建议，除了 OSL 估计以外，至少还运用一下本章介绍的一种估计. 因为本章的方法，还能从数据结构上提供某种解释.

主成分方法和岭回归方法是数据分析中两种重要的方法，但是从理论上没有很强的根据. 我们的建议是，当怀疑数据出现严重的共线性问题时，适合用这两种方法作为一种可视诊断工具，以判断最小二乘方法是否适宜. 当利用主成分方法或岭回归方法发现实际数据集合不稳定时，我们首先应该删除一些变量，然后利用最小二乘方法进行分析（见第 9 章）. 如果最小二乘方法还是行不通（VIF 的值很大，系数估计具有不正确的正负号，大的条件数等），这时才考虑使用主成分方法或岭回归方法.

10.15 文献

287

本章中介绍的主成分分析方法可以在大部分多元统计分析的教材中找到. 必须指出的

是主成分分析涉及的仅仅是模型中的预测变量．分析的目的是找出存在于变量之间的线性相关性．关于主成分的系统阐述可参阅Johnson and Wichern（1992）或Seber（1984）．有几个商用统计软件包提供本章所讨论的数据处理方法的计算软件．

近年来，Jensen and Ramirez（2008）对于岭估计对病态线性系统的实质性改进表示怀疑．他们提供了回归系数的稳定的估计并且具有更小的方差膨胀因子．他们引进了代理岭估计的概念，它改进了岭估计．Hadi（2011）简短地介绍了代理岭估计的方法，同时在本章的附录中也提供了简介．

习题

10.1 利用表9-9的广告数据：

(a) 通过（10.14）计算回归系数和它们的标准误，指出所得到的结果与表10-3是一样的．

(b) 计算（10.12）中的5个主成分．

(c) 验证表10-4中的回归计算结果．

10.2 假设我们有一组数据，要拟合下列模型

$$Y=\beta_0+\beta_1X_1+\beta_2X_2+\beta_3X_3+\varepsilon. \tag{10.44}$$

进一步假定三个预测变量的均值为0，方差为1，即已经标准化．它们的相关矩阵的三个特征值为1.93，1.06和0.01，相应的特征向量列于表10-17．表10-18是Y对三个主成分C_1，C_2，C_3的回归计算结果．

表10-17 模型（10.44）的预测变量的相关矩阵的三个特征向量

	V_1	V_2	V_3
X_1	0.500	−0.697	0.514
X_2	0.484	0.717	0.501
X_3	0.718	0.002	−0.696

表10-18 Y对主成分C_1，C_2，C_3的回归计算结果

方差分析表

方差来源	平方和	自由度	均方	F检验
回归	86.654 2	3	28.884 7	225
残差	12.345 8	96	0.128 602	

系数表

变量	系数	标准误	t检验	p值
C_1	0.67	0.03	25.9	0.000 1
C_2	−0.02	0.03	−0.56	0.578 2
C_3	−0.56	0.37	−1.53	0.129 1

(a) 对模型（10.44），计算β_0的OLS估计值．

(b) 预测变量之间存在共线性吗？解释为什么．

(c) 当Y相对于X_1，X_2和X_3作回归时，R^2是多少？

(d) 计算C_1的公式是什么？

(e) 导出(10.44)中利用主成分预测$\hat{Y}_{PC}$的公式.

10.3 对于表9-15的特征向量.

(a) 对于这个数据集,可构造多少个主成分?

(b) 写出其中两个主成分.

10.4 Longley(1967)数据是一个典型的共线性数据集(表10-19).数据表中有一列是响应变量Y,其余6列是预测变量X_1,…,X_6.这个数据集可从本书的网站上获得.其原始模型为

$$Y = \beta_0 + \beta_1 X_1 + \cdots + \beta_6 X_6 + \varepsilon, \tag{10.45}$$

这个模型可以转换成标准化变量的模型,即

$$\widetilde{Y} = \theta_1 \widetilde{X}_1 + \cdots + \theta_6 \widetilde{X}_6 + \varepsilon'. \tag{10.46}$$

表10-19 Longley(1967)数据

Y	X_1	X_2	X_3	X_4	X_5	X_6
60 323	830	234 289	2 356	1 590	107 608	1947
61 122	885	259 426	2 325	1 456	108 632	1948
60 171	882	258 054	3 682	1 616	109 773	1949
61 187	895	284 599	3 351	1 650	110 929	1950
63 221	962	328 975	2 099	3 099	112 075	1951
63 639	981	346 999	1 932	3 594	113 270	1952
64 989	990	365 385	1 870	3 547	115 094	1953
63 761	1 000	363 112	3 578	3 350	116 219	1954
66 019	1 012	397 469	2 904	3 048	117 388	1955
67 857	1 046	419 180	2 822	2 857	118 734	1956
68 169	1 084	442 769	2 936	2 798	120 445	1957
66 513	1 108	444 546	4 681	2 637	121 950	1958
68 655	1 126	482 704	3 813	2 552	123 366	1959
69 564	1 142	502 601	3 931	2 514	125 368	1960
69 331	1 157	518 173	4 806	2 572	127 852	1961
70 551	1 169	554 894	4 007	2 827	130 081	1962

(a) 利用最小二乘方法拟合模型(10.46).你能得到什么结论?

(b) 利用(a)中的结果,计算模型(10.45)中回归系数的OLS估计.

(c) 现在直接求模型(10.45)中系数的OLS估计,验证这两种方法的结果是相同的.

(d) 计算6个预测变量的相关矩阵和相应的散点图矩阵(参考图9-2).你能看出共线性的证据吗?

(e) 计算相应的主成分、它们的样本方差和条件数.数据中有多少种不同的共线性关系?每一种又涉及多少个预测变量?

289

(f) 根据你选定的主成分的数目,计算(10.45)和(10.46)中系数的主成分估计.

(g) 利用岭估计方法,画出岭迹图.在估计(10.45)和(10.46)中的系数时,你从岭迹图的形状认为在岭估计中应该取什么样的参数k?利用你选出的k,计算(10.45)和(10.46)中系数的岭估计.

(h) 比较你采用的三种估计方法．哪一种你认为比较合理，解释理由．

10.5 利用 10.10 节中的 Hald 数据重复习题 10.4 的计算．10.10 节中讨论人造数据 U 的回归计算问题，但在本题中讨论的问题是原始变量 Y 与 X_1，…，X_4 的回归计算．本题的数据见表 10-10．

10.6 从你对 Longley 数据和 Hald 数据的分析，是否发现在 10.10 节中指出的问题，请解释一下．

10.7 考察表 10-20 的数据，表中有 1 个因变量 Y 和 6 个预测变量 X_1，X_2，…，X_6，分析其共线性，并完成以下问题．

(a) 对 X 变量计算其条件数．从计算结果看，有没有共线性？

(b) 计算主成分，同时计算 Y 对所有主成分的回归．哪些主成分是显著的？

290

(c) 画出第一个和第二个主成分的散点图．两个主成分之间的最小二乘回归直线的斜率是什么？为什么？

(d) 在数据中存在多少个共线性关系？

(e) 在每一个共线性关系中涉及哪些变量？

(f) 那些涉及某一共线性关系的变量之间又有什么关系？

(g) 在分析共线性数据的回归问题时，你倾向于用几个主成分？

(h) 在刻画 Y 和诸预测变量关系时，你愿意用什么模型？

表 10-20　习题 10.7 中使用的数据

行号	Y	X_1	X_2	X_3	X_4	X_5	X_6
1	17	7	48	39	32	17	0
2	25	12	86	20	26	22	2
3	52	68	90	84	87	34	12
4	39	83	99	20	19	23	16
5	37	89	22	25	58	17	18
6	26	75	37	1	5	7	16
7	34	57	86	3	52	27	11
8	6	6	1	52	14	2	2
9	57	96	97	63	64	33	19
10	39	42	29	71	74	21	8
11	26	10	7	34	95	19	3
12	42	95	18	87	54	12	19
13	26	63	58	63	46	20	11
14	37	94	38	33	31	14	20
15	49	90	41	93	88	25	17
16	38	19	88	55	99	35	4
17	22	40	28	91	20	8	8
18	55	75	75	88	84	31	15
19	35	70	58	34	48	20	13
20	38	32	85	80	63	29	4

（续）

行号	Y	X_1	X_2	X_3	X_4	X_5	X_6
21	55	85	94	69	83	35	16
22	24	45	90	9	1	17	10
23	21	14	72	89	25	18	2
24	22	96	19	61	23	6	19
25	14	73	6	60	18	4	14
26	12	34	3	23	11	2	6
27	31	41	67	27	84	30	7
28	30	48	53	33	13	12	9
29	43	50	58	81	96	32	9
30	18	3	8	94	73	16	1
31	27	51	47	37	11	12	10
32	41	65	39	68	73	22	12
33	43	98	67	36	9	16	21
34	32	60	17	55	41	11	13
35	17	17	35	5	51	17	3
36	36	88	12	97	75	16	17
37	23	63	27	15	2	5	12
38	28	86	21	42	24	9	17
39	36	85	25	9	85	21	16
40	27	60	44	23	32	14	10
41	29	24	39	24	77	22	6
42	53	90	38	91	65	21	19
43	41	51	90	85	57	30	8
44	32	6	25	60	64	17	0
45	50	82	98	68	56	31	15

291

附录 10. A 主成分

在这个附录中，我们介绍用主成分方法去检测共线性现象，但是在推导过程中使用矩阵记号，这样的表达方法简洁明了.

A. 1 模型

利用矩阵记号以后，回归模型可以表示为

$$\boldsymbol{Y} = \boldsymbol{Z\theta} + \varepsilon, \tag{A.1}$$

其中$\boldsymbol{Y}$是$n\times1$向量，它是响应变量的观测值向量，

$$\boldsymbol{Z}=(\boldsymbol{Z}_1,\cdots,\boldsymbol{Z}_p)$$

是一个$n\times p$矩阵，它是p个预测变量的观测值向量组成的矩阵，$\boldsymbol{\theta}$是一个$p\times1$的向量，其分量都是回归系数，ε是$n\times1$的误差向量．对于误差向量ε，我们假定$E(\varepsilon)=\boldsymbol{0}$，$E(\varepsilon\varepsilon^{\mathrm{T}})=\sigma^2\boldsymbol{I}$，其中$\boldsymbol{I}$为$n$阶单位阵．同样假定$\boldsymbol{Y}$和$\boldsymbol{Z}$是经过中心化和规范化（也称单位化，见3.6.1节）的，使得$\boldsymbol{Z}^{\mathrm{T}}\boldsymbol{Z}$和$\boldsymbol{Z}^{\mathrm{T}}\boldsymbol{Y}$是相关系数矩阵㊀．

$\boldsymbol{Z}^{\mathrm{T}}\boldsymbol{Z}$是一个对称正定矩阵，存在方阵$\boldsymbol{\Lambda}$和$V$，使得㊁

$$\boldsymbol{V}^{\mathrm{T}}(\boldsymbol{Z}^{\mathrm{T}}\boldsymbol{Z})\boldsymbol{V}=\boldsymbol{\Lambda}\text{ 和 }\boldsymbol{V}^{\mathrm{T}}\boldsymbol{V}=\boldsymbol{V}\boldsymbol{V}^{\mathrm{T}}=\boldsymbol{I}. \tag{A.2}$$

矩阵$\boldsymbol{\Lambda}$是对角矩阵，其对角元素是矩阵$\boldsymbol{Z}^{\mathrm{T}}\boldsymbol{Z}$按降序排列的特征值．这些特征值用$\lambda_1\geqslant\lambda_2\geqslant\cdots\geqslant\lambda_p$表示．矩阵$\boldsymbol{V}$的列向量是与$\lambda_1$，$\lambda_2$，…，$\lambda_p$对应的单位化的特征向量．由于$\boldsymbol{V}\boldsymbol{V}^{\mathrm{T}}=\boldsymbol{I}$，回归模型（A.1）可以用主成分表示

292

$$\boldsymbol{Y}=\boldsymbol{Z}\boldsymbol{V}\boldsymbol{V}^{\mathrm{T}}\boldsymbol{\theta}+\varepsilon=\boldsymbol{C}\boldsymbol{\alpha}+\varepsilon, \tag{A.3}$$

其中

$$\boldsymbol{C}=\boldsymbol{Z}\boldsymbol{V}\text{ 和 }\boldsymbol{\alpha}=\boldsymbol{V}^{\mathrm{T}}\theta. \tag{A.4}$$

矩阵$\boldsymbol{C}$含有p列$\boldsymbol{C}_1$，$\boldsymbol{C}_2$，…，$\boldsymbol{C}_p$，每一列都是预测变量$\boldsymbol{Z}_1$，…，$\boldsymbol{Z}_p$的线性函数．$\boldsymbol{C}$的各列是相互正交的，它们就称为预测变量$\boldsymbol{Z}_1$，…，$\boldsymbol{Z}_p$的主成分．经计算矩阵$\boldsymbol{C}$满足条件$\boldsymbol{C}_j^{\mathrm{T}}\boldsymbol{C}_j=\lambda_j$和$\boldsymbol{C}_i^{\mathrm{T}}\boldsymbol{C}_j=0$（$i\neq j$）．

主成分和特征值可以用来检测和分析预测变量的共线性现象．（A.3）这种回归模型的形式就是模型（A.1）重新参数化．（A.3）中新的预测变量是正交化的预测变量．这些特征值λ_j可以认为是主成分的样本方差．如果某一个$\lambda_i=0$，则第i个主成分$\boldsymbol{C}_i$的各个分量均为0．由于$\lambda_j=0$，同时$\boldsymbol{C}_j$又是$\boldsymbol{Z}_1$，…，$\boldsymbol{Z}_p$的线性组合，各预测变量之间存在一个线性相依关系．这样，当λ_j的值接近0时，相应的预测变量之间存在一个近似的线性相依关系．因此，小的特征值是模型共线性的标志．由（A.4），我们有

$$\boldsymbol{C}_j=\sum_{i=1}^{p}v_{ij}Z_i,$$

上式右边就是当出现共线性时（即λ_j的值接近0时），变量间线性相依关系的形式．

A.2 $\hat{\boldsymbol{\theta}}$的线性函数的精度

用$\hat{\boldsymbol{\alpha}}$和$\hat{\boldsymbol{\theta}}$分别表示$\boldsymbol{\alpha}$和$\boldsymbol{\theta}$的最小二乘估计．易知它们之间具有关系$\hat{\boldsymbol{\alpha}}=\boldsymbol{V}^{\mathrm{T}}\hat{\boldsymbol{\theta}}$，反之，$\hat{\boldsymbol{\theta}}=\boldsymbol{V}\hat{\boldsymbol{\alpha}}$．由于$\hat{\boldsymbol{\alpha}}=(\boldsymbol{C}^{\mathrm{T}}\boldsymbol{C})^{-1}\boldsymbol{C}^{\mathrm{T}}\boldsymbol{Y}$，$\hat{\boldsymbol{\alpha}}$的方差-协方差矩阵为$\mathrm{Var}(\hat{\alpha})=\sigma^2\boldsymbol{\Lambda}^{-1}$，相应地$\mathrm{Var}(\hat{\theta})=\sigma^2\boldsymbol{V}\boldsymbol{\Lambda}^{-1}\boldsymbol{V}^{\mathrm{T}}$．令$\boldsymbol{L}$是一个任意的$p\times1$常数向量．线性函数$\delta=\boldsymbol{L}^{\mathrm{T}}\boldsymbol{\theta}$的最小二乘估计为$\hat{\delta}=\boldsymbol{L}^{\mathrm{T}}\hat{\boldsymbol{\theta}}$，它的方差为

$$\mathrm{Var}(\hat{\delta})=\sigma^2\boldsymbol{L}^{\mathrm{T}}\boldsymbol{V}\boldsymbol{\Lambda}^{-1}\boldsymbol{V}^{\mathrm{T}}\boldsymbol{L}. \tag{A.5}$$

记$\boldsymbol{V}_j$为$\boldsymbol{V}$的第j个列向量，此时$\boldsymbol{L}$可以表示为$\boldsymbol{L}=\sum_{j=1}^{p}r_j\boldsymbol{V}_j$，其中系数$r_j$是适当选定的常数，$\boldsymbol{R}=(r_1, r_2, \cdots, r_p)^{\mathrm{T}}$．这样，由（A.5）可知$\mathrm{Var}(\hat{\delta})=\sigma^2\boldsymbol{R}^{\mathrm{T}}\boldsymbol{\Lambda}^{-1}\boldsymbol{R}$，或等价地

293

$$\mathrm{Var}(\hat{\delta})=\sigma^2\sum_{j=1}^{p}\frac{r_j^2}{\lambda_j}, \tag{A.6}$$

㊀ 注意Z_j是将原始数据通过下列变换得到的：

$$z_{ij}=\frac{x_{ij}-\bar{x}_j}{\sqrt{\sum(x_{ij}-\bar{x}_j)^2}}.$$

这样，Z_j是中心化并且具有单位长度的向量，即$\sum z_{ij}^2=1$．

㊁ 参阅Strang（1988）或Hadi（1996）．

其中$\boldsymbol{\Lambda}^{-1}$是$\boldsymbol{\Lambda}$的逆.

综上所述，$\hat{\delta}$的方差是特征值的倒数的线性组合. 如果所有的特征值都不在 0 的附近，或者对于较小的λ_j，相应的r_j^2的大小又与λ_j差不多，那么$\hat{\delta}$的精度是令人满意的. 由此可知，对于$\hat{\boldsymbol{\theta}}$的线性组合$\boldsymbol{L}^{\mathrm{T}}\hat{\boldsymbol{\theta}}$，我们可以判断其是否具有高的精度. 详情可参阅 Silvey (1969).

附录 10. B 岭回归

本附录中用矩阵记号表述岭回归方法.

B. 1 岭回归方法

我们采用回归模型的矩阵表达式 (A. 1). 在 (A. 1) 中参数$\boldsymbol{\theta}$的最小二乘估计为$\hat{\boldsymbol{\theta}}=(\boldsymbol{Z}^{\mathrm{T}}\boldsymbol{Z})^{-1}\boldsymbol{Z}^{\mathrm{T}}\boldsymbol{Y}$. 不难验证

$$E[(\hat{\boldsymbol{\theta}}-\boldsymbol{\theta})^{\mathrm{T}}(\hat{\boldsymbol{\theta}}-\boldsymbol{\theta})]=\sigma^2\sum_{j=1}^{p}\lambda_j^{-1}, \tag{B. 1}$$

其中$\lambda_1\geqslant\lambda_2\geqslant\cdots\geqslant\lambda_p$为矩阵$\boldsymbol{Z}^{\mathrm{T}}\boldsymbol{Z}$的特征值. (B. 1) 左边的项称为估计的总均方误差. 它表示回归系数估计向量与真值向量之间的平方距离的均值.

B. 2 共线性的影响

在第 9 章和附录 10. A 中曾指出，共线性与小的特征值是同义语. 由 (B. 1) 看出，当一个或几个λ的取值较小时，$\hat{\boldsymbol{\theta}}$的总均方误差就很大，即最小二乘估计不精确. 在这种情况下，岭回归估计就是用于减小总均方误差的一种估计.

B. 3 岭回归估计

Hoerl and Kennard (1970) 给出一类带有参数$k>0$的估计. 对于给定k的值，$\boldsymbol{\theta}$的估计由下式给出:

$$\hat{\boldsymbol{\theta}}(k)=(\boldsymbol{Z}^{\mathrm{T}}\boldsymbol{Z}+k\boldsymbol{I})^{-1}\boldsymbol{Z}^{\mathrm{T}}\boldsymbol{Y}=(\boldsymbol{Z}^{\mathrm{T}}\boldsymbol{Z}+k\boldsymbol{I})^{-1}\boldsymbol{Z}^{\mathrm{T}}\boldsymbol{Z}\hat{\boldsymbol{\theta}} \tag{B. 2}$$

估计$\hat{\boldsymbol{\theta}}(k)$的期望值为

$$E[\hat{\boldsymbol{\theta}}(k)]=(\boldsymbol{Z}^{\mathrm{T}}\boldsymbol{Z}+k\boldsymbol{I})^{-1}\boldsymbol{Z}^{\mathrm{T}}\boldsymbol{Z}\boldsymbol{\theta}, \tag{B. 3}$$

其方差-协方差矩阵为

294

$$\mathrm{Var}[\hat{\boldsymbol{\theta}}(k)]=(\boldsymbol{Z}^{\mathrm{T}}\boldsymbol{Z}+k\boldsymbol{I})^{-1}\boldsymbol{Z}^{\mathrm{T}}\boldsymbol{Z}(\boldsymbol{Z}^{\mathrm{T}}\boldsymbol{Z}+k\boldsymbol{I})^{-1}\sigma^2. \tag{B. 4}$$

作为参数k的函数，方差膨胀因子$\mathrm{VIF}_j(k)$刚好是矩阵$(\boldsymbol{Z}^{\mathrm{T}}\boldsymbol{Z}+k\boldsymbol{I})^{-1}\boldsymbol{Z}^{\mathrm{T}}\boldsymbol{Z}(\boldsymbol{Z}^{\mathrm{T}}\boldsymbol{Z}+k\boldsymbol{I})^{-1}$的第$k$个对角线上的元素.

残差平方和为

$$\begin{aligned}\mathrm{SSE}(k)&=(\boldsymbol{Y}-\boldsymbol{Z}\hat{\boldsymbol{\theta}}(k))^{\mathrm{T}}(\boldsymbol{Y}-\boldsymbol{Z}\hat{\boldsymbol{\theta}}(k))\\&=(\boldsymbol{Y}-\boldsymbol{Z}\hat{\boldsymbol{\theta}})^{\mathrm{T}}(\boldsymbol{Y}-\boldsymbol{Z}\hat{\boldsymbol{\theta}})+(\hat{\boldsymbol{\theta}}(k)-\hat{\boldsymbol{\theta}})^{\mathrm{T}}\boldsymbol{Z}^{\mathrm{T}}\boldsymbol{Z}(\hat{\boldsymbol{\theta}}(k)-\hat{\boldsymbol{\theta}}).\end{aligned} \tag{B. 5}$$

总均方误差为

$$\begin{aligned}\mathrm{TMSE}(k)&=E[(\hat{\boldsymbol{\theta}}(k)-\boldsymbol{\theta})^{\mathrm{T}}(\hat{\boldsymbol{\theta}}(k)-\boldsymbol{\theta})]\\&=\sigma^2\,\mathrm{trace}[(\boldsymbol{Z}^{\mathrm{T}}\boldsymbol{Z}+k\boldsymbol{I})^{-1}\boldsymbol{Z}^{\mathrm{T}}\boldsymbol{Z}(\boldsymbol{Z}^{\mathrm{T}}\boldsymbol{Z}+k\boldsymbol{I})^{-1}]+k^2\boldsymbol{\theta}^{\mathrm{T}}(\boldsymbol{Z}^{\mathrm{T}}\boldsymbol{Z}+k\boldsymbol{I})^{-2}\boldsymbol{\theta}\\&=\sigma^2\sum_{j=1}^{p}\lambda_j(\lambda_j+k)^{-2}+k^2\boldsymbol{\theta}^{\mathrm{T}}(\boldsymbol{Z}^{\mathrm{T}}\boldsymbol{Z}+k\boldsymbol{I})^{-2}\boldsymbol{\theta}.\end{aligned} \tag{B. 6}$$

注意式（B. 6）最右端第一项是$\hat{\boldsymbol{\theta}}$的各分量的方差之和，第二项是$\hat{\boldsymbol{\theta}}$的各估计分量的偏倚的平方和．Hoerl and Kennard（1970）证明了一个事实：存在一个$k>0$，使得

$$E[(\hat{\boldsymbol{\theta}}(k)-\boldsymbol{\theta})^{\mathrm{T}}(\hat{\boldsymbol{\theta}}(k)-\boldsymbol{\theta})]<E[(\hat{\boldsymbol{\theta}}-\boldsymbol{\theta})^{\mathrm{T}}(\hat{\boldsymbol{\theta}}-\boldsymbol{\theta})],$$

即岭估计$\hat{\boldsymbol{\theta}}(k)$的均方误差小于OLS估计$\hat{\boldsymbol{\theta}}$的均方误差[⊖]．Hoerl and Kennard（1970）建议根据岭迹图和某些关于$\hat{\boldsymbol{\theta}}(k)$的辅助量如$\mathrm{SSE}(k)$和$\mathrm{VIF}_j(k)$选择$k$的近似值．选择的原则是寻找使得$\hat{\boldsymbol{\theta}}(k)$稳定下来的最小的$k$值．此外，对于选到的$k$值，必须使得残差平方和接近于最小值，方差膨胀因子小于10（见第9章）．

人们可以从不同的方面推广岭回归的概念．由于岭回归通常将回归系数的估计向0压缩，岭估计又被人称为**压缩估计**．现在讨论岭回归的一种推广．将回归模型表成主成分的形式．令$\boldsymbol{C}=(\boldsymbol{C}_1,\cdots,\boldsymbol{C}_p)$为模型的主成分（见本章附录10. A）．回归模型可写成

$$\boldsymbol{Y}=\boldsymbol{C}\boldsymbol{\alpha}+\varepsilon, \tag{B. 7}$$

其中

$$\begin{gathered}\boldsymbol{C}=\boldsymbol{Z}\boldsymbol{V},\quad \boldsymbol{\alpha}=\boldsymbol{V}^{\mathrm{T}}\boldsymbol{\theta},\\ \boldsymbol{V}^{\mathrm{T}}\boldsymbol{Z}^{\mathrm{T}}\boldsymbol{Z}\boldsymbol{V}=\boldsymbol{\Lambda},\quad \boldsymbol{V}^{\mathrm{T}}\boldsymbol{V}=\boldsymbol{V}\boldsymbol{V}^{\mathrm{T}}=\boldsymbol{I},\end{gathered} \tag{B. 8}$$

以及

$$\boldsymbol{\Lambda}=\begin{pmatrix}\lambda_1 & 0 & 0 & \cdots & 0 & 0\\ 0 & \lambda_2 & 0 & \cdots & 0 & 0\\ \vdots & \vdots & \vdots & \ddots & \vdots & \vdots\\ 0 & 0 & 0 & \cdots & \lambda_{p-1} & 0\\ 0 & 0 & 0 & \cdots & 0 & \lambda_p\end{pmatrix},\quad \lambda_1\geqslant\lambda_2\geqslant\cdots\geqslant\lambda_p$$

是一个由$\boldsymbol{Z}^{\mathrm{T}}\boldsymbol{Z}$的特征值按降序排成的对角矩阵．（B. 6）中的总均方误差变成

$$\begin{aligned}\mathrm{TMSE}(k)&=E[(\hat{\boldsymbol{\theta}}(k)-\boldsymbol{\theta})^{\mathrm{T}}(\hat{\boldsymbol{\theta}}(k)-\boldsymbol{\theta})]\\ &=\sigma^2\sum_{j=1}^{p}\lambda_j(\lambda_j+k)^{-2}+\sum_{j=1}^{p}k^2\alpha_j^2(\lambda_j+k)^{-2},\end{aligned} \tag{B. 9}$$

其中$\boldsymbol{\alpha}^{\mathrm{T}}=(\alpha_1,\alpha_2,\cdots,\alpha_p)$．在岭估计中，只有一个参数$k$，现在我们考虑若干个$k$的值．对于每一个回归系数，考虑一个$k$的值作为岭参数（也称压缩因子）．现在量$k$已经是一个向量，因此用记号$\boldsymbol{k}$表示．（B. 9）中的总均方误差变成

$$\begin{aligned}\mathrm{TMSE}(\boldsymbol{k})&=E[(\hat{\boldsymbol{\theta}}(\boldsymbol{k})-\boldsymbol{\theta})^{\mathrm{T}}(\hat{\boldsymbol{\theta}}(\boldsymbol{k})-\boldsymbol{\theta})]\\ &=\sigma^2\sum_{j=1}^{p}\frac{\lambda_j}{(\lambda_j+k_j)^2}+\sum_{j=1}^{p}\frac{k_j^2\alpha_j^2}{(\lambda_j+k_j)^2}.\end{aligned} \tag{B. 10}$$

上式中，若取$k_j=\sigma^2/\alpha_j^2$，可使（B. 10）达到最小值．作为实际计算，可采用迭代法．其步骤如下：第一步，k_j可从通常的σ^2和α_j的最小二乘估计求得．新的值可从下式计算得到：

$$\hat{\alpha}(\boldsymbol{k})=(\boldsymbol{C}^{\mathrm{T}}\boldsymbol{C}+\boldsymbol{K})^{-1}\boldsymbol{C}^{\mathrm{T}}\boldsymbol{Y},$$

其中$\boldsymbol{K}$是一个对角矩阵，其对角元素为$k_1,k_2,\cdots,k_p$．这个步骤可继续下去，直到两次迭代值的变化可忽略为止．利用（B. 8），可得$\boldsymbol{\theta}$的估计为

$$\hat{\boldsymbol{\theta}}(\boldsymbol{k})=\boldsymbol{V}\hat{\alpha}(\boldsymbol{k}). \tag{B. 11}$$

这两种岭估计（一种岭参数为k，另一种岭参数为$\boldsymbol{k}$，即几个k的值）作为通常最小二乘估计的替代，它们与OLS估计的比较可见Dempster et al.（1977）．在该文献中，计算了不同的估计，对它们的表现进行

295

⊖ 此处的均方误差与前面提到的总均方误差的定义是一样的．——译者注

蒙特卡罗模拟．一般来说，最好的估计方法的选择依赖于特定的模型和数据．Dempster et al.（1977）建议了一种选择最好的估计的方法．但是，我们倾向于经过对岭迹的考察以后选择一个单一的岭参数 k，即采用简单的岭回归估计．

附录 10.C 代理岭回归

此处我们简单介绍代理岭回归的概念．Jensen and Ramirez（2008）对于岭回归能否改进病态线性系统的条件表示怀疑．他们提出了稳定的回归系数的估计方法，并且具有较小的方差膨胀因子．注意到，（B.2）的岭回归估计是下列线性方程组的解：

296

$$(\boldsymbol{Z}^{\mathrm{T}}\boldsymbol{Z}+k\boldsymbol{I}_p)\beta=\boldsymbol{Z}^{\mathrm{T}}\boldsymbol{Y}, \tag{C.1}$$

（C.1）右边的矩阵（$\boldsymbol{Z}^{\mathrm{T}}\boldsymbol{Z}+k\boldsymbol{I}_p$）的条件数为 $\sqrt{(\lambda_1+k)\ /\ (\lambda_p+k)}$，它比 $\boldsymbol{Z}^{\mathrm{T}}\boldsymbol{Z}$ 的条件数小（$\boldsymbol{Z}^{\mathrm{T}}\boldsymbol{Z}$ 的条件数为 $\sqrt{\lambda_1/\lambda_p}$）．因此在 $\boldsymbol{Z}^{\mathrm{T}}\boldsymbol{Z}$ 的对角线上加上 k 以后改进了条件．但是（C.1）的右边仍然处于病态的状态．Jensen and Ramirez（2008）建议将病态的回归模型（A.1）改成

$$\boldsymbol{Y}=\boldsymbol{Z}_k\beta+\epsilon, \tag{C.2}$$

其中 $\boldsymbol{Z}_k=\boldsymbol{U}(\boldsymbol{\Lambda}+k\boldsymbol{I}_p)^{1/2}\boldsymbol{V}^{\mathrm{T}}$，矩阵 $\boldsymbol{U}$ 和 $\boldsymbol{V}$ 来自于矩阵 $\boldsymbol{Z}$ 的奇异值分解 $\boldsymbol{Z}=\boldsymbol{UDV}^{\mathrm{T}}$（见 Golub and van Loan (1989)），其中 $\boldsymbol{U}^{\mathrm{T}}\boldsymbol{U}=\boldsymbol{V}^{\mathrm{T}}\boldsymbol{V}=\boldsymbol{I}_p$，$\boldsymbol{D}$ 是一个对角矩阵，对角线上是 $\boldsymbol{Z}$ 的分解式中有序的奇异值．注意 $\boldsymbol{Z}$ 的奇异值的平方是 $\boldsymbol{Z}^{\mathrm{T}}\boldsymbol{Z}$ 的特征值，即 $\boldsymbol{D}^2=\boldsymbol{\Lambda}$．由于 $\boldsymbol{Z}_k^{\mathrm{T}}\boldsymbol{Z}_k=\boldsymbol{Z}^{\mathrm{T}}\boldsymbol{Z}+k\boldsymbol{I}_p$，（C.2）的回归系数的最小二乘估计是下面线性方程组的解：

$$(\boldsymbol{Z}^{\mathrm{T}}\boldsymbol{Z}+k\boldsymbol{I}_p)\beta=\boldsymbol{Z}_k^{\mathrm{T}}\boldsymbol{Y}, \tag{C.3}$$

由此得到

$$\hat{\beta}_s(k)=(\boldsymbol{Z}^{\mathrm{T}}\boldsymbol{Z}+k\boldsymbol{I}_p)^{-1}\boldsymbol{Z}_k^{\mathrm{T}}\boldsymbol{Y}. \tag{C.4}$$

上式中 $\hat{\beta}_s(k)$ 就是代理岭回归估计．Jensen and Ramirez（2008）研究了代理岭回归估计的性质．通过对数值例子的分析认为 $\hat{\beta}_s(k)$ 比（B.2）的经典的岭回归估计 $\hat{\beta}(k)$ 更适合于病态线性模型中的估计问题的解．另外，他们得到：(a) $\|\hat{\beta}_s(k)\|$ 的方差条件是随着 k 单调递增的，(b) 最大方差膨胀因子是随着 k 单调递减的．而经典的岭估计 $\hat{\beta}(k)$ 不具有这些性质．

297

第11章 变量选择

11.1 引言

到目前为止，我们在进行回归分析时，总是假定回归方程中的变量是事先确定的. 那时，我们在考察回归方程时，并不关心哪些预测变量是重要的，哪些是不重要的，而是关心：方程中设定的预测变量的函数形式是否正确，关于误差项的假定是否合理，等等. 然而，在实际应用中，在设定回归方程的时候，所涉及的预测变量并不是事先确定的. 我们分析工作的第一步就是选择预测变量集合. 当然，在某些场合，由于理论的考虑，或者对实际问题的考察，事先确定了进入回归方程的变量. 这种场合，显然不需要考虑变量选择问题. 然而，大部分场合，在考察对某一个响应变量的影响时，若对预测变量的取舍没有明显的理论根据，此时，为建立回归方程，变量选择成为回归分析的首要任务.

变量选择和函数形式的确定是相互关联的问题. 在确定回归方程时，我们会考虑这样的问题：哪些变量应该进入回归模型？它们应该以什么形式进入回归模型？也就是说，以原始变量 X 的形式进入回归方程，还是以 X^2 或 $\log X$ 的形式，或者两者共同进入回归方程？虽然两个问题应该同时回答，但为了简便，我们将依次处理这些问题. 首先我们要判断一个变量应不应该进入回归方程，其次讨论这个变量应该以什么样的形式进入回归方程. 这种处理方法是一种简化的方法，但这样一来，变量选择的方法变得更易操作. 一旦一个变量已经进入回归模型，我们可以利用以前的处理方法确定这个变量在回归方程中的确切形式.

11.2 问题的陈述

设 Y 是一个响应变量，X_1，X_2，…，X_q 是 q 个预测变量的集合. Y 关于这 q 个变量的一个线性模型为

$$y_i = \beta_0 + \sum_{j=1}^{q} \beta_j x_{ij} + \varepsilon_i, \tag{11.1}$$

其中 β_j 是参数，ε_i 代表随机误差. 在数据分析时，特别是当 q 很大时，通常我们希望删去某些变量，用留下的一些重要变量建立回归方程. 本章的任务就是确定哪些变量能够留在回归方程中，哪些是应该删去的. 我们暂且假定 X_1，X_2，…，X_p 是回归模型中保留下来的变量集合，X_{p+1}，X_{p+2}，…，X_q 是回归模型中被删除的变量集合. 现在我们考察在下面两种情况下删除变量的效果.

1. 模型（11.1）中所有的回归系数 β_0，β_1，…，β_q 都不是 0.

2. 模型（11.1）中回归系数 β_0，β_1，…，β_p 不是 0，而 β_{p+1}，β_{p+2}，…，β_q 全为 0.

假定我们拟合下面的子集模型

$$y_i = \beta_0 + \sum_{j=1}^{p} \beta_j x_{ij} + \varepsilon_i. \tag{11.2}$$

我们将在关于模型的两种情况下，讨论拟合全部 X 的变量集合和部分变量集合的效果. 换言之，我们希望知道，当某些预测变量应该被排除在回归模型之外（因为它们的回归系数为 0），但却进入回归模型之中的效果（即实际是上述情况 2，但建立的模型为（11.1））. 同时，也希望知道，某些预测变量应该进入回归模型（因为它们的回归系数不等于 0），但却被排除在回归模型之外的效果（即实际是上述情况 1，但建立的模型为（11.2））. 我们也将讨论删除变量对回归系数的估计或对预测 Y 值的影响. 当我们了解到在回归模型中删除重要的预测变量或保留了无足轻重的变量所造成的后果时，对变量选择的意义的理解就很清晰了.

11.3 删除变量的后果

现在考虑模型（11.1），所有的变量 X_1，X_2，…，X_q 进入了回归模型. 经过模型拟合，得到参数的 OLS 估计 $\hat{\beta}_0^*$，$\hat{\beta}_1^*$，…，$\hat{\beta}_q^*$. 用记号 $\hat{\beta}_0$，$\hat{\beta}_1$，…，$\hat{\beta}_p$ 表示对模型（11.2）的回归系数的 OLS 估计. 用 $\hat{y}_i^*$ 和 $\hat{y}_i$ 分别表示全模型（11.1）和部分变量模型（11.2）之下与观测值（x_{i1}，x_{i2}，…，x_{iq}）相对应的 y_i 的预测值. 现在将结果概述如下（利用矩阵记号的概述列于本章的附录）：$\hat{\beta}_0$，$\hat{\beta}_1$，…，$\hat{\beta}_p$ 是参数 β_0，β_1，…，β_p 的有偏估计，但是在下面两种特殊情况下，它们是无偏的，即（1）当模型中参数 β_{p+1}，β_{p+2}，…，β_q 全为 0，或（2）X_1，X_2，…，X_p 与变量集合 X_{p+1}，X_{p+2}，…，X_q 相互正交. $\hat{\beta}_0$，$\hat{\beta}_1$，…，$\hat{\beta}_p$ 与 $\hat{\beta}_0^*$，$\hat{\beta}_1^*$，…，$\hat{\beta}_p^*$ 比较起来，下式成立，

$$\mathrm{Var}(\hat{\beta}_j^*) \geqslant \mathrm{Var}(\hat{\beta}_j), \quad j = 0,1,\cdots,p.$$

即模型中变量减少了，相应的回归系数估计的方差不会增加. 不过 $\hat{\beta}_j$ 是有偏估计，而 $\hat{\beta}_j^*$ 是无偏估计. 要合理比较两个估计，应该比较它们的均方误差（MSE）而不是方差（对于 $\hat{\beta}_j^*$，均方误差就是方差，但对于 $\hat{\beta}_j$ 两者是不一样的）. 当被删去的变量的回归系数的大小（绝对值）比相应系数估计的标准差小时，$\hat{\beta}_j$ 的均方误差比 $\hat{\beta}_j^*$ 的均方误差小. 为了叙述方便，我们将删去若干变量的模型（11.2）称为子模型，而原来的模型（11.1）称为全模型. 基于子模型的 σ^2 的估计一般会比基于全模型的估计大.

现在考察剔除变量对预测的影响. 依据子模型的预测量 $\hat{y}_i$ 通常情况下是有偏的. 只有当被剔除的变量的回归系数为 0 时，或者被剔除的变量集合与保留的变量集合正交时，预测量 $\hat{y}_i$ 才是无偏的. 由子模型得到的预测值 $\hat{y}_i$ 的方差通常不比由全模型得到的预测值 $\hat{y}_i^*$ 的方差大，即

$$\mathrm{Var}(\hat{y}_i) \leqslant \mathrm{Var}(\hat{y}_i^*).$$

预测 $\hat{y}_i$ 的均方误差比 $\mathrm{Var}(\hat{y}_i^*)$ 小的条件是与 $\mathrm{MSE}(\hat{\beta}_j)$ 比 $\mathrm{Var}(\hat{\beta}_j^*)$ 小的条件完全相同的（前面已经提及）. 关于这方面的详细讨论，可见 Chatterjee and Hadi（1988）.

变量选择的合理性可以简述如下：尽管被剔除的变量的回归系数非零，被保留的变量

的系数的估计的方差比从全模型所得到的估计的方差小．同样的结论对响应变量的预测值也是成立的．剔除变量所付出的代价是所得到的估计变成有偏了．然而，在一些条件之下，有偏估计的 MSE 会比无偏估计的方差小．这样，估计的偏倚会被获得更高的精度所补偿．另一方面，若保留的变量与响应变量无关或者保留的变量本身是无关紧要的，即它的回归系数为 0 或者其大小比估计的标准差还小，将这些变量保留的后果是降低估计或预测的精度．

301

读者可参考 3.5 节、4.12 节和 4.13 节关于回归系数的解释和回归模型中预测变量的作用．

11.4 回归方程的用途

回归方程有多种用途，现简述如下．

11.4.1 描述和建模

回归方程用于描述一个给定的过程或者一个复杂的关联系统．建立回归方程的目的是为了弄清这个复杂的关联系统的本质．为此目的，有两种相互对立的想法：(1) 尽可能地将与响应变量有关的预测变量都包括到回归方程中来，(2) 遵循简约的原则，也是为了方便理解和解释事物间的关系，尽可能将影响响应变量的主要的、少数几个预测变量找出来．我们倾向于采用后面的观点，力求以最少的预测变量刻画响应变量的大部分变动．

11.4.2 估计和预测

回归方程的一个作用是预测．我们利用回归方程中预测变量的观测值或事先给定的值，对于响应变量值进行预测，这就是回归方程的预测功能．回归方程的另一个作用是估计，即对响应变量的平均值或回归方程的参数进行估计．当回归方程的预测或估计作为我们的主要目标时，选择变量成为寻找具有最小均方误差（MSE）的预测（或具有最小均方误差的估计）的有力工具．

11.4.3 控制

回归方程也可以成为解决控制问题的工具．此时，从控制的角度看，响应变量可以改称为目标变量．我们的任务是确定预测变量的一个范围，使得目标变量在事先指定的范围内取值．事实上，可以将回归函数看成一个响应函数，Y 就是响应变量．从控制的角度，我们希望方程中变量的系数能够测量得准确，也就是要求回归系数的估计的标准误要小．

回归方程具有多种用途．因此，建立回归方程时，需要满足若干或甚至于全部用途的需要．但是我们必须指出，一旦我们确定了回归方程的某一个主要用途，就确定了一个寻找回归方程的准则，在这个准则之下，找到最优的回归方程．这样，为某一个目标或用途确定的最优变量子集，对于另外的用途或目标，就可能不是最优的．因此，所谓最优变量

302

子集还会蕴含一些附加的条件.

在讨论变量选择之前，我们给出两点注解.

(1) 在多元回归方程中，没有绝对意义下的最优变量子集. 这是因为最优变量子集可能不是唯一的. 一个回归方程可能有多种用途或目的. 在一种用途之下，一个变量子集是最优的，在另一种用途之下可能不是最优的. 因此在选择回归变量时必须牢牢记住我们建立回归方程的目的和用途. 以后将会看到，建立回归方程的用途或目的决定了选择预测变量的准则. 不同的预测变量，在不同的使用场合中的作用也是不一样的.

(2) 既然没有绝对的最优变量子集，就有可能存在几个合适的变量子集，形成不同的回归方程供我们使用. 一个好的变量选择方法，不是选出唯一的"最优变量子集"，而是指出若干变量子集. 这些不同的变量子集，从不同的角度揭示隐藏在数据中的结构和规律，协助我们全面理解所研究过程的本质. 事实上，选择预测变量的过程可以认为是一个对预测变量之间的相关结构加深认识的过程，从中可以了解，这些变量怎样个别地或联合地影响目标变量.

这两点注解，将贯彻到下面所讨论的变量选择的整个过程.

11.5 评价回归方程的准则

要判断一个回归方程的实用性，必须有一个判别的准则. 在统计文献中已经提出过不少准则. 此处我们介绍两个我们认为最重要的准则. 在 Hocking (1976) 中提供了一个完整的准则清单.

11.5.1 残差均方

一个评判回归方程优良性能的度量是残差均方 (RMS). 设回归方程中含有 p 项 (一个常数项和 $p-1$ 个预测变量)，RMS 定义为

$$\mathrm{RMS}_p = \frac{\mathrm{SSE}_p}{n-p}, \tag{11.3}$$

其中 SSE_p 是选中的回归方程的残差平方和，p 是回归方程中的项数. 对于两个回归方程的比较，显然具有较小的 RMS 的回归方程是比较好的，特别的，当我们的目标是预测时，这个准则是最贴切的.

易知，RMS_p 是与复相关系数的平方 R_p^2 和修正的复相关系数的平方 R_{ap}^2 相互关联的，这些量都在第 3 章中介绍过，它们是作为回归的拟合效果的度量而介绍的. 不过现在我们将记号 R^2 和 R_a^2 加上一个下标，以示它与回归方程的项数的联系. 这些量之间具有下列关系

303

$$R_p^2 = 1-(n-p)\frac{\mathrm{RMS}_p}{(\mathrm{SST})}, \tag{11.4}$$

$$R_{ap}^2 = 1-(n-1)\frac{\mathrm{RMS}_p}{(\mathrm{SST})},\tag{11.5}$$

其中

$$\mathrm{SST} = \sum (y_i - \bar{y})^2.$$

注意，比较 R_p^2 和 R_{ap}^2 可知，R_{ap}^2 更加合适，原因是 R_{ap}^2 修正了 R_p^2，在 R_{ap}^2 的表达式中的参数 p 起到了一个惩罚的作用.

11.5.2 Mallows 的 C_p 准则

由一个回归变量子集可以构造一个回归方程，根据这个回归方程可以构造目标变量的预测. 前面已经指出，在一般的情况下，由回归子集构造的预测是有偏预测. 在有偏预测的情况下，我们不应该以预测值的方差作为评判的标准，应当用预测值的均方误差作为评判的标准. 下面的量就是各观察点上标准化的预测均方误差之和，

$$J_p = \frac{1}{\sigma^2}\sum_{i=1}^{n}\mathrm{MSE}(\hat{y}_i),\tag{11.6}$$

其中 $\mathrm{MSE}(\hat{y}_i)$ 为含有 p 项的回归方程中第 i 个预测的均方误差[一]，而 σ^2 是模型的随机误差项的方差. $\mathrm{MSE}(\hat{y}_i)$ 可以分解成两部分，一部分是预测的方差，另一部分是由于剔除变量形成的偏倚成分.

为估计 J_p，Mallows（1973）采用了统计量

$$C_p = \frac{\mathrm{SSE}_p}{\hat{\sigma}^2} + (2p-n),\tag{11.7}$$

其中 $\hat{\sigma}^2$ 是 σ^2 的一个估计，它可以从全模型中的估计得到. 可以证明，当含有 p 项的回归方程中没有偏倚时，C_p 的期望值为 p[二]，这个值与没有偏倚情况下的 J_p 的值是相等的. 显然 C_p 与 p 的差异就是偏倚的度量. 这样，统计量 C_p 就是各观测点上标准化的预测均方误差之和 J_p 的一个合适的估计量. 从（11.6）可以看出它同时考虑了偏倚和方差的影响. 选择的标准是 C_p 和 p 的靠近程度. 可用图形的方法进行变量子集的选择. 对于每一个变量子集，在 2 维图上画一个点（p，C_p），在图上同时画一条直线 $C_p = p$，这个图就称为 C_p 图. 在 C_p 图上与直线靠近的那个点所对应的变量子集就是建立回归模型的较好的回归变量子集. 在 11.10 节中给出一个例子，并对这个例子进行了详细的 C_p 图方法的展示和讨论. Daniel and Wood（1980）对 C_p 统计量进行了全面的论述.

304

11.5.3 信息准则

可以将回归模型中的变量选择问题看成为一个模型选择问题. 信息准则最早是从模型选择中提出来的. Akaike（1973）首先提出了信息准则（AIC），准则的目的是平衡模型选择中两个互相冲突的要求，（拟合的）精度和模型的简约性（尽可能少的变量进入模型）.

㊀ 关于某观测点的 $\mathrm{MSE}(\hat{y})$ 的定义可见本章附录的最后部分. ——译者注

㊁ 关于 C_p 的期望值为 p 的结论是近似的，当观测值的个数 n 很大时才成立. ——译者注

所谓简约性准则在 3.10.2 节中早有陈述．对于具有 p 项（1 个常数项和 $p-1$ 个预测变量）的回归模型，其相应的 AIC 的值为

$$\mathrm{AIC}_p = n\ln(\mathrm{SSE}_p/n) + 2p. \tag{11.8}$$

在模型的变量选择中，较小的 AIC 值所对应的模型为优．

从（11.8）看出，对于具有相同的 SSE 的值，变量多的那个模型受到惩罚．对于单个模型来说，AIC 的值是没有具体意义的．AIC 只能用于对模型进行排序，排序的原则是模型的简约性和拟合程度的协调．两个模型的 AIC 值的差异不超过 2，就认为两个模型的差异无足轻重．AIC 值的差异大，说明模型的质量有差异．一般，在选择模型时，我们都选择具有最小的 AIC 值的模型．

AIC 准则的最大优点是可以将两个非嵌套的模型进行比较．一些模型的集合成为嵌套的，是指它们都能通过一个最大的模型得到（见 3.10 节）．例如我们要比较分别依赖于变量（X_1，X_2，X_3）和（X_4，X_5）两个模型．而这些变量的选定是由实际背景所确定的．由于这两个模型没有嵌套关系，我们无法利用 F 检验进行比较．而 AIC 准则可以对上述模型进行比较．

在利用 AIC 准则时，数据集合中不能有缺失数据．如果某些变量有缺失数据，那么那些具有缺失数据的变量将会被删去，导致 AIC 准则的低效率．

此外，还有一些 AIC 准则的修正版．其中一个著名的是 Bayes 信息准则（BIC），这是由 Schwarz（1978）所提出．它定义为

$$\mathrm{BIC}_p = n\ln(\mathrm{SSE}_p/n) + p(\ln n). \tag{11.9}$$

BIC 和 AIC 准则的差别是对变量数 p 的惩罚程度的不同．当 $n>8$ 时，BIC 的惩罚程度远远大于 AIC．BIC 准则趋向于控制过度拟合．

另一个避免过度拟合的 AIC 修正版本是偏倚校正 AIC^c，它是由 Hurvich and Tsai（1989）提出，

$$\mathrm{AIC}_p^c = \mathrm{AIC}_p + \frac{2(p+2)(p+3)}{n-p-3}. \tag{11.10}$$

305

当 n 比较大，p 取一般数值时，AIC^c 的校正值是比较小的．当 n 比较小而 p 取大值时，校正值是大的．当观测值的个数比较少时，我们永远不能拟合一个大的模型．一般情况下，对 AIC 的修正值不能太大．我们不对 AIC^c 准则做进一步讨论．在遇到要克服过度拟合时，我们借助于 BIC 准则．

11.6 共线性和变量选择

在讨论变量选择的时候，我们必须区分两类不同的情况．

1. 预测变量不具有共线性，即数据中没有明显的共线性现象．

2. 预测变量是共线性的，即数据具有共线性现象．

根据预测变量的不同的相关结构，我们采用不同的方法进行变量选择．如果数据中没有明显的共线性现象，我们采用一种变量选择方法，如果数据中有共线性现象，我们将采取另一种变量选择方法．

为区分上述两种情况，我们建议首先计算方差膨胀因子（VIF），或者预测变量的相关

矩阵的特征值. 如果膨胀因子中没有大于 10 的, 就不会有共线性问题. 进一步, 正如在第 9 章中解释的那样, 出现小的特征值, 说明有共线性现象. 如果条件数[⊖]大于 15, 变量具有共线性. 我们也可计算特征值的倒数之和. 只要有一个特征值小于 0.01 或特征值的倒数之和大于 5 倍的预测变量的个数, 我们也说预测变量具有共线性. 如果上面所说的条件都不满足, 就可以断定这些预测变量不具有共线性.

11.7 评价所有可能的回归模型

这是非常直接的方法, 对每一个可能的预测变量的子集, 建立对应的回归模型, 对此进行拟合, 并且进行分析. 这个方法, 无论是共线性数据还是不具有共线性的数据都一样适用. 设有 q 个变量, 此时共有 2^q 个可能的回归模型 (包括所有 q 个变量都进入回归方程的情况和没有一个变量进入回归方程的情况). 当没有变量进入回归方程时, 其模型为 $Y=\beta_0+\varepsilon$, 这时候 $\hat{y}_i=\bar{y}$. 这种全面地考察每一种回归模型的方法显然是最全面地了解响应变量与预测变量之间关系的方法. 然而, 一个一个地考察各种自变量组合下的回归方程, 其计算量大得惊人. 即使总共有 6 个预测变量, 也需要考察 64 (2^6) 个回归模型. 如果是 7 个变量, 则需要考察 128 (2^7) 个回归模型. 对于变量个数较多的情况, 这个方法既不实际, 又不可行. 这种全面考察方法的一个可行的步骤是: 对于给定数目的预测变量个数, 分别按照前面提到的标准 (RMS, C_p 或信息准则), 找出 3 个或 4 个最优的预测变量子集. 然后对于找出的少数几个模型, 进一步仔细分析, 例如分析残差图, 找出异常值, 自相关或对变量进行适当的变换, 最后找到最优的模型. 附带说明一下, 对不同的变量子集所对应的回归模型的分析, 可以从各种角度解释数据, 而单纯的变量选择过程往往会忽略这一点.

306

当变量个数很大时, 这种全面地分析所有可能的模型是不可行的. 某些作者提出了一些捷径 (Furnival and Wilson, 1974; La Motte and Hocking, 1970), 在搜索理想的回归子集时不需要计算所有的回归模型, 不过他们的目标还是评价所有可能的模型, 只是计算方法上的改进. 在变量数目很大时, 他们的计算量仍然是可观的. 下面介绍的变量选择方法, 不要求考察所有的回归模型. 当然, 比起考察所有模型的方法来, 提供的信息没有那么多, 但是这种方法大大地减少了计算量, 使得计算变得可行. 也许这是解决计算量大的唯一途径. 我们将在第 11.8 节中介绍这些方法. 这些方法对非共线性数据是非常有效的. 但是, 对于共线性数据, 我们并不推荐这些方法.

11.8 变量选择方法

当潜在的预测变量个数很大时, 人们提出了若干个变量选择的方法, 这些方法不需要计算所有可能的回归模型. 他们的方法有一个共同的特点, 当由一个回归模型转向研究另一个回归模型时, 往往是从原有的回归变量子集中删去一个变量或增加一个新的变量. 这样我们

[⊖] 在第 9 章中已经指出, 条件数 $\kappa=\sqrt{\lambda_{\max}/\lambda_{\min}}$, 其中 $\lambda_{\max}$ 和 $\lambda_{\min}$ 分别是相关系数矩阵的最大和最小特征值.

所探讨的回归模型只是所有回归模型的一个子集而不是全部. 这些变量选择方法大致可以分为 (1) *前向选择方法* (FS 方法), (2) *后向剔除方法* (BE 方法). 还有一个对 FS 方法的修正, 称为*逐步法*, 逐步法在应用中是非常著名的. 下面我们介绍并比较这三种方法.

11.8.1 前向选择方法

变量选择方案通常有一个初始模型, 我们用一个预测变量子集表示这个模型. 前向选择方法的初始预测变量子集为一个空集, 其模型为 $Y=\beta_0+\varepsilon$. 第二步是引进第一个变量. 其方法是考察每一个变量与 Y 的样本相关系数, 取样本相关系数绝对值最大的变量作为待选的变量. 若这个变量的回归系数明显地不等于 0, 就将这个变量引入回归方程. 下一步就是引进第二个变量的搜索. 其方法是考察每一个未进入回归模型的变量, 计算其与修正后的 Y (即残差变量) 的相关系数[㊀], 取相关系数的绝对值最大者作为待选的变量. 检验这个变量的回归系数是否显著地不等于 0, 如果显著, 就将这个变量引进回归方程. 后面的步骤就是引入第三个变量的过程, 其步骤与前面的是完全相似的. 当考察被引入的变量在检验时不显著, 或者所有变量都进入回归方程时, 就停止选择过程. 在选择过程中所使用的显著性检验就是标准的 t 检验. 多数前向选择算法在进行 t 检验时用一个较低的阈值作为取舍变量的标准. 前向选择方法搜索全部的变量, 最多可得到 $q+1$ 个可能的回归方程.

307

11.8.2 后向剔除方法

后向剔除方法的初始变量子集为全体预测变量的集合. 然后采用一个一个地剔除的办法达到筛选变量的目的. 剔除的标准是它们对压缩残差平方和的贡献. 换一个说法是, 在回归方程中检验回归系数的显著性时, 考虑检验中最不显著的那个变量的剔除问题. 第一个应该考虑被删除的变量是: 在方程中 t 检验值的绝对值最小的那个变量. 如果这个变量在 t 检验中不显著, 那么这个变量就是被删除的变量. 如果这个变量的 t 检验是显著的, 那么所有回归方程中的变量在 t 检验中都是显著的, 应该将所有的变量都保留, 筛选过程终止. 现在假定那个最不显著的变量已经被剔除掉. 在剩下的 $q-1$ 个变量的回归方程中, 再一次进行变量剔除工作 (重复第一次剔除变量的过程). 直到不能剔除或所有变量均被剔除为止. 大部分后向剔除的过程中都设置了较高的 t 检验的剔除阈值, 使得搜索过程一直到全部变量被剔除. 这样的剔除过程可得到 $q+1$ 个回归方程[㊁].

11.8.3 逐步回归法

逐步回归法本质上是前向选择法, 不过在每前进一步中加上附加条件: 考虑现有变量的剔除问题, 这样前面已经引入的变量有可能再次被剔除. 关于引入或剔除的过程与 FS

㊀ 这个预测变量也必须修正, 将这个未进入回归方程的变量记为 X_{1+j}, 看做 "响应变量", 求出的 "预测值" 向量记为 $\hat{X}_{1+j}$, 其相应的 "残差向量" 记为 $X_{1+j}-\hat{X}_{1+j}$. 然后计算出 $X_{1+j}-\hat{X}_{1+j}$ 与修正后的 Y (即残差向量) 的相关系数. ——译者注

㊁ 最后确定的回归方程并不一定是过程终止时的模型. ——译者注

和 BE 的过程是一样的．当然引入或剔除时使用的阈值是可以不同的．

AIC 和 BIC 准则也可以作为逐步回归的选择准则（前向选择或后向剔除均可）．拿前向选择规则来说，从模型 $Y=\beta_0+\varepsilon$ 开始，加入一个变量，计算相应的 AIC 的值（当然是使 AIC 值缩减值最大的那个变量），一个一个地增加变量，直到 AIC 的值不再减少，过程也就停止（BIC 准则的方法是一样的）．后向剔除的规则是从全模型开始，一个一个地剔除变量，直到剔除变量不再减少 AIC 的值，过程也就终止． 308

依据信息准则的逐步回归方法与前面的方法不同．前面的方法是根据一个变量的 t 检验的显著性程度决定一个变量的去或留．信息准则完全是根据信息准则的值的增减决定变量的去留，而与变量在回归模型中的统计显著性无关．

目前流行的统计软件并不提供 AIC 或 BIA 准则的自动变量筛选过程，而提供 SSE 的值，据此可计算（11.8）和（11.9）中信息准则的值．

11.9 变量选择的一般注意事项

上述的变量选择方法，在使用的过程中应多加小心．不能机械地利用这些方法去求得最优变量子集．变量进入或退出回归方程的次序也不应该解释为它们在回归方程中的相对重要性．如果记住这些告诫，将这些方法应用于非共线性数据场合的变量选择是非常有效的．通常的情况下，对于上述提供的三种变量选择方法几乎给出相同的结果．它们所需的计算量大大少于评价所有回归模型所需的计算量．

在变量选择过程中，人们提出了许多停止规则．据说下面提供的规则是比较有效的：

（1）在 FS 方法中，如果 t 检验值的绝对值中的最小值小于 1，过程停止；

（2）在 BE 方法中，如果 t 检验值的绝对值中的最小值大于 1，过程停止．

在以后的例子中，我们将说明变量选择中使用不同的停止规则的效果．

相对于 FS 方法，我们倾向于推荐使用 BE 方法．一个明显的理由是它首先计算了全模型的回归方程，尽管它可能不是最后推荐的模型．我们并不推荐对共线性数据使用现在介绍的变量选择方法，但是，处理共线性数据时，BE 方法比起 FS 方法来，表现还是好一些（Mantel，1970）．

在应用变量选择的过程中，产生了若干个回归方程，每个回归方程包含不同数目的预测变量．对于已经选出的每一个方程，还可以用不同的统计量，例如 C_p、RMS、AIC 或 BIC 等作进一步评价．同样可以分析各个方程所对应的残差图．若方程所对应的残差图不理想，就应当抛弃这个方程．只有经过全面和系统的分析，才能合理地选择变量，得到一个有用的回归方程．下面用例子说明这个变量选择的方法． 309

11.10 对主管人员业绩的研究

为说明变量选择方法，我们对 3.3 节中的主管人员数据进行分析．我们建立回归方程的目的是了解员工下属是以主管的哪些主要素质去评价他们的业绩，也就是了解主管人员的管理过程，以及这些刻画主管人员素质的变量对于他们的业绩的相对重要程度．这意味着我们需要精确地估计回归系数. 这与利用回归方程进行预测的目的是完全不同的. 这些变量的意义见表 3-2 的说明，数据由表 3-3 给出. 这些数据也可从本书的网站得到.[⊖]

由 Y 对 X_1，X_2，…，X_6 的回归，可以得到方差膨胀因子

$$\mathrm{VIF}_1 = 2.7,\quad \mathrm{VIF}_2 = 1.6,\quad \mathrm{VIF}_3 = 2.3,$$
$$\mathrm{VIF}_4 = 3.1,\quad \mathrm{VIF}_5 = 1.2,\quad \mathrm{VIF}_6 = 2.0.$$

VIF 的变动范围为（1.2，3.1），这说明对这个数据集合，不会有共线性问题. 如果我们检查预测变量相关矩阵（表 11-1）的特征值，会出现类似现象. 相关矩阵的特征值为

$$\lambda_1 = 3.169,\quad \lambda_2 = 1.006,\quad \lambda_3 = 0.763,$$
$$\lambda_4 = 0.553,\quad \lambda_5 = 0.317,\quad \lambda_6 = 0.192.$$

这些特征值的倒数之和为 12.8. 由于没有很小的特征值（条件数为 4.1），特征值的倒数之和只是预测变量数的 2 倍，我们可以得出本例中不存在严重的共线性的结论. 这样，我们就可以应用 11.8 节所介绍的变量选择方法.

表 11-1 主管人员业绩数据（表 3-3）的相关矩阵

	X_1	X_2	X_3	X_4	X_5	X_6
X_1	1.000					
X_2	0.558	1.000				
X_3	0.597	0.493	1.000			
X_4	0.669	0.445	0.640	1.000		
X_5	0.188	0.147	0.116	0.377	1.000	
X_6	0.225	0.343	0.532	0.574	0.283	1.000

表 11-2 列出前向选择的结果. 每一行给出了进入回归方程的变量、RMS 的值和统计量 C_p 的值. 表中 Rank 这一列表示的是 FS 选出的子集在同样大小的最优子集中的排名（按 RMS 值排名），p 表示回归方程中变量总数（含常数项）. 两个停止规则为

310

1. 若最小的 t 检验值的绝对值小于 $t_{0.05}(n-p)$.
2. 若最小的 t 检验值的绝对值小于 1.

第一个停止规则比较严厉，过程终止于 X_1，X_3（因为 $t_{0.05}(n-p)=t_{0.05}(24)=1.7109$），第二个停止规则比较松，过程终止于 X_1，X_3，X_6.

表 11-2 主管人员业绩数据的前向选择变量的结果

方程中的变量	min（|t|）	RMS	C_p	p	Rank	AIC	BIC
X_1	7.74	6.993	1.41	2	1	118.63	121.43
X_1，X_3	1.57	6.817	1.11	3	1	118.00	122.21
X_1，X_3，X_6	1.29	6.734	1.60	4	1	118.14	123.74
X_1，X_3，X_6，X_2	0.59	6.820	3.28	5	1	119.73	126.73
X_1，X_3，X_6，X_2，X_4	0.47	6.928	5.07	6	1	121.45	129.86
X_1，X_3，X_6，X_2，X_4，X_5	0.26	7.068	7.00	7	—	123.36	133.17

⊖ http://www.aucegypt.edu/faculty/hadi/RABE5

后向剔除的结果列于表 11-3. 这个结果从结构上与表 11-2 完全一致. 对于后向剔除过程，我们使用下面的停止规则：

1. 若最小的 t 检验值的绝对值大于 $t_{0.05}(n-p)$.
2. 若最小的 t 检验值的绝对值大于 1.

表 11-3 后向剔除方法的变量选择结果

方程中的变量	min（$\|t\|$）	RMS	C_p	p	Rank	AIC	BIC
X_1，X_2，X_3，X_4，X_5，X_6	0.26	7.068	7.00	7	—	123.36	133.17
X_1，X_2，X_3，X_4，X_6	0.47	6.928	5.07	6	1	121.45	129.86
X_1，X_2，X_3，X_6	0.59	6.820	3.28	5	1	119.73	126.73
X_1，X_3，X_6	1.29	6.734	1.60	4	1	118.14	123.74
X_1，X_3	1.57	6.817	1.11	3	1	118.00	122.21
X_1	7.74	6.993	1.41	2	1	118.63	121.43

第一个规则终止于 X_1，第二个规则终止于 X_1，X_3，X_6. 本问题中，前向选择和后向剔除的选择结果完全相同，但这不是一般规律（11.12 节中给出相应的例子）. 对于主管人员业绩的例子，我们采用方程

$$Y = 13.58 + 0.62X_1 + 0.31X_3 - 0.19X_6.$$

这个模型的残差图（没有展示）也相当不错. 这个问题中共有 6 个预测变量，可以建立的回归方程有 63 个（不算没有预测变量，即只有常数项的模型）. 这 63 个回归方程的 C_p 值列于表 11-4 中.（p，C_p）的散点图见图 11-1. 基于 C_p 值的最优的变量子集列于表 11-5 中.

表 11-4 C_p 统计量的值（对应于所有的变量组合）

变量	C_p	变量	C_p	变量	C_p	变量	C_p
1	1.41	1 5	3.41	1 6	3.33	1 5 6	5.32
2	44.40	2 5	45.62	2 6	46.39	2 5 6	47.91
1 2	3.26	1 2 5	5.26	1 2 6	5.22	1 2 5 6	7.22
3	26.56	3 5	27.94	3 6	24.82	3 5 6	25.02
1 3	1.11	1 3 5	3.11	1 3 6	1.60	1 3 5 6	3.46
2 3	26.96	2 3 5	28.53	2 3 6	24.62	2 3 5 6	25.11
1 2 3	2.51	1 2 3 5	4.51	1 2 3 6	3.28	1 2 3 5 6	5.14
4	30.06	4 5	31.62	4 6	27.73	4 5	29.50
14	3.19	1 4 5	5.16	1 4 6	4.70	1 4 5 6	6.69
2 4	29.20	2 4 5	30.82	2 4 6	25.91	2 4 5 6	27.74
1 2 4	4.99	1 2 4 5	6.97	1 2 4 6	6.63	1 2 4 5 6	8.61
3 4	23.25	3 4 5	25.23	3 4 6	16.50	3 4 5 6	18.42
1 3 4	3.09	1 3 4 5	5.09	1 3 4 6	3.35	1 3 4 5 6	5.29
2 3 4	24.56	2 3 4 5	26.53	2 3 4 6	17.57	2 3 4 5 6	19.51
1 2 3 4	4.49	1 2 3 4 5	6.48	1 2 3 4 6	5.07	1 2 3 4 5 6	7
5	57.91	6	57.95	5 6	58.76		

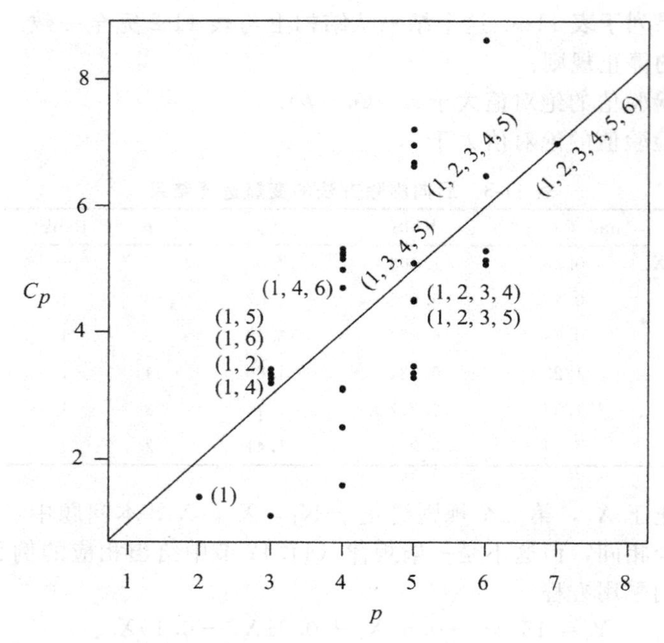

图 11-1 主管人员数据：(p，C_p) 的散点图（限于 $C_p<10$ 的点）

表 11-5 基于 C_p 统计量的变量选择结果

方程中的变量	min (|t|)	RMS	C_p	p	Rank	AIC	BIC
X_1	7.74	6.993	1.41	2	1	118.63	121.43
X_1，X_4	0.47	7.093	3.19	3	2	120.38	124.59
X_1，X_4，X_6	0.69	7.163	4.70	4	5	121.84	127.45
X_1，X_3，X_4，X_5	0.07	7.080	5.09	5	6	121.97	127.97
X_1，X_2，X_3，X_4，X_5	0.11	7.139	6.48	6	4	123.24	131.65
X_1，X_2，X_3，X_4，X_5，X_6	0.26	7.068	7.00	7	—	123.36	133.17

从计算结果看出，利用 C_p 准则得到的子集与利用基于残差平方和的统计量进行变量选择得到的结果有差异．读者必须记住这种利用 C_p 统计量进行变量选择所出现的特殊情况．在应用 C_p 统计量进行变量选择时，需要估计 σ^2．通常，估计 σ^2，需要利用全模型．若这个模型含有较多没有用的解释变量（即这些变量的回归系数为 0），则由全模型的残差平方和所得到的 σ^2 的估计将会偏大．其原因是在 σ^2 的估计式中分母中自由度的变化与分子中残差平方和的变化不能保持平衡．$\hat{\sigma}^2$ 变大，会引起 C_p 值变小．这样，要使 C_p 发挥正常的作用，σ^2 的估计必须精确．若没有 σ^2 的精确的估计，C_p 的作用就发挥不了．在我们的例子中，全模型的 RMS 值比只有 3 个变量 X_1，X_3，X_6 的模型的 RMS 大，C_p 值被扭曲了．这样，在本例中不能利用 C_p 统计量作为变量选择的工具．现在我们只能依赖 RMS 进行变量选择的工作．RMS 先是随着 p 的增加而减小，但是在后面阶段又随着 p 的增加而增加．这说明，后面进入的那些变量对压缩均方误差没有多大作用．同时我们又看出，

311～312

要很好地利用 C_p 统计量，必须同时考察 RMS 的变化，以免引起扭曲.

前向选择和后向剔除的 AIC 和 BIC 的值分别列于表 11-2 和表 11-3. AIC 的最低值 118.0，是在 X_1 和 X_3 处达到. 如果我们将 AIC 值之间差异小于 2 的模型视为等价的，那么 4 个模型 X_1，X_1X_3，$X_1X_3X_6$ 和 $X_1X_3X_6X_2$ 都在考虑之列. 可在 4 个模型中选一个作为最后选定的模型. BIC 值在模型 X_1 处达到它的最小值 121.43. 只有模型 X_1X_3 的 BIC 值与这个最小值相差不到 2. 必须指出，比起 AIC 准则来，利用 BIC 准则选出来的模型中的变量个数是比较少的，这是因为 BIC 准则对变量个数的惩罚程度更加严苛. 变量选择不可能机械地操作. 许多情况下，没有最好的模型或最好的变量子集. 我们的分析应该找出所有“好”的模型来.

313

11.11 共线性数据的变量选择

第 9 章已经指出利用标准的分析方法处理共线性数据会招致一系列扭曲与失真. 显然在变量选择中我们也要使用特殊的处理方法. 当预测变量的相关矩阵具有小的特征值时，说明预测变量具有共线性. 当预测变量个数较少时，我们可以对所有的方程进行评价，并且从中选出一个方程. 这种情况前面已经提到过. 但是，当变量数目大时，这种方法就不可行了.

对于共线性数据的变量选择问题，目前有两种方法可供使用. 第一种方法是删去若干变量以便消除数据的共线性. 当预测变量的相关矩阵中具有若干小的特征值时，说明预测变量具有共线性. 共线性的结构是通过小的特征值所对应的特征向量刻画的（见第 9 章和第 10 章）. 一旦共线性被识别，可以删去一组变量，同时产生一个经过压缩了的没有共线性的数据集合. 然后我们可以利用前面描述的方法对经过处理的数据进行变量选择. 第二种方法是利用岭回归方法. 我们假定读者已经熟悉岭回归的术语和概念（第 10 章）. 综合起来，第一种方法巧妙地删去若干相关的变量，比较直观、易懂，是在实际中最常用的方法，第二种方法，需要一些专业知识.

11.12 凶杀数据

为了探讨枪械在底特律日益上升的凶杀案件中的作用，Gunst and Mason（1980，p. 360）收集了 1961—1973 年的数据. 响应变量为凶杀率，预测变量是与凶杀案相关联或对凶杀率上升有影响的变量，在表 11-6 中给出了变量的定义，表 11-7 和表 11-8 给出了数据. 这些数据也可以从本书的网站得到.

表 11-6 凶杀数据：各变量的描述

变量	符号	描述	变量	符号	描述
1	FTP	每 100 000 人中配备全职警察的人数	7	W	人口中白种男性人数
2	UEMP	失业人口百分比	8	NMAN	非制造业人数（单位：千人）
3	M	制造业人数（单位：千人）	9	G	政府工作人数（单位：千人）
4	LIC	每 100 000 人中有持枪证的人数	10	HE	平均每小时收入
5	GR	每 100 000 人中登记持枪证的人数	11	WE	平均每周收入
6	CLEAR	凶杀案中拘捕结案的百分比	12	H	每 100 000 人中的凶杀人数

表 11-7　凶杀数据的第一部分

年份	FTP	UNEMP	M	LIC	GR	CLEAR
1961	260.35	11.0	455.5	178.15	215.98	93.4
1962	269.80	7.0	480.2	156.41	180.48	88.5
1963	272.04	5.2	506.1	198.02	209.57	94.4
1964	272.96	4.3	535.8	222.10	231.67	92.0
1965	272.51	3.5	576.0	301.92	297.65	91.0
1966	261.34	3.2	601.7	391.22	367.62	87.4
1967	268.89	4.1	577.3	665.56	616.54	88.3
1968	295.99	3.9	596.9	1 131.21	1 029.75	86.1
1969	319.87	3.6	613.5	837.80	786.23	79.0
1970	341.43	7.1	569.3	794.90	713.77	73.9
1971	356.59	8.4	548.8	817.74	750.43	63.4
1972	376.69	7.7	563.4	583.17	1 027.38	62.5
1973	390.19	6.3	609.3	709.59	666.50	58.9

数据来源：Gunst and Mason (1980, p. 360).

表 11-8　凶杀数据的第二部分

年份	W	NMAN	G	HE	WE	H
1961	558 724	538.1	133.9	2.98	117.18	8.60
1962	538 584	547.6	137.6	3.09	134.02	8.90
1963	519 171	562.8	143.6	3.23	141.68	8.52
1964	500 457	591.0	150.3	3.33	147.98	8.89
1965	482 418	626.1	164.3	3.46	159.85	13.07
1966	465 029	659.8	179.5	3.60	157.19	14.57
1967	448 267	686.2	187.5	3.73	155.29	21.36
1968	432 109	699.6	195.4	2.91	131.75	28.03
1969	416 533	729.9	210.3	4.25	178.74	31.49
1970	401 518	757.8	223.8	4.47	178.30	37.39
1971	398 046	755.3	227.7	5.04	209.54	46.26
1972	373 095	787.0	230.9	5.47	240.05	47.24
1973	359 647	819.8	230.2	5.76	258.05	52.33

数据来源：Gunst and Mason (1980, p. 360).

需要指出，在有共线性现象的情况下，若机械地使用通常的变量选择方法（例如 FS 或 BE 方法）是很危险的．本例中，我们对下面的模型感兴趣

$$H = \beta_0 + \beta_1 G + \beta_2 M + \beta_3 W + \varepsilon.$$

上面的模型经中心化和规范化后变为

$$\widetilde{H}=\theta_1\widetilde{G}+\theta_2\widetilde{M}+\theta_3\widetilde{W}+\varepsilon'. \tag{11.11}$$

模型（11.11）的 OLS 计算结果列于表 11-9．现在的问题是：预测变量的个数能不能再减少？如果关于模型的假设都成立，变量 G 的 t 检验统计量的值比较小（0.68），这说明 G 的回归系数是不显著的，G 可以从回归方程中删去．现在我们将前向选择方法和后向剔除方法应用于这组数据，看哪些变量被选上．我们采用中心化和规范化的回归模型（11.11），其计算结果列于表 11-10．表中给出各个模型的回归系数的估计以及相应的 t 检验的值．为比较的目的，我们还给出修正的复相关系数的平方 R_a^2．

314～315

表 11-9 凶杀数据：模型（11.11）的 OLS 回归计算的结果

变量	系数	标准误	t 检验	VIF
G	0.235	0.345	0.68	42
M	−0.405	0.090	−4.47	3
W	−1.025	0.378	−2.71	51
$n=13$	$R^2=0.975$	$R_a^2=0.966$	$\hat{\sigma}=0.0531$	自由度=9

表 11-10 凶杀数据：系数的估计、t 检验的值和修正的复相关系数 R_a^2

变量	模型						
	(a)	(b)	(c)	(d)	(e)	(f)	(g)
G：系数	0.96			1.15	0.87	0.24	
t 检验	11.10			11.90	1.62	0.68	
M：系数		0.55		−0.27		−0.40	−0.43
t 检验		2.16		−2.79		−4.47	−5.35
W：系数			−0.95		−0.09	−1.02	−1.28
t 检验			−9.77		−0.17	−2.71	−15.90
R_a^2	0.91	0.24	0.89	0.95	0.90	0.97	0.97

利用 FS 方法选择的第一个变量为 G，这是根据 3 个只有一个预测变量的模型中，t 检验最显著的那个模型所决定的（表 11-10 中模型（a）～（c））．在选择第二个变量时，待选的模型只有两个（表 11-10 中模型（d）和（e））．显然模型（d）更好一些．这样，第二次选入的变量为 M．现在再考虑选择第三个变量，第三次选入的变量为 W，这是因为待选的模型只有一个，即模型（f），在模型（f）中 t 检验是显著的．注意这里变量 G 的显著性有一个戏剧性的变化，在（a）和（d）中是十分显著的，但在（f）中变成不显著的．这是共线性在作怪．

316

BE 方法开始于模型（f），由于 G 的 t 检验的绝对值最小，变量 G 首先被剔除，变成模型（g）．在模型（g）中变量 M 和 W 在 t 检验中都是显著的，这样 BE 的过程终止．

注意到在 BE 的过程中，第一次被淘汰的变量是 G，而在 FS 的过程中第一次选中的变量正是 G. 这个变量在利用 FS 作为变量选择的过程中被认为是最重要的，而在 BE 的过程中却被认为是最不重要的变量. 和其他的情况一样，造成这种互相矛盾的结论的原因就是共线性. 这组数据的预测变量的相关矩阵的特征值为 $\lambda_1=2.65$，$\lambda_2=0.343$ 和 $\lambda_3=0.011$，其条件数 $\kappa=15.6$. G 和 W 具有很大的 VIF 值（42 和 51）. 特征值的倒数之和也很大(96). 除了共线性，由于观测值具有时间性（1961—1973 年），我们处理的是时间序列. 显然，其误差项可能是自相关的（参见第 8 章）. 考察各对变量的散点图，也可能发现其他的问题.

这个例子的计算说明，对于共线性数据机械地进行变量选择过程，可能导致选出错误的模型. 在 11.13 节和 11.14 节中，对共线性数据，我们将利用岭回归方法进行变量选择.

11.13 利用岭回归进行变量选择

岭回归的目的是产生一个系数稳定的回归方程. 所谓稳定的回归方程是指回归系数的估计不受数据的微小扰动的影响. 一个优秀的变量选择方法的目标是：（1）选出一组变量，能够很清晰地解释这组变量与响应变量之间的关系. （2）建立的方程能够精确地预报响应变量的值. 由此看出，好的变量选择方法和岭回归十分相似，因此可以借鉴岭回归方法进行变量选择.

317

可以通过对岭迹图的分析进行变量选择. 所谓岭迹图就是岭回归系数相关于岭参数 k 的曲线图，这条曲线就是回归系数的岭迹. 对于一个共线性系统，其岭迹的特征已经在第 10 章描述过. 岭迹就是用来删除方程中的变量的工具. 消除变量的方法要点如下：

1. 删去那些系数稳定但是绝对值很小的预测变量. 因为岭回归分析的都是标准化的数据，其系数的大小可以直接进行比较.

2. 删除那些不稳定且没有预测能力的变量，即不稳定但是回归系数随着 k 的变大而趋向于 0 的变量.

3. 当删除一个或几个变量以后，对于保留下来的变量（设有 p 个变量），建立回归方程.

在上述每一个步骤之后，在开始下一步之前，必须对余下的变量重新拟合模型. 对保留下来的变量子集需要检查还有没有共线性，直到没有共线性为止. 下面用例子解释这个过程.

11.14 空气污染研究中的变量选择

McDonald and Schwing（1973）进行了一项研究，讨论总死亡率与气候、社会经济和污染变量的关系. 可能影响死亡率的变量共有 15 个，它们列于表 11-11. 响应变量是由于各种原因导致的经过年龄修正的总死亡率. 我们不从流行病学的角度去评论，只是利用数据进行变量选择的示范. 在 McDonald and Schwing（1973）中对此问题进行了详细的讨论，感兴趣的读者可参阅他们的论文，以了解更多的信息.

表 11-11 变量的描述、均值和标准差（SD）($n=60$)

变量	描述	均值	SD
X_1	年平均降水量（英寸）	37.37	9.98
X_2	一月份平均气温（华氏度）	33.98	10.17
X_3	七月份平均气温（华氏度）	74.58	4.76
X_4	65 岁以上的老年人口百分比	8.80	1.46
X_5	每户人口数	3.26	0.14
X_6	接受学校教育年限的中位数	10.97	0.85
X_7	具有合理住宅的百分比	80.91	5.14
X_8	每平方英里的人数	3 876.05	1 454.10
X_9	非白种人的百分比	11.87	8.92
X_{10}	白领阶层的百分比	46.08	4.61
X_{11}	收入为 3000 美元以下的家庭的百分比	14.37	4.16
X_{12}	碳氢化合物相对潜在污染	37.85	91.98
X_{13}	氮氧化合物相对潜在污染	22.65	46.33
X_{14}	二氧化硫相对潜在污染	53.77	63.39
X_{15}	相对湿度	57.67	5.37
Y	各种原因导致的经过年龄修正的总死亡率	940.36	62.12

在本书第 4 版以前，我们一直没有得到原始数据．现在我们已经得到了原始数据，它们列于表 11-12 和表 11-13．在第 4 版中，我们只能以响应变量和预测变量的相关矩阵为基础作分析．当时我们指出，没有原始数据，就不可能进行回归诊断．而回归诊断是对数据进行深入分析所必需的．现在，我们已经有了原始数据，可以判断线性模型的标准假定的合理性．我们利用第 4 章中的某些诊断图，发现了一个异常点和一些高杠杆点．但是，这些发现并不影响我们的结论，即有没有这些异常点或高杠杆点，不会影响我们的结论．因此，我们不关心诊断中发现的异常点和高杠杆点，并继续下面的分析．和我们对变量的直观判断一样，某些预测变量之间具有很高的相关性．如果我们考察相关矩阵（相关矩阵没有在本书中给出）的特征值，就会发现共线性是十分明显的．15 个特征值为 318

$\lambda_1=4.5284$　　$\lambda_6=0.9604$　　$\lambda_{11}=0.1664$

$\lambda_2=2.7548$　　$\lambda_7=0.6127$　　$\lambda_{12}=0.1270$

$\lambda_3=2.0545$　　$\lambda_8=0.4720$　　$\lambda_{13}=0.1140$

$\lambda_4=1.3484$　　$\lambda_9=0.3709$　　$\lambda_{14}=0.0460$

$\lambda_5=1.2232$　　$\lambda_{10}=0.2164$　　$\lambda_{15}=0.0049$

其中有两个很小的特征值，最大的特征值为最小特征值的 930 倍．特征值的倒数和是 265，这个数大于预测变量数的 17 倍．这些指标足以显示数据的共线性． 319

表 11-12 空气污染数据的前 8 个变量

行号	X_1	X_2	X_3	X_4	X_5	X_6	X_7	X_8
1	36	27	71	8.1	3.34	11.4	81.5	3 243
2	35	23	72	11.1	3.14	11.0	78.8	4 281
3	44	29	74	10.4	3.21	9.8	81.6	4 260
4	47	45	79	6.5	3.41	11.1	77.5	3 125
5	43	35	77	7.6	3.44	9.6	84.6	6 441
6	53	45	80	7.7	3.45	10.2	66.8	3 325
7	43	30	74	10.9	3.23	12.1	83.9	4 679
8	45	30	73	9.3	3.29	10.6	86.0	2 140
9	36	24	70	9.0	3.31	10.5	83.2	6 582
10	36	27	72	9.5	3.36	10.7	79.3	4 213
11	52	42	79	7.7	3.39	9.6	69.2	2 302
12	33	26	76	8.6	3.20	10.9	83.4	6 122
13	40	34	77	9.2	3.21	10.2	77.0	4 101
14	35	28	71	8.8	3.29	11.1	86.3	3 042
15	37	31	75	8.0	3.26	11.9	78.4	4 259
16	35	46	85	7.1	3.22	11.8	79.9	1 441
17	36	30	75	7.5	3.35	11.4	81.9	4 029
18	15	30	73	8.2	3.15	12.2	84.2	4 824
19	31	27	74	7.2	3.44	10.8	87.0	4 834
20	30	24	72	6.5	3.53	10.8	79.5	3 694
21	31	45	85	7.3	3.22	11.4	80.7	1 844
22	31	24	72	9.0	3.37	10.9	82.8	3 226
23	42	40	77	6.1	3.45	10.4	71.8	2 269
24	43	27	72	9.0	3.25	11.5	87.1	2 909
25	46	55	84	5.6	3.35	11.4	79.7	2 647
26	39	29	75	8.7	3.23	11.4	78.6	4 412
27	35	31	81	9.2	3.10	12.0	78.3	3 262
28	43	32	74	10.1	3.38	9.5	79.2	3 214
29	11	53	68	9.2	2.99	12.1	90.6	4 700
30	30	35	71	8.3	3.37	9.9	77.4	4 474
31	50	42	82	7.3	3.49	10.4	72.5	3 497
32	60	67	82	10.0	2.98	11.5	88.6	4 657
33	30	20	69	8.8	3.26	11.1	85.4	2 934
34	25	12	73	9.2	3.28	12.1	83.1	2 095
35	45	40	80	8.3	3.32	10.1	70.3	2 682
36	46	30	72	10.2	3.16	11.3	83.2	3 327
37	54	54	81	7.4	3.36	9.7	72.8	3 172

(续)

行号	X_1	X_2	X_3	X_4	X_5	X_6	X_7	X_8
38	42	33	77	9.7	3.03	10.7	83.5	7 462
39	42	32	76	9.1	3.32	10.5	87.5	6 092
40	36	29	72	9.5	3.32	10.6	77.6	3 437
41	37	38	67	11.3	2.99	12.0	81.5	3 387
42	42	29	72	10.7	3.19	10.1	79.5	3 508
43	41	33	77	11.2	3.08	9.6	79.9	4 843
44	44	39	78	8.2	3.32	11.0	79.9	3 768
45	32	25	72	10.9	3.21	11.1	82.5	4 355
46	34	32	79	9.3	3.23	9.7	76.8	5 160
47	10	55	70	7.3	3.11	12.1	88.9	3 033
48	18	48	63	9.2	2.92	12.2	87.7	4 253
49	13	49	68	7.0	3.36	12.2	90.7	2 702
50	35	40	64	9.6	3.02	12.2	82.5	3 626
51	45	28	74	10.6	3.21	11.1	82.6	1 883
52	38	24	72	9.8	3.34	11.4	78.0	4 923
53	31	26	73	9.3	3.22	10.7	81.3	3 249
54	40	23	71	11.3	3.28	10.3	73.8	1 671
55	41	37	78	6.2	3.25	12.3	89.5	5 308
56	28	32	81	7.0	3.27	12.1	81.0	3 665
57	45	33	76	7.7	3.39	11.3	82.2	3 152
58	45	24	70	11.8	3.25	11.1	79.8	3 678
59	42	33	76	9.7	3.22	9.0	76.2	9 699
60	38	28	72	8.9	3.48	10.7	79.8	3 451

320

表 11-13 空气污染数据的后 8 个变量

行号	X_9	X_{10}	X_{11}	X_{12}	X_{13}	X_{14}	X_{15}	Y
1	8.8	42.6	11.7	21	15	59	59	921.87
2	3.5	50.7	14.4	8	10	39	57	997.88
3	0.8	39.4	12.4	6	6	33	54	962.35
4	27.1	50.2	20.6	18	8	24	56	982.29
5	24.4	43.7	14.3	43	38	206	55	1 071.29
6	38.5	43.1	25.5	30	32	72	54	1 030.38
7	3.5	49.2	11.3	21	32	62	56	934.70
8	5.3	40.4	10.5	6	4	4	56	899.53
9	8.1	42.5	12.6	18	12	37	61	1 001.90
10	6.7	41.0	13.2	12	7	20	59	912.35
11	22.2	41.3	24.2	18	8	27	56	1 017.61

（续）

行号	X_9	X_{10}	X_{11}	X_{12}	X_{13}	X_{14}	X_{15}	Y
12	16.3	44.9	10.7	88	63	278	58	1 024.89
13	13.0	45.7	15.1	26	26	146	57	970.47
14	14.7	44.6	11.4	31	21	64	60	985.95
15	13.1	49.6	13.9	23	9	15	58	958.84
16	14.8	51.2	16.1	1	1	1	54	860.10
17	12.4	44.0	12.0	6	4	16	58	936.23
18	4.7	53.1	12.7	17	8	28	38	871.77
19	15.8	43.5	13.6	52	35	124	59	959.22
20	13.1	33.8	12.4	11	4	11	61	941.18
21	11.5	48.1	18.5	1	1	1	53	891.71
22	5.1	45.2	12.3	5	3	10	61	871.34
23	22.7	41.4	19.5	8	3	5	53	971.12
24	7.2	51.6	9.5	7	3	10	56	887.47
25	21.0	46.9	17.9	6	5	1	59	952.53
26	15.6	46.6	13.2	13	7	33	60	968.67
27	12.6	48.6	13.9	7	4	4	55	919.73
28	2.9	43.7	12.0	11	7	32	54	844.05
29	7.8	48.9	12.3	648	319	130	47	861.83
30	13.1	42.6	17.7	38	37	193	57	989.27
31	36.7	43.3	26.4	15	18	34	59	1 006.49
32	13.5	47.3	22.4	3	1	1	60	861.44
33	5.8	44.0	9.4	33	23	125	64	929.15
34	2.0	51.9	9.8	20	11	26	58	857.62
35	21.0	46.1	24.1	17	14	78	56	961.01
36	8.8	45.3	12.2	4	3	8	58	923.23
37	31.4	45.5	24.2	20	17	1	62	1 113.16
38	11.3	48.7	12.4	41	26	108	58	994.65
39	17.5	45.3	13.2	29	32	161	54	1 015.02
40	8.1	45.5	13.8	45	59	263	56	991.29
41	3.6	50.3	13.5	56	21	44	73	893.99
42	2.2	38.8	15.7	6	4	18	56	938.50
43	2.7	38.6	14.1	11	11	89	54	946.19
44	28.6	49.5	17.5	12	9	48	53	1 025.5
45	5.0	46.4	10.8	7	4	18	60	874.28
46	17.2	45.1	15.3	31	15	68	57	953.56
47	5.9	51.0	14.0	144	66	20	61	839.71
48	13.7	51.2	12.0	311	171	86	71	911.70

(续)

行号	X_9	X_{10}	X_{11}	X_{12}	X_{13}	X_{14}	X_{15}	Y
49	3.0	51.9	9.7	105	32	3	71	790.73
50	5.7	54.3	10.1	20	7	20	72	899.26
51	3.4	41.9	12.3	5	4	20	56	904.16
52	3.8	50.5	11.1	8	5	25	61	950.67
53	9.5	43.9	13.6	11	7	25	59	972.46
54	2.5	47.4	13.5	5	2	11	60	912.20
55	25.9	59.7	10.3	65	28	102	52	967.80
56	7.5	51.6	13.2	4	2	1	54	823.76
57	12.1	47.3	10.9	14	11	42	56	1 003.50
58	1.0	44.8	14.0	7	3	8	56	895.70
59	4.8	42.2	14.5	8	8	49	54	911.82
60	11.7	37.5	13.0	14	13	39	58	954.44

321

表 11-14 是对于中心化和规范化后的数据拟合的线性模型的初始的 OLS 分析结果. 尽管 R^2 比较大, 但某些系数估计的 t 检验的绝对值比较小. 在出现共线性的情况下, 一个变量的 t 检验不显著并不意味着这个变量不重要. t 检验的绝对值小的原因可能是共线性导致的方差膨胀所致. 表 11-14 中 VIF_{12} 和 VIF_{13} 非常大.

表 11-14 空气污染数据的 OLS 回归分析的结果 (15 个预测变量)

变量	系数	标准误	t 检验	VIF
X_1	0.306	0.148	2.06	4.11
X_2	−0.317	0.181	−1.75	6.14
X_3	−0.237	0.146	−1.63	3.97
X_4	−0.213	0.200	−1.07	7.47
X_5	−0.232	0.152	−1.53	4.31
X_6	−0.233	0.161	−1.45	4.86
X_7	−0.054	0.146	−0.37	3.99
X_8	0.084	0.094	0.89	1.66
X_9	0.640	0.190	3.36	6.78
X_{10}	−0.014	0.123	−0.11	28.4
X_{11}	−0.011	0.216	−0.05	8.72
X_{12}	−0.994	0.726	−1.37	98.64
X_{13}	0.998	0.749	1.33	104.98
X_{14}	0.088	0.150	0.59	4.23
X_{15}	0.009	0.101	0.09	19.1
$n=60$	$R^2=0.765$	$R_a^2=0.685$	$\hat{\sigma}=0.56$	自由度=44

15 个回归系数的岭迹曲线如图 11-2～图 11-4 所示. 每个图上画了 5 条曲线. 如果把

15 条曲线画在一张图上，情况会十分混乱，而且也不能追寻曲线的踪迹．为便于比较，三个图的刻度保持同步．从岭迹看出，某些系数相当不稳定，某些系数相当小，不受岭参数 k 的影响．

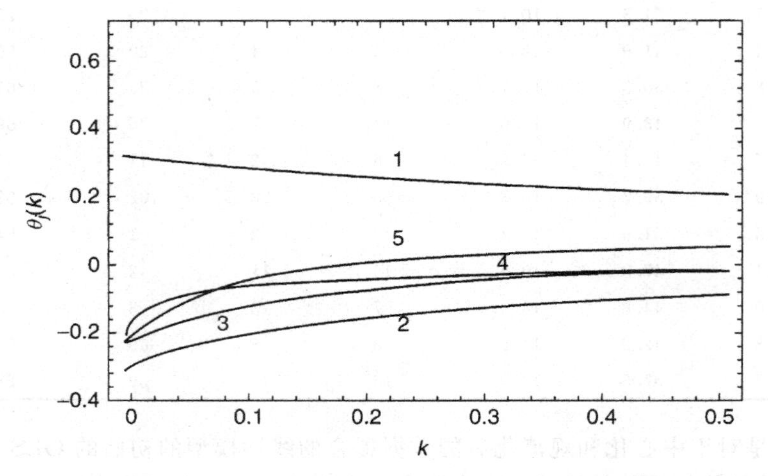

图 11-2　空气污染数据：$\hat{\theta}_1$，…，$\hat{\theta}_5$ 的岭迹（15 个变量的模型）

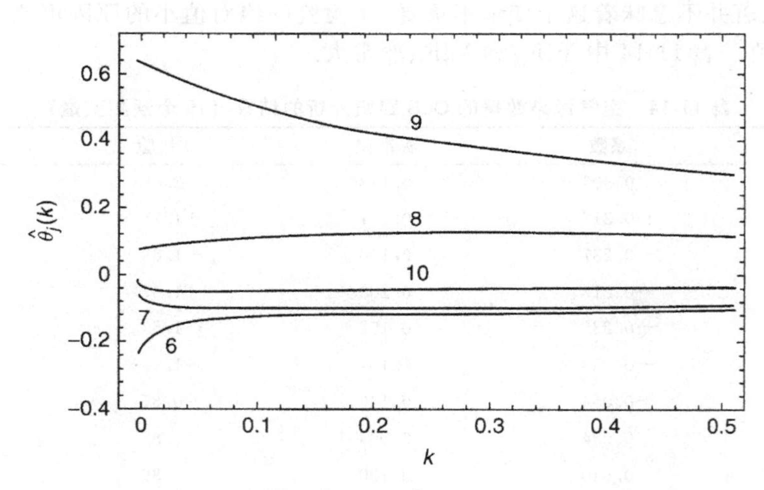

图 11-3　空气污染数据：$\hat{\theta}_6$，…，$\hat{\theta}_{10}$ 的岭迹（15 个变量的模型）

现在我们遵循在出现共线性情况下筛选变量的第一条准则，将变量 7，8，10，11 和 15 删去（变量 11 和变量 15 的岭迹几乎重合）．这些变量具有相当稳定的系数，它们的岭迹变化十分平缓，并且非常小．变量 14，在 $k=0$ 时，其系数十分小（见表 11-14），但是当 k 离开 0 时增速很快．从这一点看，我们还不能将这个变量删去．

现在我们利用剩下的 10 个变量重复前面的分析过程（10 个变量分别为：1，2，3，4，5，6，9，12，13 和 14）．表 11-5 给出了 OLS 分析结果．结果表明仍然具有共线性的证据．最大特征值为 $\lambda_1=3.378$，它将近是最小特征值 $\lambda_{10}=0.005$ 的 619 倍．变量 12 和变量 13 的VIF 仍然很高．相应的岭迹如图 11-5 和图 11-6 所示．变量 14 在 $k=0$ 处的回归系数很小，但 k 离开 0 时，回归系数呈增加趋势．因此这个变量仍然应该保留．其他 9 个变量都不满足筛选变量的第一个准则．

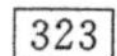
323

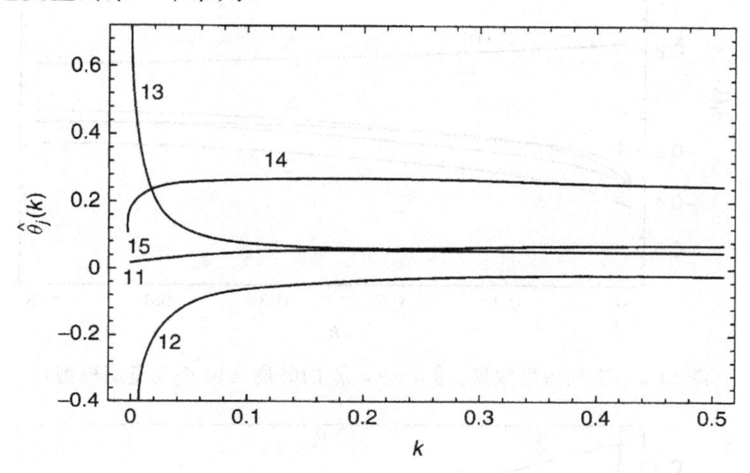

图 11-4　空气污染数据：$\hat{\theta}_{11}$，…，$\hat{\theta}_{15}$的岭迹（15 个变量的模型）

表 11-15　空气污染数据的 OLS 回归分析的结果（10 个预测变量）

变量	系数	标准误	t 检验	VIF
X_1	0.306	0.135	2.26	3.75
X_2	−0.345	0.119	−2.91	2.88
X_3	−0.245	0.108	−2.26	2.39
X_4	−0.224	0.175	−1.28	6.22
X_5	−0.268	0.137	−1.97	3.81
X_6	−0.292	0.103	−2.85	2.15
X_9	0.664	0.140	4.75	3.99
X_{12}	−1.017	0.659	−1.54	88.86
X_{13}	1.018	0.674	1.51	92.99
X_{14}	0.096	0.127	0.76	3.30
$n=60$	$R^2=0.760$	$R_a^2=0.711$	$\hat{\sigma}=0.537$	自由度=49

324

第二个筛选变量的准则告诉我们，应当删除那些系数不稳定但是趋向于 0 的变量．由岭迹图 11-5 和图 11-6 看出，变量 12 和变量 13 属于这一类变量．按照这个原则，将变量 12 和变量 13 删除．

现在将剩下的 8 个变量重新进行 OLS 分析，其结果列于表 11-16．共线性现象已经消失．最大特征值和最小特征值分别为 2.886 和 0.094，其条件数为 $\kappa=5.5$，比较小．特征值倒数之和为 23.5，约为变量数的 3 倍．所有 VIF 的值小于 10．现在剩下的变量已经没有共线性现象，可以利用 11.7 节和 11.8 节中的方法进行变量选择．这一部分工作留给读者作为习题．

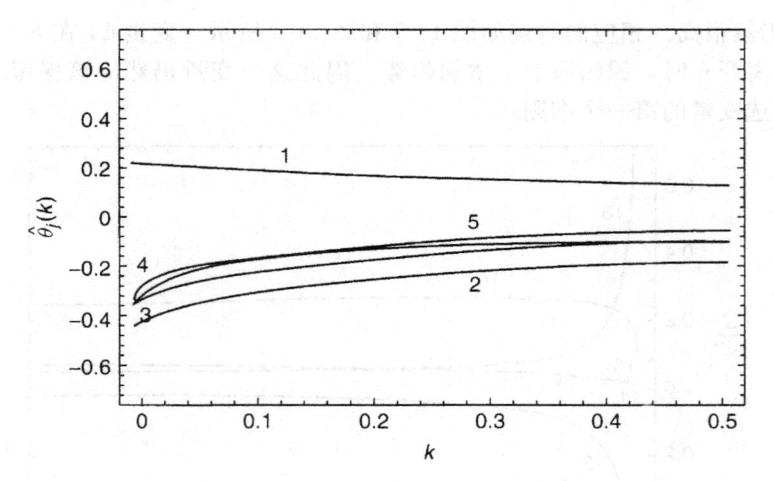

图 11-5 空气污染数据：$\hat{\theta}_1$，…，$\hat{\theta}_5$ 的岭迹（10 个变量的模型）

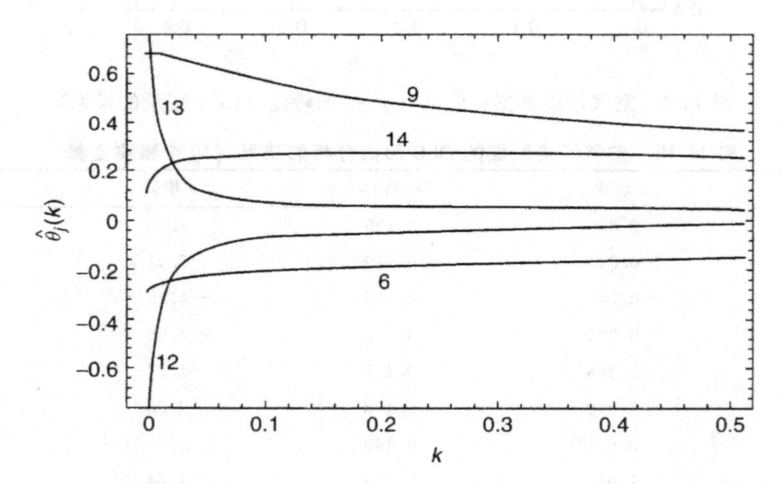

图 11-6 空气污染数据：$\hat{\theta}_6$，$\hat{\theta}_9$，$\hat{\theta}_{12}$，$\hat{\theta}_{13}$，$\hat{\theta}_{14}$ 的岭迹（10 个变量的模型）

表 11-16 空气污染数据的 OLS 回归分析的结果（8 个预测变量）

变量	系数	标准误	t 检验	VIF
X_1	0.331	0.120	2.76	2.91
X_2	−0.351	0.106	−3.31	2.28
X_3	−0.217	0.104	−2.09	2.19
X_4	−0.155	0.163	−0.95	5.42
X_5	−0.221	0.134	−1.66	3.62
X_6	−0.270	0.102	−2.65	2.10
X_9	0.692	0.133	5.219	3.57
X_{14}	0.230	0.083	2.77	1.40
$n=60$	$R^2=0.749$	$R_a^2=0.709$	$\hat{\sigma}=0.539$	自由度=51

现在讨论分析共线性数据的另一个方法. 我们发现，造成 15 个变量共线性的原因是十分简单的，那就是，变量 12 和变量 13 之间有很强的相关性. 只要拿掉一个变量就可以消除数据的共线性. 读者可以自己验证这个事实. 然后，将数据中心化和标准化，用通常处理非共线性数据的方法进行变量选择. 这个任务也作为习题留给读者. 325

在我们分析空气污染数据时，并没有用到第三个筛选变量的准则. 但是在有些问题中，第三个准则是非常必要的. 我们注意到，本例中我们成功地应用岭回归方法进行了变量选择，分析的中途，我们发现变量之间不再具有共线性，就回到非共线性情况，利用通常的变量选择方法继续分析.

Henderson and Velleman (1981) 也分析了这组数据，但是他们没有利用岭回归方法而给出了系统的分析，读者也可参看他们的文献以了解他们的方法.

一些注解： 我们希望大家通过对例子的介绍明白这样一个事实，变量选择应该是科学和艺术的巧妙结合. 我们提供了多种方法以及准则，而不是给出一个形式，按事先规定的方法机械地操作. 作为总结，我们再一次强调，变量选择不是一种机械地操作而达到既定的目标的方法，而是对数据结构的一种探索. 这种探索的基础是回归分析的理论、对数据的物理背景的理解以及某种直觉.

11.15 拟合回归模型的可能策略

作为本章的结尾，我们概括地列出一套操作步骤，以引导我们顺利地完成拟合回归模型. 首先，我们心里要有准备，不存在一个唯一正确的方法步骤. 读者应该对于找到多种方法步骤而感到满足，而且乐于按这些方法去探索. 所有例子中介绍的分析方法和结论将会导致对实际模型的有意义的解释并得到应用.

设 Y 是一个响应变量，我们希望将 Y 与 X_1，X_2，…，X_p 的某些子集（或全部）联系起来. 变量集合 X_1，X_2，…，X_p 是与 Y 可能有关联的一些背景因素的集合. 这个集合往往偏大，我们希望找到富含 Y 信息的一个经过压缩了的关联子集，并建立一个有效且可行的回归模型. 一套可行的操作步骤为：

1. 逐个考察变量集合 (Y，X_1，X_2，…，X_p) 中的每一个分量. 计算一般的统计量，同时考察相应的直方图，点图或箱型图（见第 4 章）. 它们的分布不应该太偏斜，变量的取值范围不应太广，找出分布的异常值点（包括检查抄写错误）. 做适当的变换以获得数据的对称性，消除偏斜. 对数变换是最常用的变换（见第 6 章）.

2. 画出成对变量的散点图. 当 p 很大时，这样做可能不现实. 但是，成对变量的散点图确实提供了两个变量之间关系的重要信息. 看一下相关矩阵就能显示明显的共线性现象. 删除冗余变量. 计算相关矩阵的条件数就可以知道共线性的严重程度（第 9 章和第 10 章）. 326

3. 拟合含全部预测变量的线性回归模型. 删去没有预测能力（t 检验不显著）的变量. 对于压缩了的模型，考察模型的残差.

(a) 检查线性关系，若没有线性关系，做变量的变换（第 6 章）.

(b) 检查异方差性和（时间序列的）自相关性．若存在，采取适当措施（见第 7 章和第 8 章）．

(c) 寻找异常值，高杠杆点和强影响点．若存在，采取适当措施（见第 4 章）．

4. 检查是否还有变量可以删去而不影响模型的完整性．看有没有可能加进变量（添加变量图和残差加分量图，见第 4 章和第 11 章）．重复步骤 3. 在这个过程中可以利用 AIC 或 BIC 准则加以监控，特别是对于非嵌套模型，这种措施是特别适用的．

5. 对最后拟合的模型，检查其方差膨胀因子．确保令人满意的残差图和没有负面影响的回归诊断信息．如需要，重复步骤 4.

6. 尽量对拟合的模型进行验证．当数据集合很大时，可以利用部分数据建立模型，用余下的数据进行验证．也可以用自助法（Bootstrap）、刀切法（Jackknife）和交叉验证法（cross-validation）进行验证．特别，当数据量不大时，这种重抽样法特别适宜［见 Efron（1982）和 Diaconis and Efron（1983）］.

上述所描述的步骤，并不是依次实施的步骤．这些步骤可以同时实施．必要时可以反复进行．往往要得到一个满意的模型，需要反复多次循环实施．我们列举的步骤，只是指出为了找到满意的模型，必须考虑的种种因素．

上述指出的步骤中，还没有包括另一个十分重要的一点，那就是分析者对涉及的领域内的专业知识．这些知识，是建立模型时从头至尾必不可少的．通常它可以大大加速建模过程．比如，对于变量的选择，对变量做适当的变换等等，背景知识通常起着决定性的作用．该说的，就到此为止了，下面的工作是如何建模了．我们所提供的步骤，就是你今后有条不紊地使用的工具．总之，统计建模与其说是技术，不如说是艺术．

327

11.16 文献

有大量的关于变量选择的文献散布于各种统计杂志．Hocking（1976）对变量选择给出了全面综合的评论，并在那里能找到大量的参考文献．Daniel and Wood（1980）详细介绍了利用 C_p 统计量进行变量选择的方法．Mallows（1973）对 C_p 统计量的应用做了改进．Draper and Smith（1998）讨论了变量选择方法．Hoerl and Kennard（1970）和 McDonald and Schwing（1973）讨论了利用岭回归进行变量选择的问题．

习题

11.1 在 11.14 节中，我们已经看到存在 3 个非共线性的预测变量子集．利用通常的变量选择方法，分别对下面的每一个变量子集，选出最后的模型．比较这些选出的模型．

(a) 8 个变量的子集：1，2，3，4，5，6，9 和 14.

(b) 删去变量 12 以后剩下的 14 个变量．

(c) 删去变量 13 以后剩下的 14 个变量．

11.2 表 11-14 中的回归系数的估计值是指对标准化的回归方程应用 OLS 方法得到的估计．利用表 11-11 中的均值和标准差，写出原始变量的估计的回归方程（即方程中的变量不是中心化和标准化的变量）．

11.3 在 11.12 节凶杀数据的分析中，讨论模型（11.11）的变量选择问题. FS 方法和 BE 方法得到相互矛盾的结果. 事实上，这个数据集中还有另外的子集（不一定是 3 个变量的集合），利用 FS 和 BE 方法也可得到相互矛盾的结果. 找出一个或几个这样的变量子集.

11.4 对表 11-7 和表 11-8 的数据进行变量选择，找出一组或多组变量子集，使得相应的回归方程能够很好地刻画响应变量 H 的变动.

11.5 财产估价：科学全面估价法是应用线性回归方法于建筑物财产估价的一项技术. 开发这个技术的目的是根据选定的建筑物的物理特征和所付的房产税款（地方税、教育税和县税）去预测房产售价. 我们从杂志 *Multiple Listing*（Vol. 87）获得这批数据，数据是从美国宾夕法尼亚州伊利县第 12 区调查所得，数据（表 11-17）最早是由 Narula and Wellington（1977）提供. 预测变量的描述由表 11-18 给出.

328

表 11-17 建筑物特征和房价

行号	X_1	X_2	X_3	X_4	X_5	X_6	X_7	X_8	X_9	Y
1	4.918	1.000	3.472	0.998	1.0	7	4	42	0	25.90
2	5.021	1.000	3.531	1.500	2.0	7	4	62	0	29.50
3	4.543	1.000	2.275	1.175	1.0	6	3	40	0	27.90
4	4.557	1.000	4.050	1.232	1.0	6	3	54	0	25.90
5	5.060	1.000	4.455	1.121	1.0	6	3	42	0	29.90
6	3.891	1.000	4.455	0.988	1.0	6	3	56	0	29.90
7	5.898	1.000	5.850	1.240	1.0	7	3	51	1	30.90
8	5.604	1.000	9.520	1.501	0.0	6	3	32	0	28.90
9	5.828	1.000	6.435	1.225	2.0	6	3	32	0	35.90
10	5.300	1.000	4.988	1.552	1.0	6	3	30	0	31.50
11	6.271	1.000	5.520	0.975	1.0	5	2	30	0	31.00
12	5.959	1.000	6.666	1.121	2.0	6	3	32	0	30.90
13	5.050	1.000	5.000	1.020	0.0	5	2	46	1	30.00
14	8.246	1.500	5.150	1.664	2.0	8	4	50	0	36.90
15	6.697	1.500	6.902	1.488	1.5	7	3	22	1	41.90
16	7.784	1.500	7.102	1.376	1.0	6	3	17	0	40.50
17	9.038	1.000	7.800	1.500	1.5	7	3	23	0	43.90
18	5.989	1.000	5.520	1.256	2.0	6	3	40	1	37.90
19	7.542	1.500	5.000	1.690	1.0	6	3	22	0	37.90
20	8.795	1.500	9.890	1.820	2.0	8	4	50	1	44.50
21	6.083	1.500	6.727	1.652	1.0	6	3	44	0	37.90
22	8.361	1.500	9.150	1.777	2.0	8	4	48	1	38.90
23	8.140	1.000	8.000	1.504	2.0	7	3	3	0	36.90
24	9.142	1.500	7.326	1.831	1.5	8	4	31	0	45.80

表 11-18 表 11-17 中数据的变量表

变量	定义
Y	房屋售价（千美元）
X_1	税款（地方税、教育税和县税，以千美元为单位）
X_2	盥洗室间数
X_3	总面积（千平方英尺）
X_4	起居面积（千平方英尺）
X_5	车库数
X_6	房间数
X_7	卧室数
X_8	房龄（年）
X_9	壁炉数

329

回答以下问题．对每个问题，应该附有适当的分析．

(a) 若要拟合一个刻画房产售价关于诸税款和建筑特性的关系的回归模型，是否需要包含所有的变量？

(b) 一个富有经验的房产代理商建议，只需把地方税、房间数和房龄放入回归方程，就足以刻画房价了．你同意吗？

(c) 该项目请了一位房产评估师，他认为住房价格决定于住房的功能，它显然是建筑物的物理特性的函数．但是，这种对功能特性的评价反映在原屋主所付的地方税中了．因此，最好的房价的预测变量是地方税．在回归方程中，若已经包含了地方税，建筑物的物理特性成为冗余变量．因此，回归方程中只需一个变量（地方税）已经足够了．你同意这个结论吗？找出你认为的最佳的模型．

11.6 对于表 9-16 和表 9-17 中的耗油量数据

(a) 你是否会将全部数据用于预测汽车的耗油量？解释并给出理由．

(b) 下面给出 7 个可能的模型：

(i) Y 对 X_1 的回归

(ii) Y 对 X_{10} 的回归

(iii) Y 对 X_1 和 X_{10} 的回归

(iv) Y 对 X_2 和 X_{10} 的回归

(v) Y 对 X_8 和 X_{10} 的回归

(vi) Y 对 X_8，X_5 和 X_{10} 的回归

在这些模型中你选择哪一个作为预测汽车耗油量的模型？你能给出一个更好的模型吗？

(c) 逐个画出 Y 与 X_1，X_2，X_8 和 X_{10} 的散点图．从这些散点图能不能看出 Y 与这 11 个预测变量之间不会有线性关系？

(d) 耗油量的数据是这样得到的：让每辆汽车载相同的货物，在同一条路上跑完相同的路程（约 123 英里）．我们不用 Y（每加仑的英里数），代之以 $W=100/Y$（每 100 英里的加仑数）．逐个画出 W 与 X_1，X_2，X_8 和 X_{10} 的散点图．从这些散点图能不能看出 W 与这 11 个预测变量之间会比 Y 与这 11 个变量之关系更加具有线性关系？

(e) 利用变量 W（代替 Y），重复 (b)．你的结论是什么？

330

(f) 计算 Y 相对于 $X_{13}=X_8/X_{10}$ 的回归．

(g) 对于你的发现写一个简单的报告．对于汽车的耗油量的预测，推荐一个模型．

11.7 像习题 9.4 那样，对表 5-19 的总统选举数据，考虑对变量 V 建立一个回归模型，其中包含所有变

量，外加代表选举年份的时间变量，并且包含尽可能多的二次或三次交互项.

(a) 从习题 9.4 (a) 中的模型开始. 利用两个或更多的变量选择方法，筛选出一个或两个最好的预测未来总统的模型.

(b) 重复 (a)，不过从习题 9.4 (d) 开始.

(c) 在 (a) 和 (b) 得到的模型中，你认为哪个比较好？

(d) 用你选定的模型去预测 2000 年、2004 年和 2008 年美国总统大选中某个候选人的得票率.

(e) 你认为上面 3 个预测中哪一个更准确？解释原因.

(f) 本书是在公元 2000 年以前出版的，当时还不知道 2000 年选举结果. 如果碰巧公元 2000 年以后，你看到本书. 你在习题中的预测结果准确吗？

11.8 香烟消费数据：考虑习题 3.15 中提到的香烟消费数据（见表 3-17）. 组织者希望构建一个回归模型，它刻画了人均香烟消费量与社会经济变量和人口统计变量之间的关系，并确定这些变量是否对预测香烟消费量有用.

(a) 建立一个解释全州人均香烟销售量的线性回归模型. 在分析中，要留心异常值. 看一看，如果删去一个异常值，会不会明显地影响你的结果. 在找到理想的模型之后，还要看一看残差图，以便做出最终的决定. 除非分析认为应该包含全部变量，你不必将全部变量包含在模型之中. 你的目标是用尽可能少的变量去合理描述影响香烟销售量的主要因素.

(b) 写出一个报告，描述你的发现.

附录 误设模型的影响

在这个附录中我们讨论误设模型对回归系数估计和预测的影响. 我们采用矩阵记号进行论证. 下面为矩阵记号： 331

$$\boldsymbol{X}=\left[\begin{array}{cccc|ccc} x_{10} & x_{11} & \cdots & x_{1p} & x_{1(p+1)} & \cdots & x_{1q} \\ x_{20} & x_{21} & \cdots & x_{2p} & x_{2(p+1)} & \cdots & x_{2q} \\ \vdots & \vdots & \ddots & \vdots & \vdots & \ddots & \vdots \\ x_{n0} & x_{n1} & \cdots & x_{np} & x_{n(p+1)} & \cdots & x_{nq} \end{array}\right], \quad \boldsymbol{Y}=\begin{bmatrix} y_1 \\ \vdots \\ y_n \end{bmatrix},$$

$$\boldsymbol{\beta}=\begin{bmatrix} \beta_0 \\ \beta_1 \\ \vdots \\ \beta_p \\ \text{—} \\ \beta_{p+1} \\ \vdots \\ \beta_q \end{bmatrix}, \quad \boldsymbol{\varepsilon}=\begin{bmatrix} \varepsilon_1 \\ \varepsilon_2 \\ \vdots \\ \varepsilon_n \end{bmatrix},$$

其中 $x_{i0}=1$，$i=1$，…，n. $\boldsymbol{X}$ 为 n 行 $q+1$ 列矩阵，可将 $\boldsymbol{X}$ 分块成两个子矩阵 $n\times(p+1)$ 矩阵 $\boldsymbol{X}_p$ 和 $n\times r$ 矩阵 $\boldsymbol{X}_r$，其中 $r=q-p$. 向量 $\boldsymbol{\beta}$ 也相应地分解成 $(p+1)\times 1$ 向量 $\boldsymbol{\beta}_p$ 和 $r\times 1$ 向量 $\boldsymbol{\beta}_r$.

含有 q 个变量的全模型为

$$\boldsymbol{Y}=\boldsymbol{X\beta}+\boldsymbol{\varepsilon}=\boldsymbol{X}_p\boldsymbol{\beta}_p+\boldsymbol{X}_r\boldsymbol{\beta}_r+\boldsymbol{\varepsilon}, \tag{A.1}$$

其中 $\boldsymbol{\varepsilon}$ 的各分量为独立同分布的正态随机变量，期望为 0，方差为 1.

只包含 p 个变量的线性模型为

$$\boldsymbol{Y}=\boldsymbol{X}_p\boldsymbol{\beta}_p+\boldsymbol{\varepsilon}. \tag{A.2}$$

从全模型(A.1)得到的参数 $\boldsymbol{\beta}$ 的最小二乘估计记为 $\hat{\boldsymbol{\beta}}^*$,它具有下面的表达式

$$\hat{\boldsymbol{\beta}}^* = \begin{pmatrix} \hat{\boldsymbol{\beta}}_p^* \\ \hat{\boldsymbol{\beta}}_r^* \end{pmatrix} = (\boldsymbol{X}^{\mathrm{T}}\boldsymbol{X})^{-1}\boldsymbol{X}^{\mathrm{T}}\boldsymbol{Y}.$$

子模型(A.2)中 $\boldsymbol{\beta}_p$ 的最小二乘估计 $\hat{\boldsymbol{\beta}}_p$ 由下面公式得到

$$\hat{\boldsymbol{\beta}}_p = (\boldsymbol{X}_p^{\mathrm{T}}\boldsymbol{X}_p)^{-1}\boldsymbol{X}_p^{\mathrm{T}}\boldsymbol{Y}.$$

将模型(A.1)和(A.2)之下参数 σ^2 的估计分别记为 $\hat{\sigma}_q^2$ 和 $\hat{\sigma}_p^2$. 显然它们的表达式为

332

$$\hat{\sigma}_q^2 = \frac{\boldsymbol{Y}^{\mathrm{T}}\boldsymbol{Y} - \hat{\boldsymbol{\beta}}^{*\mathrm{T}}\boldsymbol{X}^{\mathrm{T}}\boldsymbol{Y}}{n-q-1}, \quad \hat{\sigma}_p^2 = \frac{\boldsymbol{Y}^{\mathrm{T}}\boldsymbol{Y} - \hat{\boldsymbol{\beta}}_p^{\mathrm{T}}\boldsymbol{X}_p^{\mathrm{T}}\boldsymbol{Y}}{n-p-1}.$$

不难验证,$\hat{\boldsymbol{\beta}}^*$ 和 $\hat{\sigma}_q^2$ 分别是 $\boldsymbol{\beta}$ 和 σ^2 的无偏估计. 而对于 $\hat{\boldsymbol{\beta}}_p$,我们有

$$E(\hat{\boldsymbol{\beta}}_p) = \boldsymbol{\beta}_p + \boldsymbol{A}\boldsymbol{\beta}_r,$$

其中

$$\boldsymbol{A} = (\boldsymbol{X}_p^{\mathrm{T}}\boldsymbol{X}_p)^{-1}\boldsymbol{X}_p^{\mathrm{T}}\boldsymbol{X}_r.$$

进一步,还有

$$\mathrm{Var}(\hat{\boldsymbol{\beta}}_p) = (\boldsymbol{X}_p^{\mathrm{T}}\boldsymbol{X}_p)^{-1}\sigma^2, \quad \mathrm{Var}(\hat{\boldsymbol{\beta}}^*) = (\boldsymbol{X}^{\mathrm{T}}\boldsymbol{X})^{-1}\sigma^2,$$

$$\mathrm{MSE}(\hat{\boldsymbol{\beta}}_p) = (\boldsymbol{X}_p^{\mathrm{T}}\boldsymbol{X}_p)^{-1}\sigma^2 + \boldsymbol{A}\boldsymbol{\beta}_r\boldsymbol{\beta}_r^{\mathrm{T}}\boldsymbol{A}^{\mathrm{T}}.$$

现在我们可将 $\hat{\boldsymbol{\beta}}_p$ 和 $\hat{\boldsymbol{\beta}}^*$ 的性质综合如下:

1. $\hat{\boldsymbol{\beta}}_p$ 是 $\boldsymbol{\beta}_p$ 的有偏估计,除非(1)$\boldsymbol{\beta}_r=0$ 或(2)$\boldsymbol{X}_p^{\mathrm{T}}\boldsymbol{X}_r=0$.

2. 矩阵 $\mathrm{Var}(\hat{\boldsymbol{\beta}}_p^*)-\mathrm{Var}(\hat{\boldsymbol{\beta}}_p)$ 是半正定矩阵,这说明由全模型得到的回归系数估计的方差比子模型中的回归系数估计的方差大. 换言之,删去变量会导致回归系数最小二乘估计的方差减小.

3. 若矩阵 $\mathrm{Var}(\hat{\boldsymbol{\beta}}_r^*)-\boldsymbol{\beta}_r\boldsymbol{\beta}_r^{\mathrm{T}}$ 是半正定矩阵,则矩阵 $\mathrm{Var}(\hat{\boldsymbol{\beta}}_p^*)-\mathrm{MSE}(\hat{\boldsymbol{\beta}}_p)$ 是半正定的. 这说明当被删去的变量的回归系数比在全模型下回归系数的估计的标准差小时,子模型的回归系数最小二乘估计的均方误差比全模型的相应的均方误差小.

4. 作为 σ^2 的估计,$\hat{\sigma}_p^2$ 通常会偏大.

为了考察误设模型的预测效果,假定观测点为 $\boldsymbol{x}^{\mathrm{T}}=(\boldsymbol{x}_p^{\mathrm{T}} : \boldsymbol{x}_r^{\mathrm{T}})$. 利用全部数据的时候,$\boldsymbol{x}^{\mathrm{T}}$ 处的预测值为 $\hat{y}^*=\boldsymbol{x}^{\mathrm{T}}\hat{\boldsymbol{\beta}}^*$,其期望值为 $\boldsymbol{x}^{\mathrm{T}}\boldsymbol{\beta}$,预测方差

$$\mathrm{Var}(\hat{y}^*) = \sigma^2(1+\boldsymbol{x}^{\mathrm{T}}(\boldsymbol{x}^{\mathrm{T}}\boldsymbol{x})^{-1}\boldsymbol{x}).$$

另一方面,如果利用模型(A.2),相应的预测值为 $\hat{y}=\boldsymbol{x}_p^{\mathrm{T}}\hat{\boldsymbol{\beta}}_p$,其均值和预测方差分别是

333

$$E(\hat{y}) = \boldsymbol{x}_p^{\mathrm{T}}\boldsymbol{\beta}_p + \boldsymbol{x}_p^{\mathrm{T}}\boldsymbol{A}\boldsymbol{\beta}_r, \quad \mathrm{Var}(\hat{y}) = \sigma^2(1+\boldsymbol{x}_p^{\mathrm{T}}(\boldsymbol{x}_p^{\mathrm{T}}\boldsymbol{x}_p)^{-1}\boldsymbol{x}_p).$$

相应的预测均方误差为

$$\mathrm{MSE}(\hat{y}) = \sigma^2(1+\boldsymbol{x}_p^{\mathrm{T}}(\boldsymbol{x}_p^{\mathrm{T}}\boldsymbol{x}_p)^{-1}\boldsymbol{x}_p) + (\boldsymbol{x}_p^{\mathrm{T}}\boldsymbol{A}\boldsymbol{\beta}_r - \boldsymbol{x}_r^{\mathrm{T}}\boldsymbol{\beta}_r)^2.$$

$\hat{y}^*$ 和 $\hat{y}$ 的性质如下.

1. $\hat{y}$ 是无偏的,除非(1)$\boldsymbol{\beta}_r=0$ 或(2)$\boldsymbol{x}_p^{\mathrm{T}}\boldsymbol{x}_r=0$.

2. $\mathrm{Var}(\hat{y}^*)\geqslant\mathrm{Var}(\hat{y})$.

3. 若矩阵 $\mathrm{Var}(\hat{\boldsymbol{\beta}}_r^*)-\boldsymbol{\beta}_r\boldsymbol{\beta}_r^{\mathrm{T}}$ 是半正定矩阵,则矩阵 $\mathrm{Var}(\hat{\boldsymbol{\beta}}_p^*)\geqslant\mathrm{MSE}(\hat{\boldsymbol{\beta}}_p)$.

334

上述结果已经在本章的变量选择中得到充分的应用和解释.

第 12 章　逻辑斯谛回归

12.1　引言

到目前为止，我们在进行回归分析的时候，总是假定在回归方程中的响应变量 Y 是一个连续的定量变量．而预测变量可以是定量的，也可以是定性的．以前曾讨论过的预测变量中有示性变量，而示性变量就属于定性变量的范畴．然而，确实存在响应变量是定性变量的情况．本章中，我们就要着手解决响应变量为定性变量的情形．本章提供的方法在本质上不同于前几章使用的最小二乘方法．

考虑一个根据个人的一系列测试成绩选拔人才的过程．经过 5 年的考察，一个候选人被分为“好”或“差”两类．我们关心的是这些测试记录对于候选人的最后的评价的贡献有多大．很显然，最后评价，即响应变量，是二值变量．我们将“好”定为 1，“差”定为 0．而预测变量就是历次测验的成绩．

在决定癌症的风险因子的研究中，收集了若干人的健康记录．收集的资料包括年龄、性别、抽烟程度、饮食以及家属的病史．而响应变量只是得癌症（$Y=1$）或未得癌症（$Y=0$）．

在金融界，一个企业是否“健康”是人们最为关心的事项．例如响应变量是一个企业的偿付能力（企业破产=0，有偿付能力=1），其相应的预测变量是这个企业的各种财务特征量．现在看起来，响应变量为二值变量的情况是非常普遍的，广泛出现于各类统计应用中．

12.2　定性数据的建模

在处理某些定性数据的时候，我们可以利用二值变量进行刻画．通常用 0 和 1 对取值进行编码．我们不能用以往的处理定量数据的思考模式对定性数据进行建模，即用一个公式去预测响应变量的值．我们需要对响应变量取值的概率建模．利用前面那种线性模型来处理现在的问题，显然具有局限性．

为了说明两种处理方式的差别，我们考虑一个只有一个预测变量的简单回归问题．当然，对于多个预测变量的情况，其原理是一样的．令 π 表示当 $X=x$ 时，事件 $Y=1$ 的概率．若利用通常的线性模型去刻画 π，我们得到

$$\pi = \Pr(Y = 1 \mid X = x) = \beta_0 + \beta_1 x. \tag{12.1}$$

由于 π 是一个概率，它必须在区间（0，1）上．而（12.1）给出的线性函数是无界的，因此不能用于为概率建立模型．此外，由于 Y 是一个二项随机变量，其方差是 π 的一个函数，而且依赖于 x 的值，这与方差齐性的假定不符．若要克服方差不齐性的问题，可采用加权最小二乘方法进行迭代运算，但又会遇到对 π 的初始值的猜测问题．与其这样复杂地处理问题，不如另找一个建立模型的方法．

12.3 Logit 模型

概率 π 与 X 之间的关系可用一个所谓的逻辑斯谛响应函数进行刻画. 这个函数具有S型曲线的形状，如图 12-1 所示. 概率 π 开始的时候随着 X 的增长，慢慢上升，然后慢慢加速上升，到后来，上升的速度又降下来，π 的值始终不超过1. 概率 π 与 X 之间的这种关系在实际中是常见的，例如，调查表的回收概率和所付的奖励酬金的关系，通过一项测试的概率和为通过测试所花费的学习时间的关系，都是这种关系.

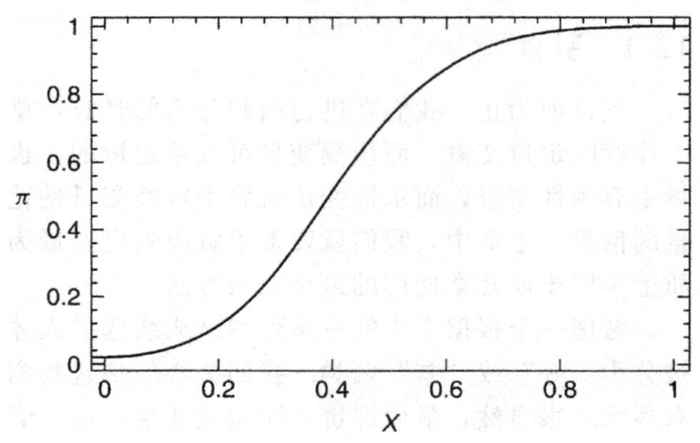

图 12-1 逻辑斯谛响应函数

π 与 X 之间的这种 S 型关系可用下列函数构造：

336

$$\pi = \Pr(Y = 1 \mid X = x) = \frac{e^{\beta_0 + \beta_1 x}}{1 + e^{\beta_0 + \beta_1 x}}, \qquad (12.2)$$

其中 e 是自然对数的底. 注意到 (12.2) 右边作为 x 的函数是一个分布函数，这个分布函数称为逻辑斯谛分布函数，因此，称这种模型为逻辑斯谛模型. 当然，也可以利用其他分布函数来构造这种 S 型关系. 例如可用正态分布函数来构造 S 型曲线. 利用正态分布函数构造的模型称为 probit 模型. 我们不在此讨论 probit 模型，我们认为逻辑斯谛模型比 probit 模型简单并且性能上比较优越.

逻辑斯谛模型可以直接推广到几个预测变量的情况. π 与诸 X_i 之间的关系可由下式表示：

$$\pi = \Pr(Y = 1 \mid X_1 = x_1, \cdots, X_p = x_p) = \frac{e^{\beta_0 + \beta_1 x_1 + \cdots + \beta_p x_p}}{1 + e^{\beta_0 + \beta_1 x_1 + \cdots + \beta_p x_p}}. \qquad (12.3)$$

方程 (12.3) 右边称为*逻辑斯谛回归函数*. 它是参数 β_0，β_1，…，β_p 的非线性函数. 我们可以通过 logit 变换将它线性化.[㊀]我们不直接考虑概率 π，而考虑 π 的一个函数. π 是一个事件的概率，比值 $\pi/(1-\pi)$ 称为该事件的优势.[㊁]由于

$$1 - \pi = \Pr(Y = 0 \mid X_1 = x_1, \cdots, X_p = x_p) = \frac{1}{1 + e^{\beta_0 + \beta_1 x_1 + \cdots + \beta_p x_p}},$$

得到

$$\frac{\pi}{1 - \pi} = e^{\beta_0 + \beta_1 x_1 + \cdots + \beta_p x_p}. \qquad (12.4)$$

㊀ 参见第 6 章变量的变换.

㊁ 原文称 $\pi/(1-\pi)$ 为优势比 (odds ratio)，这个说法有误，我们将 $\pi/(1-\pi)$ 译为优势. 后文也做了相应改变. ——译者注

将（12.4）两边取自然对数，得到

$$g(x_1,\cdots,x_p)=\ln\left(\frac{\pi}{1-\pi}\right)=\beta_0+\beta_1x_1+\cdots+\beta_px_p. \tag{12.5}$$

优势的自然对数称为 logit 函数．由（12.5）看出，logit 变换产生了参数 β_0，β_1，…，β_p 的线性函数．注意到，（12.3）中参数 π 的变化范围是 0 到 1，而 $\ln\left(\frac{\pi}{1-\pi}\right)$ 的变化范围为 $(-\infty,\ +\infty)$，这样 logit 函数更适合于线性回归拟合．

337

利用逻辑斯谛分布给出了响应变量与预测变量关系的模型（12.3）．现在的问题是如何估计模型中的参数．经过 logit 变换，（12.3）转换成与之等价的线性模型（12.5）．估计参数的方法还是传统的*最大似然方法*．现在的情况，最大似然估计只能以数字解的形式得到，计算的时候，采用迭代的方法求解．因此，不像通常线性模型中的最小二乘方法，逻辑斯谛回归没有精确解的表达式．我们不讨论最大似然估计的计算问题．有兴趣的读者请参考 McCullagh and Nelder（1989）、Seber（1984）、Hosmer and Lemeshow（1989）以及 Dobson and Barnett（2008）.

在实际中，要拟合逻辑斯谛回归，计算机软件是必需的．大部分回归软件都附有逻辑斯谛回归的计算程序．经过拟合以后，接着考虑的问题就是通常回归分析中所遇到的问题．那就是，模型是否合适、哪些变量该保留以及拟合的程度等．解决问题所用的工具，不再是在通常正态线性模型中采用的 R^2、t 检验和 F 检验等，而是另外一些方法．由于估计方法有别于最小二乘方法，相应的假设检验也完全与以前的方法不同．但是信息准则如 AIC 和 BIC 还是适用的，可用于变量选择．我们用拟合模型的对数似然代替原来的 SSE．在 12.6 节中将给出公式．

12.4 例子：破产概率的估计

发现经营不善的金融商业机构的是审计核查工作的重要职能．正如美国 1980 年代的存贷款业惨败事件那样，对于金融商业机构的判别失误将导致灾难性的后果．表 12-1 给出了 66 家企业的运营财务比率，其中 33 家 2 年后破产，另有 33 家企业一直经营稳定．这些数据可以从本书的网站上得到．[⊖]

表 12-1　有偿付能力和破产企业的财务比率

行号	Y	X_1	X_2	X_3	行号	Y	X_1	X_2	X_3
1	0	−62.8	−89.5	1.7	6	0	−61.2	−56.2	1.7
2	0	3.3	−3.5	1.1	7	0	−20.3	−17.4	1.0
3	0	−120.8	−103.2	2.5	8	0	−194.5	−25.8	0.5
4	0	−18.1	−28.8	1.1	9	0	20.8	−4.3	1.0
5	0	−3.8	−50.6	0.9	10	0	−106.1	−22.9	1.5

⊖ http://www.aucegypt.edu/faculty/hadi/RABE5

（续）

行号	Y	X_1	X_2	X_3	行号	Y	X_1	X_2	X_3
11	0	−39.4	−35.7	1.2	39	1	20.8	12.5	2.4
12	0	−164.1	−17.7	1.3	40	1	33.0	23.6	1.5
13	0	−308.9	−65.8	0.8	41	1	26.1	10.4	2.1
14	0	7.2	−22.6	2.0	42	1	68.6	13.8	1.6
15	0	−118.3	−34.2	1.5	43	1	37.3	33.4	3.5
16	0	−185.9	−280.0	6.7	44	1	59.0	23.1	5.5
17	0	−34.6	−19.4	3.4	45	1	49.6	23.8	1.9
18	0	−27.9	6.3	1.3	46	1	12.5	7.0	1.8
19	0	−48.2	6.8	1.6	47	1	37.3	34.1	1.5
20	0	−49.2	−17.2	0.3	48	1	35.3	4.2	0.9
21	0	−19.2	−36.7	0.8	49	1	49.5	25.1	2.6
22	0	−18.1	−6.5	0.9	50	1	18.1	13.5	4.0
23	0	−98.0	−20.8	1.7	51	1	31.4	15.7	1.9
24	0	−129.0	−14.2	1.3	52	1	21.5	−14.4	1.0
25	0	−4.0	−15.8	2.1	53	1	8.5	5.8	1.5
26	0	−8.7	−36.3	2.8	54	1	40.6	5.8	1.8
27	0	−59.2	−12.8	2.1	55	1	34.6	26.4	1.8
28	0	−13.1	−17.6	0.9	56	1	19.9	26.7	2.3
29	0	−38.0	1.6	1.2	57	1	17.4	12.6	1.3
30	0	−57.9	0.7	0.8	58	1	54.7	14.6	1.7
31	0	−8.8	−9.1	0.9	59	1	53.5	20.6	1.1
32	0	−64.7	−4.0	0.1	60	1	35.9	26.4	2.0
33	0	−11.4	4.8	0.9	61	1	39.4	30.5	1.9
34	1	43.0	16.4	1.3	62	1	53.1	7.1	1.9
35	1	47.0	16.0	1.9	63	1	39.8	13.8	1.2
36	1	−3.3	4.0	2.7	64	1	59.5	7.0	2.0
37	1	35.0	20.8	1.9	65	1	16.3	20.4	1.0
38	1	46.7	12.6	0.9	66	1	21.7	−7.8	1.6

我们利用预测变量 X_1，X_2 和 X_3 拟合了一个逻辑斯谛回归模型，其拟合的结果列于表 12-2. 3 个财务比率的定义如下：

$$X_1 = \frac{未分配利润}{总资产},$$

$$X_2 = \frac{支付利息和税金前利润}{总资产},$$

$$X_3 = \frac{销售额}{总资产}.$$

338~339

响应变量由下式定义

$$Y = \begin{cases} 0, & \text{如两年后破产}, \\ 1, & \text{如两年后有偿付能力}. \end{cases}$$

表 12-2 利用 X_1，X_2 和 X_3 的逻辑斯谛回归的结果

变量	系数	标准误	Z 检验	p 值	优势比	95%置信区间	
						下限	上限
常数项	−10.15	10.84	−0.94	0.35			
X_1	0.33	0.30	1.10	0.27	1.39	0.77	2.51
X_2	0.18	0.11	1.69	0.09	1.20	0.97	1.48
X_3	5.09	5.08	1.00	0.32	161.98	0.01	3.43×10^6
对数似然=− 2.906			G=85.683		自由度=3	p 值< 0.000	

表 12-2 与通常的回归分析的标准输出有相似之处，输出的各项作用也相似．现在将表中的结果逐项进行解释．设 π 表示两年后企业有偿付能力的概率，拟合的 logit 函数为

$$\hat{g}(x_1, x_2, x_3) = -10.15 + 0.33x_1 + 0.18x_2 + 5.09x_3. \tag{12.6}$$

这个公式与标准的回归分析中的拟合方程类似．不过此处不是用于预测 Y 的值，而是预测 $\log(\pi/(1-\pi))$．由这个 logit 的值，通过反变换，可得概率 π 的估计值．(12.6) 中的常数项和各预测变量的系数可从表中第二列得到．第三列是各系数的标准误（s.e.）．第四列 Z 检验值实际上是系数与标准误的比值（第二列与第三列的比值）．例如，X_2 的系数的 Z 值是将系数值 0.181 除以标准误 0.107 得到的．这个比值当回归系数的真值为 0 时近似地服从正态分布，而通常的线性回归分析中关于系数的检验是 t 检验．Z 的值也称为 Wald 检验统计量．第五列的值是统计量 Z 的取值的 p 值．其解释与任何统计检验中的 p 值是一样的（参考第 2 章和第 3 章）．这些 p 值都可以用于系数的显著性检验．若 p 值小于 0.05，我们可以得出相应的系数显著地不等于 0 的结论（5%的显著性水平）．从表 12-2 中各系数的 p 值可以看出，从单个变量看，对于预测观测值的 logit 值都是不显著的．

在标准的回归分析中，回归系数有一个简单的解释．X_j 的回归系数就是当其他的变量保持不变的情况下，X_j 的值改变一个单位值时响应变量 Y 的期望改变量．在 logit 回归的情况下，(12.6) 中 X_2 的系数是 logit 变量的期望改变量，其条件是其他变量保持不变的条件下，X_2 的值改变一个单位的情况下，logit 变量的期望改变量．逻辑斯谛回归系数的拟合值还可以有另一种更具实际意义的解释．固定 X_1 和 X_3 的值，X_2 的值增加一个单位，其概率 π 的优势 340

$$\frac{\Pr(2\text{ 年以后公司具有偿付能力})}{\Pr(2\text{ 年后公司破产})}$$

为原来的 $e^{\hat{\beta}_2} = e^{0.181} = 1.198$ 倍，即增加了将近 20%．这些值列于表 (12.2) 的第六列（标为优势比的那一列）．某一变量 X_j 改变时，在其他变量保持不变的情况下优势的变化率为 $e^{\hat{\beta}_j}$，由于 X_j 可以连续地变化，此处的变化率的解释类似于可微函数的变化率．当 X_j 为只取 0 或 1 的二值变量时，$e^{\hat{\beta}_j}$ 就是两个优势的比，所以称为优势比，而不仅仅是优势的变化量．

优势比的 95%置信区间列于表 12-2 的最后两列．如果优势比的置信区间不包含 1，这个变量对优势比的值会有显著的影响．如果区间在 1 以下，当变量增大时，优势比的值会显著减小．相反，若整个区间在 1 的上面，当变量增大时，优势比的值会显著增大．

若要看这些变量联合起来对优势有没有影响，可以进行如下的检验：系数 β_1，…，β_p 是否全部为 0．这相当于检验多元回归分析中回归系数是否全为 0 的检验．表 12-2 的底部的统计量 G 就是这个问题的检验统计量．当这些变量联合起来对 logit 的值没有影响时，G 的分布为 χ^2 分布（自由度为 3)．其 p 值明显地小于 0.05，说明这些变量联合起来对 logit 的值有影响．

12.5 逻辑斯谛回归模型诊断

拟合了逻辑斯谛回归以后，下一步就可以利用回归诊断的工具进行检测，例如寻找模型的异常点、高杠杆点、强影响点和其他模型缺陷．第 4 章中对通常回归模型采用的回归诊断的手段，对于逻辑斯谛回归模型一样适用．回归分析软件包中的逻辑斯谛回归部分通常会提供相应的统计量和各种不同的模型诊断量．包括：

1. 估计的概率 $\hat{\pi}_i$，$i=1$，…，n；
2. 不同类型的残差，例如，*标准化偏离残差* DR_i 和*标准化皮尔逊残差* PR_i，$i=1$，…，n；
3. *加权杠杆值* p_{ii}^*，这是预测变量的观测值在逻辑斯谛回归方程中的潜在效应的度量；
4. 删去了第 i 个观测值以后，回归系数的标准化差异 $DBETA_i$，$i=1$，…，n；
5. 删去了第 i 个观测值以后，χ^2 统计量的改变量 DFG_i，$i=1$，…，n.

341

上面的度量的公式及其推导均已超出了本书的范围．有兴趣的读者可参阅 Prigibon (1981)、Landwehr，Prigibon and Sheomaker (1984)、Hosmer and Lemeshow (1989) 和这些著作中的参考文献．上面提到的度量的用法与第 4 章中线性拟合中得到的度量的用法是相同的．例如我们可以考察下面的散点图：

1. DR_i 相对于 $\hat{\pi}_i$ 的散点图；
2. PR_i 相对于 $\hat{\pi}_i$ 的散点图；
3. DR_i，$DBETA_i$，DG_i 和 p_{ii}^* 的顺序图．

现在我们用破产数据的例子解释这些散点图的用处．拟合的逻辑斯谛回归模型为 (12.6)．这个回归的 DR_i，$DBETA_i$ 和 DG_i 的顺序图分别见图 12-2、图 12-3 和图 12-4．从这些图可以看出样本点 9，14，52 和 53 有些不寻常，它们可能对逻辑斯谛回归的结果有不适当的影响．我们将对这个问题的进一步分析留给读者．看一看将这些点删去是否会显著地影响结

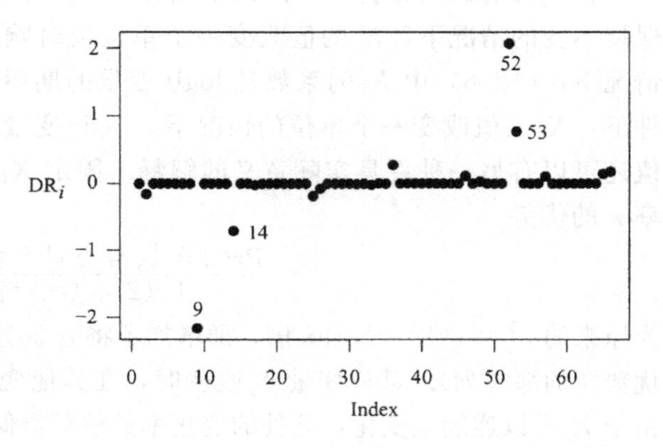

图 12-2 破产数据：标准化偏离残差 DR_i 的顺序图

果，同时从分析得出合理的结论.

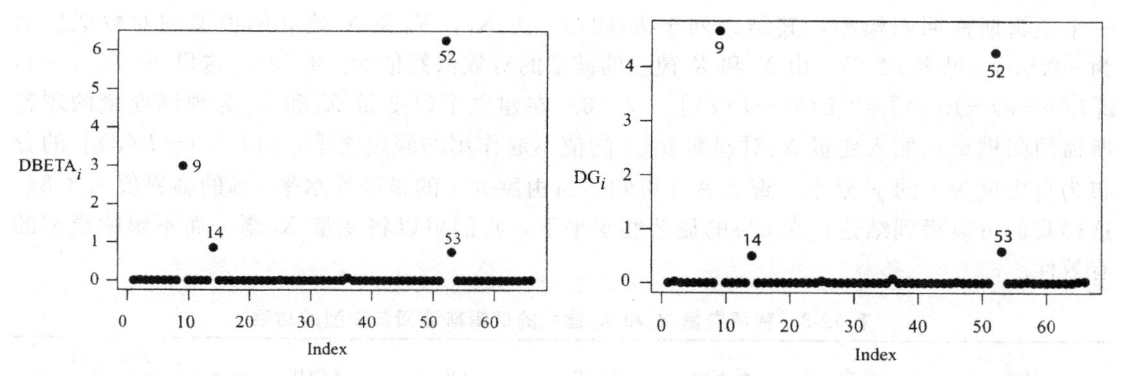

图 12-3 破产数据：删去第 i 个观测值后回归系数标准化差异 DBETA$_i$ 的顺序图

图 12-4 破产数据：删去第 i 个观测值后回 χ^2 统计量 G 的变化量 DG$_i$ 的顺序图

12.6 决定变量的去留

在破产数据的分析中，我们得出结论：3 个变量 X_1，X_2，X_3 联合起来对逻辑斯谛回归模型具有解释意义，即 3 个变量的联合取值会影响破产概率. 但是，在建立的模型中，这三个变量是不是都是必需的？这个问题与第 11 章中讨论的多元回归方程的变量选择完全相似. 在通常的回归分析中，拟合的原则是最小化误差平方和，显然，选择变量的关键量也成为误差平方和的压缩量. 现在，在逻辑斯谛回归中，拟合的准则是最大化似然值，在变量选择中当然应当以似然值的改变（更具体地说是对数似然值的改变）作为选择变量的标准. 记 $L(p)$ 为模型中含 p 个变量和一个常数项时的对数似然值. 类似地，记 $L(p+q)$ 为模型中含 $p+q$ 个变量和一个常数项时的对数似然值. 看附加的 q 个变量是否对建模起到显著的影响，我们用两倍的对数似然值的差 $2[L(p+q)-L(p)]$ 表示. 当添加的 q 个变量不显著时，$2[L(p+q)-L(p)]$ 的分布为 q 个自由度的 χ^2 分布（见表 A-3).

我们就用统计量 $2[L(p+q)-L(p)]$ 的大小进行显著性检验. 当这个变量作为 χ^2 统计量取值很小时，显示这附加的 q 个变量对于预测 logit 的值并没有显著的改进. 因此，这 q 个变量对于逻辑斯谛回归模型的建模是不必要的. 大的 χ^2 值显示这 q 个变量有必要保留在模型中. 临界值由这个检验的显著性水平所确定. 当拟合模型的观测值个数 n 比较大时这个检验方法是合理的.

在实际应用中，通常使用简单的图形方法去检测一个变量是否在逻辑斯谛回归模型中具有预测功能. 这种图形工具就是并排箱型图（sidebyside boxplot). 设某一个预测变量的数据按响应变量的值分成若干类，将每一类数据画一个箱型图，这若干个箱型图形成并排箱型图. 若在一个预测变量的并排箱型图中有两个箱型图显著不同，这个变量就对于建立逻辑斯谛回归有意义. 注意这个图形方法并没有涉及变量之间的相关性，而前面介绍的逻辑斯谛回归方法是涉及预测变量之间的相关性的. 当预测变量的个数很大时，并排箱型图提供了一个快速筛选变量的方法.

342~343

现在研究破产数据，我们需要了解变量 X_3 是否可以被删去．我们用变量 X_1 和 X_2 拟合一个逻辑斯谛回归模型，其结果列于表 12-3．由 X_1，X_2 和 X_3 建立的模型的对数似然值为－2.906（见表 12-2），由 X_1 和 X_2 建立的模型的对数似然值为－4.736．这里 $p=2$，$q=1$，$2[L(p+q)-L(p)]=2[L(3)-L(2)]=3.66$．在建立了以变量 X_1 和 X_2 为预测变量的逻辑斯谛回归模型且加入变量 X_3 对预测 logit 的值不起作用的假定之下，$2[L(3)-L(2)]$ 的分布为自由度为 1 的 χ^2 分布．查表 A-3 可知，自由度为 1 的显著性水平 5%的临界值为 3.84．这样我们可以得到结论：在 5%的显著性水平下，我们可以将变量 X_3 删去而不影响模型的有效性．

表 12-3　利用变量 X_1 和 X_2 建立的逻辑斯谛回归模型的结果

变量	系数	标准误	Z 检验	p 值	优势比	95%置信区间	
						下限	上限
常数项	－0.550	0.951	－0.58	0.563			
X_1	0.157	0.075	2.10	0.036	1.17	1.01	1.36
X_2	0.195	0.122	1.59	0.112	1.21	0.96	1.54
对数似然＝－4.736		G=82.024		自由度＝2		p 值＜0.000	

现在再看，我们能不能删去变量 X_2．我们将响应变量相对于变量 X_1 的逻辑斯谛回归的计算结果列于表 12-4，其对数似然值为－7.902．检验统计量 $2[L(2)-L(1)]=6.332$．前面已经指出，当建立了以变量 X_1 为预测变量的逻辑斯谛回归模型以后，加入变量 X_2 对预测 logit 的值不起作用的假定之下，$2[L(2)-L(1)]$ 的分布为自由度为 1 的 χ^2 分布，其自由度为 1 的显著性水平 5%的临界值为 3.84．分析显示，我们不能从以 X_1 和 X_2 为预测变量的逻辑斯谛回归模型中删去变量 X_2．可以算得其 p 值为 0.019．在我们预测企业破产概率的问题中，应当从以 X_1 和 X_2 为预测变量的逻辑斯谛回归模型中求得估计．

表 12-4　利用变量 X_1 建立的逻辑斯谛回归模型的结果

变量	系数	标准误	Z 检验	p 值	优势比	95%置信区间	
						下限	上限
常数项	－1.167	0.816	－1.43	0.153			
X_1	0.177	0.057	3.09	0.002	1.19	1.07	1.33
对数似然＝－7.902		G=75.692		自由度＝1		p 值＜0.000	

上述的方法也适用于嵌套模型的检验．一些模型称为嵌套模型是指它们是一个更大的模型的特殊情况．这里的方法与多元线性模型中嵌套模型的假设检验方法是类似的，不过现在使用的检验统计量是依赖于对数似然，而在多元线性模型中检验的基础是误差平方和．

344

在 11.5.3 节中讨论的 AIC 准则和 BIC 准则也可用于逻辑斯谛回归模型的选择．对于有 p 个变量的逻辑斯谛回归模型，AIC 和 BIC 的定义如下：

$$\text{AIC} = -2(\text{拟合模型的对数似然值}) + 2p \tag{12.7}$$

$$\text{BIC} = -2(\text{拟合模型的对数似然值}) + p\ln(n) \tag{12.8}$$

表 12-5 列出本例所有可能模型的 AIC 和 BIC 值．按 AIC 准则，最好的模型是包含三个变量的模型（AIC 值最小）．按 BIC 准则，(X_1，X_2）是最好的模型，但是包含三个变量模型也是合适的（两个 BIC 值之差不超过 2)．

表 12-5　不同的逻辑斯谛回归模型的 AIC 和 BIC 值

变量	AIC	BIC	变量	AIC	BIC
$X_1X_2X_3$	13.81	22.57	X_1	19.80	24.18
X_1X_2	15.47	22.04	X_2	34.50	38.88
X_1X_3	18.12	24.69	X_3	92.46	96.84
X_2X_3	33.40	39.97	无预测变量	93.50	95.69

12.7　逻辑斯谛回归的拟合度

对多元线性回归模型的拟合度有很多度量，R^2 是其中的代表．但是，对逻辑斯谛回归，没有令人满意的度量．人们特地为逻辑斯谛回归设计一些度量，这些度量大多是似然比的函数．但是这些度量提供的信息并不充分．我们考虑另外一种方法．

建立逻辑斯谛回归方程的目的是对 Y 取两个值（0 或 1）的概率建模．我们用模型对观测值进行分类，用分类的准确度评判模型的拟合度．具体讲，将样本值代入拟合的逻辑斯谛回归方程，得到 logit 的拟合值．由这个拟合值，计算得到相应概率的拟合值．如果概率的拟合值大于 0.5，则将这个样本判为第一类（$Y=1$)，否则判为第二类（$Y=0$)．这样，对每一个观测值，作出相应判断以后，计算相应的判断正确率．判断正确率高，说明所建立的模型是合适的，反之，正确判断率低，说明所建立的模型表现差．

345

在文献中，有人提出不用 0.5 作为分类的临界点．但是，只有在具有某些辅助信息时，才考虑使用其他临界点（例如误分类的费用信息，或两类在总体中的出现频率的信息等)．一般情况下，建议采用 0.5 作为判断的临界点．

一个逻辑斯谛回归模型要有多高的判断正确率才算是一个有效的回归模型？这仍然是一个难以回答的问题．现在假定，总的样本量为 n，其中有 n_1 个个体属于第一类，n_2 个个体属于第二类（$n=n_1+n_2$)．如果我们将所有的个体判断成其中某一类，那么我们的判断正确率为 n_1/n 或 n_2/n．我们可将 max（n_1/n，n_2/n）作为基准的判断正确率．那么只有当逻辑斯谛回归方程的判断正确率大大地高于这个基准的判断正确率才能认为这个回归模型是有效的．

对于我们已经分析的破产数据，逻辑斯谛回归模型的表现很好．就以变量组（X_1，X_2）所建立的逻辑斯谛回归模型来看，有偿付能力这一组内，只有一个企业（第 36 号样本点）被错判，而 2 年后破产的这一组内，也有一个企业（第 9 号样本点）被错判．总的判断正确率为（64/66)＝0.97，这大大地高于这个问题的基准正确率 0.5．

上述的计算分类判断正确率的概念已经得到推广．这种推广可以用于判断逻辑斯谛回归模型的有效性．这种推广了的判断正确率称为协调性指标[⊖]（concordence index)，用记号

⊖　为了使中文读者理解这个概念，文中使用记号详加解释协调性指标．——译者注

C表示之. C是一个统计量，其定义如下：将响应变量分成两类，其中一类的响应变量的值为 0，另一类的值为 1. 每一类中各拿出一个个体形成一对，其相应的响应变量的值记作 (y_0, y_1)（实际上，$y_0=0$，$y_1=1$）. 将所有这样的个体对的总数记为 N. 现在根据拟合的逻辑斯谛方程做出个体分类的预测. 对上述选出的每对个体，记其相应的分类的预测为 $(\hat{y}_0, \hat{y}_1)$，记

$$m=\begin{cases}1, & \text{如}\ \hat{y}_0<\hat{y}_1, \\ 0.5, & \text{如}\ \hat{y}_0=\hat{y}_1, \\ 0, & \text{其他}.\end{cases}$$

将这些 m 的值累加，得到 M，协调性指标 $C=M/N$. 协调性指标 C 的值处于 0.5 到 1 之间. C 的值靠近 0.5，说明相应的逻辑斯谛回归的表现很差（跟乱猜差不多），C 的值接近 1，说明逻辑斯谛回归的效率很高.（人为地反着判断也可以使 C 的值接近于 0，但这不是我们研究的对象，因此总是假定 C 的值在 0.5 到 1 之间.）对于破产数据，三个变量 (X_1, X_2, X_3) 的逻辑斯谛回归模型，其相应的 C 值为 0.99，说明所建立的回归模型的效率很高. 现在有几个计算软件，提供 C 值的计算.

在评价逻辑斯谛回归的效率时，使用判断正确率是一个具有实用价值的方法，但是，也必须十分小心对待. 实际上，逻辑斯谛回归主要用于这个总体的新的个体的预测. 若真用起来，其结果并不像我们所期望的那样理想. 分类的正确率有向上的偏差. 产生偏差的原因是同一组数据，既用于建立模型，又用于判断模型预测的准确性. 由一组数据所建立的模型，用在同一组数据上，效果总是偏好. 对于分类正确率的估计的偏性可以用刀切法或自助法等重抽样方法消除. 我们不再在此处讨论这个问题. 读者可参考 Efron（1982）或 Diaconis and Efron（1983）等著作.

346

12.8 多项 Logit 模型

我们前面讨论的逻辑斯谛回归，其响应变量是二值变量，典型的情况是，试验成功取值为 1，失败取值为 0. 逻辑斯谛回归可以推广到响应变量可以取两个值以上的情况. 在一个上班所用交通工具的研究中，响应变量的取值可以是：私人汽车、合伙乘车、公交车、自行车和走路. 取值共有 5 个类别，而这些类别又没有自然次序. 我们希望了解这种上班交通方式的选择与年龄、性别、收入和出行距离等因素的关系. 这个问题与以前讨论的二值响应变量的逻辑斯谛回归十分相似，只需稍作修改就可以解决响应变量为多个取值的问题. 相应的模型称为*多项逻辑斯谛回归模型*.

上面的例子中，响应变量取值的类别是没有自然次序的. 但在有些情况下，各个类别之间有次序. 在问卷调查中，对所问问题的回答可以是十分同意、同意、无所谓、不同意和反对，显然，对问题的不同态度之间有一个次序. 在临床试验中，某种治疗方案的效果可分为：改进、没有变化和情况更坏. 对于响应变量取值有序的情况，可采用*比例优势模型*（proportional odds model）处理. 我们将在 12.8.3 节中讨论此类模型.

12.8.1 多项逻辑斯谛回归

假定我们有 p 个解释变量（即预测变量）的 n 个独立观测．定量的响应变量可取 k 个值．为了建立 logit 模型，我们将 k 个类别中的一个类别设成基础类别．其类别的 logit 值都相对于这个基础类别．在我们设立的模型中，令类别 k 为基础类别．由于各个类别是平等的，任何类别都可以设为类别 k．令 π_j 为一个个体的响应变量取值于第 j 个类别的概率．我们希望建立这个概率与预测变量 X_1，X_2，…，X_p 的关系．其多元逻辑斯谛回归方程为

$$\ln\left(\frac{\pi_j(x_i)}{\pi_k(x_i)}\right)=\beta_{0j}+\beta_{1j}x_{1i}+\beta_{2j}x_{2i}+\cdots+\beta_{pj}x_{pi};\quad \begin{aligned}j&=1,2,\cdots,(k-1),\\ i&=1,2,\cdots,n.\end{aligned}$$

由于所有的 π 的总和为 1，上式变成

$$\ln(\pi_j(x_i))=\frac{\exp(\beta_{0j}+\beta_{1j}x_{1i}+\beta_{2j}x_{2i}+\cdots+\beta_{pj}x_{pi})}{1+\sum_{j=1}^{k-1}\exp(\beta_{0j}+\beta_{1j}x_{1i}+\beta_{2j}x_{2i}+\cdots+\beta_{pj}x_{pi})},$$

其中 $j=1$，2，…，$(k-1)$，$i=1$，2，…，n．式中的模型参数可用最大似然方法进行估计．关于这个模型的计算，一般的统计软件可提供具体的计算．我们用例子解释其方法． 347

12.8.2 例子：确定化学糖尿病

为了确定糖尿病的治疗和病人的保养，我们必须判定病人是化学糖尿病[⊖]或是显性糖尿病．表 12-6 和表 12-7 是为了研究化学糖尿病的特性而收集的数据．数据来自 145 名非肥胖的志愿者，他们具有相同的生活规律．原始数据具有很多测量值，但是我们只采用其中三个指标．它们是胰岛素反应水平（IR）、测定胰岛素抵抗的稳态血糖浓度（SSPG）和相对体重（RW）．每个志愿者的临床分类（CC）为（1）显性糖尿病、（2）化学糖尿病和（3）正常．数据来自 Andrews and Herzberg（1985）．关于这个问题的详细研究可从Reaven and Miller（1979）得到．

表 12-6 糖尿病数据：相对体重、胰岛素水平、血糖浓度和临床分类（病人号 1～90）

病人号	RW	IR	SSPG	CC	病人号	RW	IR	SSPG	CC
1	0.81	124	55	3	11	0.90	221	53	3
2	0.95	117	76	3	12	0.73	178	66	3
3	0.94	143	105	3	13	0.96	136	142	3
4	1.04	199	108	3	14	0.84	200	93	3
5	1.00	240	143	3	15	0.74	208	68	3
6	0.76	157	165	3	16	0.98	202	102	3
7	0.91	221	119	3	17	1.10	152	76	3
8	1.10	186	105	3	18	0.85	185	37	3
9	0.99	142	98	3	19	0.83	116	60	3
10	0.78	131	94	3	20	0.93	123	50	3

⊖ 化学糖尿病是 2003 年后出现的新名词，意为准糖尿病．——译者注

（续）

病人号	RW	IR	SSPG	CC	病人号	RW	IR	SSPG	CC
21	0.95	136	47	3	56	1.01	158	96	3
22	0.74	134	50	3	57	0.88	73	52	3
23	0.95	184	91	3	58	0.75	81	42	3
24	0.97	192	124	3	59	0.99	151	122	2
25	0.72	279	74	3	60	1.12	122	176	3
26	1.11	228	235	3	61	1.09	117	118	3
27	1.20	145	158	3	62	1.02	208	244	2
28	1.13	172	140	3	63	1.19	201	194	2
29	1.00	179	145	3	64	1.06	131	136	3
30	0.78	222	99	3	65	1.20	162	257	2
31	1.00	134	90	3	66	1.05	148	167	2
32	1.00	143	105	3	67	1.18	130	153	3
33	0.71	169	32	3	68	1.01	137	248	3
34	0.76	263	165	3	69	0.91	375	273	3
35	0.89	174	78	3	70	0.81	146	80	3
36	0.88	134	80	3	71	1.10	344	270	2
37	1.17	182	54	3	72	1.03	192	180	3
38	0.85	241	175	3	73	0.97	115	85	3
39	0.97	128	80	3	74	0.96	195	106	3
40	1.00	222	186	3	75	1.10	267	254	3
41	1.00	165	117	3	76	1.07	281	119	3
42	0.89	282	160	3	77	1.08	213	177	2
43	0.98	94	71	3	78	0.95	156	159	3
44	0.78	121	29	3	79	0.74	221	103	3
45	0.74	73	42	3	80	0.84	199	59	3
46	0.91	106	56	3	81	0.89	76	108	3
47	0.95	118	122	3	82	1.11	490	259	3
48	0.95	112	73	3	83	1.19	143	204	2
49	1.03	157	122	3	84	1.18	73	220	3
50	0.87	292	128	3	85	1.06	237	111	2
51	0.87	200	233	3	86	0.95	748	122	2
52	1.17	220	132	3	87	1.06	320	253	2
53	0.83	144	138	3	88	0.98	188	211	2
54	0.82	109	83	3	89	1.16	607	271	2
55	0.86	151	109	3	90	1.18	297	220	2

表 12-7 糖尿病数据：相对体重、胰岛素水平、血糖浓度和临床分类（病人号 91～145）

病人号	RW	IR	SSPG	CC	病人号	RW	IR	SSPG	CC
91	1.20	232	276	2	99	1.10	564	206	2
92	1.08	480	233	2	100	1.12	408	300	2
93	0.91	622	264	2	101	0.96	325	286	2
94	1.03	287	231	2	102	1.13	433	266	2
95	1.09	266	268	2	103	1.07	180	239	2
96	1.05	124	60	2	104	1.10	392	242	2
97	1.20	297	272	2	105	0.94	109	157	2
98	1.05	326	235	2	106	1.12	313	267	2

（续）

病人号	RW	IR	SSPG	CC	病人号	RW	IR	SSPG	CC
107	0.88	132	155	2	127	0.90	118	300	1
108	0.93	285	194	2	128	0.97	159	310	1
109	1.16	139	198	2	129	1.16	73	458	1
110	0.94	212	156	2	130	1.12	103	339	1
111	0.91	155	100	2	131	1.07	460	320	1
112	0.83	120	135	2	132	0.93	42	297	1
113	0.92	28	455	1	133	0.85	13	303	1
114	0.86	23	327	1	134	0.81	130	152	1
115	0.85	232	279	1	135	0.98	44	167	1
116	0.83	54	382	1	136	1.01	314	220	1
117	0.85	81	378	1	137	1.19	219	209	1
118	1.06	87	374	1	138	1.04	100	351	1
119	1.06	76	260	1	139	1.06	10	450	1
120	0.92	42	346	1	140	1.03	83	413	1
121	1.20	102	319	1	141	1.05	41	480	1
122	1.04	138	351	1	142	0.91	77	150	1
123	1.16	160	357	1	143	0.90	29	209	1
124	1.08	131	248	1	144	1.11	124	442	1
125	0.95	145	324	1	145	0.74	15	253	1
126	0.86	45	300	1					

从预测变量的并排箱型图可以看出三个类别的志愿者的 IR 和 SSPG 的分布具有差别（见图 12-5）. 利用变量 IR、SSPG 和 RW 的多项逻辑斯谛回归模型的计算结果列于表 12-8. 每个逻辑斯谛回归模型都是相对于正常志愿者而求的.

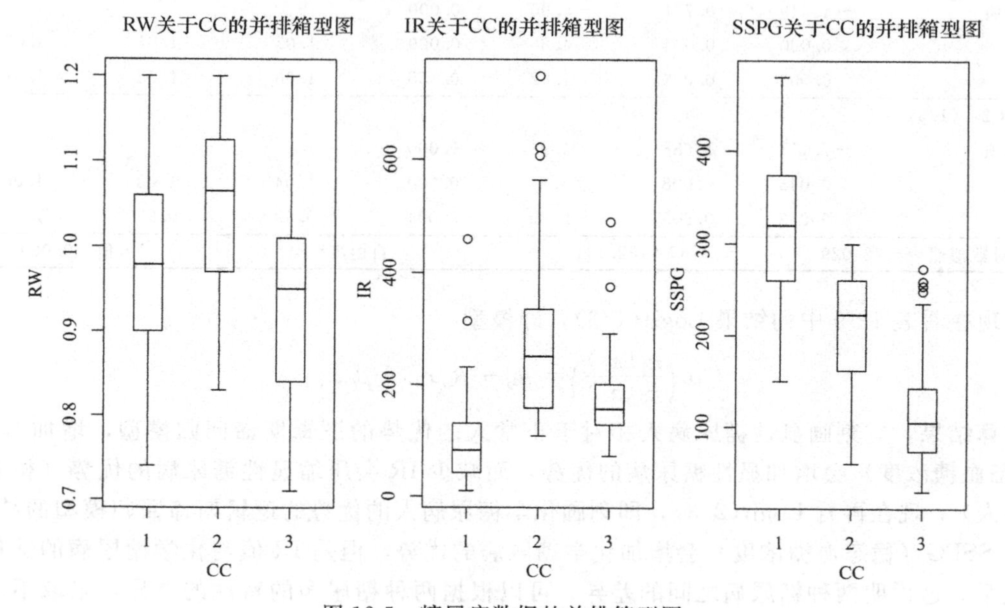

图 12-5　糖尿病数据的并排箱型图

表 12-8 糖尿病数据：以 RW、SSPG 和 IR 为预测变量的多项逻辑斯谛回归计算结果（用正常人的数据作为比较基础）

变量	系数	标准误	Z 检验	p 值	优势比	95%置信区间	
						下限	上限
Logit 1：(2/3)							
常数项	−7.615	2.336	−3.26	0.001			
RW	3.473	2.446	1.42	0.156	32.23	0.27	3 894.2
SSPG	0.016	0.005	3.29	0.001	1.02	1.01	1.03
IR	0.004	0.002	1.53	0.127	1.00	1.00	1.01
Logit 2：(1/3)							
常数项	−1.845	3.463	−0.53	0.594			
RW	−5.866	3.867	−1.52	0.129	0.00	0.00	5.53
SSPG	0.046	0.009	4.92	0.000	1.05	1.03	1.07
IR	−0.0134	0.005	−2.66	0.008	0.99	0.98	1.00
对数似然＝−68.415		G=159.369		自由度＝6		p 值<0.000	

从表 12-8 的结果看出，在每一个 logit 模型中，RW 都不显著．这个结果也可以从 RW 的并排箱型图得到证实．现在考虑两个变量 IR 和 SSPG 的多项逻辑斯谛回归模型，其计算结果列于表 12-9.

表 12-9 糖尿病数据：以 SSPG 和 IR 为预测变量的多项逻辑斯谛回归计算结果（用正常人的数据作为比较基础）

变量	系数	标准误	Z 检验	p 值	优势比	95%置信区间	
						下限	上限
Logit 1：(2/3)							
常数项	−4.549	0.771	−5.90	0.000			
SSPG	0.020	0.004	4.38	0.000	1.02	1.01	1.03
IR	0.003	0.002	1.42	0.155	1.00	1.00	1.01
Logit 2：(1/3)							
常数项	−7.111	1.688	−4.21	0.000			
SSPG	0.043	0.008	5.34	0.000	1.04	1.03	1.06
IR	−0.013	0.005	−2.89	0.004	0.99	0.98	1.00
对数似然＝−72.029		G=152.141		自由度＝4		p 值<0.000	

现在看表 12-9 中的结果 Logit(1/3)，即模型

$$\ln\left(\frac{\pi_1(x_i)}{\pi_3(x_i)}\right)=\beta_{0j}+\beta_{1j}x_{1i}+\beta_{2j}x_{2i}$$

的计算结果，它刻画显性糖尿病人相对于正常人的优势的逻辑斯谛回归模型，增加 SSPG（稳态血糖浓度）会增加显性糖尿病的优势，而减少 IR 会压缩显性糖尿病的优势（相对于正常人）．现在再看 Logit(2/3)，即刻画化学糖尿病人的优势的逻辑斯谛回归模型的结果，增加 SSPG（稳态血糖浓度）会增加化学糖尿病的优势，但是 IR 值与化学糖尿病的优势没有关系．这说明两种糖尿病之间的差异，可以根据两种糖尿病的特性的差异，采取不同的处理方案.

上述分析中，我们用正常人的数据作为比较的基础，但是我们也可以作其他的比较．例如下式可以导出显性糖尿病相对于化学糖尿病的模型 Logit (1/2)

$$\mathrm{Logit}(1/2) = \mathrm{Logit}(1/3) - \mathrm{Logit}(1/3), \tag{12.9}$$

348~351

即回归方程 Logit(1/2) 可从上式右边的相应方程的计算得到．

我们也可以利用逻辑斯谛回归模型将观测个体进行分类，以判别所建立模型的好坏．其方法与二项逻辑斯谛回归模型相仿．对每一个个体，计算其属于各个类别的概率的估计值，并将该个体归入概率最大的那个类．各个个体分类的统计列于表 12-10．

表 12-10 利用多项逻辑斯谛回归对糖尿病数据分类

病人类别	预测			总和
	(1)	(2)	(3)	
(1)	27	3	3	33
(2)	1	22	13	36
(3)	2	5	69	76
总和	30	30	85	145

我们看出，总共有 145 个个体，其中 118 个个体的分类是正确的，即 81% 的个体的分类是正确的．如果我们将所有的个体归入同一个类别，其最大的正确判别概率为 52% (76/145)．由此看出，多项逻辑斯谛回归对这组数据的表现是很好的．多项逻辑斯谛回归模型是一个很有效的分析工具，应该具有更广泛的应用领域．

12.8.3 顺序值逻辑斯谛回归

在以前的研究中，响应变量是定性的，并且变量的取值类别可以多于 2 个，各取值之间没有一种次序关系．但是，实际情况中，这些类别之间可以是有序的．在消费满意度调查中，顾客的反应可以分成几类，十分满意、满意、不满意和很不满意．分析人员希望从社会经济学角度和人类学角度去寻找影响消费满意度的因素．现在，我们要特别关心这种有顺序的分类变量的处理问题．实际上，只需将原有的逻辑斯谛回归模型稍加修改就可以用于处理这类有顺序值响应变量问题．有许多逻辑斯谛回归模型是基于累积概率的．这里介绍其中之一，称为*比例优势模型* (proportional odds model)．

我们假定有 n 个独立的观测个体，每个个体有 p 个预测变量．响应变量取值于 k 个类别 (1, 2, …, k)．我们假定这 k 个类别是有序的，用数字的自然次序表示这种序．用 Y 表示响应变量，Y 的累积分布为

$$F_j(x_i) = \Pr(Y \leqslant j \mid X_1 = x_{i1}, \cdots, X_p = x_{ip}); \quad j = 1, 2, \cdots, (k-1).$$

下面给出的公式就是比例优势模型，

$$L_j(x_i) = \ln\left(\frac{F_j(x_i)}{1-F_j(x_i)}\right) = \beta_{0j} + \beta_{1j}x_{1i} + \beta_{2j}x_{2i} + \cdots + \beta_{pj}x_{pi},$$

其中 $j=1, 2, \cdots, (k-1)$．对累积分布函数求 logit 的解释如下．将原来的响应变量落入范围 1, 2, …, j 看成一个大类，而其余的情况，即响应变量落入范围 $j+1$, …, p，作为第二大类．$\ln\left(\frac{F_j(x_i)}{1-F_j(x_i)}\right)$就是这个新的二值变量的 logit．这种顺序值的逻辑斯谛回归模型可通过最大似然方法进行拟合．有几个统计软件包可以实施这样的计算．当保持其他变量的值保持不变，让一个变量的值增加，而相应的 β 的值又是正的情况下，将会使顺序

352

低的类别的概率值增加. 相对于多项逻辑斯谛回归模型，利用顺序值的逻辑斯谛回归模型可以用较少的参数来刻画一个模型. 关于这个主题的进一步讨论，可参阅 Agresti（2002）和 Simonoff（2003).

12.8.4 例子：重新考察化学糖尿病的确定问题

现在我们利用 12.8.2 节中化学糖尿病数据来解释顺序值逻辑斯谛回归模型. 实际上，糖尿病分类是有顺序的，不过我们在分析多项逻辑斯谛回归模型时，并没有利用这种顺序关系. 糖尿病的发展过程是这样的，从健康（3）发展到化学糖尿病（2）再发展到显性糖尿病（1）这种分类存在一种自然的顺序，现在我们就在分析中利用这种顺序，用数据拟合一个比例优势 logit 模型. 拟合结果列于表 12-11.

表 12-11 糖尿病数据：以 SSPG 和 IR 为预测变量的比例优势逻辑斯谛回归的计算结果

变量	系数	标准误	Z 检验	p 值	优势比	95%置信区间	
						下限	上限
常数项 1	−6.794	0.872	−7.79	0.000			
常数项 2	−4.189	0.665	−6.30	0.000			
IR	−0.004	0.002	−2.30	0.021	1.00	0.99	1.00
SSPG	0.028	0.004	7.73	0.000	1.03	1.02	1.04
对数似然=−81.749		G=132.700		自由度=2		p 值<0.000	

从分析结果看出，模型的拟合程度很好. 两个预测变量与响应变量的分类具有显著的相关性. SSPG 的系数是正的，这说明当其他因素保持不变时，SSPG 值的增加，将会使顺序低的类别的概率值增加. 而 IR 的系数取负值，这说明当其他因素保持不变时，IR 值的增加，将会使高顺序值的类别的概率值增加. 系数的协调性很高（0.90），说明模型的分类能力强. 表 12-12 给出了顺序值逻辑斯谛回归模型的分类结果.

表 12-12 利用顺序值逻辑斯谛回归对糖尿病数据分类

病人类别	预测			总和
	(1)	(2)	(3)	
(1)	26	5	2	33
(2)	3	20	13	36
(3)	0	8	68	76
总和	29	33	83	145

在 145 个病例中，按顺序值逻辑斯谛回归将个体分类，其中 114 个个体的判断是正确的，其判断的正确率为 79%. 这个结果与多项 logit 模型的判断正确率相当. 从理论上讲，顺序值逻辑斯谛回归模型的表现应当比多项逻辑斯谛回归模型更好一些，因为顺序值模型利用了样本中的响应变量取值顺序的信息. 同时我们指出，顺序值的模型中所用的参数个数少于多项模型中的参数个数. 我们的例子中，顺序值模型用了 4 个参数而多项模型中用了 6 个. 关于这个问题的详细讨论，读者可以参考 Agresti（2002）和 Simonoff（2003).

353

12.9 分类问题：另一种方法

利用逻辑斯谛回归模型，可以根据观察个体的几个性能特征的测量值计算个体属于某一分类的概率．也可以根据个体的 logit 值将个体归入两个类别中的一个．这就引出一个统计学概念：分类．当我们的兴趣是预测观察对象的类别时，通常采用的统计方法是判别分析．我们不在此处介绍判别分析方法，但是指出一点，用简单的回归分析方法就可以实现判别分析的任务．读者可以参考 McLachlan（1992）、Rencher（1995）和 Johnson（1998）等著作，那里会详细介绍判别分析方法．

判别分析的基本思想是找到一个预测变量 X_1，…，X_p 的线性组合，使得这个组合的值尽可能地把两类个体分开．一种寻找预测变量线性组合的方法是拟合一个多元回归方程，实现两类个体的判别．在回归方程中，响应变量 Y 取值为 0 和 1，即个体的分类，预测变量就是个体的特征量 X_1，…，X_p．线性组合的值有可能超出 0 和 1 的范围，但这没有关系，我们的目的不是预测概率，而是分辨个体所属的类别．我们对所有的观测样本计算线性组合值的平均值，若某个个体的线性组合值大于这个平均值，就判断这个个体属于 $Y=1$ 这个类别，反之，若某个个体的线性组合值小于这个平均值，就判断这个个体属于 $Y=0$这个类别．对于这个方法，我们也可计算全部样本的判别正确率．在这个方法中，也有选择哪些变量参与到判别方程中的问题，其选择方法与多元回归中的变量选择方法完全相同．

354

我们用企业破产数据来解释刚才介绍的判别方法．表 12-13 给出 OLS 的计算结果．预测变量为 X_1，X_2 和 X_3，Y 是刻画 2 年后企业是否具有偿付能力的二值响应变量．三个变量在回归方程中都是显著的，它们应该保留在回归方程中．

表 12-13　Y 对 X_1，X_2 和 X_3 的 OLS 回归的计算结果

变量	系数	标准误	t 检验	p 值
常数项	0.322	0.087	3.68	0.000 5
X_1	0.003	0.001	3.76	0.000 4
X_2	0.004	0.001	2.96	0.004 4
X_3	0.149	0.045	3.28	0.001 7
$n=66$	$R^2=0.57$	$R_a^2=0.55$	$\hat{\sigma}=0.338\,3$	自由度=62

表 12-14 给出了 Y 的观测值，利用多元回归方程得到的 Y 的预测值以及根据判别方程确定企业是否具有偿付能力的分类值．Y 的样本均值为 0.5．若 Y 的预测值小于 0.5，则判断该企业 2 年后会破产，即 Y 的判断值为 0．而 Y 的预测值大于 0.5 的个体，其 Y 的判断值为 1（即认为 2 年以后企业具备偿付能力）．在表中，错误判断的个体上面打一星号．从表中看出，有 5 家破产企业被误判为具备偿付能力，有一家有偿付能力的企业被误判为破产企业．而利用逻辑斯谛回归进行判别，只有一家破产企业和一家有偿付能力的企业被误判．对于表 12-2 的企业破产数据，逻辑斯谛回归的表现比多元回归的表现好，这也符合常识．逻辑斯谛回归并不像多元回归那样，要求预测变量遵从正态假设．因此对于判别问题或分类问题，我们推荐利用逻辑斯谛回归方法．如果手头没有逻辑斯谛回归的软件包，也可以试试多元回归方法．

表 12-14 利用多元回归预测值进行判别的结果

企业编号	Y	拟合值	判断值	企业编号	Y	拟合值	判断值
1	0	−0.00	0	34	1	0.72	1
2	0	0.48	0	35	1	0.82	1
3	0	−0.12	0	36	1	0.73	1
4	0	0.31	0	37	1	0.80	1
5	0	0.23	0	38	1	0.65	1
6	0	0.14	0	39	1	0.80	1
7	0	0.33	0	40	1	0.75	1
8	0	−0.32	0	41	1	0.76	1
9	0	0.52	1*	42	1	0.83	1
10	0	0.12	0	43	1	1.10	1
11	0	0.23	0	44	1	1.42	1
12	0	−0.07	0	45	1	0.86	1
13	0	−0.80	0	46	1	0.66	1
14	0	0.55	1*	47	1	0.81	1
15	0	0.03	0	48	1	0.58	1
16	0	−0.45	0	49	1	0.97	1
17	0	0.64	1*	50	1	1.03	1
18	0	0.45	0	51	1	0.77	1
19	0	0.44	0	52	1	0.48	0*
20	0	0.14	0	53	1	0.60	1
21	0	0.22	0	54	1	0.74	1
22	0	0.37	0	55	1	0.81	1
23	0	0.18	0	56	1	0.84	1
24	0	0.05	0	57	1	0.62	1
25	0	0.55	1*	58	1	0.81	1
26	0	0.56	1*	59	1	0.74	1
27	0	0.39	0	60	1	0.84	1
28	0	0.34	0	61	1	0.86	1
29	0	0.39	0	62	1	0.80	1
30	0	0.26	0	63	1	0.68	1
31	0	0.39	0	64	1	0.83	1
32	0	0.12	0	65	1	0.61	1
33	0	0.44	0	66	1	0.59	1

注：*错误的分类观测.

习题

12.1 从诊断图 12-2、图 12-3 和图 12-4 看出在破产数据中有三个非正常观测值．将这三个数据剔除，拟合一个逻辑斯谛回归模型．将你的结果与 12.5 节中的结果比较．剔除了三个非正常观测值以后，逻辑斯谛回归结果是否引起了很大的改变？

12.2 表 12-3 给出了 Y 相对于 X_1 和 X_2 的逻辑斯谛回归的拟合结果．对这个结果进行各种不同的回归诊断，看有没有非正常观测值．

355~356

12.3 在火箭推进器上有一个部件称为 O 型环，在火箭发射过程中它是防止爆炸的一个关键部件（也是造成爆炸的主要原因）．这个问题的背景资料的详细讨论可从文献“挑战者号航天飞机的飞行” Chatterjee and Simonoff (1995, pp. 33-35) 中找到．每次飞行都有 6 个 O 型环潜在地可能被破坏．

表 1-11 给出了 23 次飞行的记录，这些记录也可以从本书的网站上查到. 每次飞行都有若干 O 型环遭到破坏，同时还有发射时的温度.

(a) 拟合一个 O 型环遭到破坏的概率相对于发射温度的逻辑斯谛回归模型. 解释其系数.

(b) 第 18 次飞行的温度是 75 ℉，并且认为是有疑问的，因此将这个数据剔除. 剔除这个数据以后，对剩下的数据拟合一个逻辑斯谛回归模型. 解释其系数.

(c) 从拟合的模型，找出气温为 31 ℉的条件下 O 型环失效的概率. 这是挑战者号最后一次致命发射那天的天气预报值，即 1986 年 1 月 20 日的天气预报值.

(d) 你会不会建议在那样的天气条件下发射?

12.4 表 12-15 给出了 1969 年美国橄榄球协会（AFL）和国家橄榄球协会（NFL）射门数据，该数据可在本书的网站上查到. 记 $\pi(X)$ 为自 X 码外射中球门的概率.

(a) 对每个协会，拟合模型

$$\pi(X)=\frac{e^{\beta_0+\beta_1 X+\beta_2 X^2}}{1+e^{\beta_0+\beta_1 X+\beta_2 X^2}}.$$

(b) 记 Z 为代表协会的示性变量，即

$$Z=\begin{cases}1, & \text{协会为 AFL},\\ 0, & \text{协会为 NFL}.\end{cases}$$

将两个协会的数据合起来，并且把示性变量 Z 也包含进来，拟合模型

$$\pi(X,Z)=\frac{e^{\beta_0+\beta_1 X+\beta_2 X^2+\beta_3 Z}}{1+e^{\beta_0+\beta_1 X+\beta_2 X^2+\beta_3 Z}}.$$

(c) 上式中二次项是否显著?

(d) 对于给定的距离，两个协会的射中概率是否相同?

表 12-15 1969 年美国橄榄球协会（AFL）和国家橄榄球协会（NFL）射门数据，变量 Z 是橄榄球协会的示性变量

协会	距离	成功次数	射门次数	Z	协会	距离	成功次数	射门次数	Z
NFL	14.5	68	77	0	AFL	14.5	62	67	1
NFL	24.5	74	95	0	AFL	24.5	49	70	1
NFL	34.5	61	113	0	AFL	34.5	43	79	1
NFL	44.5	38	138	0	AFL	44.5	25	82	1
NFL	52.0	2	38	0	AFL	52.0	7	24	1

12.5 利用表 1-12 中的数据（1.3.8 节中给出了数据的说明）：

(a) 乡村的设备与非乡村的设备有区别吗? 利用逻辑斯谛回归方法找到最合适的模型.

(b) 医院的特征是如何影响医院的医疗护理收入的? 利用逐步方法找到最好的模型.

12.6 利用表 12-6 和表 12-7 的糖尿病数据分析：

(a) 在利用 IR 和 SSPG 的多元逻辑斯谛回归模型中，指出若加进变量 RW，并不能显著地改进糖尿病分类的判别正确率.

(b) 拟合一个顺序值逻辑斯谛回归模型，其目的是用 RW、IR 和 SSPG 解释病型分类. 无论是拟合或病型分类的判别正确率，指出由 3 个解释变量拟合而成的模型不比由两个变量 IR 和 SSPG 拟合而成的模型好.

357

358

第13章　进一步的论题

13.1　引言

本章中我们将讨论两个论题. 其实，在前几章中，我们已经涉及这些论题，但是没有集中讨论它们. 这两个专题就是广义线性模型（Generalized Linear Model，GLM）和稳健回归. 这是两个十分广泛的论题，要详细讨论它们需要写两本很厚的书才能说清楚. 现在我们只能给出一个简单的描述，提供一些例子以说明这些专题的主要概念. GLM 将统计分析的主要任务、线性模型的统计建模的概念高度概括统一起来.

在任何统计分析中我们不能过分强调稳健模型的重要性. 在以前章节中已经介绍了构造稳健模型的方法. 在 13.5 节中我们将专门讨论稳健性的概念. 本章中我们对这两个专题的讨论不可能十分详尽彻底，但是将尽力介绍一些体会.

13.2　广义线性模型

在第 3 章中，我们是这样描述线性模型的：设 Y 是一个响应变量，X_1，X_2，…，X_p 是 p 个预测变量. Y 的一个观测值 Y_i 具有下列表达式：

359

$$Y_i = \beta_0 + \beta_1 X_{i1} + \beta_2 X_{i2} + \cdots + \beta_p X_{ip} + \varepsilon_i = \mu_i + \varepsilon_i, \tag{13.1}$$

其中 μ_i 称为线性预测，ε_i 是随机误差，其分布为高斯（正态）分布.

GLM 从两个方面推广了线性模型. 第一个推广是：ε_i 的分布不再局限于正态分布，是指数族分布. 指数族分布包含若干重要的分布，除了正态分布，还包括二项分布、泊松分布、伽马分布以及逆高斯分布等.

第二个推广是均值函数 μ_i 不再是线性预测，代之以 μ_i 的一个单调可微函数，即

$$h(\mu_i) = \beta_0 + \beta_1 X_{i1} + \beta_2 X_{i2} + \cdots + \beta_p X_{ip}, \tag{13.2}$$

此处 $h(\mu_i)$ 起到联系 μ_i 与线性预测 $\beta_0 + \beta_1 X_{i1} + \beta_2 X_{i2} + \cdots + \beta_p X_{ip}$ 的作用，因此 $h(\mu_i)$ 也称为联系函数.

这两个推广大大扩展了线性模型的范围. 当一个问题不能用线性模型刻画时，GLM 可能派上用处. 这些模型可以用最大似然方法进行拟合. 大部分统计软件含有拟合和分析 GLM 的程序.

Nelder and Wedderburn(1972) 首先引进了 GLM 的概念，后来 McCullagh and Nelder(1989) 将 GLM 发展成系统的理论. 关于计算的细节，读者可参考上述文献. 在 Simonoff(2003) 给出了一个综合论述.

上一章中讨论的逻辑斯谛回归模型就是一个 GLM 的特例，不过我们没有使用 GLM 术语罢了. 现在我们来解释逻辑斯谛回归模型. 我们不将均值 π_i 作为线性预测的对象，而将 $\ln[\pi_i/(1-\pi_i)]$ 作为线性预测的对象. 这样逻辑斯谛回归模型可以看做联系函数为 logit 函数、误差项分布为二项分布的 GLM. 另一个 GLM 的例子为泊松回归模型. 下一节就讨论泊松回归模型.

13.3 泊松回归模型

现在假定响应变量是一个计数的变量，此时泊松回归模型是比较合适的．一个公共卫生研究领域内的专家会对某一领域内的人群的住院人数和人群的相应特征的联系感兴趣．Simonoff（2003）研究龙卷风死亡人数与发生月份、年份以及龙卷风的级别的联系．在 6.4 节中，我们分析了航空损害事故数．因为这些都是计数类型的数据，所以我们可以用泊松回归模型来分析这些数据．在 6.4 节中，我们将响应变量作平方根变换，然后用通常的 OLS 方法来处理这批数据．这是一个近似的方法．现在我们要考虑精确的方法．注意，我们观测到的数据是计数数据，而且这些数据大部分都不是很大，它们的分布应该是泊松分布．

360

泊松回归模型是这样刻画的：响应变量具有泊松分布，均值 μ_i 与线性预测之间的联系是通过对数函数联系起来的：

$$\ln(\mu_i) = \beta_0 + \beta_1 X_{i1} + \beta_2 X_{i2} + \cdots + \beta_p X_{ip}. \qquad (13.3)$$

关于泊松模型的推导和检验与 logit 模型是完全相似的．在某些问题中，我们并不对变量的取值 y_i 感兴趣，而是对"发生率"感兴趣．设在某个测度范围 a_i 内观测到 y_i 个事件，我们要对"发生率" y_i/a_i 建模．实际上我们只需对联系函数做一个修改，

$$\ln(\mu_i) = \beta_0 + \beta_1 X_{i1} + \beta_2 X_{i2} + \cdots + \beta_p X_{ip} + \ln(a_i), \qquad (13.4)$$

此处 $\ln(\mu_i/a_i)$ 是平均发生率的对数值．在发生率的问题中，$\ln(a_i)$ 称为承载量．[⊖]

现在我们用例子来解释泊松回归模型．

13.4 引进新药

表 13-1 中给出美国市场上自 1992 年到 2005 年间为 16 种疾病引进的新药数（D）．此外，还提供了该疾病的每十万人的得病人数（P）以及国家卫生局在 1994 年提供的研究经费（M，单位：百万美元）．这组数据是由 Mount Sinai Medical School 的 Salomeh Keyhani 博士提供的．这是一个大的数据库的一部分．我们只是利用其中 3 个变量说明泊松回归的应用．

表 13-1　新药数据：引进新药数（D）、每十万人的发病数（P）、研究费用（M）和新药数的预测值（$\hat{D}$）

		D	P	M	$\hat{D}$			D	P	M	$\hat{D}$
1	缺血性心脏病	6	8 976	198.4	4.55	9	骨关节炎	5	12 345	151.3	5.54
2	肺癌	3	874	80.2	2.89	10	吸毒毒瘾	1	4 000	442.1	6.48
3	艾滋病	21	1 303	1 049.6	20.29	11	痴呆症	9	8 931	344.1	6.09
4	酗酒	2	18 092	222.6	6.12	12	哮喘病	3	15 919	41.8	4.02
5	脑血管疾病	2	9 467	108.5	3.86	13	结肠癌	2	1 926	70.6	2.92
6	慢性阻塞性肺病	1	4 271	48.9	2.98	14	前列腺癌	4	2 020	40.1	2.75
7	忧郁症	7	12 785	149.5	4.58	15	乳腺癌	9	2 262	159.5	3.52
8	糖尿病	13	37 850	278.4	11.66	16	躁郁症	2	2 418	35.0	2.75

[⊖] 英文为 off-set，我们根据其意义译为承载量，3 年之内出现 2 个重大事故，10 万人中有 3 人得一种稀有疾病，其中 3 年和 10 万人就称为承载量．承载量是一种范围的度量．当然，承载量作变换以后的量（例如 ln(10 万)）仍然称为承载量．——译者注

我们对于响应变量 D 与 P 和 M 的关系感兴趣. 提醒大家注意的是, D 是一个取较小的整数值的随机变量, 因为一种新药进入市场是稀有事件. 泊松分布经常用于为这种稀有事件建模. 我们就为响应变量 D 拟合一个泊松回归模型, 联系函数为对数函数. 其计算结果列于表 13-2.

表 13-2 利用 P 和 M 的泊松回归计算结果

变量	系数	标准误	Z 检验	p 值
常数项	0.877 8	0.207 4	4.233	0.000 0
P	2.700×10^{-5}	9.508×10^{-6}	2.840	0.004 5
M	1.998×10^{-3}	3.008×10^{-4}	6.642	0.000 0
对数似然值 $=-9.721$		自由度 $=2$		AIC=82.14

表中两个 Z 检验值都很大, 说明这两个变量与响应变量 D 的关系是很密切的. AIC[㊀] 的值为 82.14. 拟合值 ($\hat{D}$) 列于表 13-1 的最后一列. 观测值与拟合值的一致程度是令人满意的.

现在我们试着利用通常的最小二乘法进行计算, 比较两种算法的 AIC 值. 利用最小二乘方法的计算结果列于表 13-3.

表 13-3 利用 P 和 M 的线性回归计算结果

变量	系数	标准误	t 检验	p 值
常数项	0.836 2	1.379	0.607	0.554 6
P	1.317×10^{-4}	8.973×10^{-5}	1.467	0.166 1
M	0.016 88	3.378×10^{-3}	4.996	0.000 2
$R^2=0.671$	$R_a^2=0.620$	$\hat{\sigma}=3.292$	自由度 $=13$	AIC=88.207

361～362

表 13-3 的结果显示, 只有 M 的系数是显著的. 前面曾指出, 对于计数变量, 线性回归方法是不合适的. 现在看两种方法的 AIC 值, 泊松回归模型的 AIC 值为 82.1, 而线性模型的 AIC 值为 88.2. 泊松模型的残差模式也比线性回归的表现好. 对于这批数据来说, 泊松回归模型是很合适的.

13.5 稳健回归

利用数据拟合的回归模型必须是稳健的, 即删去 1 个或 2 个观测数据不应该导致模型较大的改变. 在第 4 章 (特别是 4.8 节和 4.9 节) 我们讨论如何找到这些对模型具有较大影响的数据点. 我们的处理方法是剔除这些点, 使得剔除这些点后所建立的模型变得实用和稳定. 现在我们要考虑一种建模方法, 不是简单地剔除这些观测点, 而是削弱这些点对模型的影响. 有若干方法可使回归模型变得稳健. 现在介绍一种简单而有效的方法. 原来的最小二乘方法, 在拟合模型时, 给异常值和高杠杆点太大的权值, 这点已经在 4.8 节和

㊀ 见 11.5.3 节.

4.9 节中说得很明确. 我们可以在拟合模型的过程中采用加权最小二乘（WLS）的方法来减少这些点对拟合的影响. 在施行 WLS 的过程中对高杠杆点、大残差点给以小的权值. 由于权值由残差所确定，每次计算时，残差的值都会改变，因此 WLS 的计算过程是一个迭代的过程. 权的显式形式和计算过程由算法 13.1 给出，其中 Q^j 表示 Q 在第 j 步迭代的值.

算法 13.1

输入：$n\times 1$ 的响应变量（向量）$\boldsymbol{Y}$ 和 $n\times p$ 预测变量矩阵 $\boldsymbol{X}$.

输出：回归系数的加权最小二乘估计和相应的残差向量.

步骤 0：计算回归系数的加权最小二乘估计，其中第 i 个观测值的权值的初始值为 $w_i^0=1/\max(p_{ii},\ p/n)$，其中 p_{ii} 为投影矩阵 $\boldsymbol{P}=\boldsymbol{X}(\boldsymbol{X}^{\mathrm{T}}\boldsymbol{X})^{-1}\boldsymbol{X}^{\mathrm{T}}$ 的第 i 个对角线元素. 记这个估计为 $\hat{\beta}^0$.

步骤 j：对于 $j=1,\ 2,\ \cdots$，直到收敛，计算

$$e^{j-1}=\boldsymbol{Y}-\hat{\boldsymbol{Y}}^{j-1}=\boldsymbol{Y}-\boldsymbol{X}\hat{\beta}^{j-1}, \tag{13.5}$$

这是第 $j-1$ 步的残差向量. 现在计算新的权值

$$w_i^j=\frac{(1-p_{ii})^2}{\max(|e_i^{j-1}|,m_e^{j-1})}, \tag{13.6}$$

其中 m_e^{j-1} 是（$|e_1^{j-1}|$，$\cdots$，$|e_n^{j-1}|$）的中位数. 利用 w_i^j 作为第 j 步回归系数的加权最小二乘估计中第 i 个观测值的权值. 第 j 步的估计值记为 $\hat{\beta}^j$.

从加权最小二乘估计的计算过程可以看出，对于高杠杆点（p_{ii} 值大）或残差大的观测值，其相应的权值很小. 读者可从 Chatterjee and Mächler（1997）找到有关计算过程的细节.

我们提供两个例子，说明其过程.

13.6 拟合一个二次式模型

我们用一个简单的人造数据说明 OLS 方法的问题. 数据见表 13-4，共有两个变量 Y 和 X 的 10 组观测数据. 数据的散点图见图 13-1. 从图中看出，数据具有二次多项式的模式，其最小二乘的拟合结果见表 13-5.

表 13-4 说明稳健回归的人造数据

Y	X	Y	X
18.8	3.4	92.7	12.5
20.5	5.7	124.2	14.2
29.4	7.5	142.4	15.2
45.0	8.8	154.7	15.8
72.4	11.1	118.4	17.9

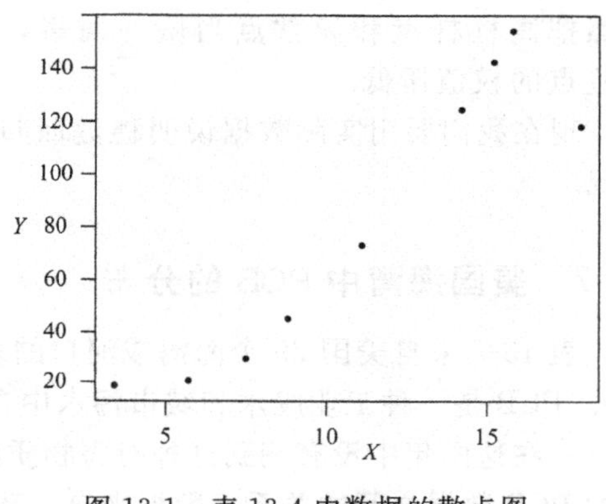

图 13-1 表 13-4 中数据的散点图

表 13-5 表 13-4 中数据的最小二乘回归拟合结果

方差分析表					
方差来源	平方和	自由度	均方	F 检验	p 值
回归	21 206	2	10 603	25.14	0.001
残差	2 952	7	422		

系数表				
变量	系数	标准误	t 检验	p 值
常数项	−28.77	37.69	−0.76	0.470
X	9.329	7.788	1.20	0.270
X^2	0.041	0.359	0.12	0.911
$n=10$	$R^2=0.878$	$R_a^2=0.843$	$\hat{\sigma}=20.5349$	自由度=7

由 Y 对 X 的最小二乘回归拟合的结果看出，无论线性项还是二次项，它们都在统计上不显著．现在用我们已经介绍的稳健回归模型的方法拟合数据，其结果列于表 13-6.

表 13-6 表 13-4 中数据的稳健回归拟合结果

变量	系数	标准误	Z 检验	p 值
常数项	15.261 4	0.800 3	19.07	0.000
X	−3.544 7	0.182 9	−19.38	0.000
X^2	0.783 1	0.009 9	79.10	0.000
$n=10$	$R^2=0.837$	$R_a^2=0.780$	$\hat{\sigma}=41425$	自由度=7

现在将最小二乘回归拟合的曲线和稳健回归拟合的曲线叠加到 Y 关于 X 的散点图上，见图 13-2．显然，稳健回归拟合的曲线比最小二乘拟合的曲线具有明显的优势．最小二乘拟合的曲线被两端的高杠杆点和异常点拉离它的主体部分．而稳健回归拟合的曲线并不受到高杠杆点和异常点的影响，这是因为这些点的权值显著地下降了．这个例子是很直观的．在高维情况，就不直观了．但在高维情况下，稳健回归方法仍然把高杠杆点和异常点当做一回事，将这些点的权值压低．

364~365

现在我们要用实际数据说明稳健回归的情况．

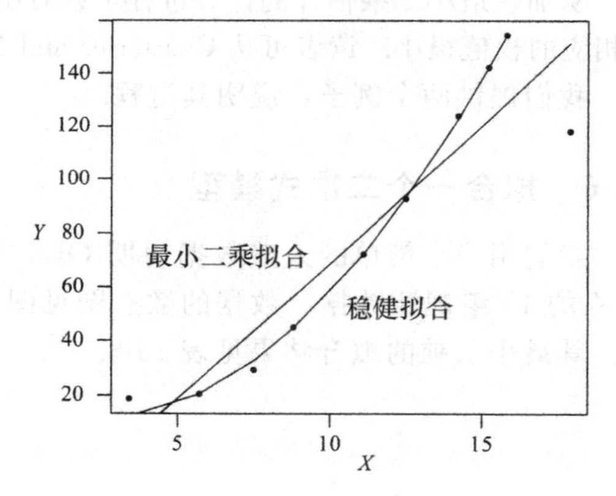

图 13-2 最小二乘拟合曲线和稳健回归拟合曲线叠加于表 13-4 中数据的散点图

13.7 美国海湾中 PCB 的分布

表 13-7 采自美国 29 个海湾或河口的多氯联苯（PCB）浓度数据（1984 年和 1985 年测得）．PCB 是一种工业废水和城市污水中含有的有害健康的化学物质，浓度单位是 10 亿分之一．在这两年中没有测到这种有害物质的海湾或河口没有包含在内．我们希望了解这两年的 PCB 数据之间的关系．数据来自“环境质量，1987—1988”，由环境质量理事会发表.

Chatterjee，Handcock，and Simonoff（1995）对数据进行了详细描述和系统分析.

表 13-7　1984 年和 1985 年美国海湾的 PCB 分布

海湾	PCB84	PCB85	ln(PCB84)	ln(PCB85)
Casco Bay	95.3	77.55	4.556 82	4.350 92
Merrimack River	53.0	29.23	3.969 73	3.375 20
Salem Harbor	533.6	403.10	6.279 61	5.999 18
Boston Harbor	17 104.9	736.00	9.747 12	6.601 23
Buzzards' Bay	308.5	192.15	5.731 59	5.258 28
Narragansett Bay	160.0	220.60	5.074 92	5.396 35
E. Long Island Sound	10.0	8.62	2.302 59	2.154 09
W. Long Island Sound	234.4	174.31	5.457 16	5.160 84
Raritan Bay	443.9	529.28	6.095 58	6.271 52
Delaware Bay	2.5	130.67	0.916 29	4.872 68
Lower Chesapeake Bay	51.0	39.74	3.931 83	3.682 36
Charleston Harbor	9.1	8.43	2.208 27	2.131 80
St. Johns River	140.0	120.04	4.941 64	4.787 83
Apalachicola Bay	12.0	11.93	2.48491	2.479 06
Mississippi R. Delta	34.0	30.14	3.526 36	3.405 85
San Diego Harbor	422.1	531.67	6.045 24	6.276 02
San Diego Bay	6.7	9.30	1.908 06	2.230 01
Dana Point	7.1	5.74	1.954 45	1.747 46
Seal Beach	46.7	46.47	3.843 96	3.838 81
San Pedro Canyon	159.6	176.90	5.072 42	5.175 58
Santa Monica Bay	14.0	13.69	2.639 06	2.616 67
Bodega Bay	4.2	4.89	1.430 31	1.587 19
Coos Bay	3.2	6.60	1.160 02	1.887 07
Columbia River Mouth	8.8	6.73	2.171 34	1.906 58
Nisqually Beach	4.2	4.28	1.442 20	1.453 95
Commencement Bay	20.6	20.50	3.025 29	3.020 42
Elliott Bay	20.6	20.50	3.025 29	3.020 42
Lutak Inlet	5.5	5.80	1.704 75	1.757 86
Nahku Bay	6.6	5.08	1.887 07	1.625 31

为克服数据的歪斜，我们对 PCB 浓度做了对数变换. 表 13-8 给出了最小二乘拟合的结果.

表 13-8　数据表 13-7 中 ln(PCB85) 对 ln(PCB84) 的最小二乘回归计算结果

方差分析表					
方差来源	平方和	自由度	均方	F 检验	p 值
回归	59.605	1	59.605	87.96	0.000
残差	18.296	27	0.678		

系数表				
变量	系数	标准误	t 检验	p 值
常数项	1.001	0.315	3.17	0.004
ln(PCB84)	0.718	0.077	9.38	0.000
$n=29$	$R^2=0.765$	$R_a^2=0.756$	$\hat{\sigma}=0.823$	自由度=27

拟合是有问题的. 其中两个观测值（Boston Harbor 和 Delaware Bay）值得怀疑. 它

们是异常值，残差值分别为−2.12 和 4.11 倍标准差．Boston Harbor 是一个高杠杆点，其 Cook 距离的值也很大．Delaware Bay 不是高杠杆点，但是其 Cook 距离的值也很大．这两个点对拟合具有很大的影响．我们将这两个异常的值剔除以后，再仔细考察这两年的 PCB 值之间的关系．剔除以后，回归计算的结果列于表 13-9．

表 13-9 数据表 13-7 中 ln(PCB85) 对 ln(PCB84) 的最小二乘回归计算结果（Boston 和 Delaware 已经删除）

方差分析表					
方差来源	平方和	自由度	均方	F 检验	p 值
回归	64.712	1	64.712	908.24	0.000
残差	1.781	25	0.071		

系数表				
变量	系数	标准误	t 检验	p 值
常数项	0.093	0.122	0.76	0.456
ln(PCB84)	0.960	0.032	30.14	0.000
$n=27$	$R^2=0.973$	$R_a^2=0.972$	$\hat{\sigma}=0.267$	自由度$=25$

这次的拟合结果比较合理，1984 年和 1985 年这两年的 PCB 水平之间的关系是可以接受的．这种关系对 Boston Harbor 和 Delaware Bay 两处的数据并不适用．这两处的情况代表一种特别的关系，应该引起特别关注．在拟合的过程中将两处的数据剔除，能得到这两年美国海湾 PCB 水平之间更加贴切的关系．

366~368

稳健回归提供了解决问题的另一途径．利用早先介绍的稳健回归的算法，得到下列的模型：

$$\ln(\text{PCB85}) = 0.175 + 0.927\ln(\text{PCB84}). \tag{13.7}$$

(13.7) 中两个系数的标准误分别为 0.25 和 0.005 6．稳健回归所得到的结果与经过回归诊断，将两个观测值剔除以后所得到的结果十分相似．其原因是稳健回归的程序给那两个被剔除的数据点的权值很小，其作用等于将这两个点剔除．稳健回归是由事先设计的程序机械地操作的结果，不需经过人为的回归诊断．在稳健回归的迭代过程中，最后给出的权值也会提示我们，找到有问题的观察点，并对之进行进一步的考察．

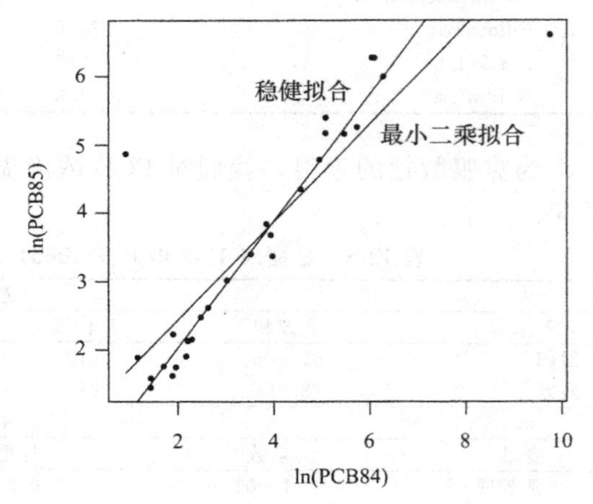

图 13-3 最小二乘拟合曲线和稳健回归拟合曲线叠加于数据表 13-7 中 ln(PCB85) 相对于 ln(PCB84) 的散点图

图 13-3 将普通的最小二乘拟合的曲线与稳健回归曲线画在散点图上．从图上看出，最小二乘拟合的曲线受到异常值和高杠杆点强烈的影响．稳健回归曲线能够正确地跟随数据的主体而不受异常值和高杠杆点的影响．

从 (13.6) 可以看出，当高杠杆点具有较小 p_{ii} 的时候，它会倾向于具有大的权值．这就是所谓的淹没现象．因此，在存在淹没现象时，Chatterjee 和 Mächler 的算法就不是很有效. 对于这些淹没现象，有许多改进的算法能够解决这类问题. 但是，这已经超出了本书的范围. 对于这些问题的详细讨论，读者可以参考 Billor，Chatterjee，and Hadi (2006).

目前有很多文献关注稳健回归. 但在实际中，还没有普及推广. 我们希望这个简单的介绍能引起大家的关注.

369

习题

13.1 利用航空损害事故数据（表 6-6）拟合一个泊松回归模型. 比较三种拟合（最小二乘方法，经过数据变换以后的最小二乘方法和泊松回归拟合），从中确定一种最好的方法.

13.2 利用美国 29 个海湾或河口的多氯联苯（PCB）浓度数据（表 13-7），做一个两年 PCB 数据之间关系的系统研究. 将你的结果与教材中的稳健回归结果进行比较.

13.3 利用表 3-3 中的数据，计算 Y 对 X_1 和 X_3 的回归，其中包括最小二乘回归与稳健回归. 指出两种回归分析的结果相似.

13.4 利用表 6-17 的杂志广告数据，计算 $\ln R$ 对 $\ln P$ 的最小二乘回归. 注意到 15，22，23 和 41 号观察点是有问题的. 这些观察点的数据有特殊意义吗？指出用全部数据求出稳健回归的结果不亚于将这 4 个观察点删去以后的最小二乘回归结果.

13.5 利用表 12-15 的射门数据：

(a) 利用射门次数为承载量 (off-set)，为成功进球次数与射门距离的关系建立一个泊松回归模型.

(b) 为成功进球的概率与射门时的距离的关系建立一个逻辑斯谛回归模型.

(c) 指出在这个问题中逻辑斯谛回归模型比泊松回归模型好.

370

附录A 统 计 表

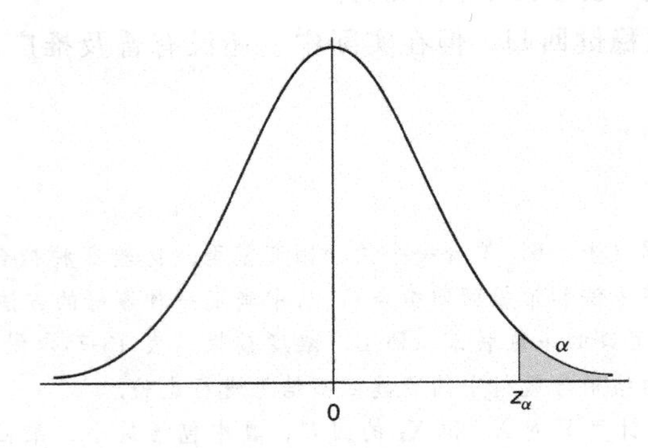

标准正态分布的概率密度函数

表 A-1 临界值 z_α，其中 $\Pr(Z \geqslant z_\alpha) = \alpha$ 及 Z 服从标准正态分布

α	z_α	α	z_α	α	z_α	α	z_α	α	z_α
0.50	0.00	0.050	1.64	0.030	1.88	0.020	2.05	0.010	2.33
0.45	0.13	0.048	1.66	0.029	1.90	0.019	2.07	0.009	2.37
0.40	0.25	0.046	1.68	0.028	1.91	0.018	2.10	0.008	2.41
0.35	0.39	0.044	1.71	0.027	1.93	0.017	2.12	0.007	2.46
0.30	0.52	0.042	1.73	0.026	1.94	0.016	2.14	0.006	2.51
0.25	0.67	0.040	1.75	0.025	1.96	0.015	2.17	0.005	2.58
0.20	0.84	0.038	1.77	0.024	1.98	0.014	2.20	0.004	2.65
0.15	1.04	0.036	1.80	0.023	2.00	0.013	2.23	0.003	2.75
0.10	1.28	0.034	1.83	0.022	2.01	0.012	2.26	0.002	2.88
0.05	1.64	0.032	1.85	0.021	2.03	0.011	2.29	0.001	3.09

数据来源：Adapted from Table 2 of Lindley and Miller (1958), *Cambridge Elementary Statistical Tables*, published by Cambridge University Press, with kind permission of the authors and publishers.

371 ~ 372

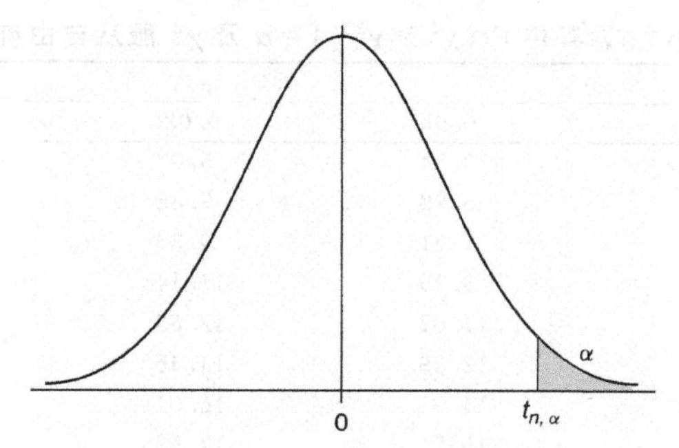

自由度为 n 的学生氏 t 分布的概率密度函数

表 A-2　临界值 $t_{n,\alpha}$，其中 $\Pr(T_n \geqslant t_{n,\alpha})=\alpha$ 及 T_n 服从自由度为 n 的学生氏 t 分布

n	α				
	0.10	0.05	0.025	0.010	0.005
1	3.08	6.31	12.71	31.82	63.66
2	1.89	2.92	4.30	6.97	9.92
3	1.64	2.35	3.18	4.54	5.84
4	1.53	2.13	2.78	3.75	4.60
5	1.48	2.02	2.57	3.36	4.03
6	1.44	1.94	2.45	3.14	3.71
7	1.42	1.89	2.36	3.00	3.50
8	1.40	1.86	2.31	2.90	3.36
9	1.38	1.83	2.26	2.82	3.25
10	1.37	1.81	2.23	2.76	3.17
12	1.36	1.78	2.18	2.68	3.06
14	1.34	1.76	2.14	2.62	2.98
16	1.34	1.75	2.12	2.58	2.92
18	1.33	1.73	2.10	2.55	2.88
20	1.32	1.72	2.09	2.53	2.84
30	1.31	1.70	2.04	2.46	2.75
40	1.30	1.68	2.02	2.42	2.70
60	1.30	1.67	2.00	2.39	2.66
120	1.29	1.66	1.98	2.36	2.62
∞	1.28	1.64	1.96	2.33	2.58

数据来源： Adapted from Table Ⅲ of Fisher and Yates (1963), *Statistical Tables for Biological, Agricultural and Medical Research*, 6th Ed., published by Oliver and Boyd, Edinburgh, with kind permission of the authors and publishers.

373

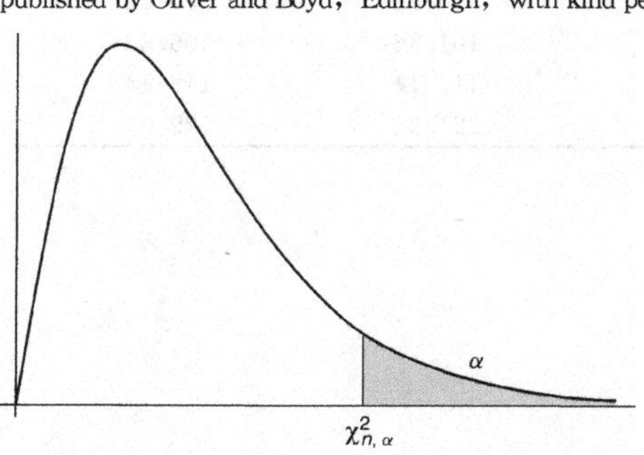

自由度为 n 的 χ^2 分布的概率密度函数

374

表 A-3 临界值 $\chi^2_{n,\alpha}$，其中 $\Pr(\chi^2_n \geqslant \chi^2_{n,\alpha}) = \alpha$ 及 χ^2_n 服从自由度为 n 的 χ^2 分布

n	α				
	0.10	0.05	0.025	0.010	0.005
1	2.71	3.84	5.02	6.63	7.88
2	4.61	5.99	7.38	9.21	10.60
3	6.25	7.81	9.35	11.34	12.84
4	7.78	9.49	11.14	13.28	14.86
5	9.24	11.07	12.83	15.09	16.75
6	10.65	12.59	14.45	16.81	18.55
7	12.02	14.07	16.01	18.48	20.28
8	13.36	15.51	17.53	20.09	21.96
9	14.68	16.92	19.02	21.67	23.59
10	15.99	18.31	20.48	23.21	25.19
11	17.28	19.68	21.92	24.72	26.76
12	18.55	21.03	23.34	26.22	28.30
13	19.81	22.36	24.74	27.69	29.82
14	21.06	23.68	26.12	29.14	31.32
15	22.31	25.00	27.49	30.58	32.80
16	23.54	26.30	28.85	32.00	34.27
17	24.77	27.59	30.19	33.41	35.72
18	25.99	28.87	31.53	34.81	37.16
19	27.20	30.14	32.85	36.19	38.58
20	28.41	31.41	34.17	37.57	40.00
21	29.62	32.67	35.48	38.93	41.40
22	30.81	33.92	36.78	40.29	42.80
23	32.01	35.17	38.08	41.64	44.18
24	33.20	36.42	39.36	42.98	45.56
25	34.28	37.65	40.65	44.31	46.93
26	35.56	38.89	41.92	45.64	48.29
27	36.74	40.11	43.19	46.96	49.65
28	37.92	41.34	44.46	48.28	50.99
29	39.09	42.56	45.72	49.59	52.34
30	40.26	43.77	46.98	50.89	53.67
40	51.81	55.76	59.34	63.69	66.77
50	63.17	67.50	71.42	76.15	79.49
60	74.40	79.08	83.30	88.38	91.95
70	85.53	90.53	95.02	100.42	104.22
80	96.58	101.88	106.63	112.33	116.32
90	107.57	113.14	118.14	124.12	128.30
100	118.50	124.34	129.56	135.81	140.17

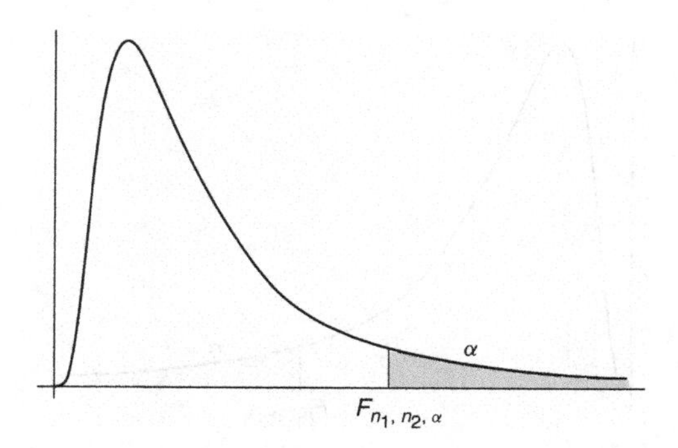

自由度为 n_1（分子）和 n_2（分母）的 F 分布的概率密度函数

表 A-4 5%的临界值 $f_{n_1,n_2;0.05}$，其中 $\Pr(F_{n_1,n_2} \geqslant f_{n_1,n_2;0.05})=0.05$ 及 F_{n_1,n_2} 服从自由度为 n_1（分子）和 n_2（分母）的 F 分布

n_2	n_1								
	1	2	4	6	8	10	12	24	∞
1	161.4	199.5	224.6	234.0	238.9	241.9	243.9	249.1	254.30
2	18.51	19.00	19.25	19.33	19.37	19.40	19.41	19.45	19.50
3	10.13	9.55	9.12	8.94	8.85	8.79	8.74	8.64	8.53
4	7.71	6.94	6.39	6.16	6.04	5.96	5.91	5.77	5.63
5	6.61	5.79	5.19	4.95	4.82	4.74	4.68	4.53	4.36
6	5.99	5.14	4.53	4.28	4.15	4.06	4.00	3.84	3.67
7	5.59	4.74	4.12	3.87	3.73	3.64	3.57	3.41	3.23
8	5.32	4.46	3.84	3.58	3.44	3.35	3.28	3.12	2.93
9	5.12	4.26	3.63	3.37	3.23	3.14	3.07	2.90	2.71
10	4.96	4.10	3.48	3.22	3.07	2.98	2.91	2.74	2.54
11	4.84	3.98	3.36	3.09	2.95	2.85	2.79	2.61	2.40
12	4.75	3.89	3.26	3.00	2.85	2.75	2.69	2.51	2.30
13	4.67	3.81	3.18	2.92	2.77	2.67	2.60	2.42	2.21
14	4.60	3.74	3.11	2.85	2.70	2.60	2.53	2.35	2.13
15	4.54	3.68	3.06	2.79	2.64	2.54	2.48	2.29	2.07
20	4.35	3.49	2.87	2.60	2.45	2.35	2.28	2.08	1.84
25	4.24	3.39	2.76	2.49	2.34	2.24	2.16	1.96	1.71
30	4.17	3.32	2.69	2.42	2.27	2.16	2.09	1.89	1.62
40	4.08	3.23	2.61	2.34	2.18	2.08	2.00	1.79	1.51
60	4.00	3.15	2.53	2.25	2.10	1.99	1.92	1.70	1.39
120	3.92	3.07	2.45	2.17	2.02	1.91	1.83	1.61	1.25
∞	3.84	3.00	2.37	2.10	1.94	1.83	1.75	1.52	1.00

数据来源：Abridged from Table 18 of Pearson and Hartley (1954), *Biometrika Tables for Statisticians*, *Volume I*, published by the Cambridge University Press for the *Biometrika* Trustees, with kind permission of the authors and publishers.

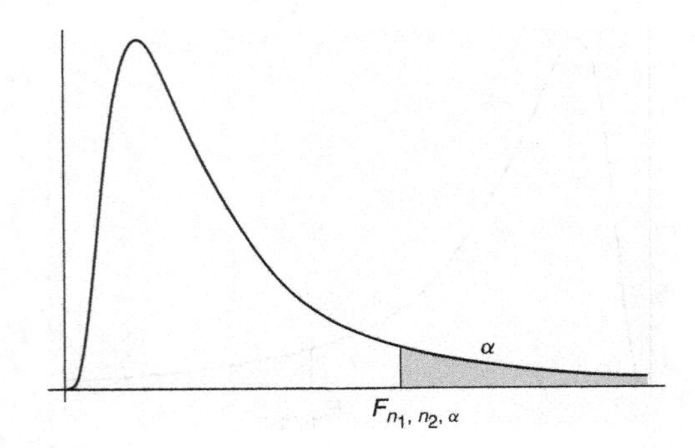

自由度为 n_1（分子）和 n_2（分母）的 F 分布的概率密度函数

表 A-5 1%的临界值 $f_{n_1,n_2;0.01}$，其中 $\Pr(F_{n_1,n_2} \geqslant f_{n_1,n_2;0.01}) = 0.01$ 及 F_{n_1,n_2} 服从自由度为 n_1（分子）和 n_2（分母）的 F 分布

n_2	n_1								
	1	2	4	6	8	10	12	24	∞
1	4 052	5 000	5 625	5 859	5 982	6 056	6 106	6 235	6 366
2	98.50	99.00	99.25	99.33	99.37	99.40	99.42	99.46	99.50
3	34.12	30.82	28.71	27.91	27.49	27.23	27.05	26.60	26.13
4	21.20	18.00	15.98	15.21	14.80	14.55	14.37	13.93	13.46
5	16.26	13.27	11.39	10.67	10.29	10.05	9.89	9.47	9.02
6	13.75	10.92	9.15	8.47	8.10	7.87	7.72	7.31	6.88
7	12.25	9.55	7.85	7.19	6.84	6.62	6.47	6.07	5.65
8	11.26	8.65	7.01	6.37	6.03	5.81	5.67	5.28	4.86
9	10.56	8.02	6.42	5.80	5.47	5.26	5.11	4.73	4.31
10	10.04	7.56	5.99	5.39	5.06	4.85	4.71	4.33	3.91
11	9.65	7.21	5.67	5.07	4.74	4.54	4.40	4.02	3.60
12	9.33	6.93	5.41	4.82	4.50	4.30	4.16	3.78	3.36
13	9.07	6.70	5.21	4.62	4.30	4.10	3.96	3.59	3.17
14	8.86	6.51	5.04	4.46	4.14	3.94	3.80	3.43	3.00
15	8.68	6.36	4.89	4.32	4.00	3.80	3.67	3.29	2.87
20	8.10	5.85	4.43	3.87	3.56	3.37	3.23	2.86	2.42
25	7.77	5.57	4.18	3.63	3.32	3.13	2.99	2.62	2.17
30	7.56	5.39	4.02	3.47	3.17	2.98	2.84	2.47	2.01
40	7.31	5.18	3.83	3.29	2.99	2.80	2.66	2.29	1.80
60	7.08	4.98	3.65	3.12	2.82	2.63	2.50	2.12	1.60
120	6.85	4.79	3.48	2.96	2.66	2.47	2.34	1.95	1.38
∞	6.63	4.61	3.32	2.80	2.51	2.32	2.18	1.79	1.00

数据来源：Abridged from Table 18 of Pearson and Hartley (1954), *Biometrika Tables for Statisticians*, *Volume I*, published at the Cambridge University Press for the *Biometrika* Trustees, with kind permission of the authors and publishers.

377

表 A-6　Durbin-Watson 统计量 d 的分布：d_L 和 d_U 的 5% 显著点（p 为预测变量个数）

n	$p=1$		$p=2$		$p=3$		$p=4$		$p=5$	
	d_L	d_U	d_L	d_U	d_L	d_U	d_L	d_U	d_L	d_U
15	1.08	1.36	0.95	1.54	0.82	1.75	0.69	1.97	0.56	2.21
16	1.10	1.37	0.98	1.54	0.86	1.73	0.74	1.93	0.62	2.15
17	1.13	1.38	1.02	1.54	0.90	1.71	0.78	1.90	0.67	2.10
18	1.16	1.39	1.05	1.53	0.93	1.69	0.82	1.87	0.71	2.06
19	1.18	1.40	1.08	1.53	0.97	1.68	0.86	1.85	0.75	2.02
20	1.20	1.41	1.10	1.54	1.00	1.68	0.90	1.83	0.79	1.99
21	1.22	1.42	1.13	1.54	1.03	1.67	0.93	1.81	0.83	1.96
22	1.24	1.43	1.15	1.54	1.05	1.66	0.96	1.80	0.86	1.94
23	1.26	1.44	1.17	1.54	1.08	1.66	0.99	1.79	0.90	1.92
24	1.27	1.45	1.19	1.55	1.10	1.66	1.01	1.78	0.93	1.90
25	1.29	1.45	1.21	1.55	1.12	1.66	1.04	1.77	0.95	1.89
26	1.30	1.46	1.22	1.55	1.14	1.65	1.06	1.76	0.98	1.88
27	1.32	1.47	1.24	1.56	1.16	1.65	1.08	1.76	1.01	1.86
28	1.33	1.48	1.26	1.56	1.18	1.65	1.10	1.75	1.03	1.85
29	1.34	1.48	1.27	1.56	1.20	1.65	1.12	1.74	1.05	1.84
30	1.35	1.49	1.28	1.57	1.21	1.65	1.14	1.74	1.07	1.83
31	1.36	1.50	1.30	1.57	1.23	1.65	1.16	1.74	1.09	1.83
32	1.37	1.50	1.31	1.57	1.24	1.65	1.18	1.73	1.11	1.82
33	1.38	1.51	1.32	1.58	1.26	1.65	1.19	1.73	1.13	1.81
34	1.39	1.51	1.33	1.58	1.27	1.65	1.21	1.73	1.15	1.81
35	1.40	1.52	1.34	1.58	1.28	1.65	1.22	1.73	1.16	1.80
36	1.41	1.52	1.35	1.59	1.29	1.65	1.24	1.73	1.18	1.80
37	1.42	1.53	1.36	1.59	1.31	1.66	1.25	1.72	1.19	1.80
38	1.43	1.54	1.37	1.59	1.32	1.66	1.26	1.72	1.21	1.79
39	1.43	1.54	1.38	1.60	1.33	1.66	1.27	1.72	1.22	1.79
40	1.44	1.54	1.39	1.60	1.34	1.66	1.29	1.72	1.23	1.79
45	1.48	1.57	1.43	1.62	1.38	1.67	1.34	1.72	1.29	1.78
50	1.50	1.59	1.46	1.63	1.42	1.67	1.38	1.72	1.34	1.77
55	1.53	1.60	1.49	1.64	1.45	1.68	1.41	1.72	1.38	1.77
60	1.55	1.62	1.51	1.65	1.48	1.69	1.44	1.73	1.41	1.77
65	1.57	1.63	1.54	1.66	1.50	1.70	1.47	1.73	1.44	1.77
70	1.58	1.64	1.55	1.67	1.52	1.70	1.49	1.74	1.46	1.77
75	1.60	1.65	1.57	1.68	1.54	1.71	1.51	1.74	1.49	1.77
80	1.61	1.66	1.59	1.69	1.56	1.72	1.53	1.74	1.51	1.77
85	1.62	1.67	1.60	1.70	1.57	1.72	1.55	1.75	1.52	1.77
90	1.63	1.68	1.61	1.70	1.59	1.73	1.57	1.75	1.54	1.78
95	1.64	1.69	1.62	1.71	1.60	1.73	1.58	1.75	1.56	1.78
100	1.65	1.69	1.63	1.72	1.61	1.74	1.59	1.76	1.57	1.78

数据来源：Durbin and Watson (1951).

表 A-7 Durbin-Watson 统计量 d 的分布：d_L 和 d_U 的 1% 显著点（p 为预测变量个数）

n	$p=1$		$p=2$		$p=3$		$p=4$		$p=5$	
	d_L	d_U	d_L	d_U	d_L	d_U	d_L	d_U	d_L	d_U
15	0.81	1.07	0.70	1.25	0.59	1.46	0.49	1.70	0.39	1.96
16	0.84	1.09	0.74	1.25	0.63	1.44	0.53	1.66	0.44	1.90
17	0.87	1.10	0.77	1.25	0.67	1.43	0.57	1.63	0.48	1.85
18	0.90	1.12	0.80	1.26	0.71	1.42	0.61	1.60	0.52	1.80
19	0.93	1.13	0.83	1.26	0.74	1.41	0.65	1.58	0.56	1.77
20	0.95	1.15	0.86	1.27	0.77	1.41	0.68	1.57	0.60	1.74
21	0.97	1.16	0.89	1.27	0.80	1.41	0.72	1.55	0.63	1.71
22	1.00	1.17	0.91	1.28	0.83	1.40	0.75	1.54	0.66	1.69
23	1.02	1.19	0.94	1.29	0.86	1.40	0.77	1.53	0.70	1.67
24	1.04	1.20	0.96	1.30	0.88	1.41	0.80	1.53	0.72	1.66
25	1.05	1.21	0.98	1.30	0.90	1.41	0.83	1.52	0.75	1.65
26	1.07	1.22	1.00	1.31	0.93	1.41	0.85	1.52	0.78	1.64
27	1.09	1.23	1.02	1.32	0.95	1.41	0.88	1.51	0.81	1.63
28	1.10	1.24	1.04	1.32	0.97	1.41	0.90	1.51	0.83	1.62
29	1.12	1.25	1.05	1.33	0.99	1.42	0.92	1.51	0.85	1.61
30	1.13	1.26	1.07	1.34	1.01	1.42	0.94	1.51	0.88	1.61
31	1.15	1.27	1.08	1.34	1.02	1.42	0.96	1.51	0.90	1.60
32	1.16	1.28	1.10	1.35	1.04	1.43	0.98	1.51	0.92	1.60
33	1.17	1.29	1.11	1.36	1.05	1.43	1.00	1.51	0.94	1.59
34	1.18	1.30	1.13	1.36	1.07	1.43	1.01	1.51	0.95	1.59
35	1.19	1.31	1.14	1.37	1.08	1.44	1.03	1.51	0.97	1.59
36	1.21	1.32	1.15	1.38	1.10	1.44	1.04	1.51	0.99	1.59
37	1.22	1.32	1.16	1.38	1.11	1.45	1.06	1.51	1.00	1.59
38	1.23	1.33	1.18	1.39	1.12	1.45	1.07	1.52	1.02	1.58
39	1.24	1.34	1.19	1.39	1.14	1.45	1.09	1.52	1.03	1.58
40	1.25	1.34	1.20	1.40	1.15	1.46	1.10	1.52	1.05	1.58
45	1.29	1.38	1.24	1.42	1.20	1.48	1.16	1.53	1.11	1.58
50	1.32	1.40	1.28	1.45	1.24	1.49	1.20	1.54	1.16	1.59
55	1.36	1.43	1.32	1.47	1.28	1.51	1.25	1.55	1.21	1.59
60	1.38	1.45	1.35	1.48	1.32	1.52	1.28	1.56	1.25	1.60
65	1.41	1.47	1.38	1.50	1.35	1.53	1.31	1.57	1.28	1.61
70	1.43	1.49	1.40	1.52	1.37	1.55	1.34	1.58	1.31	1.61
75	1.45	1.50	1.42	1.53	1.39	1.56	1.37	1.59	1.34	1.62
80	1.47	1.52	1.44	1.54	1.42	1.57	1.39	1.60	1.36	1.62
85	1.48	1.53	1.46	1.55	1.43	1.58	1.41	1.60	1.39	1.63
90	1.50	1.54	1.47	1.56	1.45	1.59	1.43	1.61	1.41	1.64
95	1.51	1.55	1.49	1.57	1.47	1.60	1.45	1.62	1.42	1.64
100	1.52	1.56	1.50	1.58	1.48	1.60	1.46	1.63	1.44	1.65

379

数据来源：Durbin and Watson (1951).

参 考 文 献

1. Agresti, A. (2002), *Categorical Data Analysis, 2nd. ed.*, New York: John Wiley and Sons.

2. Akaike, H. (1973), "Information Theory and an Extension of Maximum Likelihood Principle," in *Second International Symposium on Information Theory* (B. N. Petrov and F. Caski, Eds.), Budapest: Akademia Kiado, 267–281.

3. Andrews, D. F. and Herzberg, A. M. (1985) *Data: A Collection of Problems from Many Fields for the Student and Research Worker*, New York: Springer-Verlag.

4. Anscombe, F. J. (1960), "Rejection of Outliers," *Technometrics*, 2, 123–167.

5. Anscombe, F. J. (1973), "Graphs in Statistical Analysis," *The American Statistician*, 27, 17–21.

6. Atkinson, A. C. (1985), *Plots, Transformations, and Regression: An Introduction to Graphical Methods of Diagnostic Regression Analysis*, Oxford: Clarendon Press.

7. Barnett, V. and Lewis, T. (1994), *Outliers in Statistical Data*, 3rd ed., New York: John Wiley & Sons.

8. Bartlett, G., Stewart, J., and Abrahamowicz, M. (1998), "Quantitative Sensory Testing of Peripheral Nerves," *Student: A Statistical Journal for Graduate Students*, 2, 289–301.

9. Bates, D. M. and Watts, D. G. (1988), *Nonlinear Regression Analysis and Its Applications*, New York: John Wiley & Sons.

10. Becker, R. A., Cleveland, W. S., and Wilks, A. R (1987), "Dynamic Graphics for Data Analysis," *Statistical Science*, 2, 4, 355–395.

11. Belsley, D. A. (1991), *Conditioning Diagnostics: Collinearity and Weak Data in Regression*, New York: John Wiley & Sons.

12. Belsley, D. A., Kuh, E., and Welsch, R. E. (1980), *Regression Diagnostics: Identifying Influential Data and Sources of Collinearity*, New York: John Wiley & Sons.

13. Billor, N., Chatterjee, S., and Hadi, A. S. (2006), "A Re-weighted Least Squares Method for Robust Regression Estimation," *American Journal of Mathematical and Management Sciences*, 26, 229–252.

14. Birkes, D. and Dodge, Y. (1993), *Alternative Methods of Regression*, New York: John Wiley & Sons.

15. Box, G. E. P. and Pierce, D. A. (1970), "Distribution of Residual Autocorrelation in Autoregressive-Integrated Moving Average Time Series Models," *Journal of the American Statistical Association*, 64, 1509–1526.

16. Carroll, R. J. and Ruppert, D. (1988), *Transformation and Weighting in Regression*, London: Chapman and Hall.

17. Chambers, J. M., Cleveland, W. S., Kleiner, B., and Tukey, P. A. (1983), *Graphical*

Methods for Data Analysis, Boston: Duxbury Press.

18. Chatterjee, S. and Hadi, A. S. (1988), *Sensitivity Analysis in Linear Regression*, New York: John Wiley & Sons.

19. Chatterjee, S., Handcock, M. S., and Simonoff, J. S. (1995), *A Casebook for a First Course in Statistics and Data Analysis,* New York: John Wiley & Sons.

20. Chatterjee, S. and Mächler, M. (1997), "Robust Regression: A Weighted Least Squares Approach," *Communications in Statistics, Theory and Methods*, 26, 1381–1394.

21. Chi-Lu, C. and Van Ness, J. W. (1999), *Statistical Regression with Measurement Error,* London: Arnold.

22. Christensen, R. (1996), *Analysis of Variance, Design and Regression: Applied Statistical Methods*, New York: Chapman and Hall.

23. Coakley, C. W. and Hettmansperger, T. P. (1993), "A Bounded Influence, High Breakdown, Efficient Regression Estimator," *Journal of the American Statistical Association*, 88, 872–880.

24. Cochrane, D. and Orcutt, G. H. (1949), "Application of Least Squares Regression to Relationships Containing Autocorrelated Error Terms," *Journal of the American Statistical Association*, 44, 32–61.

25. Coleman, J. S., Cambell, E. Q., Hobson, C. J., McPartland, J., Mood, A. M., Weinfield, F. D., and York, R. L. (1966), *Equality of Educational Opportunity*, Washington, D.C.: U.S. Government Printing Office.

26. Conover, W. J. (1980), *Practical Nonparametric Statistics*, New York: John Wiley & Sons.

27. Cook, R. D. (1977), "Detection of Influential Observations in Linear Regression," *Technometrics*, 19, 15–18.

28. Cook, R. D. and Weisberg, S. (1982), *Residuals and Influence in Regression*, London: Chapman and Hall.

29. Cox, D. R. (1989), *The Analysis of Binary Data*, 2nd ed., London: Methuen.

30. Daniel, C. and Wood, F. S. (1980), *Fitting Equations to Data: Computer Analysis of Multifactor Data*, 2nd ed., New York: John Wiley & Sons.

31. Dempster, A. P., Schatzoff, M. , and Wermuth, N. (1977), "A Simulation Study of Alternatives to Ordinary Least Squares," *Journal of the American Statistical Association*, 72, 77–106.

32. Diaconis, P. and Efron, B. (1983), "Computer Intensive Methods in Statistics," *Scientific American*, 248, 116-130.

33. Dobson, A. J. and Barnett, A. G. (2008), *Introduction to Generalized Linear Models (3rd ed.)*, Boca Raton, FL: Chapman and Hall.

34. Dodge, Y. and Hadi, A. S. (1999), "Simple Graphs and Bounds for the Elements of the Hat Matrix," *Journal of Applied Statistics*, 26, 817–823.

382

35. Dorugade, A. V. and Kashid, D. N. (2010) "Alternative Method for Choosing Ridge Parameter for Regression," *Applied Mathematical Sciences*, 4, 447–456.

36. Draper, N. R. and Smith, H. (1998), *Applied Regression Analysis*, 3rd ed., New York: John Wiley & Sons.

37. Durbin, J. and Watson, G. S. (1950), "Testing for Serial Correlation in Least Squares Regression," *Biometrika*, 37, 409–428.

38. Durbin, J. and Watson, G. S. (1951), "Testing for Serial Correlation in Least Squares Regression, II," *Biometrika*, 38, 159–178.

39. Efron, B. (1982), "The Jacknife, the Bootstrap and Other Resampling Plans," *CBMS-National Science Monograph 38*, Society of Industrial and Applied Mathematics.

40. Eisenhauer, J. G. (2003), "Regression Through the Origin," *Teaching Statistics*, 25, 76–80.

41. Ezekiel, M. (1924), "A Method for Handling Curvilinear Correlation for Any Number of Variables," *Journal of the American Statistical Association*, 19, 431–453.

42. Finney, D. J. (1964), *Probit Analysis*, London: Cambridge University Press.

43. Fox, J. (1984), *Linear Statistical Models and Related Methods*, New York: John Wiley & Sons.

44. Friedman, M. and Meiselman, D. (1963), "The Relative Stability of Monetary Velocity and the Investment Multiplier in the United States, 1897–1958," in *Commission on Money and Credit, Stabilization Policies*, Englewood Cliffs, N.J.: Prentice-Hall.

45. Fuller, W. A. (1987), *Measurement Error Models*, New York: John Wiley & Sons.

46. Furnival, G. M. and Wilson, R. W., Jr. (1974), " Regression by Leaps and Bounds," *Technometrics*, 16, 499–512.

47. Gibbons, J. D. (1993), *Nonparametric Statistics: An Introduction*, Newbury Park, CA: Sage Publications.

48. Goldstein, M. and Smith, A. F. M. (1974), "Ridge-Type Estimates for Regression Analysis," *Journal of the Royal Statistical Society (B)*, 36, 284–291.

49. Golub, G. H., and van Loan, C. (1989), *Matrix Computations*, Baltimore: Johns Hopkins.

50. Gray, J. B. (1986), "A Simple Graphic for Assessing Influence in Regression," *Journal of Statistical Computation and Simulation*, 24, 121–134.

51. Gray, J. B. and Ling, R. F. (1984), "K-Clustering as a Detection Tool for Influential Subsets in Regression (with Discussion)," *Technometrics*, 26, 305–330.

52. Graybill, F. A. (1976), *Theory and Application of the Linear Model*, Belmont, CA: Duxbury Press.

53. Graybill, F. A. and Iyer, H. K. (1994), *Regression Analysis: Concepts and Applications*, Belmont, CA: Duxbury Press.

383

54. Green, W. H. (1993), *Econometric Analysis*, 2nd ed., Saddle River, NJ: Prentice-Hall.

55. Gunst, R. F. and Mason, R. L. (1980), *Regression Analysis and Its Application: A Data-Oriented Approach*, New York: Marcel Dekker.

56. Hadi, A. S. (1988), "Diagnosing Collinearity-Influential Observations," *Computational Statistics and Data Analysis*, 7, 143–159.

57. Hadi, A. S. (1992), "A New Measure of Overall Potential Influence in Linear Regression," it Computational Statistics and Data Analysis, 14, 1–27.

58. Hadi, A. S. (1993), "Graphical Methods for Linear Models," Chapter 23 in *Handbook of Statistics: Computational Statistics*, (C. R. Rao, Ed.), Vol. 9, New York: North-Holland Publishing Company, 775–802.

59. Hadi, A. S. (1996), *Matrix Algebra as a Tool*, Belmont, CA: Duxbury Press.

60. Hadi, A. S. (2011), "Ridge and Surrogate Ridge Regressions," in *International Encyclopedia of Statistical Science*, (Miodrag Lovric, Ed.), New York: Springer, Part 18, 1232–1234.

61. Hadi, A. S. and Ling, R. F. (1998), "Some Cautionary Notes on the Use of Principal Components Regression," *The American Statistician*, 52, 15–19.

62. Hadi, A. S. and Simonoff, J. S. (1993), "Procedures for the Identification of Multiple Outliers in Linear Models," *Journal of the American Statistical Association*, 88, 1264–1272.

63. Hadi, A. S. and Son, M. S. (1997), "Detection of Unusual Observations in Regression and Multivariate Data," Chapter 13 in *Handbook of Applied Economic Statistics* (A. Ullah and D. E. A. Giles, Eds.), New York: Marcel Dekker, 441–463.

64. Hadi, A. S. and Velleman, P. F. (1997), "Computationally Efficient Adaptive Methods for the Identification of Outliers and Homogeneous Groups in Large Data Sets," *Proceedings of the Statistical Computing Section, American Statistical Association*, 124–129.

65. Haith, D. A. (1976), "Land Use and Water Quality in New York Rivers," *Journal of the Environmental Engineering Division*, ASCE 102 (No. EEI. Proc. Paper 11902, Feb. 1976), 1–15.

66. Hamilton, D. J. (1987), "Sometimes $R^2 > r^2_{y\cdot x_1} + r^2_{y\cdot x_2}$, Correlated Variables Are Not Always Redundant," *The American Statistician*, 41, 2, 129–132.

67. Hamilton, D. J. (1994), *Time Series Analysis*, Princeton, NJ: Princeton University Press.

68. Hampel, F. R., Ronchetti, E. M., Rousseeuw, P. J., and Stahel, W. A. (1986), *Robust Statistics: The Approach Based on Influence Functions*, New York: John Wiley & Sons.

69. Hand, D. J., Daly, F., Lunn, A. D., McConway, K. J., and Ostrowski, E. (1994), *A Handbook of Small Data Sets*, New York: Chapman and Hall.

70. Hawkins, D. M. (1980), *Identification of Outliers*, London: Chapman and Hall.

71. Henderson, H. V. and Velleman, P. F. (1981), "Building Multiple Regression Models Interactively," *Biometrics*, 37, 391–411.

72. Hildreth, C. and Lu, J. (1960), "Demand Relations with Autocorrelated Disturbances," *Technical Bulletin No. 276*, Michigan State University, Agricultural Experiment Station.

73. Hoaglin, D. C. and Welsch, R. E. (1978), "The Hat Matrix in Regression and ANOVA," *The American Statistician*, 32, 17–22.

74. Hocking, R. R., (1976), "The Analysis and Selection of Variables in Linear Regression," *Biometrics*, 32, 1–49.

75. Hoerl, A. E. (1959), "Optimum Solution of Many Variables," *Chemical Engineering Quart. Progr.*, 55, 69–78.

76. Hoerl, A. E. and Kennard, R. W. (1970), "Ridge Regression: Biased Estimation for Nonorthogonal Problems," *Technometrics*, 12, 69–82.

77. Hoerl, A. E. and Kennard, R. W. (1976), "Ridge Regression: Iterative Estimation of the Biasing Parameter," *Communications in Statistics, Theory and Methods*, A5, 77–88.

78. Hoerl, A. E. and Kennard, R. W. (1981), "Ridge Regression – 1980: Advances, Algorithms, and Applications," *American Journal of Mathematical and Management Sciences*, 1, 5–83.

79. Hoerl, A. E., Kennard, R. W., and Baldwin, K. F. (1975), "Ridge Regression: Some Simulations," *Communications in Statistics, Theory and Methods*, 4, 105–123.

80. Hollander, M. and Wollfe, D. A. (1999), *Nonparametric Statistical Methods*, New York: John Wiley & Sons.

81. Hosmer, D. W. and Lemeshow, S. (1989), *Applied Logistic Regression*, New York: John Wiley & Sons.

82. Huber, P. J. (1981), *Robust Statistics*, New York: John Wiley & Sons.

83. Huber, P. J. (1991), "Between Robustness and Diagnostics," in *Directions in Robust Statistics and Diagnostics* (W. Stahel and S. Weisberg, Eds.), New York: Springer-Verlag, 121–130.

84. Hurvich, C. M. and Tsai, C.-L. (1989), "Regression and Time Series Model Selection in Small Samples," *Biometrika*, 76, 297–307.

85. Iversen, G. R. (1976), *Analysis of Variance*, Beverly Hills, CA: Sage Publications.

86. Iversen, G. R. and Norpoth, H. (1987), *Analysis of Variance*, Beverly Hills, CA: Sage Publications.

87. Jensen, D. R. and Ramirez, D. E. (2008), "Anomalies in the Foundations of Ridge Regression," *International Statistical Review*, 76, 89–105.

88. Jerison, H. J. (1973), *Evolution of the Brain and Intelligence*, New York: Academic Press.

89. Johnson, D. E. (1998), *Applied Multivariate Methods for Data Analysts*, Belmont, CA: Duxbury Press.

90. Johnston, J. (1984), *Econometric Methods*, 2nd ed., New York: McGraw-Hill.

91. Johnson, R. A. and Wichern, D. W. (1992), *Applied Multivariate Statistical Analysis*, 3rd ed., Englewood Cliffs, N.J.: Prentice-Hall.

385

92. Khalaf, G. and Shukur, G. (2005), "Choosing Ridge Parameter for Regression Problem," *Communications in Statistics, Theory and Methods*, 34, 1177–1182.

93. Kmenta, J. (1986), *Elements of Econometrics*, New York: Macmillan.

94. Krasker, W. S. and Welsch, R. E. (1982), "Efficient Bounded-Influence Regression Estimation," *Journal of the American Statistical Association*, 77, 595–604.

95. Krishnaiah, P. R. (Ed.) (1980), *Analysis of Variance*, New York: North-Holland Publishing Co.

96. La Motte, L. R. and Hocking, R. R. (1970), "Computational Efficiency in the Selection of Regression Variables," *Technometrics*, 12, 83–93.

97. Landwehr, J., Pregibon, D., and Shoemaker, A. (1984), "Graphical Methods for Assessing Logistic Regression Models," *Journal of the American Statistical Association*, 79, 61–83.

98. Larsen, W. A., and McCleary, S. J. (1972), "The Use of Partial Residual Plots in Regression Analysis," *Technometrics*, 14, 781–790.

99. Lawless, J. F. and Wang, P. (1976), "A Simulation of Ridge and Other Regression Estimators," *Communications in Statistics, Theory and Methods,* A5, 307–323.

100. Lehmann, E. L. (1975), *Nonparametric Statistical Methods Based on Ranks*, New York: McGraw-Hill.

101. Lindman, H. R. (1992), *Analysis of Variance in Experimental Design*, New York: Springer-Verlag.

bibitemLongley Longley, J. W. (1967), "An Appraisal of Least-squares Programs from the Point of view of the User," *Journal of the American Statistical Association*, 62, 819-841.

102. Malinvaud, E. (1968), *Statistical Methods of Econometrics*, Chicago: Rand McNally.

103. Mallows, C. L. (1973), "Some Comments on C_p," *Technometrics*, 15, 661–675.

104. Manly, B. F. J. (1986), *Multivariate Statistical Methods*, New York: Chapman and Hall.

105. Mantel, N. (1970), "Why Stepdown Procedures in Variable Selection," *Technometrics*, 12, 591–612.

106. Marquardt, D. W. (1970), "Generalized Inverses, Ridge Regression, Biased Linear Estimation and Nonlinear Estimation," *Technometrics*, 12, 591–612.

107. Masuo, N. (1988), "On the Almost Unbiased Ridge Regression Estimation," *Communications in Statistics, Simulation*, 17, 729–743.

108. McCallum, B. T. (1970), "Artificial Orthogonalization in Regression Analysis," *Review of Economics and Statistics*, 52, 110–113.

109. McCullagh, P. and Nelder, J. A. (1989), *Generalized Linear Models*, 2nd ed., London: Chapman and Hall.

110. McCulloch, C. E. and Meeter, D. (1983), "Discussion of 'Outlier ....s'," by R. J. Beckman and R. D. Cook, *Technometrics*, 25, 119–163.

111. McDonald, G. C. and Galarneau, D. I. (1975), "A Monte Carlo Evaluation of Some Ridge Type Estimators," *Journal of the American Statistical Association*, 70, 407–416.

112. McDonald, G. C. and Schwing, R. C. (1973), "Instabilities of Regression Estimates Relating Air Pollution to Mortality," *Technometrics*, 15, 463–481.

386

113. McLachlan, G. J. (1992), *Discriminant Analysis and Statistical Pattern Recognition,* New York: John Wiley & Sons.

114. Moore, D. S. and McCabe, G. P. (1993), *Introduction to the Practice of Statistics,* New York: W. H. Freeman and Company.

115. Morris, C. N. and Rolph, J. E. (1981), *Introduction to Data Analysis and Statistical Inference,* Englewood Cliffs, NJ: Prentice-Hall.

116. Mosteller, F. and Moynihan, D. F. (Eds.) (1972), *On Equality of Educational Opportunity*, New York: Random House.

117. Mosteller, F. and Tukey, J. W. (1977), *Data Analysis and Regression*, Reading, MA: Addison-Wesley.

118. Myers, R. H. (1990), *Classical and Modern Regression with Applications*, 2nd ed., Boston: PWS-KENT Publishing Company.

119. Narula, S. C. and Wellington, J. F. (1977), "Prediction, Linear Regression, and the Minimum Sum of Relative Errors," *Technometrics*, 19, 2, 185–190.

120. Nelder, J. A. and Wedderburn, R. W. M (1972), "Generalized Linear Models," *Journal of the Royal Statistical Society (A)*, 135, 370–384.

121. Pregibon, D. (1981), "Logistic Regression Diagnostics," *The Annals of Statistics*, 9, 705–724.

122. Rao, C. R. (1973), *Linear Statistical Inference and Its Applications*, New York: John Wiley & Sons.

123. Ratkowsky, D. A. (1983), *Nonlinear Regression Modeling: A Unified Practical Approach,* New York: Marcel Dekker.

124. Ratkowsky, D. A. (1990), *Handbook of Nonlinear Regression Models*, New York: Marcel Dekker.

125. Reaven, G. M. and Miller, R. G. (1979), "An Attempt to Define the Nature of Chemical Diabetes Using a Multidimensional Analysis," *Diabetologia*, 16, 17–24.

126. Rencher, A. C. (1995), *Methods of Multivariate Analysts*, New York: John Wiley & Sons.

127. Rousseeuw, P. J. and Leroy, A. M. (1987), *Robust Regression and Outlier Detection*, New York: John Wiley & Sons.

128. Scheffé, H. (1959), *The Analysis of Variance*, New York: John Wiley & Sons.

129. Schwarz, G. (1978), "Estimating the Dimensions of a Model," *Annals of Statistics*, 121, 461–464.

130. Searle, S. R. (1971), *Linear Models*, New York: John Wiley & Sons.

131. Seber, G. A. F. (1977), *Linear Regression Analysis*, New York: John Wiley & Sons.

132. Seber, G. A. F. (1984), *Multivariate Observations*, New York: John Wiley & Sons.

133. Seber, G. A. F. and Lee, A. J. (2003), *Linear Regression Analysis*, New York: John Wiley & Sons.

134. Seber, G. A. F. and Wild, C. J. (1989), *Nonlinear Regression*, New York: John Wiley & Sons.

135. Sen, A. and Srivastava, M. (1990), *Regression Analysis: Theory, Methods, and Applications*, New York: Springer-Verlag.

387

136. Shumway, R. H. (1988), *Applied Statistical Time Series Analysis*, Englewood Cliffs, NJ: Prentice-Hall.

137. Silvey, S. D. (1969), "Multicollinearity and Imprecise Estimation," *Journal of the Royal Statistical Society*, (B), 31, 539–552.

138. Simonoff, J. S. (2003), *Analyzing Categorical Data*, New York: Springer-Verlag.

139. Snedecor, G. W. and Cochran, W. G. (1980), *Statistical Methods*, 7th ed., Ames, IA: Iowa State University Press.

140. Staudte, R. G. and Sheather, S. J. (1990), *Robust Estimation and Testing*, New York: John Wiley & Sons.

141. Strang, G. (1988), *Linear Algebra and Its Applications*, 3rd ed., San Diego: Harcourt Brace Jovanovich.

142. Thomson, A. and Randall-Maciver, R. (1905), *Ancient Races of the Thebaid*, Oxford: Oxford University Press.

143. Velleman, P. F. (1999), *Data Desk*, Ithaca, NY: Data Description.

144. Velleman, P. F. and Welsch, R. E. (1981), "Efficient Computing of Regression Diagnostics," *The American Statistician*, 35, 234–243.

145. Vinod, H. D. and Ullah, A. (1981), *Recent Advances in Regression Methods*, New York: Marcel Dekker.

146. Wahba, G., Golub, G. H., and Health, C. G. (1979), "Generalized Cross-Validation as a Method for Choosing a Good Ridge Parameter," *Technometrics*, 21, 215–223.

147. Welsch, R. E. and Kuh, E. (1977), "Linear Regression Diagnostics," *Technical Report* 923-77, Sloan School of Management, Cambridge, MA.

148. Wildt, A. R. and Ahtola, O. (1978), *Analysis of Covariance*, Beverly Hills, CA: Sage Publications.

388

149. Wood, F. S. (1973), "The Use of Individual Effects and Residuals in Fitting Equations to Data," *Technometrics*, 15, 677–695.

索 引

索引中的页码为英文原书书码，与书中页边标注的页码一致.

E

F

G

H

I

L

M

N

O

P

推荐阅读

线性代数（原书第10版）

ISBN：978-7-111-71729-4

数学分析原理 面向计算机专业（原书第2版）

ISBN：978-7-111-71242-8

数学分析（原书第2版·典藏版）

ISBN：978-7-111-70616-8

复分析（英文版，原书第3版·典藏版）

ISBN：978-7-111-70102-6

实分析（英文版原书第4版）

ISBN：978-7-111-64665-5

泛函分析（原书第2版·典藏版）

ISBN：978-7-111-65107-9

推荐阅读

计算贝叶斯统计导论

ISBN：978-7-111-72106-2

高维统计学：非渐近视角

ISBN：978-7-111-71676-1

最优化模型:线性代数模型、凸优化模型及应用

ISBN：978-7-111-70405-8

统计推断：面向工程和数据科学

ISBN：978-7-111-71320-3

概率与统计：面向计算机专业

ISBN：978-7-111-71635-8

概率论基础教程（原书第10版）

ISBN：978-7-111-69856-2